浙江省"十一五"重点教材建设项目

高等学校规划教材

精细有机合成单元反应

吕　亮　　　　主编

刘振香　俞铁铭

王玉林　胡建良　副主编

化学工业出版社

·北京·

精细化学品种类繁多、更新又快，涉及脂肪族、芳香族和杂环化合物。本书注重理论联系实际，介绍有机合成中常见的各种单元反应，着重阐明其基本原理和应用范围，探讨反应的影响因素，并辅以重要的应用实例，使读者加深对基本原理的理解和掌握。

　　本书共分19章，包括绪论、有机合成反应的基本理论、有机合成单元反应的工业应用统计、磺化与硫酸化反应、硝化反应、卤化反应、还原反应、氧化反应、烷基化反应、酰基化反应、酯化反应、氨解反应、重氮化反应、羟基化反应、缩合反应、烯化反应、重排反应、有机合成路线设计方法与技巧和实验，每章附有习题便于读者进一步巩固学到的理论知识。

　　本书具有很强的实用性和"工学结合"特色，非常适合高等学校化学工程与工艺、精细化学品生产技术、化学制药、有机化工生产技术等专业作为教材使用，还可供化工和化学的相邻专业师生以及在有机合成和精细化工领域工作的科技人员参考。

图书在版编目（CIP）数据

精细有机合成单元反应/吕亮主编．—北京：化学工业出版社，2012.3（2024.7重印）

浙江省"十一五"重点教材建设项目．高等学校规划教材

ISBN 978-7-122-13476-9

Ⅰ．精…　Ⅱ．吕…　Ⅲ．有机合成-化学反应-高等学校-教材　Ⅳ．O621.3

中国版本图书馆 CIP 数据核字（2012）第 025132 号

责任编辑：窦　臻　刘　哲　　　　　文字编辑：向　东
责任校对：徐贞珍　　　　　　　　　装帧设计：杨　北

出版发行：化学工业出版社（北京市东城区青年湖南街 13 号　邮政编码 100011）
印　　装：北京科印技术咨询服务有限公司数码印刷分部
787mm×1092mm　1/16　印张 15　字数 388 千字　2024 年 7 月北京第 1 版第 7 次印刷

购书咨询：010-64518888　　　　　售后服务：010-64518899
网　　址：http://www.cip.com.cn
凡购买本书，如有缺损质量问题，本社销售中心负责调换。

定　　价：39.00 元

前　言

　　精细化工作为化学工业的一个重要领域，包括染料、医药、农药、香料、涂料、表面活性剂、助剂及化学试剂等，正以前所未有的速度发展着，并成为当前世界化学工业激烈竞争的焦点，引起了世界各国的高度重视和大力发展。我国化学工业的精细化率已经超过 45％，精细化学品种类繁多、更新又快，随着精细化工行业的快速发展，对精细化工专业人才的需求也日益增多，学习和掌握有机合成单元反应的基础理论及应用与实践是很有必要的。因此作者在衢州学院、金华职业技术学院、杭州职业技术学院化学工程与工艺、精细化学品生产技术和化学制药技术专业用的讲义基础上，结合多年教学、科研实践经验，在企业技术人员的支持和帮助下，参考了国内外大量文献资料，编写了《精细有机合成单元反应》一书，该教材被列入 2009 年度浙江省高等学校重点教材建设项目。

　　本书注重理论联系实际，坚持"够用"为度的原则，主要介绍了有机合成中常见的各种单元反应，着重阐明其基本原理和应用范围，探讨反应的影响因素，并辅以重要的应用实例，使读者加深对基本原理的理解和掌握。书中部分实验方法由企业提供，具有较强的实用性和"工学结合"特色，非常适合作为化学工程与工艺、精细化学品生产技术、化学制药技术、有机化工生产技术等开设有机合成相关课程的各类专业教材。编写过程中也注重可供科技人员自学之用，希望对他们也有所裨益。

　　全书共分为 19 章，第 1～8、18 章分别由衢州学院吕亮、王玉林、陈剑君和郑土才编写；第 12～14、17 章由金华职业技术学院刘振香、罗罶和陈鋆编写；第 9、10、16 章由杭州职业技术学院俞铁铭和谢建武编写；第 11、15、19 章由杭州格林香料化学有限公司胡建良、范宇鹏和黄旺生编写。全书由吕亮教授担任主编，刘振香、王玉林、俞铁铭和胡建良担任副主编，由王玉林负责统稿。北京化工大学理学院何静教授、李峰教授，衢州学院化学与材料工程学院吾国强教授对本书进行了审阅，提出了许多有益的意见，在此一并表示感谢。

　　限于编者水平有限，不妥之处在所难免，恳请广大读者批评指正。

编者

2011 年 12 月于衢州

目　录

1 绪 论

据统计，全球企业 500 强中有 17 家化工企业，其中前几位是美国杜邦公司、陶氏化学公司，德国巴斯夫公司、赫斯特公司和拜尔公司以及日本三菱化学公司等。它们都有百余年的历史，在 20 世纪 70 年代以前都大力发展石油化工，后来逐渐转向精细化工，德国是发展精细化工最早的国家。发达国家不断地根据经济效益和发展的需要，以及市场、环境和资源的导向，进行化学工业产品结构的调整，其转轨的焦点都集中在精细化工方面，发展精细化工已成为世界性趋势。

精细化工的发展程度是一个国家综合国力和技术水平的重要标志之一。精细化工特别是新领域精细化工一直被列为我国化学工业发展的战略重点之一。

1.1 精细化学品的含义

精细化工是精细化学品生产工业的简称。精细化学品的含义，国外迄今仍在讨论中。20世纪 60 年代，国外曾分别就商品价格、经济效益、化学反应、装置类型等方面提出过一些新的意见，但均未得到国际上的公认。近年来，各国专家对精细化学品的定义有了一些新的见解。欧美一些国家把产量小、按不同化学结构进行生产和销售的化学物质，称为精细化学品（fine chemicals），有统一的商品标准，强调产品的规格和纯度；把产量小、经过加工配制、具有专门功能或最终使用性能的产品，称为专用化学品（specialty chemicals），该定义强调的是产品功能。中国、日本等则把这两类产品统称为精细化学品。

1.2 精细化工的范畴

精细化工的产生和发展从来都是与人们的生产活动紧密联系在一起的，是随着化学工业和整个工业的发展进程而逐步发展的。19 世纪以来，以传统的肥皂、香料、医药、染料、颜料的生产开始，到 20 世纪 50 年代，由于石油化学工业的迅速兴起，高分子合成材料的发展，合成洗涤剂、胶黏剂、涂料、表面活性剂以及能赋予合成材料各种特性的稳定剂、增塑剂等添加剂的出现，促进了合成精细化学品的发展。进入 20 世纪 70 年代，两次世界性的"石油危机"，导致欧美和日本等石油化工发达国家被迫调整产品，加强了精细化工和新技术的开发，精细化工开始形成独立的工业部门。20 世纪 80 年代以后，工业发达国家化学工业结构重组、产品结构升级换代、产品的精细化和功能化、加速精细化工的发展已成为世界化学工业的一个重要发展动向。

随着科学技术的发展和进步，精细化工的门类和精细化学品的品种越来越多，应用的领域和范围也越来越广。如何对精细化学品进行分类，目前国内外也存在着不同的观点。目前国内外较为统一的分类原则是以产品的功能来进行分类。

1981 年列入日本《精细化学品年鉴》的共有医药、兽药、农药、染料、涂料、有机颜料、油墨、催化剂、试剂、香料、胶黏剂、表面活性剂、合成洗染剂、化妆品、感光材料、橡胶助剂、增塑剂、稳定剂、塑料添加剂、石油添加剂、饲料添加剂、高分子凝聚剂、工业杀菌防霉剂、芳香消臭剂、纸浆及纸化学品、汽车化学品、脂肪酸及其衍生物、稀土金属化合物、电子材料、精密陶瓷、功能树脂、生命体化学品和化学促进生命物质等 35 个行业。而到 1985 年，就发展为 51 个类别。1986 年，为了统一精细化工产品的口径，加快调整产品结构，发展精细化工，并作为今后计划、规划和统计的依据，我国原化学工业部颁布了《关于精细化工产品分类的暂行规定和有关事项的通知》，暂行规定中国精细化工产品包括 11 个产品类别。这种分类主要考虑了化学工业部所属精细化工行业的情况，具体分类如下。

　　① 农药；

　　② 染料；

　　③ 涂料（包括漆和油墨）；

　　④ 颜料；

　　⑤ 试剂和高纯物；

　　⑥ 信息化学品（包括感光材料、磁性材料等能接受电磁波的化学品）；

　　⑦ 食品和饲料添加剂；

　　⑧ 胶黏剂；

　　⑨ 催化剂和各种助剂；

　　⑩ 化工系统生产的化学药品（原料药）和日用化学品；

　　⑪ 高分子聚合物中的功能高分子材料（包括功能膜、偏光材料等）。

　　纵观世界主要工业国家关于精细化学品的范围可以看出，虽然有些不同，但并无多大差别，只是划分的宽窄范围不同而已。随着精细化工技术在国家社会、经济发展中的地位日显突出，一些新兴精细化工行业正在不断出现，行业越分越细、越分越多，精细化工的理论体系也正在逐步形成。通常认为，精细化工应涵盖精细化学品的分子设计、化学合成、剂型配方及工业制造技术。围绕着具有特定应用性能的精细化学品这一核心所开展的工作通常包括：合成筛选的分子设计理论与方法；具有工业实用价值的合成方法与路线；提高与强化最终应用性能的剂型配方技术及保证质量和降低能耗、物耗的工业制造技术。

1.3　精细化工的生产特性

　　精细化学品的生产过程与一般化学品生产不尽相同。它主要由化学或生物合成，也可从天然物质中分离、提取；制剂加工；商品化三个部分组成。大多数采用灵活机动的多功能装置和间歇方式进行生产。合成产物要求的纯度普遍较高，必须采用高效的合成或改性方法、复杂的精制措施、精密的工程技术。从制剂到商品化需要一个复杂的加工过程，主要是根据市场和用户的需求进行复配。因此，精细化学品及其生产方法（精细化工）具有技术密集度高、保密性和商品性强、市场竞争激烈的特点。精细化工的综合生产特性主要表现在以下几方面。

　　（1）多品种　精细化学品都具有一定的应用范围，功能性强，尤其是专用化学品和定制化学品，往往是一种类型的产品，可以有多种规格型号，而且新品种、新剂型不断涌现。因此，多品种不仅是精细化工生产的一个特征，也是评价精细化工综合水平的一个重要标志。

　　例如表面活性剂，利用其所具有的表面特性，可制成各种洗净剂、渗透剂、分散剂、乳化剂、破乳剂、起泡剂、消泡剂、润湿剂、增溶剂、柔软剂、抗静电剂、防锈剂、防雾剂、精炼剂、脱皮剂、抑制剂等。目前国外表面活性剂的品种有 5000 多种，而法国仅发用化妆品就有 2000 多种牌号。由于大多数精细化工产品的产量较小、商品竞争性强、更新换代快，因此，不断开发新品种、新配方、新剂型、新用途，以及提高品种创新和技术创新的能力，是现代精细化工发展的总趋势。

（2）综合生产流程和多功能生产装置　精细化工的多品种、小批量反映在生产上表现为经常更换和更新品种。尽管精细化学品种类繁多，但合成所涉及的单元反应，不外乎卤化、磺化、硝化、烷化、酯化、氧化、还原等；所用化工单元操作，多为蒸馏、浓缩、脱色、结晶、干燥等组合，尤其是同类产品的生产。为适应多品种、小批量的生产特点，可将若干单元反应、若干化工单元操作，按照最合理方案组合，并采用计算机控制，使装置具有生产多个产品的功能，而生产流程具有一定的综合性，从而改变单一产品、单一流程、单一装置的不足。

国外在 20 世纪 50 年代末期就摒弃了四五十年代那种单一产品综合生产流程和多用途、多功能生产装置，取得了很大的经济效益。例如，英国帝国化学工业公司（Imperial Chemical Industrial. ICI）的一个子公司，1973 年以一套装备、三台计算机生产当时的 74 个偶氮染料的 50 个品种，年产量 3.5kt。采用同一套装备，生产工艺流程不同的多种产品，是精细化工装备的重大进展。

（3）技术密集度高　精细化学品的生产过程与通用化工产品不同，首先经过研究开发，化学合成（或从天然物质中分离提取）与精制加工，进而商品化，属综合性较强的知识密集和技术密集型工业。因此，精细化学品合成的技术垄断性强，大部分精细化学品的合成均受专利保护。

精细化学品的研究开发，关键在于创新。根据市场需要，提出新思维，进行分子设计，优化合成工艺。20 世纪 80 年代初，ICI 公司提出 R&D（研究与开发）水平是衡量化学工业水平的标志之一。1993 年美国化学工业的 R&D 费用达 160 亿美元，其中医药方面的研究开发占了一半。

精细化学品的合成工艺精细，单元反应多，生产流程长，中间过程控制要求严格，精制复杂，需要精密的工程技术。例如，美国辉瑞（Pfizer）公司开发的抗菌药曲伐沙星（Trovafloxaein，结构如图 1-1 所示），其合成工艺需要七步反应，该工艺研究用时四年半。

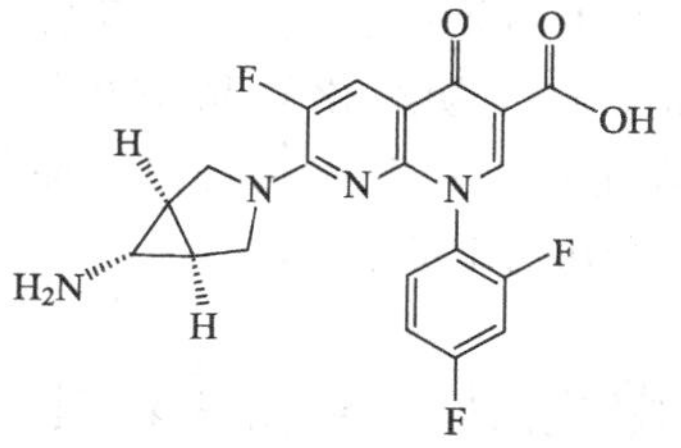

图 1-1　曲伐沙星

在制药工业中，手性药物特别是天然产物药物的全合成，由于其结构复杂、手性中心多，合成工艺极为精细，合成周期更长。Swinholide A 是从海绵 *Theonella swinhoei* 分离得到的一种具有抗真菌和抗肿瘤活性的海洋天然产物，其结构如图 1-2 所示。该化合物具有 C2 对称性，含有 2 个共轭双烯、2 个三取代的四氢吡喃环系、2 个二取代二氢吡喃环系、1 个四十四元双内酯环以及 30 个手性中心。该化合物在自然界中含量低，具有很强的生理活性，剑桥大学的 I. Paterson 小组和加利福尼亚大学（圣地亚哥）的 K. C. Niolaou 小组经过长期的努力才完成了其全合成。

（4）商品性强　商业性是由精细化学品特定功能和专门用途决定的。消费者对精细化学品的选择性很强，对其质量和品种不断提出新的要求。精细化学品的高技术密集度、高附加值，使其技术保密性、专利垄断性强，导致产品竞争激烈。提高精细化学品市场竞争力，既

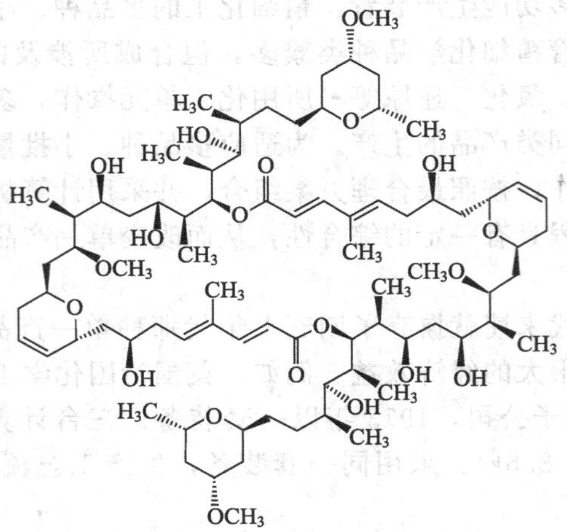

图 1-2　Swinholide A（*Theonella swinhoei*）

需要专利法的保护，更需要产品质量作保证。因此，以市场为导向研发新品种，加强应用技术的研究、推广和服务，不断开拓市场，提高市场信誉是增强产品商业竞争性的关键。

　　国外所有精细化学品的生产企业都极度重视技术开发和技术应用，技术服务这些环节间的协调。例如，在技术人员配备比例上，经营管理、技术开发和产品销售（包括技术服务）大体为 1∶2∶3，值得参考。

　　（5）附加值高　附加值是指当产品从原材料经加工到成品的过程中实际增加的价值，它包括工人劳动、能源消耗、技术开发和利润等费用。由于精细化学品的研究开发费用高、合成工艺精细、开发的时间长及技术密集度高，从而导致其必然具有较高的附加值。而且随着加工深度的增加，产品的附加价值也越来越大。

　　精细化学品的附加值一般高达 50％以上，比化肥和石油化工的 20％～30％的附加值高得多。据美国商业部工业经济局关于石油化工原料与有机化学品投入与产出的经济资料介绍，投入石油化工原料 50 亿美元，产出初级化学品 100 亿美元，再产出有机中间体 240 亿美元和最终成品 40 亿美元。一般而言，1 美元石油化工原料加工成合成材料，可增值 8 美元；若加工到精细化学品，则可增值到 106 美元。

1.4　发展精细化工的战略意义及重点和动向

　　精细化工是生产精细化学品的制造工业，是现代化学工业的重要组成部分，是发展高新技术的重要基础，也是衡量一个国家的科学技术发展水平和综合实力的重要标志之一。

1.4.1　发展精细化工的战略意义

　　众所周知，农业是国民经济的重要命脉，高效农业成为当今世界各国农业发展的大方向。高效农业中需要高效农药、兽药、饲料添加剂、肥料及微量元素等。全世界每年因病虫害造成粮食损失占可能收获量的 1/3 以上，使用农药后所获效益是农药费用的 5 倍以上，使用除草剂其效益可达 10 倍于物理除草，兽药和饲料添加剂可使牲畜生病少、生长快、产值高、经济效益大。可见，精细化工与农业发展有着密切的关系。

　　事实上，除农业外，精细化工与工业、国防、人民生活及尖端科学都有着极为密切的关系，是关系着经济建设和人民生活的重要工业部门，是化学工业发展的战略重点之一。20世纪 70 年代两次世界石油危机，迫使各国制定化学工业精细化的战略决策，这说明发展精细化学工业是关系国计民生的战略举措。精细化率是衡量一个国家和地区化学工业技术水平的重要标志。

$$精细化率 = \frac{精细化学品总值}{化工产品总值} \times 100\%$$

美国、西欧和日本等化学工业发达国家和地区，其精细化工也最为发达，精细化率达到 $60\% \sim 70\%$，代表了当今世界精细化工的发展水平。我国精细化工技术水平仅相当于发达国家 20 世纪 80 年代末、90 年代初的水平，精细化率不到 40%。致使石化工业和各项工业中所需的精细化学品有相当数量需要进口，每年需数十亿美元的外汇。可见发展精细化工对我国国民经济建设何等重要。

1.4.2　精细化工发展的重点和动向

早期的精细化工所强调的是技术本身的深化与密集，为满足消费者的需求，对精细化学品在功能或性能上均有较全面的要求。而现代精细化工的发展则表现为在对环境友好、生态相容的前提下追求技术的高效、专一。精细化工技术目前正经历着由"人与技术"概念向"人与技术及生态环境"概念转变的过程。此外，信息科学、生命科学、材料科学、微电子科学、海洋科学、空间科学技术等高新技术产业的发展，对精细化学品的种类、品种、性能和指标，提出了更高的要求，为精细化工发展开辟了广阔的前景。

（1）结构调整趋向优化　20 世纪 90 年代以来，一些跨国公司通过兼并和收买，调整经营结构，进行合理改组，独资或合资发展精细化工，使国际分工更为深化，技术、产品、市场形成了一个全球性的结构体系，并在科学技术推动下不断升级和优化。

（2）开辟精细化工新领域　主要有饲料添加剂、食品添加剂、表面活性剂、水处理剂、造纸化学品、皮革化学品、油田化学品、胶黏剂、生物化工、电子化学品、纤维素衍生物、丙烯酸及其酯、聚丙烯酰胺、气雾剂等。当前重点发展具有物理功能、化学功能、电气功能、生物化学功能、生物功能等的高分子材料。如功能膜材料、导电功能材料、医用高分子材料、有机电材料、信息转换与记录材料等。

（3）追求产品的高效性和专一性　在环境友好及生态相容的前提下，广泛采用高新技术，使产品向精细化、功能化、高纯化发展。

（4）开发精细化生产原料的新来源　发展绿色化学生产工艺，使精细化工生产过程由损害环境型向环境协调型发展，实现精细化学品的生产和应用全过程的控制。

1.5　学习精细化工对发展我国精细化工的重要性与迫切性

化学工业主要产品趋于相对稳定的平衡状态，但是精细化工仍然得到了快速的发展，全球精细化工以年均 5% 的速率增长。据报道，2007 年世界精细化学品市场销售额达到 3800 亿美元，2008 年世界精细化学品市场规模达到 4500 亿美元。在全球精细化学品市场份额中，美国精细化学品销售额约为 1250 亿美元，欧洲约为 1000 亿美元，日本约为 600 亿美元，三者合计约占世界的 75% 以上。

近 20 多年来，我国的精细化工发展较快，规划和建设已基本上形成了结构布局合理、门类比较齐全、规模不断发展的精细化工体系。染料、农药、涂料等传统精细化学品在国际上已具有一定的影响；另外，食品添加剂、饲料添加剂、胶黏剂、表面活性剂、电子化学品、油田化学品等新兴领域的精细化学品也较大程度地满足了国内经济建设和社会发展的需要。

即便如此，但由于产品质量、产品品种、技术水平、设备和经验等诸多因素的不足，我国的精细化学品生产还不能满足许多行业的需求，与发达国家之间存在较大的差距。例如，大型、超大型精化装备和高技术高附加值的精细化学品品种仍然高度依靠进口，某些精细化学品目前基本依赖进口的情况依然存在，农药等精细化学品技术含量仍有待提高，部分生产技术、生产流程和产品对环境污染严重等。因此，大力发展精细化工乃是我国化学工业发展的重中之重，面对国际宏观经济形势复杂多变，行业周期性回落等不利因素，加强技术创新，调整和优化精细化工产品结构，重点开发高性能化、专用化、绿色化产品，已成为当前精细化工发展的重要特征，也是今后我国精细化工发展的重点方向。《"十二五"石油和化工行业发展指南》提出，将培育壮大战略性新兴产业列为主要任务，提出到"十二五"末期形成一批以战略性新兴产业为主导的增长点，把精细和专用化学品率提高到45%以上。未来五年，随着国家对精细化工行业重视程度的逐步提高，我国精细化工行业将迎来大发展。

习　　题

1. 有机合成的任务、目的及内容是什么？其发展趋势如何？
2. 精细有机合成常见的单元反应有哪些？这些单元反应有什么特点？
3. 精细化工生产的特点有哪些？
4. 学习本课程有何意义？

2 有机合成反应的基本理论

精细化学品种类多、更新快、涉及范围广，其合成过程所应用的反应方式也较多，但从有机合成的角度来看，任何一种精细化学品都可以看成是一个或多个基本有机反应的产物，都不外乎是一些单元反应的排列与组合的结果。如同化工单元操作是化工生产的最基本要素一样，精细有机合成基本反应也是精细有机化学品合成的基础。通过这些基本反应和有机合成技术，才能实现各种精细有机化学品的生产。

有机化学反应大致可分为取代反应、消除反应、加成反应、重排反应、氧化-还原反应等。下面对一些基本的反应原理，分别作简单介绍。

2.1 脂肪族取代反应

取代反应应用范围最广，根据反应试剂的性质和反应物中共价键断裂的方式不同，可分为离子型取代反应和自由基取代反应。其中，离子型取代反应包括亲核取代反应和亲电取代反应两类。

2.1.1 脂肪族亲核取代反应

亲核取代反应在有机合成中既可以用于各种官能团的互变，又可以用于 C—C 键的生成，是最为重要的一类反应。脂肪族亲核取代反应最典型的是卤代烷与许多亲核试剂发生的亲核取代反应。

卤代烷中卤素电负性很强，C—X 键上的一对电子偏向卤素，使 C 原子上带部分正电荷，容易受带有一对电子的亲核试剂进攻，然后卤素带着一对电子离开。反应的通式如下：

$$RX + Nu^- \longrightarrow RNu + X^-$$

由于该反应是亲核试剂对带正电荷的碳原子进行攻击，因此称为亲核取代反应，用 S_N 表示。卤代烷是受试剂攻击的对象，称为底物；Nu^- 为亲核试剂，称为进入基团；X^- 为反应中离开的基团，称为离去基团。因攻击的对象是脂肪族化合物，故称为脂肪族亲核取代反应。表 2-1 列出了常见的卤代烷与多种亲核试剂发生的亲核取代反应。

表 2-1 常见的卤代烷亲核取代反应

反　应	产物	反　应	产物
$RX + OH^- \longrightarrow ROH + X^-$	醇	$RX + SCN^- \longrightarrow RSCN + X^-$	硫氰化物
$RX + H_2O \longrightarrow ROH + HX$	醇	$RX + CN^- \longrightarrow RCN + X^-$	腈
$RX + R'O \longrightarrow ROR' + X^-$	醚	$RX + NH_3 \longrightarrow RNH_2 + HX$	胺
$RX + I^- \longrightarrow RI + X^-$	碘化物	$RX + NO_2^- \longrightarrow RONO, RNO_2 + X^-$	亚硝酸酯、硝基烷
$RX + SH^- \longrightarrow RSH + X^-$	硫醇	$RX + R'C \equiv C^- \longrightarrow RC \equiv CR' + X^-$	炔化物

2.1.1.1 脂肪族亲核取代反应历程

卤代烷与多种亲核试剂发生的亲核取代，其反应历程有 S_N1 和 S_N2 两种形式。

（1）双分子亲核取代反应（S_N2）　S_N2 表示双分子亲核取代。这个历程中旧化学键的断裂和新化学键的形成是同时的，反应同步进行，其一般通式为：

$$Nu^- + RX \underset{慢}{\rightleftharpoons} [\overset{\delta+}{Nu} \cdots R \cdots \overset{\delta-}{X}] \underset{快}{\rightleftharpoons} RNu + X^-$$
过渡态

亲核试剂从反应物离去基团的背面进攻与它连接的碳原子，先与碳原子形成比较弱的键，同时离去基团与碳原子的键有一定程度的减弱，二者与碳原子成一直线形；碳原子上另外三个键逐渐由伞形转变成平面，但这需要消耗能量（即活化能），是反应最慢的一步，也是控制步骤。当反应进行并达到最高能量状态（过渡态）时，亲核试剂与碳原子之间的键开始形成，碳原子与离去基团的键断裂，碳原子上另外三个键由平面向另一边偏转，整个过程进行得很快。

因为控制反应速率的一步是双分子反应，需要两个分子碰撞，故此反应是双分子的亲核取代反应。例如，伯卤烷的水解反应：

过渡态

在反应中发生了分子的构型逆转，这是 S_N2 型反应的重要标志。这个双分子历程是二级反应，其反应速率与卤代烷的浓度、碱的浓度均成正比。

$$反应速率 = k_2[RX][OH^-]$$

（2）单分子亲核取代反应（S_N1） S_N1 反应历程是分步进行的。反应物首先离解为碳正离子和带负电荷的离去基团，这个过程需要能量，速率较慢，是控制反应速率的一步。当反应物分子离解后，碳正离子马上与亲核试剂结合，速度极快。S_N1 的反应历程一般表示为：

$$R-X \rightleftharpoons R^+ + X^-$$

$$R^+ + Nu^- \longrightarrow RNu$$

例如，叔丁基溴在碱作用下水解：

$$(CH_3)_3CBr \underset{慢}{\rightleftharpoons} [(CH_3)_3 \overset{\delta+}{C} \cdots \overset{\delta-}{Br}] \rightleftharpoons (CH_3)_3C^+ + Br^-$$

$$(CH_3)_3C^+ + OH^- \underset{快}{\rightleftharpoons} [(CH_3)_3 \overset{\delta+}{C} \cdots \overset{\delta-}{OH}] \rightleftharpoons (CH_3)_3C-OH$$

碳正离子是反应过程中的中间体，具有较高的反应活性，在反应中只能暂时存在，一般不能分离得到。整个反应速率决定于第一步的慢过程，由于这一步只涉及一种分子，因此这种反应是单分子的亲核取代反应。按 S_N1 历程的反应速率仅与作用物浓度成正比，而与亲核试剂的浓度无关，是一级反应。

$$反应速率 = k_1[RX]$$

一般情况下，卤代烷的亲核取代反应总是 S_N1 和 S_N2 两种历程并存，相互竞争，只是在某一特定条件下看哪种历程占优势。表 2-2 示出了溴代烷水解的反应速率。一般伯卤代烷主要按 S_N2 历程进行，叔卤代烷主要按 S_N1 历程进行，仲卤代烷则可以按两种历程同时进行；与强亲核试剂作用时，主要按 S_N2 历程进行，如有极性较强的溶剂存在时，主要按 S_N1 历程进行。

表 2-2 溴代烷（在 80% 乙醇水解溶液中，55℃）**水解速率**

溴代烷	$k_1 \times 10^{-5}/\text{s}^{-1}$	$k_2 \times 10^{-5}/[\text{L}/(\text{mol} \cdot \text{s})]$	溴代烷	$k_1 \times 10^{-5}/\text{s}^{-1}$	$k_2 \times 10^{-5}/[\text{L}/(\text{mol} \cdot \text{s})]$
CH_3Br	0.35	2140	$(CH_3)_2CHBr$	0.24	4.75
CH_3CH_2Br	0.14	171	$(CH_3)_3CBr$	1010	

2.1.1.2 影响因素

影响脂肪族亲核取代反应的因素有：底物结构，离去基团和亲核试剂的性质、浓度以及溶剂的性质等。

（1）底物结构 在 S_N2 反应中，反应速率与取代基大小直接相关，而与其吸电子或给电子的能力无关。例如，溴甲烷的反应速率最大，当碳上氢逐步被甲基取代，反应速率随之减小。这是由于取代基增多、空间位阻增大，致使反应速率下降。所以，随着连有卤素的碳原子上所连的取代基数目的增加，S_N2 取代反应的相对活性可排列成两个次序：

RBr	CH_3Br	C_2H_5Br	$(CH_3)_2CHBr$	$(CH_3)_3CBr$
相对活性	150	1	0.01	0.001

由此可见，卤代烷水解如按 S_N2 历程进行，反应活性由高到低的次序是：

伯卤代烷＞仲卤代烷＞叔卤代烷

在 S_N1 反应中，碳正离子的形成是控制反应速率的一步，其稳定程度决定了卤代烷的反应活性大小。当被进攻的碳原子上有其他给电子基团（如烯丙基、苄基、醚基）时，生成的碳正离子稳定，反应速率比没有这些取代基时大上千倍。

S_N1 取代反应中卤代烷的反应活性由高到低的次序是：

烯丙基卤代物＞苄基卤代物＞叔卤代烷＞仲卤代烷＞伯卤代烷＞CH_3X

当被进攻的碳原子上有吸电子基团（如 α-卤代羰基化合物、α-卤代氰基化合物）时，有利于 S_N2 的反应。

（2）离去基团的影响 无论是 S_N1 反应，还是 S_N2 反应，离去基团的吸电子能力越强，则越容易接受一对电子，它的离去倾向就越大，亲核取代反应速率也就越快。

OH^-、OR^-、NH_2^-、NHR^- 等基团在亲核取代反应中不易离去。例如，卤离子不易置换醇中的 OH^-，因此由醇制取卤代烷时，常以硫酸为催化剂，使—OH 在酸性条件下转化成质子化基团—OH_2^+，由于带有正电荷而使其吸电子能力增强，易于接受一对电子离去，变成较好的离去基团。

卤离子的离去倾向与卤离子的电负性大小正好相反：

$I^- > Br^- > Cl^- > F^-$

这是因为在共价键异裂中起关键作用的是 C—X 键的强弱，C—X 键弱的，X^- 容易离去；C—X 键强的，X^- 不易离去。C—X 的强弱次序为：

C—I＜C—Br＜C—Cl＜C—F

当 X^- 的离去倾向大时，反应容易按 S_N1 历程进行；X^- 的离去倾向小时，反应容易按 S_N2 历程进行。

（3）亲核试剂的影响　在亲核取代反应中，亲核试剂能提供一对电子与底物的碳原子成键，试剂的给电子能力强，成键快，也即亲核性强。在 S_N2 反应中，由于亲核试剂参与了过渡态的形成，亲核性对反应速率的影响是显著的。从溴甲烷与各种亲核试剂的 S_N2 反应的相对速率，可以看出亲核试剂的亲核性对反应速率的影响。表 2-3 是一些亲核试剂的亲核性。

表 2-3　一些亲核试剂的亲核性（$Nu^- + CH_3Br \longrightarrow NuCH_3 + Br^-$）

亲核试剂	相对反应性	亲核试剂	相对反应性	亲核试剂	相对反应性
H_2O	1.00	$C_6H_5O^-$	316	$C_6H_5NH_2$	3100
NO_3^-	1.02	C_5H_5N(吡啶)	400	SCN^-	5900
ROH	—	R_3N	—	I^-	10200
R_2S	—	Br^-	775	HS^-（RS^-）	12600
F^-	10	N_3^-	1000	CN^-	12600
CH_3COO^-	52.5	$(NH_2)_2C{=}S$	1250	SO_3^{2-}	12600
$HCOO^-$	56.5	HO^-	1600	$S_2O_3^{2-}$	220000
Cl^-	102	RO^-	—		

亲核试剂都有未共用电子对，都具有碱性。一般来说，试剂的碱性愈强，亲核能力也愈强。不过碱性代表试剂与质子的亲和能力，而亲核性则代表试剂在过渡态对碳原子的亲和力，二者在很多情况下是一致的。当试剂中亲核原子相同时，其亲核性的大小次序与碱性的强弱是一致的。例如，亲核原子为氧的一些试剂，其亲核性和碱性的次序都是：

$$RO^- > HO^- > C_6H_5O^- > RCOO^- > ROH > H_2O$$

带负电荷的试剂的亲核性比其共轭酸大。例如：

$$HO^- > H_2O；RO^- > ROH；RS^- > RSH$$

在周期表中，同一周期的元素所生成的同类型的亲核试剂，其亲核性的大小基本上与碱性的强弱一致。例如：

$$NH_2^- > HO^- > F^-$$
$$R_3C^- > R_2N^- > RO^- > F^-$$

在周期表中，同族元素所生成的同类型的亲核试剂，亲核性随电负性的下降而增高，与它们的碱性大小次序相反。因为原子序数越大越容易被极化，所以给电子倾向也越大。例如：

$$I^- > Br^- > Cl^- > F^-；RSH > ROH；C_6H_5S^- > C_6H_5O^-$$

（4）溶剂的影响　此外，溶剂对亲核试剂的亲核性也是有影响的。例如，卤离子在极性溶剂（如水、醇）中，亲核性的大小次序为：

$$I^- > Br^- > Cl^- > F^-$$

在非极性溶剂［如 N,N-二甲基酰胺（DMF）］中，亲核性的大小次序为：

$$I^- < Br^- < Cl^- < F^-$$

因此，溶剂的选择对 S_N2 反应是很重要的。

溶剂的极性对亲核取代反应历程和反应速率都有影响。在反应中，质子溶剂中的质子可与生成的负离子通过氢键溶剂化，使负电荷得到分散，负离子变得稳定，故有利于离解反应,即有利于反应按 S_N1 进行。

在 S_N2 反应中,亲核试剂要与底物形成过渡态,而溶剂和亲核试剂可以形成氢键,使亲核试剂活性减弱。在与底物形成过渡态时,要首先消耗一部分能量以破坏所形成的氢键。因此,增加溶剂的极性会使极性较大的亲核试剂溶剂化,不利于 S_N2 反应过渡态的形成,即不利于 S_N2 反应的进行。

总之,S_N1 反应在质子性溶剂中进行有利;S_N2 反应在非质子性溶剂中进行有利。

2.1.2 脂肪族亲电取代反应

在脂肪族亲电取代反应中,重要的有氢作离去基团的反应,碳作离去基团的反应和在氮上的亲电取代反应。

(1)氢作离去基团的反应 饱和烷烃中的质子很不活泼,亲电取代常在显酸性的位置上发生,例如羰基的 α 位,炔位 $RC\equiv CR'$ 等。许多不饱和的双键或叁键化合物用强碱处理后,分子中的双键或叁键往往发生迁移,例如:

$$R-CH_2-CH=CH_2 \xrightarrow[\text{二甲基亚砜}]{KNH_2} R-CH=CH-CH_3$$

反应经常获得平衡混合物,大多数是以热力学稳定的异构体为主。通常,末端烯能异构化为内烯,非共轭烯成为共轭烯,外向六元环烯变为内向六元环烯等。

叁键在碱的作用下,通过丙二烯中间体发生转移。强碱能把内炔变成末端炔,而较弱的碱对形成内炔有利,有时反应能在丙二烯阶段停下来,成为制备丙二烯的一种方法。

$$R-CH_2-C\equiv CH \rightleftharpoons R-CH=C=CH_2 \rightleftharpoons R-C\equiv C-CH_3$$

用酸作催化剂时,若底物的双键有几个可能的位置,通常会得到各种可能的异构体混合物。

醛和酮的 α 位氢比较活泼,可用氯、溴或碘进行卤化。

$$\underset{O}{\overset{}{\diagdown}}CH-C-R + Br_2 \xrightarrow{H^+ \text{或} OH^-} \overset{O}{-}C-\overset{\|}{C}-R + HBr$$

对于不对称酮,氯化的较好位置首先是 CH 基,其次是 CH_2 基,再次是 CH_3 基,但通常得到的是混合物。醛、酮的卤化反应,也可能制备多卤化物。当使用碱催化剂时,酮的一个 α 位被全部卤化之后才进攻另一个 α 位,直到 α 碳上所有的氢原子都被取代了,反应才停止。当用酸作催化剂时,反应容易停止在一卤代物阶段,但使用过量的卤素,则可以引进第二个卤素。在氯化反应中,第二个氯一般出现在第一个氯的同侧;而在溴化反应中,则能生成 α,α'-二溴代产物。

(2)碳作离去基团的反应 在这类反应中,发生 C—C 键的破裂,保留电子对的部分可视作底物,反应中有碳离去基团,可以认为是亲电取代反应。例如,脂肪酸的脱羧化。

$$RCOOH \longrightarrow RH+CO_2$$

除乙酸外,许多羧酸无论是以游离的酸,还是以盐的形式都可以成功地脱羧。能成功脱羧的脂肪酸在其 α 位或 β 位存在某些官能团、双键或叁键。

(3)在氮上的亲电取代反应 在这类反应中,亲电试剂与氮原子的未共用电子对相结合。苄伯胺与亚硝酸的重氮化反应是个典型例子。重氮化的历程如下:

$$2HNO_2 \xrightarrow{\text{慢}} N_2O_3 + H_2O$$

进攻试剂除了 N_2O_3 之外，其他可能是 $NOCl$、$H_2NO_2^+$，在高酸度体系中甚至可能是 NO^+。

亚硝酸化合物和羟胺缩合，可以生成氧化偶氮化合物：

$$RNO + R'NHOH \xrightarrow{-H_2O} R-N=N-R'$$

R,R' 可以是烷基或芳基。但当是两个不同的芳基时，生成的是氧化偶氮化合物的混合物，即 $ArNONAr$，$ArNOAr'$ 和 $Ar'NONAr'$，而且不对称的产物 $ArNOAr'$ 可能生成得最少。

2.2　芳香族取代反应

芳香族取代反应在有机合成中最为常见。芳环上的取代反应包括亲电、亲核和自由基取代反应，其中以亲电取代最为重要，如芳香族化合物的硝化、卤化、磺化、烷基化和酰基化等。

2.2.1　芳香族亲电取代反应

芳环是一个环状共轭体系，由于芳环上 π 电子高度离域，电子云密度较高，容易受到亲电试剂的进攻，发生亲电取代反应。

$$Ar-H + E^+ \longrightarrow Ar-E + H^+$$

式中，Ar 表示芳香基；E^+ 表示亲电试剂。

2.2.1.1　芳香族 π 络合物与 σ 络合物

芳烃具有与一系列亲电试剂形成络合物的特性。根据芳烃碱性的强弱和试剂亲电能力的强弱，所形成的络合物分为 π 络合物和 σ 络合物两大类，它们在结构和性质上是完全不同的。这两类络合物都很不稳定。在一般情况下，都不能从溶液中分离出来，只有在特殊条件下才能被观察到。其中络合物对芳香族亲电取代的反应历程起重大作用。

芳烃能与亲电能力较弱的试剂（例如 HCl，HBr，Ag^+ 等）形成 π 络合物。例如，将 HCl 气体通入苯中，HCl 与苯生成 π 络合物：

π 络合物

　　这种络合物是由芳环提供 π 电子生成的，π 络合物中 HCl 的质子与苯环的 π 电子之间只有微弱的作用，并没有生成新的共价键，H—Cl 键也没有破裂。π 络合物通常为无色或淡黄色，其溶液不导电。

　　芳烃能与亲电能力较强的试剂生成 σ 络合物。例如：

$$\text{HCl(气)} + \text{AlCl}_3\text{(固)} \rightleftharpoons \overset{\delta+}{\text{H}}\!-\!\overset{\delta-}{\text{Cl}}(\text{AlCl}_3)\text{(液)}$$

　　被无水 AlCl₃ 强烈极化的 HCl 中氢原子带有较多的正电荷，在反应瞬间能以 H⁺ 的形式插入芳环的 π 电子层里面，夺取一对电子，并与芳环上的某一特定碳原子形成 σ 键。σ 络合物一般为橙色，其溶液能导电。

　　有些 σ 络合物较为稳定，在特定条件下可以分离得到。例如，当 ω-三氟甲苯、硝基氟和三氟化硼一起混合，在 -100℃ 时可分离得到一种黄色的结晶态 σ 络合物；将其升温到 -50℃ 以上，则此 σ 络合物分解成间硝基-ω-三氟甲苯、氟化氢和三氟化硼。

　　上式中，σ 络合物经升温能定量地转化为相应的取代产物，由此可见，σ 络合物是反应过程的中间体。

　　π 络合物与 σ 络合物确实存在，σ 络合物与 π 络合物之间存在着平衡：

$$\underset{\text{π 络合物}}{\text{ArH} + \text{HF} \rightleftharpoons \text{ArH} \cdot \text{HF}} \rightleftharpoons \underset{\text{σ 络合物}}{\text{Ar}^+ \text{H}_2 \cdot \text{F}}$$

2.2.1.2　芳香族亲电取代反应历程

　　大多数亲电取代反应是按生成 σ 络合物中间产物的两步历程进行的。

　　亲电试剂进攻芳环，生成 σ 络合物，然后离去基团变成正离子离开，离去基团在多数情况下为质子。σ 络合物存在两种可能性，一是快速地脱掉 E⁺ 恢复为起始反应物 ArH，即 $k_{-1} \gg k_2$；二是快速地脱去 H⁺ 转变成产物 ArE，即 $k_2 \gg k_1$、k_{-1}，发生亲电取代反应。

　　如果亲电质点进攻芳环后，在芳环上引入了一个吸电子基，如硝基、卤基、酰基或偶氮基，会使芳环上的电子云密度降低，特别是与吸电子基相连的那个碳原子的电子云密度降低得最多，H⁺ 不易进攻这个位置而重新生成原来的 σ 络合物，因此也不易进一步脱落亲电质点，转变为原来的起始反应物。所以硝化、卤化、C-酰化和偶合等亲电取代反应实际上是不可逆的。

　　如果亲电质点进攻芳环后，在芳环上引入一个供电子基，如烷基，使得芳环上的电子云密度增大，特别是与烷基相连的碳原子增加得更多，H⁺ 就较易进攻这个位置而重新生成原先的 σ 络合物，并进一步脱去烷基，转变为起始的反应物，因此 C-烷基化常常是可逆的。

在一定条件下磺化反应也是可逆的。在 H_3O^+ 浓度和温度较高时，靠近—SO_3^- 的 H_3O^+ 较易与磺酸基相连的碳原子连接，重新转化为原来的 σ 络合物，使反应沿着逆方向进行。

2.2.1.3 芳香族亲电取代的定位规律

芳环上已有一个或几个取代基，若再引入新的取代基时，新取代基进入的位置和反应速率主要取决于芳环上已有的取代基的性质及其相对位置、亲电试剂的性质和反应条件等因素。其中已有取代基的性质最为重要。在芳香族取代反应中，以苯的亲电取代反应研究得最多。

可以将大部分取代基归纳为以下三类。

① 取代基只有给电子诱导效应（正的诱导效应），会使电子云向苯环偏移，从而增加苯环上的电子云密度，增大苯环的亲电能力，使苯环活化，这类取代基如烷基（其中甲基还具有超共轭效应，也是给电子的）。

② 取代基只有吸电子诱导效应（负的诱导效应），而且与苯环相连的原子没有孤对电子，其会使苯环上电子云向取代基偏移，从而降低苯环电子云密度，削弱苯环亲电能力，使苯环钝化。例如，—NR_3^+、—NO_2、—CF_3、—CN、—COR、—CHO、—COOH 等。

③ 取代基中与苯环相连的原子有孤对电子。例如，—NH_2、—OH、—OR 等，其通过与苯环共轭来供给苯环电子，具有给电子共轭效应（正的共轭效应），因其给电子共轭效应大于吸电子诱导效应，而使苯环活化。又如，—F、—Cl、—Br、—I 等，其通过与苯环共轭来移走苯环电子，具有吸电子共轭效应（负的共轭效应），从而使苯环钝化。

实验证明，能使苯环活化的取代基常使新取代基进入它的邻、对位；能使苯环钝化的取代基常使新取代基进入它的间位。但也有些取代基（如卤素），虽能使苯环钝化，却使新取代基进入它的邻、对位。根据已有取代基对新取代基的定位作用可将取代基分为两类。具有邻、对位定位作用的取代基称为第一类定位基；具有间位定位作用的取代基称为第二类定位基。两类定位基列于表 2-4 中。

表 2-4 邻、对位定位基和间位定位基

定位效应	强度	取 代 基	电子效应	综合性质
邻、对位定位	最强	O^-	给电子诱导效应，给电子共轭效应	活化基
	强	NR_2，NHR，NH_2，OH，OR	吸电子诱导效应小于给电子共轭效应	
	中	OCOR，NHCOR		
	弱	NHCHO，C_6H_5，$CH_3^①$，$CR_3^①$		
	弱	F，Cl，Br，I，CH_2Cl CH=CHCOOH，CH=CHNO_2	吸电子诱导效应大于给电子共轭效应	钝化基
间位定位	强	COR，CHO，COOR，$CONH_2$，COOH，SO_3H， CN，NO_2，$CF_3^②$，$CCl_3^②$	吸电子诱导效应，吸电子共轭效应	
	最强	NH_3^+，NR^+	吸电子诱导效应	

① 给电子诱导效应，给电子超共轭效应。

② 只有吸电子诱导效应。

由表 2-4 可知，两类取代基有三种不同的表现方式：活化苯环的邻、对位定位基，钝化苯环的间位定位基，钝化苯环的邻、对位定位基。表中 CH_3 为弱活化基，若甲基上的氢逐渐被氯取代，则成为 CH_2Cl、$CHCl_2$、CCl_3 基，则原来的给电子效应转变为逐步增强的吸电子效应，原来的弱活化基团转变为强钝化基团。

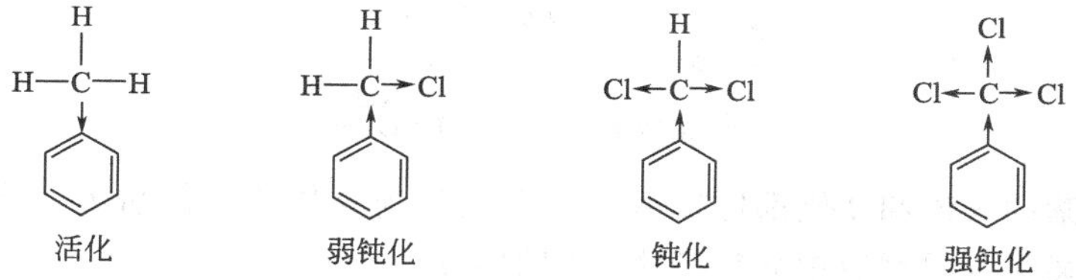

活化　　　　弱钝化　　　　钝化　　　　强钝化

取代基的定位规律实质上是个反应速率问题；如反应中邻、对位取代反应速率快，即间位取代反应速率慢，结果就显现出邻、对位定位；反之，如间位取代反应速率快，就显现出间位定位的结果。

① 当苯环上已有了两个取代基，引入第三个取代基时，新取代基进入环上位置主要取决于已有取代基的类型、定位能力的强弱和其相对位置。若两个已有取代基属于同一类型并处于间位，其定位作用与上述讨论一致。例如：

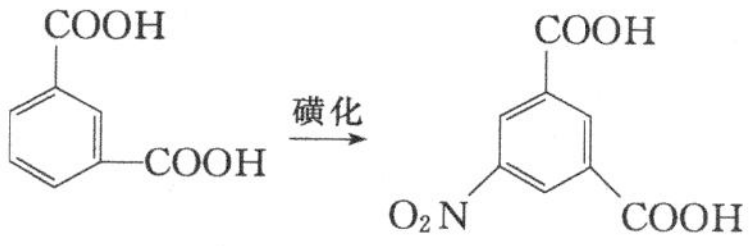

主产物　　　　少量

当两个已有的取代基属于不同类型并处于邻位或对位时，其定位作用也是一致的。例如：

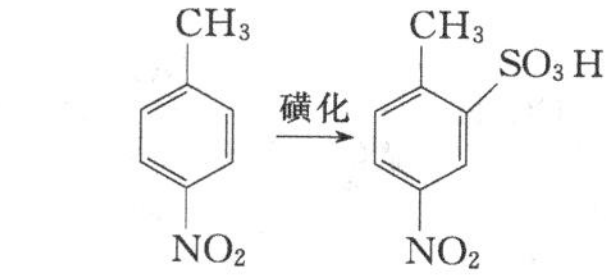

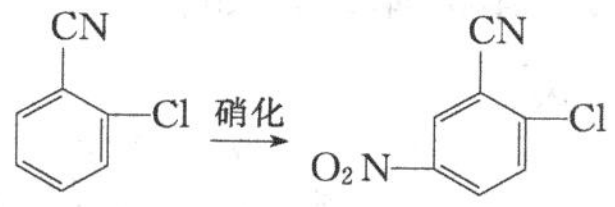

如果两个已有的取代基对新取代基的定位作用不一致，新取代基进入的位置将取决于已有取代基的相对定位能力。通常第一类定位基的定位能力高于第二类定位基。

当两个已有的取代基属于不同类型并处于间位时，其定位作用是不一致的。此时，新取代基主要进入第一类取代基的邻位或对位。例如：

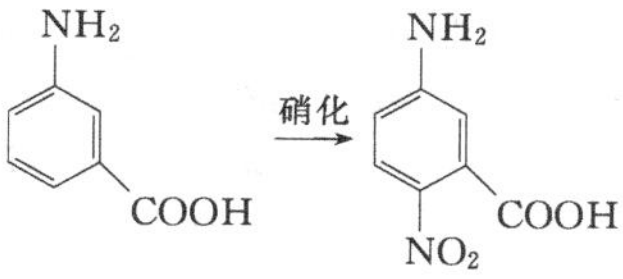

当已有的两个取代基属于同一类型并处于邻位或对位时，新取代基进入的位置取决于定

位能力较强的取代基。例如：

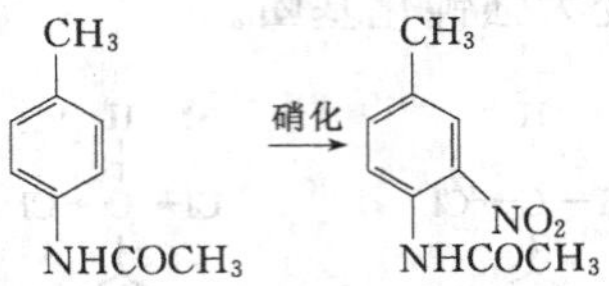

与苯相比，萘的 α 位和 β 位都比较活泼。而且萘的 α 位比 β 位活泼，亲电质点 E^+ 优先进攻 α 位。萘在某些取代反应中异构产物比例如下：

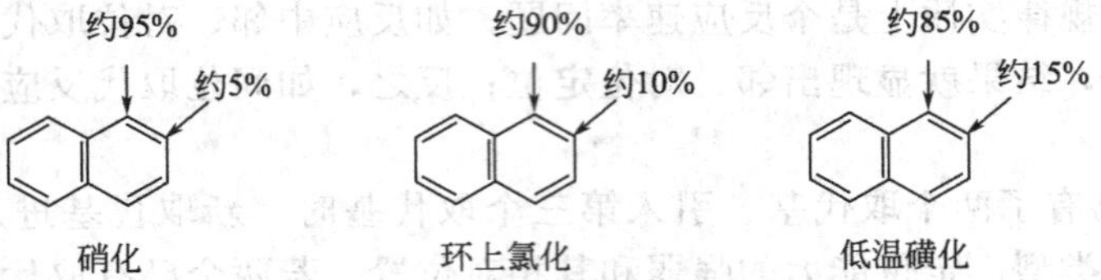

约95%　　　约5%　　　　约90%　　　约10%　　　　约85%　　　约15%

硝化　　　　　　　环上氯化　　　　　低温磺化

② 当萘环上已有一个取代基再引入第二个取代基时，新取代基进入环上的位置不仅与取代基的性质有关，而且还与亲电试剂类型和反应条件有关。当萘环上已有一个第一类定位基，则新取代基进入它的同环。若已有取代基在 α 位，则新取代基进入它的邻位或对位，并且常常以其中的一个位置为主。例如：

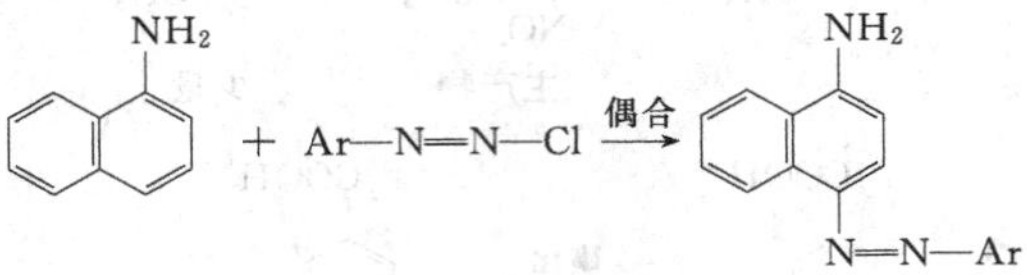

当已有的取代基处在 β 位，则新取代基主要进入同环的 α 位，生成 1,2-异构体。例如：

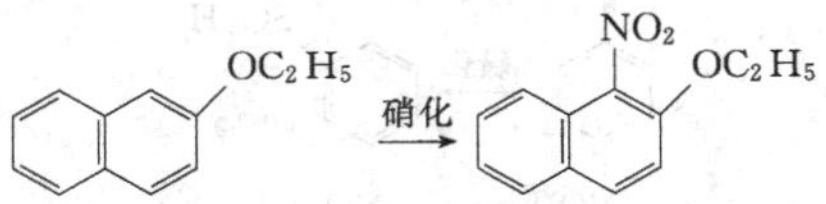

但在个别情况下，也会生成 2,3-异构体。例如：

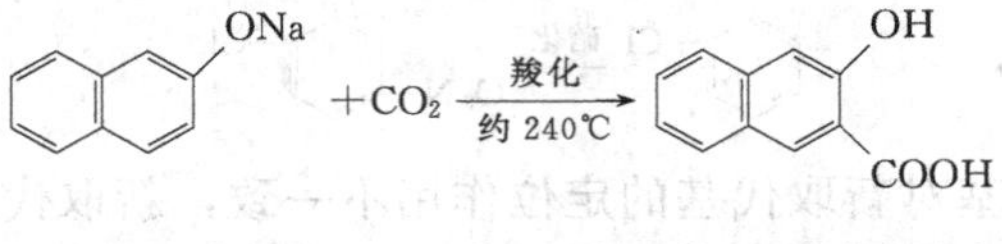

如果已有的取代基是第二类定位基，通常，新取代基进入没有取代基的另一个环上，并且主要是 α 位。例如：

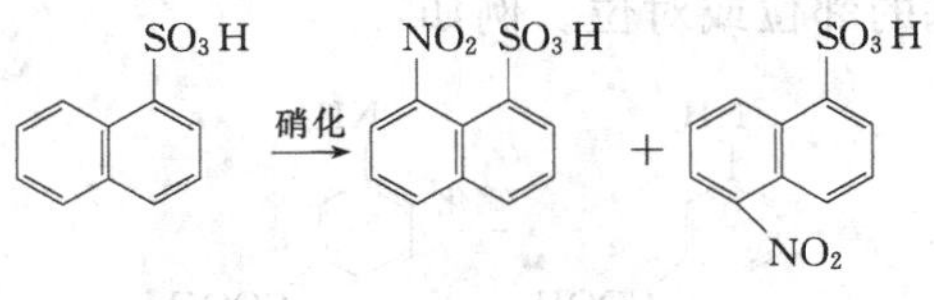

2.2.2 芳香族亲核取代反应

芳香族亲核取代是通过亲核试剂优先进攻芳环上电子云密度最低的位置而实现的。芳香族亲核取代反应的难易程度和定位规律与亲电取代反应正好相反。芳香族亲核取代反应可分为：芳环上氢的亲核取代、芳环上已有取代基的亲核取代和通过苯炔中间体的亲核取代。常用的亲核试剂有以下两类：

① 负离子 OH^- 、RO^- 、$NaSO_3^-$ 、NaS^- 、CN^- ；

② 极性分子中偶极的负端 NH_3 、RNH_2 、$RR'NH$ 、$ArNH_2$ 、NH_2OH 。

（1）对芳环上氢的亲核取代反应　　由于芳环和亲核试剂电子云密度都比较高，而且苯环的 π 电子云具有排斥亲核质点接近的倾向，所形成的带负电荷的中间络合物（a）要比带正电的 σ 络合物（b）的稳定性小得多。因此亲核试剂对芳环上氢的亲核取代反应要比亲电取代反应困难得多。

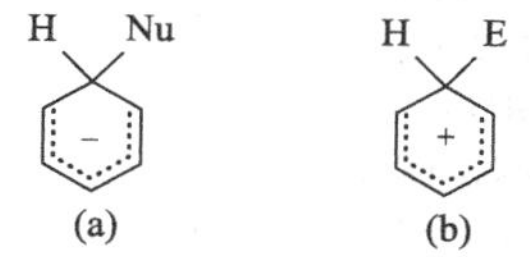

但是，如果芳环上有一个强的吸电子取代基，亲核取代反应便成为可能。例如，硝基苯的羟基化：

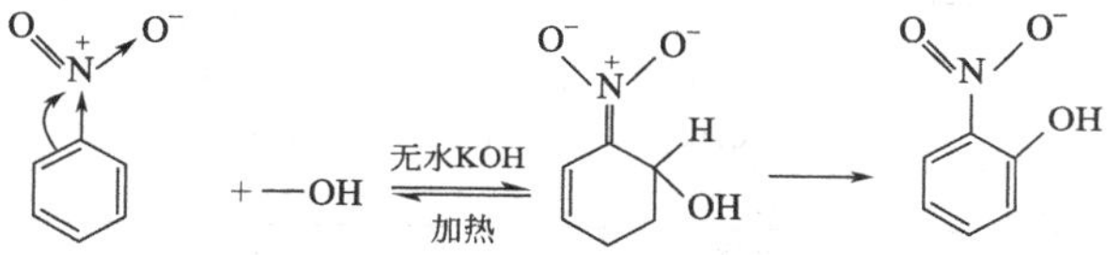

硝基是强吸电子取代基，它使邻位和对位的电子云密度下降得比间位更多，所以羟基可进入硝基的邻、对位，发生亲核取代反应。所以在亲核取代反应中硝基具有邻、对位的作用。

例如，作为分散染料重要中间体之一的2,6-二氰基-4-硝基苯胺的合成。

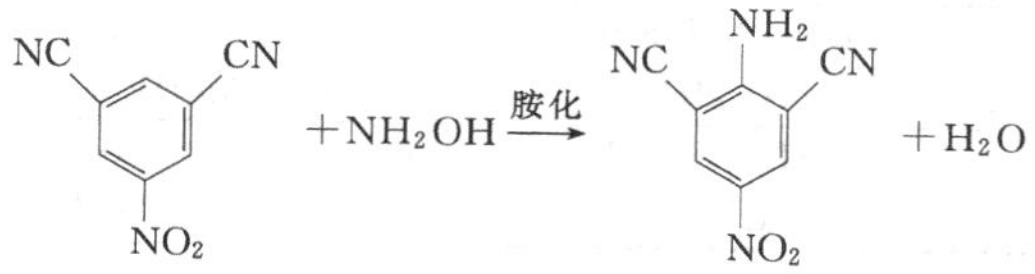

与亲电取代相反，吸电子取代基使芳环的电子云密度降低而使亲核取代反应容易一些，然而，即使芳环上有两个强吸电子取代基，反应也不易取得良好的结果。另外，吸电子基还会使芳环上与其相连的碳原子的电子云密度降低得更多，而使亲核试剂比较容易地进攻这个位置，发生已有取代基的亲核置换反应。

（2）对芳环上已有取代基的亲核置换反应　　芳环上已有取代基的亲核置换在有机合成中相当重要。通常，亲电取代只能在芳环上引入磺基、硝基、卤基、烷基、酰基、羧基和偶氮基，而要在芳环上引入—OH、—OR、—OAr、—NH_2、—NHR、—NRR'、—NHAr、—CN 和—SH 等取代基时，则常常采用对芳环上已有取代基的亲核置换反应。这是因为直接对芳环上的氢进行亲核取代是相当困难的，而当芳环上具有吸电子基时，会使与吸电子基相连的碳原子的电子云密度比其他碳原子降低得更多，有利于亲电质点对这个位置的进攻，发生已有取代基的亲核置换反应。在许多情况下，这类反应容易进行，产率也较高。表2-5列出了重要的芳环上已有取代基的亲核置换反应。

有时欲在指定位置引入磺酸基或卤素，也要用到这类反应。例如：

表 2-5　芳环上已有取代基的亲核置换反应

反应物	亲核试剂	反应产物	单元反应
ArCl 或 ArBr	$NaOH, H_2O$	ArOH	羟基化
	RONa	ArOR	烷氧基化
	$Ar'ONa, Ar'OK$	ArOAr'	芳氧基化
	NH_3, NH_4OH	$ArNH_2$	氨解
	RNH_2	ArNHR	氨解
	Na_2SO_3	$ArSO_3Na$	磺化
	Na_2S	ArSH	
	NaCN	ArCN	
$ArSO_3H$	NaOH, KOH	ArOH	羟基化
	NH_4OH	$ArNH_2$	氨解
	$Ar'NH_2$	ArNHAr'	芳氨基化
	NaCN	ArCN	
$ArNO_2$	ROK	ArOR	烷氧基化
	$Ar'OK$	ArOAr'	芳氧基化
	NH_4OH	$ArNH_2$	氨解
	Na_2SO_3	$ArSO_3Na$	磺化
$ArN_2^+ \cdot Cl^-$ 或 $ArN_2^+ \cdot HSO_4^-$	H_2O	ArOH	羟基化
	HCl(CuCl)	ArCl	卤素置换
	$Na[Cu(CN)_2]$	ArCN	
$ArNH_2$	$H_2O(NaHSO_4)$	ArOH	羟基化
	$Ar'NH_2$	ArNHAr'	芳氨基化
ArOH	NH_3, NH_4OH	$ArNH_2$	氨解
	$Ar'NH_2$	ArNHAr'	芳氨基化

　　当芳环上还有其他吸电子基团时，反应就容易进行，处于离去基团邻、对位的吸电子基团比处于间位更容易使离去基团被亲核试剂所置换。当芳环上同时有卤素和其他吸电子基团时，通常是卤基优先发生亲核置换。在一般情况下，重氮基容易分解，氰基容易水解。

2.3　自由基反应

　　自由基反应也称游离基反应，是有机合成中的一类重要反应。许多反应，尤其是高温或气相反应是自由基反应。

2.3.1　自由基反应和自由基的形成

　　自由基反应是通过 σ 键均裂进行的，成键的一对电子平均分给两个原子或原子团：

$$A \!:\! B \longrightarrow A \cdot + B \cdot$$

均裂生成的带电子的原子或原子团称为自由基或游离基，自由基是自由基反应的活性中间体，很少数的自由基能稳定存在。自由基反应一经引发，通常能很快进行下去，是快速连锁反应。其历程包括链引发、链增长和链终止三个步骤。以甲烷氯化为例：

链引发
$$Cl_2 \xrightarrow{\text{光或热}} 2Cl\cdot$$
$$Cl\cdot + CH_4 \longrightarrow CH_3\cdot + HCl$$

链增长
$$CH_3\cdot + Cl_2 \longrightarrow CH_3Cl + Cl\cdot$$
$$\cdots\cdots$$
$$Cl\cdot + Cl\cdot \longrightarrow Cl_2$$

链终止
$$CH_3\cdot + Cl\cdot \longrightarrow CH_3Cl$$
$$CH_3\cdot + CH_3\cdot \longrightarrow CH_3{-}CH_3$$

自由基反应容易受到酚类、醌类、二苯胺、碘等物质的抑制，这些物质能非常快地与自由基反应，使自由基反应终止。如果反应体系中有抑制性物质存在，只有物质全部消耗后，才能开始链增长反应。

自由基的活性较高，它与其他分子的反应一般是很快的，常常会同时发生几种反应，生成复杂的产物，很少能达到理论产率。自由基反应也能在溶液中进行，酸、碱的存在或溶剂极性的改变，对自由基反应影响很少，非极性溶剂能抑制离子的形成，有利于自由基反应的进行。与碳正离子或碳负离子相比，自由基在溶液中生成后，对其他底物的进攻或对同一底物进攻其不同位置的选择性都是比较低的。

自由基反应首先要产生一定数量的自由基。由中性分子生成自由基，常用的方法有热解、光解和氧化还原反应。

（1）**热解**　化合物在一定温度下受热，发生热解，产生自由基。不同化合物的热解所需要的温度不同。过氧化物含有容易均裂的—O—O—键，可在比较低的温度下就热解生成自由基。

$$(CH_3)_3C{-}O{-}O{-}C(CH_3)_3 \xrightarrow{100\sim130℃} 2(CH_3)_3CO\cdot$$
$$C_6H_5CO{-}O{-}O{-}COC_6H_5 \xrightarrow{60\sim100℃} 2C_6H_5CO{-}O\cdot$$
$$C_6H_5C(CH_3)_2{-}O{-}O{-}H \xrightarrow{100℃} C_6H_5C(CH_3)_2{-}O\cdot + HO\cdot$$
$$C_6H_5CO{-}O{-}O{-}C(CH_3)_3 \xrightarrow{\triangle} C_6H_5COO\cdot + (CH_3)_3CO\cdot$$

有些偶氮化合物也可以在较低的温度下热解。例如：

$$\underset{CN}{(CH_3)_2C}{-}N{=}N{-}\underset{CN}{C(CH_3)_2} \xrightarrow{60\sim100℃} 2\underset{CN}{(CH_3)_2C}\cdot + N_2\uparrow$$

$$(C_6H_5)_3C{-}N{=}N{-}C_6H_5 \xrightarrow{50℃} (C_6H_5)_3C\cdot + C_6H_5\cdot + N_2\uparrow$$

（2）**光解**　光解也是产生自由基的一种重要方法，许多化合物在适当波长的光照下都可以产生自由基。例如：

$$Cl_2 \xrightarrow{\text{光照}} 2Cl\cdot$$
$$(CH_3)_3C{-}O{-}O{-}C(CH_3)_3 \xrightarrow{\text{光照}} 2(CH_3)_3CO\cdot$$
$$CH_3COCH_3(\text{蒸气}) \xrightarrow{\text{光照}} CH_3OC\cdot + CH_3\cdot$$

光解可以在任何温度下进行，并且可以通过调节光的照射强度而控制自由基的生成速度。

（3）氧化还原反应　反应物分子在氧化还原反应中只需取得或失去一个电子，就可以生成自由基。例如：

$$H_2O_2 + Fe^{3+} \longrightarrow HO\cdot + Fe(OH)^{2+}$$

$$C_6H_5CO{-}O{-}O{-}COC_6H_5 + Cu^{+} \longrightarrow C_6H_5COO\cdot + C_6H_5COO^{-} + Cu^{2+}$$

$$(CH_3)_3COOH + Co^{3+} \longrightarrow (CH_3)_3C{-}O{-}O\cdot + Co^{2+} + H^{+}$$

$$(C_6H_5)_3C{-}Cl + Ag \longrightarrow (C_6H_5)_3C\cdot + Ag^{+}Cl^{-}$$

$$C_6H_5CHO + Fe^{3+} \longrightarrow C_6H_5\dot{C}O + H^{+} + Fe^{2+}$$

2.3.2 自由基反应的分类

（1）取代反应和加成反应　自由基有一个未配对的电子，它与分子反应时，产生一个新的自由基，或是一个新的自由基和一个安定的分子。例如：

$$C_{12}H_{26} + Cl\cdot \longrightarrow C_{12}H_{25}\cdot + HCl$$

$$C_{12}H_{25}\cdot + SO_2Cl_2 \longrightarrow C_{12}H_{25}SO_2Cl + Cl\cdot$$

$$CH_3CH{=}CH_2 + Br\cdot \longrightarrow CH_3\dot{C}HCH_2Br$$

$$CH_3\dot{C}HCH_2Br + HBr \longrightarrow CH_3CH_2CH_2Br + Br\cdot$$

$$CH_3\cdot + Cl\cdot \longrightarrow CH_3Cl$$

$$CH_3\cdot + CH_3\cdot \longrightarrow CH_3{-}CH_3$$

反应生成的新自由基又可以继续与别的分子反应。因此，自由基反应往往是连锁反应。

（2）偶联和歧化　两个自由基相遇，多数情况下是偶联生成安定的分子。

$$2CH_3CH_2CH_2\cdot \longrightarrow CH_3CH_2CH_2CH_2CH_2CH_3$$

有时，一个自由基可以从另一个自由基的β碳上夺取一个质子，变成安定的化合物，另一个自由基则变成不饱和化合物。例如：

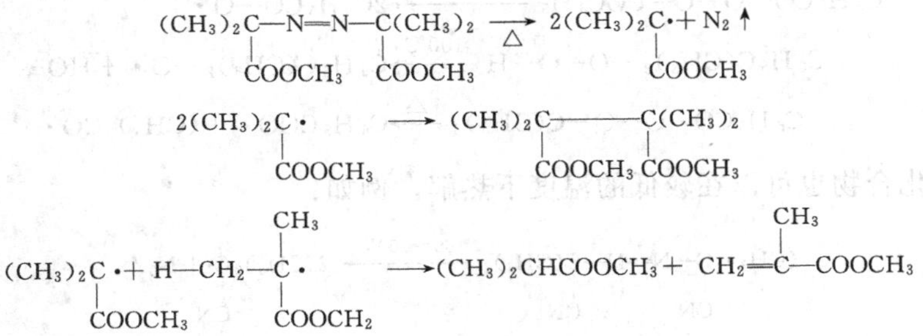

（3）碎裂和重排　有的自由基生成后容易碎裂成安定分子和一个新的自由基，断裂的共价键往往是未配对电子所在原子的β位。

$$RCF_2CF_2CF_2CF_2\cdot \longrightarrow R\cdot + 2CF_2{=}CF_2$$

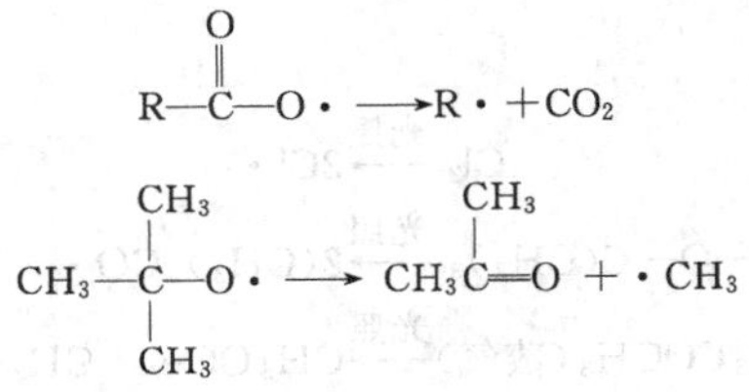

在少数情况下还发生重排可能。

$$[(C_6H_5)_3CCH_2\overset{O}{C}O]_2 \xrightarrow{\triangle} 2(C_6H_5)_2CCH_2C_6H_5 + 2CO_2$$
过氧化二(β-三苯基丙酸)

（4）氧化还原反应　自由基与适当的氧化剂或还原剂作用，可以氧化成正离子或还原成负离子。

$$HO\cdot + Fe^{2+} \longrightarrow HO^- + Fe^{3+}$$
$$Ar\cdot + Cu^+ \longrightarrow Ar^+ + Cu$$

自由基反应在有机合成中有着广泛的应用，可形成 C—X、C—O、C—S、C—N 和 C—C 等键，以制取各种有机化工产品。例如，甲苯的侧链氯化可以制取一氯苯甲烷、二氯苯甲烷及三氯苯甲烷。重氮盐与氯化亚铜或溴化亚铜作用，可制取芳香族氯化物或溴化物。一般认为它们是按自由基反应进行的。

$$Ar\overset{+}{N_2}X^- + CuX \longrightarrow Ar\cdot + N_2\uparrow + CuX_2$$
$$Ar\cdot + CuX_2 \longrightarrow ArX + CuX$$

石蜡烃磺氧化制取仲烷基磺酸盐的反应是生成 C—S 键的自由基反应。

$$RH + SO_2 + O_2 \xrightarrow{光} RSO_2OOH$$
$$RSO_2OOH + SO_2 + H_2O \longrightarrow RSO_2OH + H_2SO_4$$

产物 RSO_2OH 中和后得到仲烷基磺酸盐（SAS）。与磺氯化法相比，磺氧化法制得的烷基磺酸盐无氯、低毒性、去污力较强，漂洗、溶解性和抗硬水性好，润湿性和生物降解性也都比较好。

2.4　加成反应

常见的加成反应分三种类型，即亲电加成、亲核加成和自由基加成。

2.4.1　亲电加成

最常见的例子是烯烃的加成，又叫马氏加成，由马尔科夫尼科夫规则而得名。这个反应分为两个阶段，首先是生成碳正离子中间产物，这是速率控制步骤。

$$RCH{=}CH_2 + HCl \xrightarrow{慢} R\overset{+}{C}H{-}CH_3 + Cl^-$$

然后是

$$R\overset{+}{C}H{-}CH_3 + Cl^- \xrightarrow{快} R{-}\underset{Cl}{CH}{-}CH_3$$

如果烯烃双键的碳原子上含有烷基，则在受到亲电试剂攻击时，连有更多烷基取代基的位置将优先生成碳正离子。这是由于供电子的烷基可使碳正离子更稳定。

$$(CH_3)_2C{=}CHCH_3 + HCl \longrightarrow (CH_3)_2\overset{+}{C}{-}CH_2CH_3 + Cl^- \longrightarrow (CH_3)_2\underset{Cl}{C}{-}CH_2CH_3$$

反之，吸电子基团则降低直接与其相连的碳正离子的稳定性。例如：

$$O_2N-CH=CH_2 + HCl \longrightarrow O_2N-CH_2-\overset{+}{C}H_2 + Cl^- \longrightarrow O_2N-CH_2CH_2Cl$$

当烯烃受到亲电试剂攻击，生成中间产物碳正离子以后，存在着质子消除和亲核试剂加成两个竞争反应。在加成反应受到空间位阻时，将有利于发生质子消除反应。例如：

$$(C_6H_5)_3C-C=CH_2 \xrightarrow{Br_2} (C_6H_5)_3C-\overset{+}{C}-CH_2Br \xrightarrow{-H^+}$$
$$\underset{CH_3}{|} \qquad\qquad\qquad \underset{CH_3}{|}$$

$$(C_6H_5)_3C-C-CH_2Br + (C_6H_5)_3C-C=CHBr$$
$$\underset{CH_2}{\parallel} \qquad\qquad\qquad \underset{CH_3}{|}$$

含有两个或更多共轭双键的化合物在进行加成反应时，由于中间产物碳正离子的电荷可离域到两个或更多个碳原子上，得到的产物常常是混合物。例如：

$$CH_2=CH-CH=CH_2 \xrightarrow{Br_2} [CH_2=CH-\overset{+}{C}H-\underset{Br}{\overset{|}{C}}H_2 \rightleftharpoons CH_2-CH=CH-\underset{Br}{\overset{|}{C}}H_2]$$

$$\xrightarrow{Br^-} CH_2=CH-\underset{Br}{\overset{|}{C}}H-\underset{Br}{\overset{|}{C}}H_2 + CH_2-CH=CH-\underset{Br}{\overset{|}{C}}H_2$$

2.4.2 亲核加成

亲核加成中最重要的是羰基的亲核加成。在羰基中氧原子的电负性比碳原子高得多，因此氧原子带有部分负电荷，而碳原子则带有部分正电荷，易于发生亲核加成反应。

$$\overset{\delta+}{\underset{}{>}}C=\overset{\delta-}{O}$$

醛和酮常常能与亲核试剂发生亲核加成反应，其中亲核试剂的加成是速率控制步骤。其反应通式为：

$$R_2C=O + CN^- \xrightarrow{慢} R_2C-O^- \xrightarrow[H_2O]{快} R_2C-OH + OH^-$$
$$\qquad\qquad\qquad\qquad \underset{CN}{|} \qquad\qquad \underset{CN}{|}$$

在羰基邻位有大的基团存在时，将阻碍加成反应进行。芳醛、芳酮的反应比脂肪族同系物要慢，这是由于在形成过渡态时，破坏了羰基的双键与芳环之间共轭的稳定性。

酸、酰卤、酸酐、酯和酰胺等分子中的羰基也可接受亲核试剂的攻击，但得到的产物不是添加了质子，而是脱去了电负性基团，因此，这个反应也可看成是取代反应。例如，酰氯的水解反应就是通过脱去氯离子而得到羧酸的。

$$R-\underset{Cl}{\overset{|}{C}}=O + OH^- \longrightarrow R-\underset{Cl}{\overset{OH}{\underset{|}{C}}}-O^- \xrightarrow{Cl^-} R-COOH \xrightarrow{OH^-} R-COO^-$$

2.4.3 自由基加成

自由基加成是反应试剂在光、高温或引发剂的作用下先生成自由基，然后与C=C发生加成反应，属于链反应。较重要的自由基加成反应有卤素、卤化氢对碳碳双键的加成、自由基的聚合反应等。

现已证实许多试剂 X—Y（X：H 或卤原子，Y：C 或杂原子）在有引发剂（In·）存在的条件下能和烯烃发生自由基加成反应。

$$RCH\!=\!CH_2+X\!-\!Y \longrightarrow RCHCH_2 \begin{smallmatrix} X \\ | \\ \\ | \\ Y \end{smallmatrix}$$

引发：　　　　$In\cdot+X\!-\!Y \longrightarrow In\!-\!X+Y\cdot$

传递：　　　　$RCH\!=\!CH_2+Y\cdot \longrightarrow R\overset{\cdot}{C}HCH_2Y$

$$R\overset{\cdot}{C}HCH_2Y+X\!-\!Y \longrightarrow RCHCH_2Y \atop X$$

终止：　　　　$2R\overset{\cdot}{C}HCH_2Y \longrightarrow YCH_2CHCHCH_2Y \overset{R\ R}{}$

$$R\overset{\cdot}{C}HCH_2Y+RCH\!=\!CH_2 \longrightarrow YCH_2CHCH_2\overset{\cdot}{C}HR \overset{R}{}$$

习　题

1. 为什么说亲核试剂的碱性越强，其亲核性也就越强？

2. 1-戊烯的溴加成反应速率在水中是在 CCl_4 中的 10^{10} 倍，为什么？

3. 脂肪族亲核取代反应有哪两种反应历程？

4. 为什么说苯环的典型反应是亲电取代反应？该反应是按何种历程进行的？

5. 自由基反应具有什么特点？

6. 芳环上哪些取代基可以发生亲核置换反应？这些反应在有机合成中有何意义？

3　有机合成单元反应的工业应用统计

精细化工包括化学医药、农药、染料、颜料、香料、助剂等，名目繁多，其工业制造技术一般包括：原料纯化、反应制备、产物精制和纯化、加工应用四个步骤。其中反应制备是其主要的核心技术，往往是实现工程放大与工业化的关键之一，而这一关键的突破有赖于工业有机化学家考察合成路线时所选择、确定的具有工业可行性的精细有机合成反应。

通过对几大类精细化工过程中常涉及的合成反应大类、小类的统计分析，以掌握精细化工各大类合成反应的异同性，有助于在开发技术时选择合适的反应方法；再则可帮助人们在建设多功能车间时合理集约安排反应装置。

3.1　医药工业合成反应统计与分析

通过对 270 种常用药物在工业合成中所涉及的反应分类统计可知（表 3-1），杂原子上的烷基化，水解、氨解、醇解等溶剂化，缩合，卤化，酰基化，还原等在化学制药中广泛使用；另外，还有一些精细化工大类中不常用的其他反应类型，如溶剂分解、酸化、脱羧、消除等。

表 3-1　反应使用频率百分数

反应类型	百分数/%	反应类型	百分数/%	反应类型	百分数/%
烷基化	22.3	还原	9.0	重排	1.7
溶剂分解	12.3	酯化	5.3	磺化	1.6
缩合	11.3	氧化	5.3	硝化	1.6
卤化	10.9	酸化	4.1	脱羧	1.5
酰化	9.6	重氮化	1.8	消除	1.5

3.1.1　缩合、烷基化及酰基化

对缩合、烷基化、酰基化作进一步的分析，可以发现以下结果，见表 3-2～表 3-4。

表 3-2　缩合反应

反　　　　应		百分数/%
α-C 上的缩合	羟烷基化	30
	卤烷基化	6
	氨烷基化	43.7
β-C 上的缩合		11
亚甲基化		9.6

表 3-3　烷基化

发生的原子	百分数/%	发生的原子	百分数/%
N	54.3	O	16.5
C	20.6	S	8.6

表 3-4　酰基化

发生的原子	百分数/%
C	23.5
N	76.5

可见，在这三类反应中，N 原子上的反应都是占了最大比例，这是由于胺、酰胺及各种含 N 杂环结构在药物中经常出现，制备这些药物时，N 原子上的烷基化、酰基化、缩合等反应必将大量使用。如杀菌剂度米芬（Domiphen bromide）的合成：

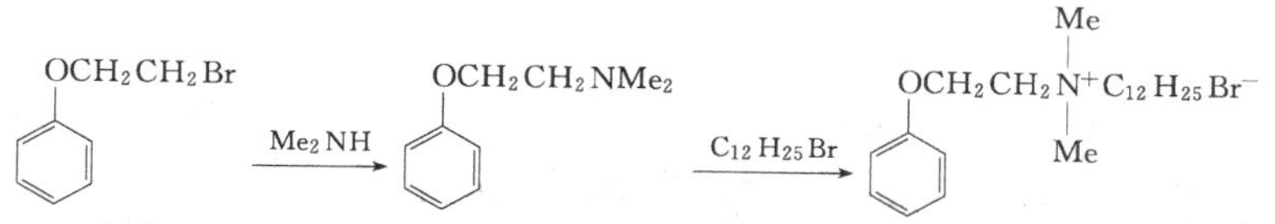

利尿剂氢氯噻嗪（Hydrochlorothiazid）的合成：

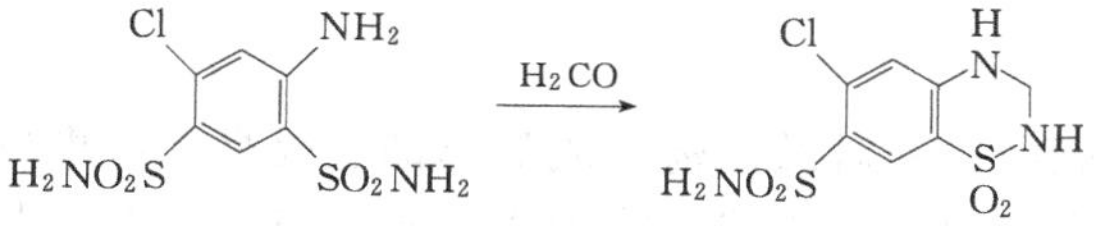

酞的合成中利用酰基化对氨基的保护：

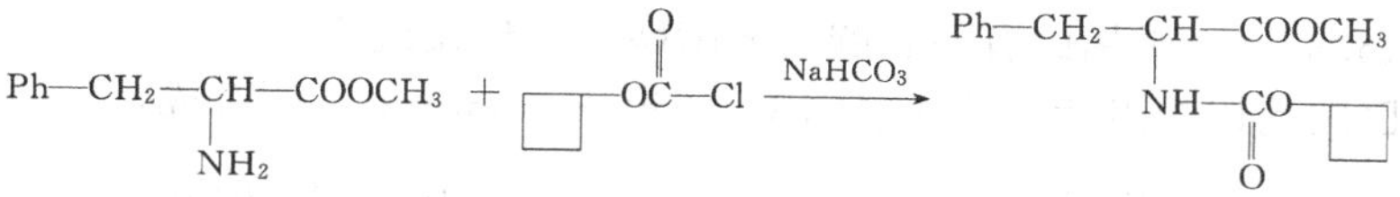

3.1.2 卤化

卤化反应中常引入的卤素有 Cl、Br，通过比较可以发现，置换卤化最常用（56.5%），取代卤化次之（37.4%），加成最少（6.1%）。因此，置换反应是引入卤原子最常用的方法。醇羟基、酚羟基以及羧基均可被卤基置换，常用的卤化剂有氢卤酸、含磷及含硫卤化物等。如医药中间体 2-氯甲基四氢呋喃的合成：

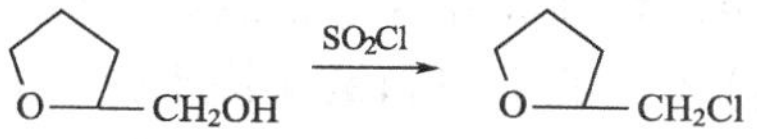

对于氟的引入，也常用置换方法。如医药中间体邻氟硝基苯的合成：

3.1.3 还原反应

还原反应中，使用频率次序如下：催化氢化（45.5%），电子还原剂（28.6%），氢负离子试剂（17.0%），硫化物（8.0%）。其中催化加氢是最常用的还原方法，该法具有产率高、副产率少、污染少、易连续生产、后处理方便等优点，符合现代化学工业的需要。在电子还原法中，Zn、Fe 是最常用的两类试剂，Zn 可在酸、碱条件下反应，Fe 则在酸性条件下使用。如抗癫痫药扑米酮（Primidome）和抗焦虑、抗抑郁药多塞平（Doxepin）的合成：

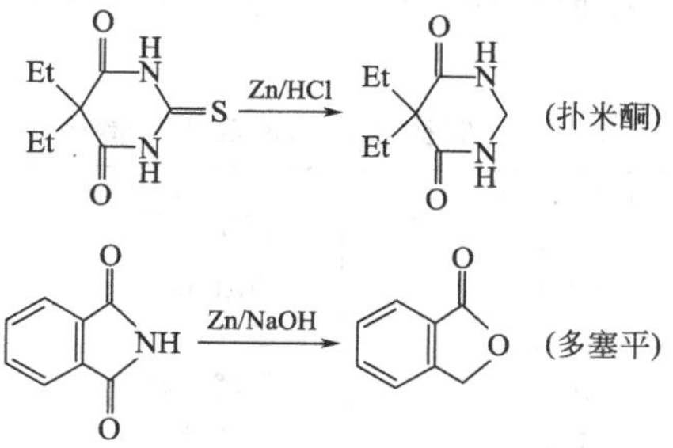

3.1.4　溶剂分解

在溶剂分解法中，水解反应占 76.6%，通过水解反应可以制得醇、酚、醛、酮、羧酸等物质。氨水解反应是引入氨基、肼基的一种方法，约占 18.3%。醇解反应的使用较少（占 5.1%）。

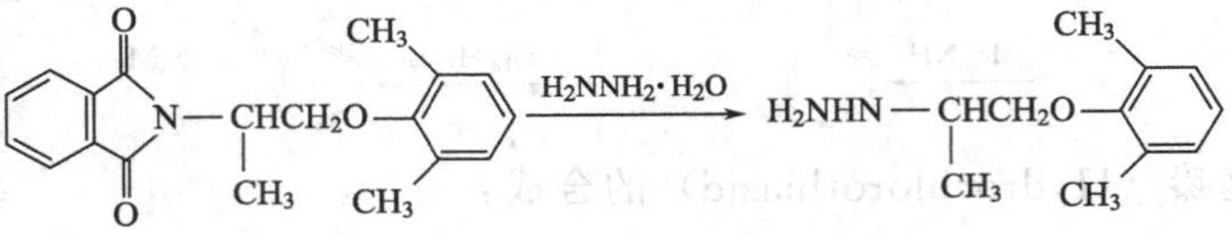

3.1.5　酸化

酸化反应是药物合成中一种对碱性药物成盐修饰、提高溶解度的方法，可改善药物的转运与代谢过程，提高生物利用度，改善药物理化性质，有利于药物与受体或酶的作用。由于来源与生理原因，酸化所使用的各类酸中，盐酸最多（79%），硫酸次之（14.7%），有机酸类用量较少（16.3%），常用的有酒石酸、苯磺酸、抗坏血酸等。

如中枢多巴胺受体的阻断剂盐酸氯丙嗪（Chlorpromazine）的合成：

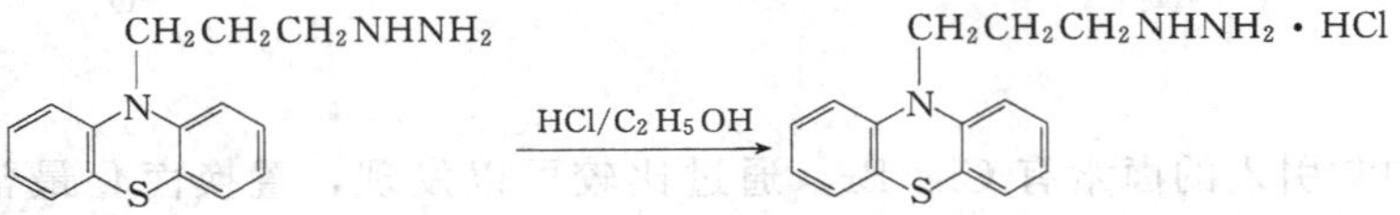

3.1.6　氧化反应

在氧化反应中，有一类称为 Oppenauer（欧芬脑尔）的氧化法，广泛用于甾醇的氧化，此法温和、立体选择性好。常用催化剂为异丙醇铝或叔丁醇铝，氧化剂是酮类如环己酮。采用该方法，醇羟基被氧化，而分子中的不饱和键保持不变。如甾醇的氧化：

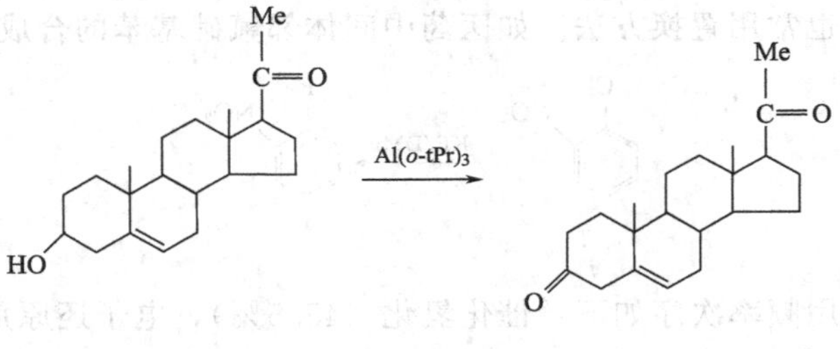

3.2　农药工业合成反应统计与分析

化学合成产物主要有杀虫剂、杀菌剂、除草剂，在 220 个典型的农药产品所涉及的 260 多个反应中，酯化反应最多，加成反应、卤化、杂原子上的烷基与酰基化反应次之，如表 3-5 所示。

表 3-5　农药生产的反应类型情况

反应类型	百分比/%	反应类型	百分比/%
酯化	32.3	成环	4.5
烷基化、酰基化	24.6	Wittings	4.5
加成	14.1	重排	2.3
卤化	10.3	羟醛缩合	1.1
氧化与还原	5.36	重氮缩合	0.7

3.2.1 酯化反应

酯化反应，特别在有机磷的各类杀虫剂、杀菌剂、除草剂以及拟除虫菊酯类杀虫剂中广泛应用。

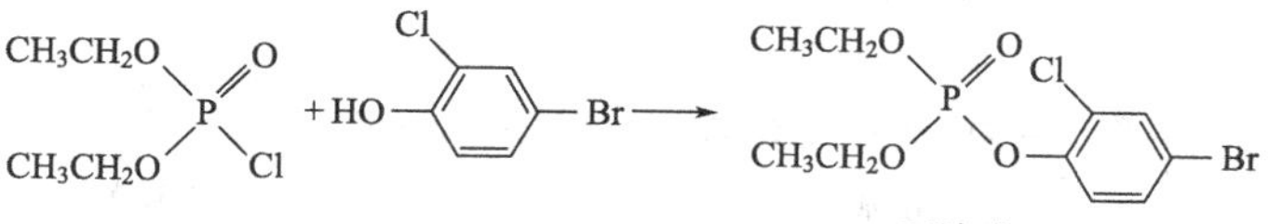

丙溴磷

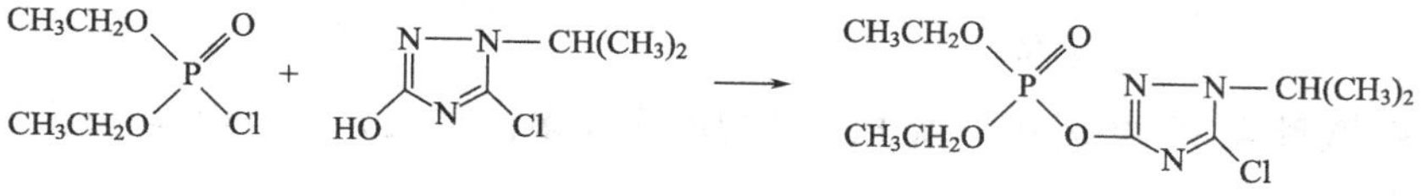

氯唑磷

这些酯化反应，一般用有机或无机碱作缚酸剂，或采用羟、酚基的钠盐，可用季铵盐和三亚乙基二胺的混合物作相转移催化剂，在二氯甲烷-水混合溶剂中进行，产品收率和纯度均较高。

在拟除虫菊酯中，常采用羧酸或酰氯与相应的醇或醇钠反应。如菊酸和醇在甲苯磺酸催化下，在苯溶剂中回流脱水得到酯。

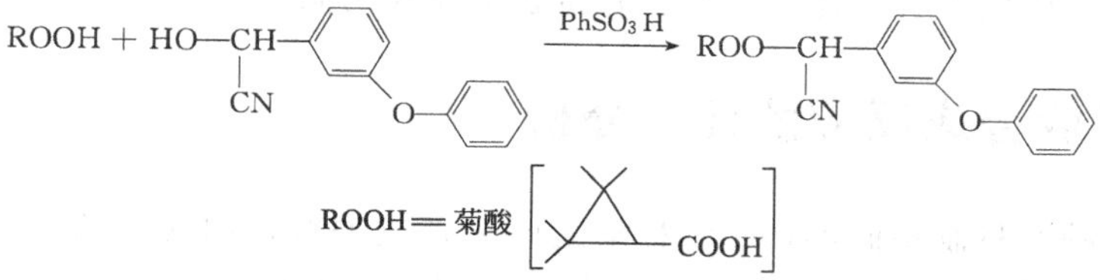

亦可使用酰氯与醇、醛反应：

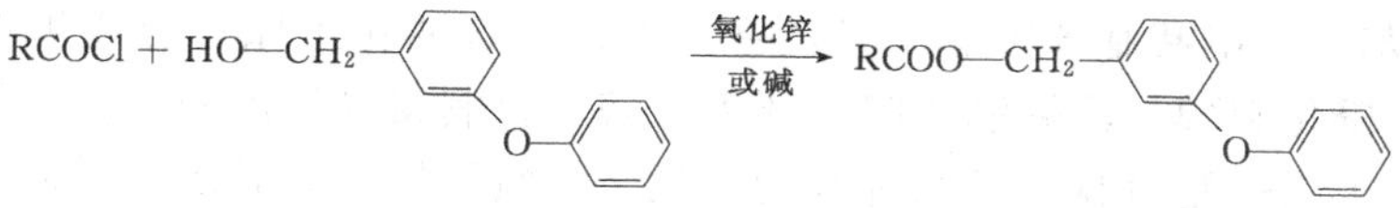

或在醇钠或钛原酸酯催化下经酯交换生成产物：

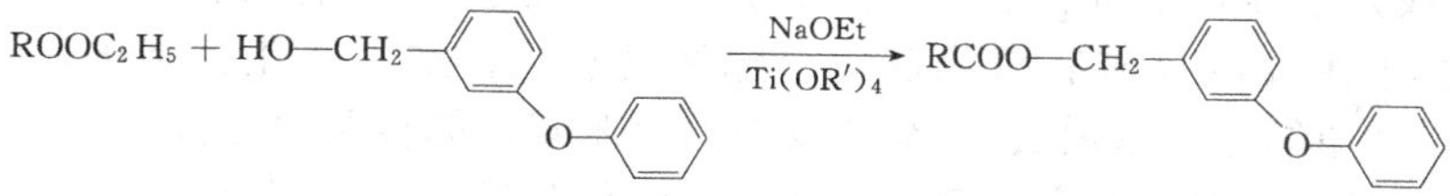

3.2.2 烷基化与酰基化

烷基化与酰基化反应是在农药中应用范围仅次于酯化的反应，在各类农药中均有运用。主要分类见表 3-6。

表 3-6　烷基化与酰基化反应分类统计

反应类型	百分比/%	反应类型	百分比/%
N-烷基化、酰基化	8.74	S-烷基化	7.2
O-烷基化	8.06	C-烷基化、酰基化	0.7

如：

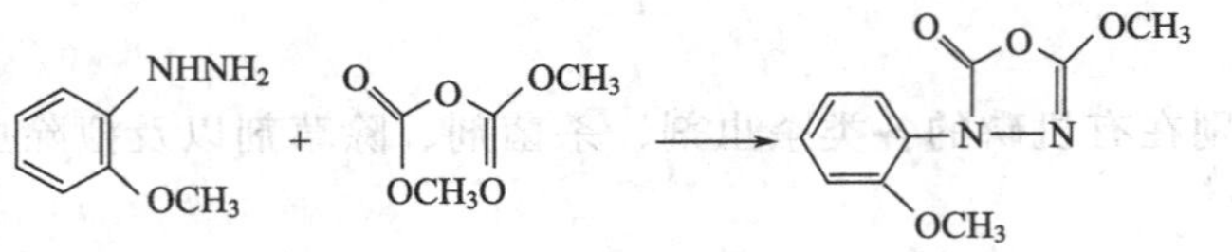

N-烷基化

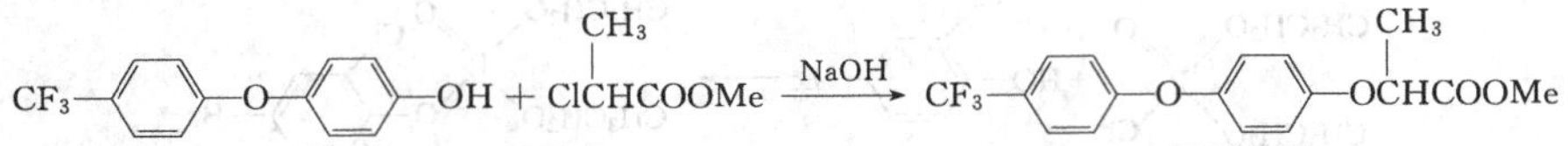

O-烷基化　　　　　　　　　　　　　　　　氟禾草灵

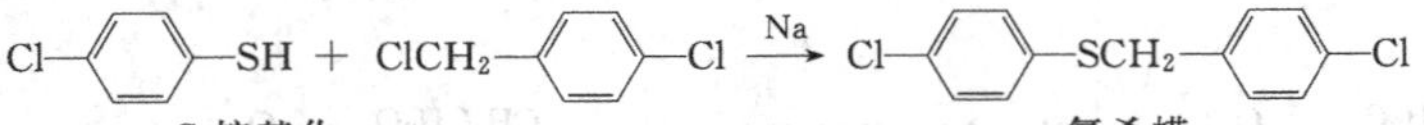

S-烷基化　　　　　　　　　　　　　　　　氯杀螨

在氨基甲酸酯类杀虫剂中，加成反应应用最多。如 1956 年由美国推广的西维因（Sevin）合成：

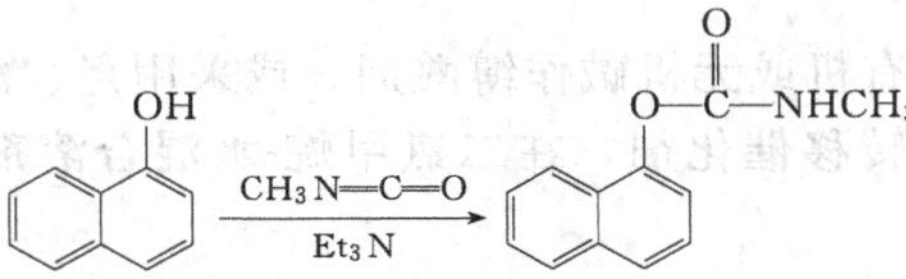

3.2.3　卤化反应

卤化反应，主要用于有机氯杀虫剂、有机含氟农药的制备等。

3.3　香料工业合成反应统计与分析

香料可由三种原料制备而得，①农林加工原料合成香料，如松节油（萜烯），蒎烯制月桂烯，山苍子油制紫罗兰、α,β-紫罗兰酮，香茅油制羟基芳醛，八角茴香制大茴香酚，蓖麻油制麝香类香料；②煤化工原料合成香料，如苯酚制大茴香酚，萘制 β-萘乙醚（草莓、橙化香料），萘、甲苯、二甲萘制苯甲醇、醛及香兰素；③石油化工原料合成香料，如乙炔制芳樟酸、香茅醇、橙化叔醇，乙烯制乙醇、环氧乙烷，再制得 β-苯乙醇，丙烯制橙化酮、枯茗醛、新铃兰醛，丁二烯制得具有茉莉香气的二氢茉莉酮酸甲酯，异戊二烯制得香叶醇、薰衣草醇、氧化玫瑰。

香料的合成几乎涉及了所有常见有机化学反应。经过对 80 种常见香料的统计分析表明（见表 3-7），其中主要的反应有氧化反应（包括臭氧化、空气氧化、氧化剂氧化三种氧化法）、还原反应（加氢与还原剂法）、缩合反应（克苯森、帕金及傅-克方法）、酯化等。

可见，占主导地位的是缩合、氧化、还原、酯化及傅-克烷基化和酰基化反应。

表 3-7　香料制备反应使用百分数

反应类型	百分比/%	反应类型	百分比/%
缩合	17.5	硝化	1.03
氧化	12.6	消除（脱水）	3.35
酯化	11.8	异构化、分解	2.58
还原	11.3	加成	2.58
C-烷基化、酰基化	9.3	卤化	2.32
环化	7.73	脱羧	1.80
水解	4.38	重排	1.55
O-烷基化	4.12	开环	0.52

在缩合反应类型分析中，格氏反应占 11.8%，用于合成醇、酚、酮、酸酯的反应，如芳香醇。醛醛缩合占 8.8%，如苯甲醛与乙醛制桂醛，即

桂醛

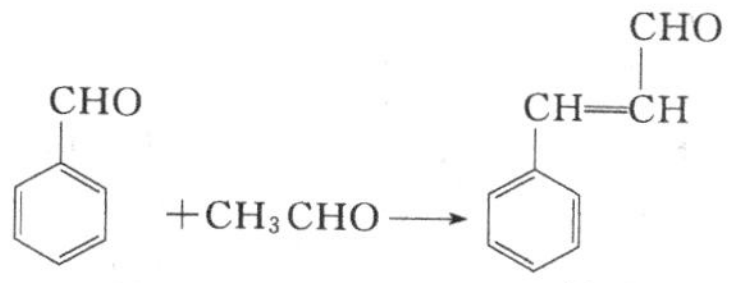

克莱森反应占 4.4%，帕金反应占 2.2%。令人注目的是，工业化难度较大的格氏反应占相当高的比例。如

2,2-二甲基苯乙醇

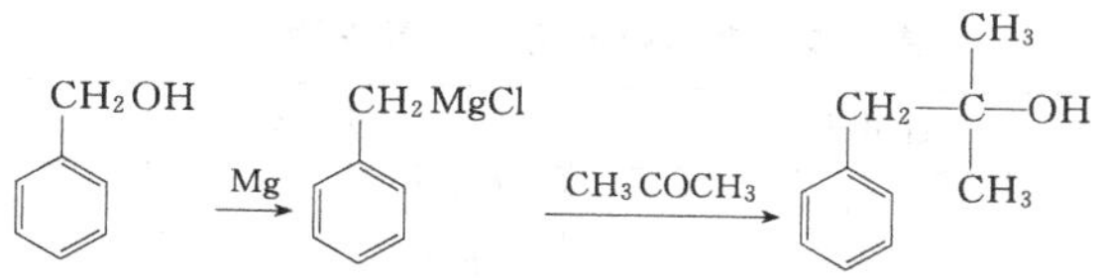

酯化反应中，除了羧酸、酰氯、酸酐与醇反应，亦用活泼卤烷，如氯化苄与羧酸盐反应生成酯，酯的交换反应亦是常用的一种，即通过高沸点的醇与低沸点醇的相应酯反应，通过蒸出低沸点的醇来得到高沸点醇的酯。

还原反应中，金属还原剂使用最多（25%），醇钠及氨基钠还原法次之（20%），加压氢化使用较少（11.3%）。金属还原剂居多的原因主要在于香料繁多、量极少、价值高，不必过多考虑经济成本的制约。

氧化反应中，金属及金属盐的氧化剂法占了 36.7%，空气氧化法占 18%，臭氧化占 6.1%，Cu、Ag 催化脱氢占 8.2%，同样污染大、成本高的化学氧化法使用量大，与香料量小、价值高有相当大的关系。

异黄樟素　　　　洋茉莉醛

苯甲醛

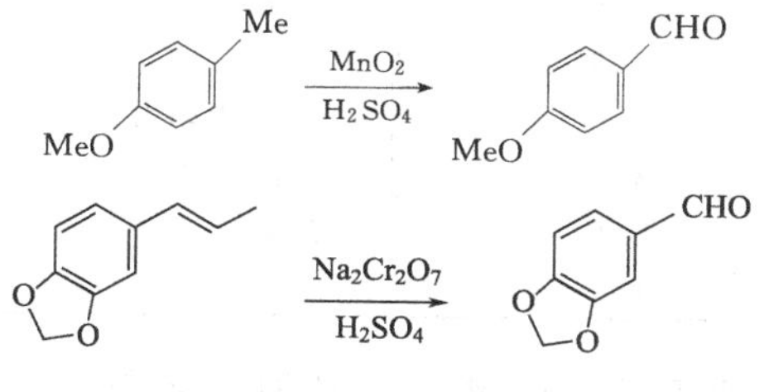

合成香料的成环、高温异构化、重排亦很重要，但机理复杂、副产物多。

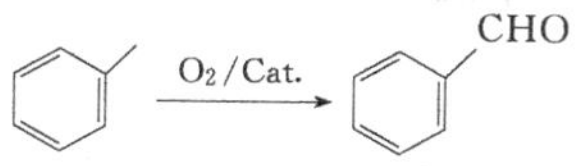

由此可见，由于香料价值高、量少，一些在其他精细化工大类中使用较少的反应方法，如格氏反应、金属还原剂法、化学氧化法亦有相当多的应用，而磺化、硝化、重氮化使用极少。

3.4　染料、颜料工业合成反应统计与分析

染料、颜料工业可分成中间体与产物两大部分，两者在所运用的有机反应方法上略有区别。参见表 3-8～表 3-10。

表 3-8　中间体反应使用频率

反应类型	百分比/%	反应类型	百分比/%
还原	18.6	水解	4.9
磺化	13.3	酰化	4.9
氧化	8.8	重氮化	3.5
缩合	8.0	闭环	2.2
卤化	7.5	烷化	1.8
氨解	5.8	其他	7.1

由于中间体的生产规模一般较大，所以一些常用的合成反应占了绝对多数地位。

表 3-9　染料中反应使用频率百分数

反应类型	百分比/%	反应类型	百分比/%
重氮化	23.3	环化	2.2
偶合	21.1	磺化	2.1
缩合	17.6	硝化、亚硝化	1.8
还原	4.3	硫化	1.2
络合	4.2	胺化	0.9
卤化	3.2	酯化	0.8
氧化	3.0	羟乙基化	0.8
水解	2.8	烷氧基化	0.5
酰化	2.6	氰乙基化	0.4
烷化	2.3	其他	5.0

表 3-10　颜料中反应使用频率百分数

反应类型	百分比/%	反应类型	百分比/%
重氮化	41.4	环化	1.2
偶合	37.8	还原	0.8
缩合	9.6	硝化、亚硝化	0.8
胺化	8.4	络合	0.4
磺化	1.2	其他	4.4
氧化	1.2		

在染料、颜料合成中，重氮-偶合、缩合、还原、络合、卤化、氧化、水解使用最多。如直接耐晒黑 G 的合成涉及的重氮-偶合：

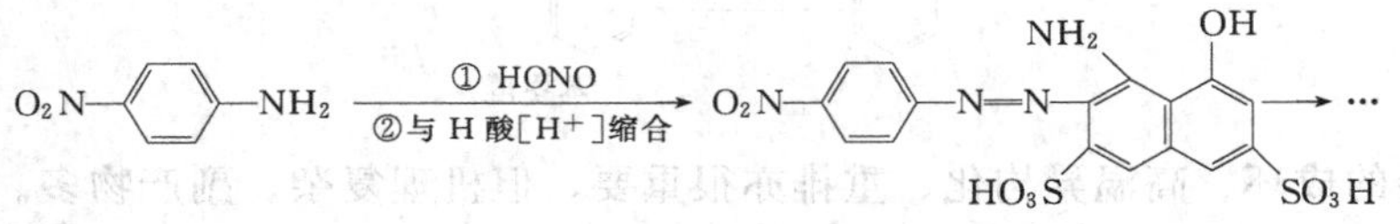

缩合反应常用于杂环化合物的合成，失去小分子而缩合，如靛类化合物合成：

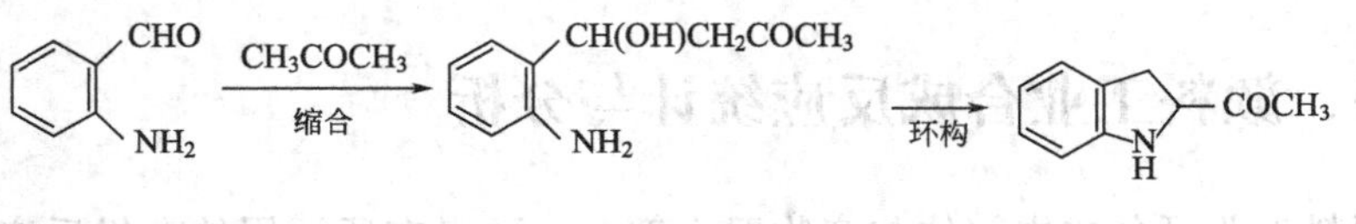

如吡唑衍生物的合成：

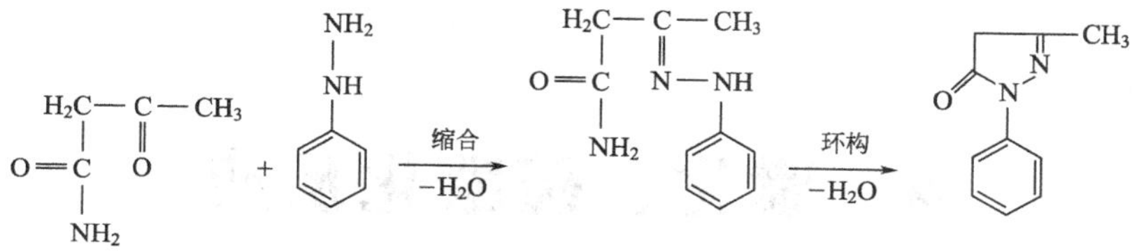

如吡啶化合物的合成：

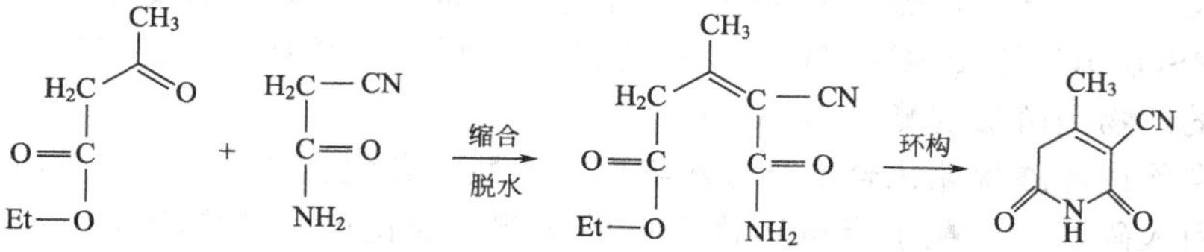

就还原反应而言，在中间体中，因用量大，还原一般利用催化加氢及金属还原剂还原。而在染料中主要用于还原染料，常采用硫化还原。分散蓝 2BLN 合成：

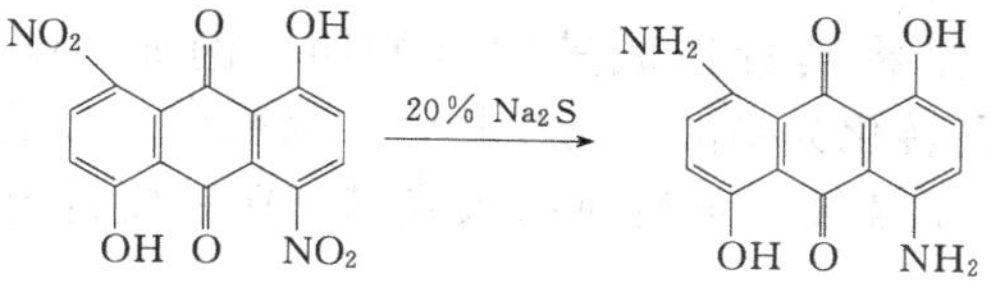

络合：常用于将酸性、中性染料与金属原子形成络合物。

卤化：直接通入卤素气体卤化。

氧化：在中间体制备中，因产量大而采用空气氧化外，一般在染料、颜料中采用化学氧化法，如用硝酸、络合物、锰合物作氧化剂。

习　题

1. 对精细有机合成单元反应的工业应用进行统计分析有何意义？

2. 精细化工工业制造包括哪些环节？

3. 什么是合成反应的工程适用性与放大性？在考虑合成反应的工程适用性与放大性时应注意哪些方面？

4 磺化、硫酸化反应

向有机分子中引入磺基（—SO₃H）或它相应的盐或磺酰卤基（—SO₃Cl）的反应称磺化或硫酸化反应。磺化是指硫原子与碳原子相连（生成 C—S 键）的反应，得到的产物是磺酸化合物（RSO₂OH 或 ArSO₂OH）；硫酸化是指硫原子与氧原子相连（生成 O—S 键）的反应，得到的产物是硫酸烷酯（ROSO₂OH）。

磺酸化合物或硫酸烷酯化合物具有水溶性、酸性、乳化、湿润和发泡等特性，因此，向有机分子中引入磺基，可赋予有机物这方面的功能。磺化单元被广泛应用于合成表面活性剂、水溶性染料、食用香料和药物中间体，其中以合成阴离子表面活性剂的产量为最大。磺化工艺在染料工业中的应用仅次于表面活性剂工业。可见，这类化合物在精细化工中的地位及其在国民经济中的重要性。

引入磺基的另一目的是将其置换成其他官能团。例如，磺基还可以转化为—OH，—X，—NH₂ 和—CN，或是转化为磺酸的衍生物，如磺酰氯、磺酰胺等。

此外，有时为了合成上的需要，可暂时引入磺基，在完成特定的反应之后，再将磺酸基脱去。

引入—SO₃ 基团的方法有 4 种：①有机分子与 SO₃ 或含 SO₃ 的化合物反应；②有机分子与含 SO₂ 的化合物反应；③通过缩合与聚合的方法；④含硫的有机化合物氧化。其中第一种方法最为重要，本章将着重讨论这种引入磺基的方法。

4.1 磺化、硫酸化反应基本原理

从理论上讲，SO₃ 应是最有效的磺化剂，因为在反应中只含直接引入 SO₃ 的过程。

$$R—H + SO_3 \longrightarrow R—SO_3H$$

使用由 SO₃ 构成的化合物，首先要用某种化合物与 SO₃ 作用构成磺化剂，反应后又重新放出原来与 SO₃ 结合的化合物。

$$HX + SO_3 \longrightarrow SO_3 \cdot HX$$
$$R—H + SO_3 \cdot HX \longrightarrow R—SO_3H + HX$$

式中，HX 表示 H₂O、HCl、H₂SO₄、二噁烷等。

在实际选用磺化剂时，须考虑产品的质量和副反应等其他因素。因此，要根据具体情况来选择合适的磺化剂。工业上常用的磺化剂和硫酸化剂有三氧化硫、硫酸、发烟硫酸和次磺酸等。

4.1.1 磺化剂、硫酸化剂

（1）三氧化硫　三氧化硫的性质十分活泼，在室温下便容易发生聚合，它有三种聚合形式，即 α、β、γ 三种形态，如表 4-1 所示。在室温下，只有 γ 型为液体。工业上常用液体 SO₃ 及气态 SO₃ 作磺化剂，由于 SO₃ 反应活性较高，故使用时需稀释。

在少量水存在下，γ 型便转化为 β 型，即由环状聚合体转变为链式聚合体，由液态变为固态，从而给生产造成严重的困难。因此要向 γ 型中加入稳定剂，如加入少量（0.1%）B、P 或 S 的化合物（如硼酐、硫酸二甲酯）。

表 4-1 SO₃ 的性质

聚合形式	结构	形态	熔点/℃	蒸气压/kPa			
				−3.9℃	23.9℃	51.7℃	79.4℃
γ 型	O—SO₂ O₂S、O O—SO₂	液态	16.8	28.3	190.3	908.0	3280.6
β 型	—O—S—O—S—O—S—	丝状纤维	32.5	24.1	166.2	908.0	3280.6
α 型	与 β 型相似,包含连接层与层的键	针状纤维	62.3	3.4	62.0	699.1	3280.6

（2）硫酸和发烟硫酸　工业硫酸有两种规格，即 92%～93% 的硫酸（又称绿矾油）和 98%～100% 的硫酸。如果有过量的三氧化硫存在于硫酸中就成为发烟硫酸，发烟硫酸也有两种规格，即含游离的 SO₃ 分别为 20%～25% 和 60%～65%，这两种浓度规格的酸具有最低凝固点，在常温下均为液体。

（3）氯磺酸　氯磺酸也是一种较常见的磺化剂，其可看作是 SO₃·HCl 络合物，凝固点为 −80℃，沸点为 152℃，达到沸点时则离解成 SO₃ 和 HCl。除了少数由于定位需要用氯磺酸来引入磺基外，氯磺酸的主要用途是制取芳香族磺酰氯、醇的硫酸盐以及进行 N-磺化反应。

（4）其他　有关磺化和硫酸化的其他反应试剂还有硫酰氯（SO₂Cl₂）、氨基磺酸（H₂NSO₃H）、二氧化硫及亚硫酸根离子等。

硫酰氯是由二氧化硫和氯结合而成，氨基磺酸是由三氧化硫和硫酸与尿素反应而得，它们通常是在高温无水介质中应用，主要用于醇的硫酸化。

同三氧化硫一样，二氧化硫也是亲电子的，不过它的反应大多数是通过自由基反应。亚硫酸根离子则是通过亲核取代过程或自由基过程进行反应。

4.1.2　磺化、硫酸化反应历程

4.1.2.1　磺化反应历程

（1）芳烃的取代磺化　芳烃的磺化主要是用硫酸、发烟硫酸或三氧化硫来进行。用这些磺化剂进行的磺化反应是典型的亲电取代反应。首先，亲电质点向芳环进行亲电攻击，生成 σ 络合物，然后脱去质子得到芳磺酸。其反应历程如下：

在磺化过程中形成 σ 络合物通常是控制反应速率的步骤。

（2）烷烃的磺氧化和磺氯化　烷烃不能直接进行磺化反应，但可通过间接法进行磺氧化、磺氯化，将一个磺基（或磺酰氯基）引入烷烃链，该反应为自由基连锁反应。

二氧化硫和氧气在紫外线作用下，可与烷烃反应生成磺酸衍生物，称为磺氧化反应。该反应是在 20 世纪 40 年代发现的，在 50 年代开始工业化应用。二氧化硫和氯气在紫外线作用下，可向烷烃分子中引入磺酰氯基，称为磺氯化反应。除了用紫外线引发外，也可用臭氧、过氧化物或其他自由基引发。

① 磺氧化反应

$$RH \longrightarrow R \cdot + H \cdot （光照或用引发剂）$$

$$R \cdot + SO_2 \longrightarrow RSO_2 \cdot$$

$$RSO_2 \cdot + O_2 \longrightarrow RSO_2O_2 \cdot$$

$$RSO_2O_2 \cdot + RH \longrightarrow RSO_2O_2H + R \cdot$$

$$RSO_2O_2H + H_2O + SO_2 \longrightarrow RSO_3H + H_2SO_4$$

$$RSO_2O_2H \longrightarrow RSO_2O \cdot + \cdot OH$$

$$RH + \cdot OH \longrightarrow H_2O + R \cdot$$

$$RSO_2O \cdot + RH \longrightarrow RSO_3H + R \cdot$$

② 磺氯化反应

$$Cl_2 \longrightarrow 2Cl \cdot （光照或用引发剂）$$

$$RH + Cl \cdot \longrightarrow R \cdot + HCl$$

$$R \cdot + SO_2 \longrightarrow RSO_2 \cdot$$

$$RSO_2 \cdot + Cl_2 \longrightarrow RSO_2Cl + Cl \cdot$$

磺氧化反应和磺氯化反应主要用于合成链烷磺酸盐。磺氧化反应的主要产物是仲烷基磺酸，反应式如下：

$$RCH_2CH_3 + SO_2 + O_2 \xrightarrow{h\nu} \underset{SO_3H}{R-CH-CH_3} \xrightarrow{NaOH} \underset{SO_3Na}{R-CH-CH_3}$$

磺氯化反应产物中的伯烷基磺酸含量较高，反应式如下：

$$R-H + SO_2 + Cl_2 \xrightarrow{h\nu} RSO_2Cl + HCl$$

$$RSO_2Cl + NaOH \longrightarrow RSO_3Na + H_2O + NaCl$$

(3) 烯烃的加成磺化　烯烃的加成磺化反应首先生产离子中间体或自由基中间体，最后得到的是双键全部被加成或者明显的取代产物。

① 离子型历程　首先是亲电试剂和链烯烃的 π 电子系统之间形成一个键，与芳烃 σ 络合物不同的是烯烃加成可以有几种产物。因为磺化产物 C—S 键极为稳定，所以因最初产物的磺基迁移而发生的异构化作用就会出现。普谢尔提出一个 α-烯烃磺化反应历程：

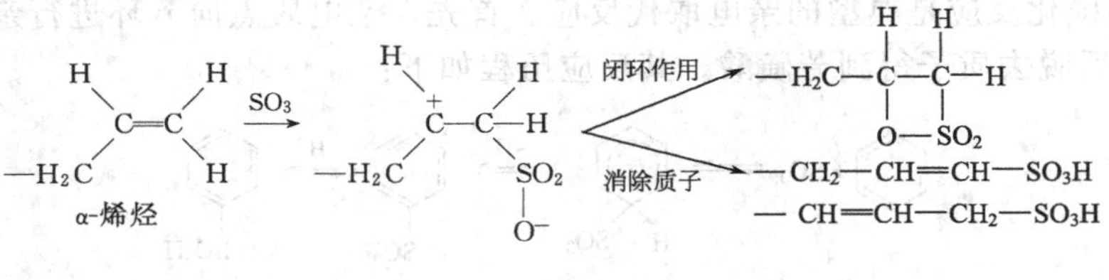

这与 Markovnikov 规则所预期的一致，α-烯烃的磺化产物通常都是端位磺酸盐，在气相或惰性溶剂中，开始生成的正碳离子经消除质子进一步反应而生成 2-链烯-1-磺酸。用液体二氧化硫为溶剂时，则生成可达 10％的 1-链烯-1-磺酸。正碳离子除了消除质子生成烯烃磺酸外，还可以与磺基中带负电荷的氧一起经闭环作用生成磺内酯。

② 自由基历程　在氧或过氧化物存在下，烯烃与亚硫酸氢钠可发生加成，生成磺酸钠盐，反应按自由基历程，加成方向是反 Markovnikov 规则的。首先，氧气作为引发剂，引发亚硫酸氢根离子为自由基：

$$HSO_3^- + O_2 \longrightarrow SO_3^- \cdot + HO_2 \cdot$$

然后自由基加成到烯烃上：

$$H_2C{=\!\!=}CHR+SO_3^- \cdot \longrightarrow R-\overset{\bullet}{C}H-CH_2-SO_3^-$$

$$R-\overset{\bullet}{C}H-CH_2-SO_3^-+HSO_3^- \longrightarrow R-CH_2-CH_2-SO_3^-+SO_3^- \cdot$$

4.1.2.2 硫酸化反应历程

（1）链烯烃的加成反应　链烯烃的加成反应是按照 Markovnikov 规则进行的，链烯烃质子化后生成的正碳离子是速度控制步骤：

$$R-CH{=\!\!=}CH_2+H^+ \longrightarrow R-\overset{+}{C}H-CH_3$$

然后正碳离子与 HSO_4^- 加成而生成烷基硫酸酯：

$$R-\overset{+}{C}H-CH_3+HSO_4^- \longrightarrow \underset{\underset{\textstyle OSO_3H}{|}}{R-CH-CH_3}$$

（2）醇的硫酸化反应　醇的硫酸化从形式上可以看成是硫酸的酯化，为可逆反应。等摩尔比的醇和酸的硫酸化反应在最有利的条件下，只能完成 65%。

$$ROH+H_2SO_4 \Longleftrightarrow ROSO_2OH+H_2O$$

醇与三氧化硫的反应几乎立刻发生，反应受气体的扩散控制，在气液界面上完成，生成硫酸烷酯：

$$ROH+SO_3 \longrightarrow ROSO_2OH$$

醇类用氯磺酸进行硫酸化以制取硫酸酯，是通用的实验方法，收率较高，总的反应式为：

$$ROH+ClSO_3H \longrightarrow ROSO_2OH+HCl$$

除脂肪醇外，单甘油酯以及存在蓖麻油中的羟基硬脂酸酯，都可以进行硫酸化而制成表面活性剂。

4.2 磺化及硫酸化反应的影响因素

4.2.1 被磺化物质的结构

芳烃作为被磺化物，是典型的亲电取代反应，被磺化的芳环上电子云密度的高低，将直接影响磺化反应的难易。表 4-2 表明，芳环上有给电子基时，反应速率加快，易于磺化；相反，芳环上有吸电子基时，反应速率减慢，较难磺化。

表 4-2　有机芳烃磺化速率的比较

被磺化物	甲苯	苯	硝基苯
速率常数 $k\times10^6/[L/(mol \cdot s)]$	78.7	15.5	0.24
活化能 $E_a/(kJ/mol)$	28.0	31.3	46.2

此外，磺酸基所占的空间体积较大，磺化具有明显的空间效应，特别是芳环上的已有取代基所占空间较大时，其空间效应更为显著。因此，不同的被磺化物，由于空间效应的影响，生成异构产物的组成比例不同，见表 4-3。从表中可以看出，烷基苯磺化时，邻位磺酸

的生成量随着烷基的增大而减少；而叔丁基的一磺化几乎不生成邻位磺酸。

表 4-3 烷基苯一磺化时的异构体生成比例（25℃，89.1％硫酸）

烷基苯	与苯相比较的相对反应速率常数 k_r/k_b	异构产物的比例/%			邻/对
		邻位	间位	对位	
甲苯	28	44.04	3.57	50.0	0.88
乙苯	20	26.67	4.17	68.33	0.39
异丙苯	5.5	4.85	12.12	84.84	0.057
叔丁基苯	3.3	0	12.12	85.85	0

萘环在亲电取代反应中比苯环活泼。萘的磺化依不同磺化剂和磺化条件，可以制备一系列有用的萘磺酸产物，如图 4-1 所示。

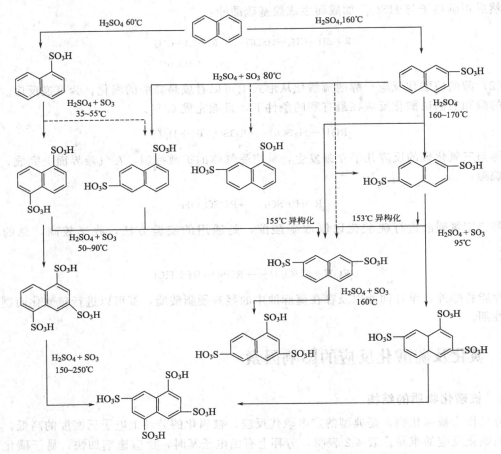

图 4-1 萘在不同条件下磺化时的主要产物（虚线表示副反应）

烯烃与三氧化硫的加成遵循 Markovnikov 规则。α-烯烃的磺化产物通常都是端位磺酸盐。

烯烃与亚硫酸氢钠加成反应的产率一般只有 12％～62％，若 C═C 上连有吸电子基时，反应就容易进行；炔烃与亚硫酸氢钠亦可发生类似反应，生成二元磺酸。

4.2.2 磺化剂的影响

不同种类磺化剂的反应情况和反应能力都不同。因此，磺化剂对磺化反应有较大的影响。例如，用硫酸磺化与用三氧化硫或发烟硫酸磺化差别就较大。前者生成水，是可逆反应；后者不生成水，反应不可逆。用硫酸磺化时，硫酸浓度的影响也十分明显。由于反应生成水，酸的作用能力随生成水量的增加明显下降。当酸的浓度下降到一个确定的数值时，磺化反应事实上认为已经停止。1919年，古郁特（Guyot）曾以"π"来表示此时硫酸折算成三氧化硫的质量分数（例如85%的硫酸π值为$80/98\times85\%＝69.4\%$），由此引出了磺化π值的概念。但磺化π值在现代工业生产中已没有实际意义，现代工业生产中磺化剂种类及用量的选择，主要通过实验或经验决定。不同的磺化剂在磺化过程中的影响和差别如表4-4所示。

表4-4　不同磺化剂对反应的影响

对比项目	H_2SO_4	HSO_3Cl	H_2SO_4（发烟）	SO_3
沸点/℃	290～317	151～150		45
在卤代烃中的溶解度	极低	低	部分	混溶
磺化速率	慢	较快	较快	瞬间完成
磺化转化率	达到平衡,不完全	较完全	较完全	定量转化
磺化热效应	反应时要加热	一般	一般	放热量大
磺化物黏度	低	一般	一般	特别黏稠
副反应	少	少	少	多
产生废酸量	大	较少	较少	无
反应器容积	大		一般	很小

4.2.3　磺化温度和反应时间的影响

温度的高低直接影响磺化反应的速度。一般磺化温度低时反应速率慢，反应时间长；磺化温度高则速度快，反应时间短。另外，磺化温度还会影响磺酸基进入芳环的位置。从表4-5、表4-6也可以看出，由于磺化-水解-再磺化，磺化温度还会影响异构物生成的比例。

表4-5　甲苯磺化时反应温度对异构物生成比例的影响

温度/℃	0	35	75	100	150	160	175	190	200
邻位产物/%	42.7	31.9	20.0	13.3	7.8	8.9	6.7	6.8	4.3
间位产物/%	3.8	6.1	7.9	8.0	8.9	11.4	19.9	33.7	54.1
对位产物/%	53.5	62.0	72.1	78.7	83.2	77.5	70.7	56.2	35.2

表4-6　萘磺化时温度对异构物生成比例的影响

温度/℃	80	90	100	110.5	124	129	138.5	150	161
α-位/%	96.5	90.0	83.0	72.6	52.4	44.4	28.4	18.3	18.4
β-位/%	3.5	10.0	17.0	27.4	47.6	55.6	71.6	81.7	81.6

温度的升高，也会促进副反应速率加快，特别是对砜的生成明显有利。例如，在苯的磺化过程中，温度升高时，生成的产品容易与原料苯进一步生成砜。

4.2.4　磺化物的水解及异构化作用

以硫酸为磺化剂的反应是一个可逆反应，即磺化产物在较稀的硫酸存在下，又可以发生水解反应。影响水解反应的因素是多方面的，当然，H_3O^+浓度越高，磺酸基水解越快。因此，水解反应都是在磺化反应后期生成水量较多时发生。此外，温度越高，水解反应的速度越快。有资料表明，温度每升高 10℃，水解反应增加 2.5～3.5 倍，而相应的磺化反应的速度仅增加 2 倍。所以，温度升高时，水解反应速率的增加大于磺化反应速率的增加，说明温度升高对水解有利。由于水解反应也是一个类似的亲电反应历程，因此，芳环上电子云密度低的磺化物比电子云密度高的磺化物较难水解。例如，间硝基苯磺酸比邻甲苯磺酸水解要难一些。可以说，易于进行磺化反应所生成的磺化物，也易于发生水解，反之亦然。利用此特性，可以将磺酸基作为一个临时性基团，引入某些有机分子，以促进下一步反应，待反应完成后，再利用它的水解特性，去掉磺酸基。

磺化反应在高温下容易发生异构化。反应历程一般认为是水解再磺化的过程。例如：

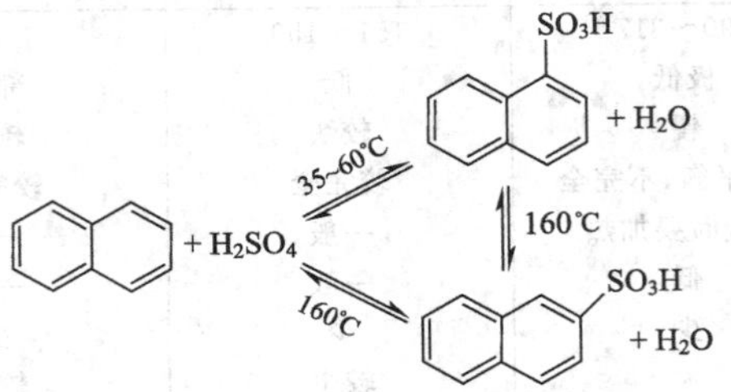

芳磺酸的盐类在高温下也能发生异构化作用，尽管它们的反应历程不尽相同，但其特性还是引人注目的。甚至有人设想，通过苯磺酸盐的加热歧化作用来得到对苯二磺酸。

4.2.5 催化剂及添加剂的影响

一般磺化反应无需使用催化剂，但对于蒽醌的磺化，加入催化剂可以影响磺酸基进入的位置。例如，在汞盐（或贵金属钯、铊、铑）存在下，磺酸基主要进入蒽醌环的 α 位；无以上催化剂存在，则磺酸基主要进入蒽醌的 β 位。

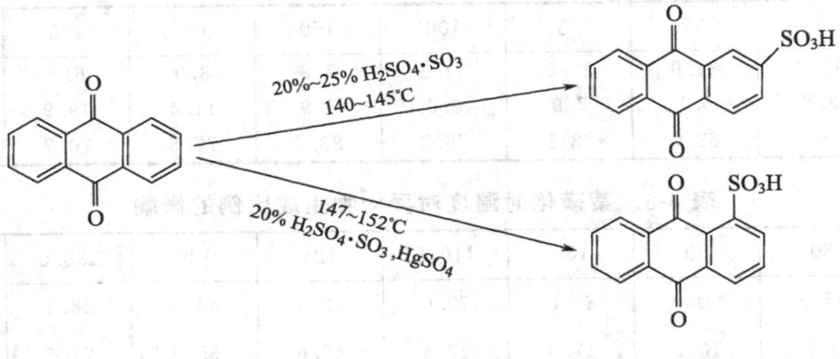

加入添加剂还可以抑制副反应发生。如可以加入适量的硫酸钠，它能解离产生硫酸氢根，从而抑制副产物砜的生成。羟基蒽醌磺化时，加入硼酸可以使羟基转变为硼酸酯基，也能抑制氧化副反应。

除上述影响因素外，良好的搅拌及换热装置可以加快有机物在酸相中的溶解，提高传质、传热效率，防止局部过热，提高反应速率，有利于反应的进行。

4.3 磺化方法

根据使用不同的磺化剂，磺化可分为：过量硫酸磺化法、三氧化硫磺化法、氯磺酸磺化法以及共沸去水磺化法等。此外，按操作方式还可以分为：间歇磺化法和连续磺化法。

4.3.1 过量硫酸磺化法

用过量的硫酸或发烟硫酸进行磺化的方法称为过量硫酸磺化法。由于反应在硫酸为介质的液相中进行，在生产上也常称之为液相磺化法。因为液相磺化中生成的水逐渐将硫酸稀释，所以反应速率随之迅速降低。为了保证反应顺利进行，需用过量的较多的硫酸。本法的优点是适用范围广，而缺点是反应时间长、产生的废酸多和生产能力低。在过量硫酸磺化过程中，加料的顺序取决于被磺化物的性质、反应温度以及引入磺酸基的位置和数目。若被磺化物在反应温度下呈固态，则在反应器中先加入磺化剂，然后在低温下投入固态反应物，再逐渐升温反应；若被磺化物在反应温度下呈液态，一般先将其加入反应器中，然后在反应温度下慢慢加入磺化剂，以便减少多磺化物的生成。对于多磺化反应，常采用分段加酸法，也就是在不同的温度下，分阶段加入不同浓度的磺化剂，从而使每一个磺化阶段都能在最合适的磺化剂浓度和反应温度条件下，将磺酸基引入所期望的位置，而且能节约用酸。例如，由萘制备 1,3,6-萘三磺酸。

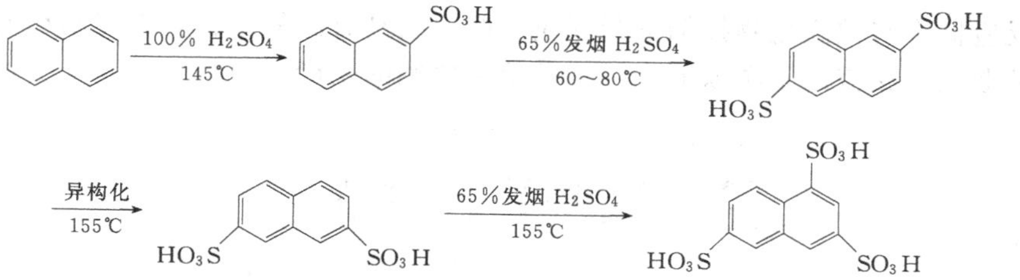

液相磺化工艺中，由于在磺化反应终了的磺化液中，废酸的浓度都较高，一般在 70% 以上。这种浓度下的硫酸对钢或铸铁的腐蚀不十分明显，大多数情况下，都能用钢设备作液相磺化的反应器。为了使物料溶解迅速、反应均匀，反应设备都是带有一个锚式或复合式搅拌器（即下面是一个锚式或涡轮式搅拌器，上面再加一个桨式或推进式搅拌器）的锅式反应器。

4.3.2 共沸去水磺化法

为了克服过量硫酸磺化法用酸量大、废酸多、磺化剂利用效率低的缺点，对于挥发性较高的芳烃，如苯、甲苯，工业上常采用共沸去水磺化法，也称为气相磺化法。即用过量的过热芳烃蒸气通入较高温度的浓硫酸中进行磺化，利用共沸原理由过量的未反应的芳烃蒸气带走反应生成的水，从而使磺化剂——硫酸保持较高的浓度并得到充分的利用。馏出的芳烃蒸气和水蒸气冷凝分离后，芳烃可以回收后循环使用。

对于一些高沸点化合物的磺化，有的资料也推荐用此法进行，但必须加入一种沸点适当又易被磺化的溶剂，能与水形成共沸混合物而蒸出。这种工艺过程，需要较高的温度或在适当的真空下进行。

气相磺化的典型生产实例，是苯气相磺化生成苯磺酸。它的用途主要是经过碱熔制备苯酚。由于这种制苯酚的工艺陈旧落后、生产成本高，已逐渐为异丙苯过氧化酸解法制苯酚所代替。

4.3.3 烘焙磺化法

烘焙磺化法适用于芳伯胺的磺化，硫酸用量接近理论量。反应过程为：首先将芳伯胺与等物质的量硫酸混合制成芳伯胺硫酸盐，然后在高温下脱水生成芳氨基磺酸，再经高温烘熔，进行分子内重排，主要生成氨基芳磺酸；若对位存在取代基时，则磺酸基进入氨基的邻位。以苯胺的磺化为例，产物为对氨基苯磺酸。

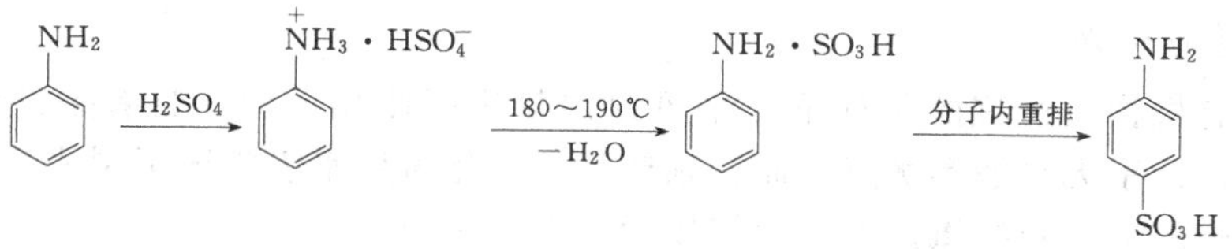

由于在高温下反应，为了防止反应物的氧化和焦化，环上带有羟基、甲氧基、硝基或多卤基等的芳伯胺不宜用此法磺化，而要用过量硫酸磺化法。

4.3.4 三氧化硫磺化法

以三氧化硫为磺化剂，磺化反应快速，其用量接近理论值，反应中无水生成、无大量废酸；能直接得到芳磺酸，经济合理。但此法也存在一些缺点，例如三氧化硫的液相区狭窄，熔点与沸点仅相差 28℃，本身在常温下又易形成固态聚合体，所以使用不便。此外，三氧化硫的磺化能力强，瞬时放热量大，若不能快速有效地移去反应热，易发生多磺化、氧化、生成砜等副反应，并造成局部过热而使物料焦化。

采用三氧化硫进行芳烃磺化的工艺有以下三种类型。

(1) 气态三氧化硫磺化 先用干燥的空气将转化气稀释至 SO$_3$ 的浓度为 4%～5%，再送入薄膜反应器中与被磺化物接触进行反应。此工艺具有流程短、易于控制和成品纯度高的优点，在工业上广泛应用于洗涤剂十二烷基苯磺酸钠的生产。

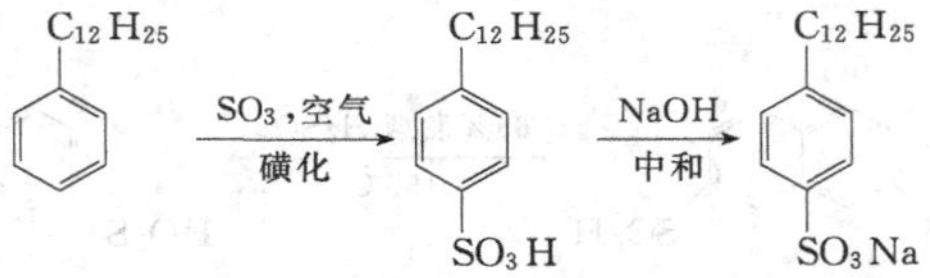

(2) 液态三氧化硫磺化 液态三氧化硫具有极强的磺化能力，主要应用于不活泼液态芳烃的磺化。此法要求产物芳磺酸在磺化温度下呈液态，而且黏度较小。例如，间硝基苯磺酸钠的制备。

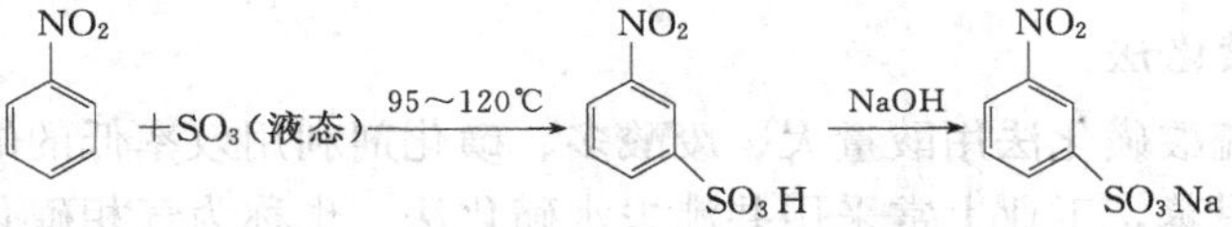

液态三氧化硫磺化法的应用受到了较大的限制，原因是液态三氧化硫是从发烟硫酸中蒸出再经冷凝后制得，成本较高。

(3) 三氧化硫溶剂磺化 将被磺化物溶于溶剂中，然后通入三氧化硫进行磺化反应；或将被磺化物投入已溶有三氧化硫的溶剂中进行反应，这就是三氧化硫溶剂法磺化工艺。此法适用于被磺化物或产物为固体的磺化过程。所用的有机或无机溶剂有二氯甲烷、二氯乙烷、硝基甲烷、石油醚、二氧化硫和硫酸等，它们均与被磺化物混溶，并对三氧化硫具有大于 25% 的溶解度。溶剂的选择一般取决被磺化物的化学活泼性和磺化工艺条件。被磺化物溶解于溶剂中后，反应物浓度变稀，反应变得温和易于控制，并且可以抑制副反应，从而得到较高的产物纯度和磺化收率。例如，1,5-萘二磺酸的制备。

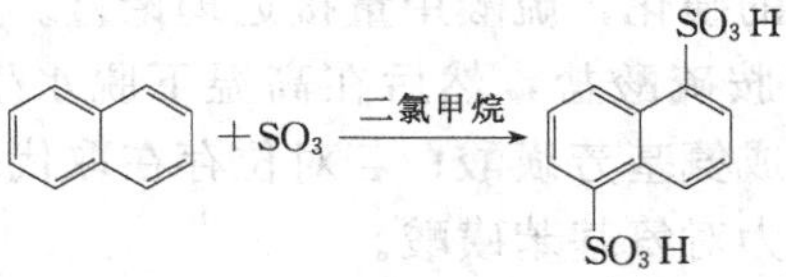

4.3.5 氯磺酸磺化法

氯磺酸与有机物在适宜的条件下几乎可以定量进行磺化反应，具有条件温和、操作简便、产品较纯、几乎无废酸等优点，而且副产品的氯化氢用水吸收还可制成盐酸。根据用量不同可制得芳磺酸或芳磺酰氯。但其价格较贵，限制了应用范围。

通常的磺化过程是将有机物慢慢加入到氯磺酸中，反过来加料会产生较多的砜副产物。对于固态被磺化物，有时需使用有机溶剂作为介质，常用的溶剂为硝基苯、邻硝基乙苯、邻二氯苯、二氯乙烷、四氯乙烯等。如果采用等物质的量或稍过量氯磺酸磺化，得到的产物是芳磺酸；如果用过量很多的氯磺酸磺化，得到的产物则是芳磺酰氯。

4.3.6   置换磺化法

不经过上述亲电取代的磺化途径，而利用亲核置换芳环已有取代基的方法也可以将磺酸基引入环，从而合成某些难以由亲电取代得到的芳磺酸。以亚硫酸盐为磺化剂，对氯基、硝基进行置换磺化反应已在工业上得到应用。

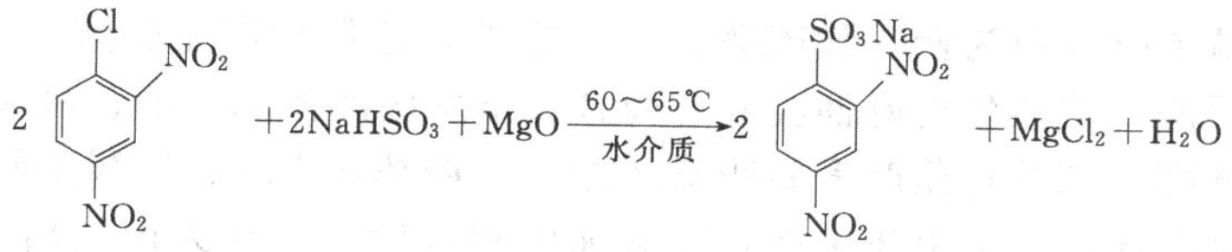

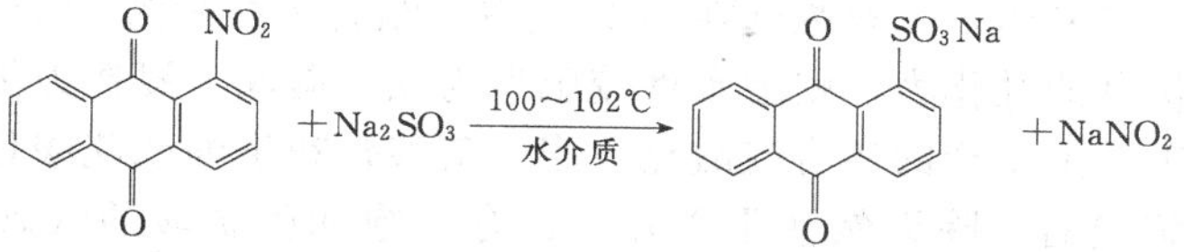

4.4   硫酸化方法

4.4.1   高级醇的硫酸化

具有较长碳链的高级醇经硫酸化可制备阴离子型表面活性剂，其碳原子数以 $C_{12} \sim C_{18}$ 为最适宜。高级醇与硫酸的反应是可逆的。

$$ROH + H_2SO_4 \Longrightarrow ROSO_3H + H_2O$$

为了防止逆反应，可以把硫酸化剂改为发烟硫酸、氯磺酸、三氧化硫与吡啶等的络合物：

$$ROH + C_5H_5N \cdot SO_3 \longrightarrow ROSO_3H + C_5H_5N$$

$$ROH + C_5H_5N \cdot ClSO_3H \longrightarrow ROSO_3H + C_5H_5N \cdot HCl$$

通常用月桂醇、十六醇、十八醇和油醇（十八烯醇）为原料，经硫酸化得到相应的硫酸酯盐。

高级醇硫酸酯盐的水溶性及去污能力均比肥皂好，因它是中性，而不会损伤羊毛，耐硬水。因此广泛地用于家用洗涤剂，其缺点是水溶液呈酸性，容易发生水解，高温时也易分解。

4.4.2   天然不饱和油脂和脂肪酸的硫酸化

（1）硫酸化油   所谓硫酸化油就是天然不饱和油脂或不饱和蜡经硫酸化，再中和所得产物的总称。通常使用蓖麻油、橄榄油等不饱和油脂作为原料，亦可使用棉籽油、花生油、菜籽油、牛脚油。用鲸油、鱼油等海产动物油脂作为原料的品质较差，更不宜使用高度不饱和油脂。蓖麻油的硫酸化产物称为红油：

$$CH_3-(CH_2)_5-\underset{\underset{OH}{|}}{CH}-CH_2-CH=CH-(CH_2)_7-COOCH_2$$

$$CH_3-(CH_2)_5-\underset{\underset{OH}{|}}{CH}-CH_2-CH=CH-(CH_2)_7-COOCH$$

$$CH_3-(CH_2)_5-\underset{\underset{OSO_3Na}{|}}{CH}-CH_2-CH=CH-(CH_2)_7-COOCH_2$$

硫酸化除使用硫酸以外，发烟硫酸、氯磺酸等均可使用。由于硫酸化过程中易起分解、聚合、氧化等副反应。因此需要控制在低温下进行硫酸化。一般反应生成物中残存有原料油脂与副产物，其组成较为复杂。

以蓖麻油的硫酸化反应为例，除硫酸化主反应外，还伴随产生分解、羟基酯化、缩合、聚合、氧化等副反应，硫酸化蓖麻油实际上尚含有未反应的蓖麻籽油、蓖麻籽油脂肪酸、蓖麻籽油脂肪酸硫酸酯、硫酸化蓖麻籽脂肪硫酸酯、二羟基硬脂酸、二羟基硬脂酸硫酸酯、二蓖麻醇酸、多蓖麻醇酸等。将上述硫酸化蓖麻油中和以后，即成为市上出售的土耳其红油，外观为浅褐色透明油状液体，一般浓度在40%左右，结合硫酸量为5%～10%，在水中溶解度很大，对油类有优良的乳化力，耐硬水性较肥皂为强，湿润、浸透力优良。

除红油外，在工业上生产的还有硫酸化牛脂、硫酸化花生油或硫酸化抹香鲸油。

（2）硫酸化脂肪酸酯　除天然油脂类外，还有不饱和脂肪酸的低碳醇酯，例如油酸丁酯、蓖麻油酸丁酯经硫酸化也能制得阴离子表面活性剂。磺化油 AH 就是油酸与丁醇反应制得的丁酯再经硫酸化而得的产品。

$$CH_3-(CH_2)_7-CH=CH-(CH_2)_7-COOH+C_4H_9OH \xrightarrow[\text{回流}]{H_2SO_4}$$

$$CH_3-(CH_2)_7-CH=CH-(CH_2)_7-COOC_4H_9+H_2O \xrightarrow[0\sim5℃]{H_2SO_4}$$

$$CH_3-(CH_2)_7-\underset{\underset{OSO_3H}{|}}{CH}(CH_2)_8-COOC_4H_9$$

磺化油 DAH 是蓖麻油经丁醇酯交换，再经浓硫酸酯化，而后用三乙醇胺中和而得。

（3）硫酸化烯烃　以石油为原料，选择链长为 $C_{12}\sim C_{18}$ 的不饱和烯烃，经硫酸化后，可制得性能良好的硫酸酯型表面活性剂。此类产品的代表为梯波尔（Teepol）。它是由石蜡高温裂解所得 $C_{12}\sim C_{18}$ 的 α-烯烃（不饱和双键在一侧的烯烃）经硫酸化后所制成的洗涤剂：

$$R-CH=CH_2 \xrightleftharpoons{H_2SO_4} R-\underset{\underset{OSO_3H}{|}}{CH}-CH_3 \xrightarrow{NaOH} R-\underset{\underset{OSO_3Na}{|}}{CH}-CH_3+H_2O$$

硫酸酯不是在顶端，而在相邻的一个碳原子上，梯波尔极易溶于水，可制成浓溶液，是制造液体洗涤剂的重要原料。

4.5　磺化产物的分离方法

磺化产物的后处理有两种情况，一种是磺化后不分离出磺酸，接着进行硝化和氯化等反应；另一种是需要分离可以利用磺酸或磺酸盐，再加以利用。磺化物的分离可以利用磺酸或磺酸盐溶解度的不同来完成，分离方法主要有以下几种。

（1）稀释酸析法　某些芳磺酸在 50%～80% 硫酸中的溶解度很小，磺化结束后，将磺化液加入水适当稀释，磺酸即可析出。例如对硝基氯苯邻磺酸、对硝基甲苯邻磺酸，1,5-蒽醌二磺酸等可用此法分离。

（2）直接盐析法　利用磺酸盐的不同溶解度向稀释后的磺化物中直接加入食盐、氯化钾或硫酸钠，可以使某些磺酸析出，可以分离不同的异构磺酸。

例如，分离 2-萘酚-6,8-二磺酸（G 酸）时，向稀释的磺化物中加入氯化钾溶液，G 酸即以钾盐的形式析出，称为 G 盐。过滤后的母液中再加入食盐，副产的 2-萘酚-3,6-二磺酸（R 酸）即以钠盐的形式析出，称为 R 盐。有时也可加入氨水，使其以铵盐形式析出。

（3）中和盐析法　为了减少母液对设备的腐蚀性，常常采用中和盐析法。稀释后的磺化物以氢氧化钠、碳酸钠、亚硫酸钠、氨水或氧化镁进行中和，利用中和时生成的硫酸钠、硫酸镁可使磺酸以钠盐、铵盐或镁盐的形式析出来。例如在用磺化-碱熔法制 2-萘酚时，可以利用碱熔过程中生成的亚硫酸钠中和磺化物，中和时产生的二氧化硫气体又可用于碱熔物的酸化；

$$2ArSO_3H + Na_2SO_3 \xrightarrow{\text{中和}} 2ArSO_3Na + H_2O + SO_2\uparrow$$

$$2ArSO_3Na + 4NaOH \xrightarrow{\text{碱熔}} 2ArONa + 2Na_2SO_3 + 2H_2O$$

$$2ArONa + SO_2 + H_2O \xrightarrow{\text{酸化}} 2ArOH + Na_2SO_3$$

从总的物料平衡看，此法可节省大量的酸碱。

（4）脱硫酸钙法　为了减少磺酸盐中的无机盐，某些磺酸，特别是多磺酸，不能用盐析将它们很好地分离出来，这时需要采用脱硫酸钙法，磺化物在稀释后用氢氧化钙的悬浮液进行中和，生成的磺酸钙能溶于水，用过滤法除去硫酸钙沉淀后，得到不含无机盐的磺酸钙溶液，再将此溶液再用碳酸钠溶液处理，使磺酸钙盐转变为钠盐。过滤除去碳酸钙沉淀，就得到不含无机盐的磺酸钠盐溶液。它可以直接用于下一步反应，或是蒸发浓缩成磺酸钠盐固体。例如二-(1-萘基) 甲烷-2,2-二磺酸钠（扩散剂 NNO）的制备。

脱硫酸钙法操作复杂，还有大量硫酸钙滤饼需要处理，因此在生产上尽量避免采用。

（5）萃取分离法　除了上述四种方法以外，近年来为了减少"三废"，提出了萃取分离法。例如将萘高温磺化、稀释水解除去 1-萘磺酸后的溶液，用叔胺（例如 N,N-二苄基十二胺）的甲苯溶液萃取，叔胺与 2-萘磺酸形成络合物被萃取到甲苯层中，分出有机层，用碱液中和，磺酸即转入水层，蒸发至干即得到 2-萘磺酸钠，纯度可达 86.8%，其中含 1-磺酸钠 0.5%、硫酸钠 0.8%，2-萘磺酸钠以水解物计，收率可达 97.5%～99%。叔胺可回收再用。这种分离法为芳磺酸的分离和废酸的回收开辟了新途径。

4.6 应用实例

4.6.1 β-萘磺酸钠的生产

萘磺酸钠盐为白色或灰白色结晶，易溶于水，是制备 β-萘酚的重要中间体，生产过程分三步，即磺化、水解吹萘、中和盐析。各步反应式如下：

磺化

水解-吹萘

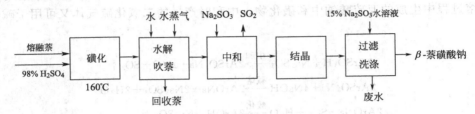

中和盐析

生产过程如图 4-2 所示。

水 水蒸气　　Na₂SO₃ SO₂　　　　　15% Na₂SO₃水溶液

熔融萘 → 磺化 → 水解吹萘 → 中和 → 结晶 → 过滤洗涤 → β-萘磺酸钠

98% H₂SO₄ → 磺化　160℃

回收萘　　　　　　　　　　　　　　废水

图 4-2　β-萘磺酸钠生产过程

先将熔融萘加入磺化反应釜中，在140℃下慢慢滴加98％的硫酸。由于反应放热，能自动升温至160℃左右，保温2h。当磺化反应的总酸度（用标准氢氧化钠溶液滴定，反应液生成的萘磺酸和未反应的硫酸按硫酸的当量来计算，分析所得出的酸度）达到25％～27％时，即认为到达磺化反应终点。将磺化液送到水解锅中加入适量水稀释，通入水蒸气进行水解，并将未转化的萘和α-萘磺酸水解时生成的萘，随水蒸气吹出回收。水解吹萘后的β-萘磺酸送至中和锅，慢慢加入热的亚硫酸钠水溶液，在90℃左右中和β-萘磺酸和过量的硫酸。生成的二氧化硫气体，可以在生产β-萘酚过程中，用于β-萘酚钠盐的酸化。

中和后的中和液，放入结晶槽中慢慢冷却至32℃左右，使β-萘磺酸的钠盐结晶析出，

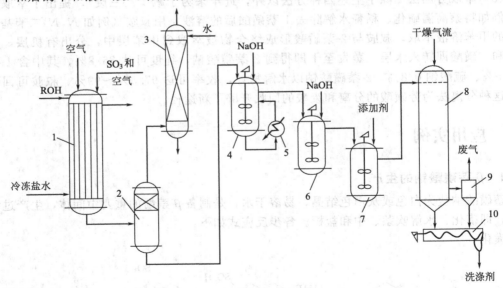

图 4-3　生产十二烷基硫酸酯工艺流程图

1—反应器；2—分离器；3—吸收器；4,6—中和器；5—冷却器；7—混合器；
8—喷雾干燥器；9—旋风分离器；10—螺旋输送器

再进行抽滤，并用含量 15% 左右的亚硫酸钠水溶液洗去滤饼中的硫酸钠，得到含一定湿存水的 β-萘磺酸钠滤饼，作为碱熔制取 β-萘酚之用。

4.6.2 十二烷基硫酸酯的合成

　　十二烷基硫酸酯是一种阴离子表面活性剂。现今的工业生产，广泛使用三氧化硫与十二醇进行酯化，工艺过程如图 4-3 所示。十二醇和含有大量干燥空气的三氧化硫气体连续通入降膜式反应器 1。反应物在分离器 2 中进行气液分离。气体引入吸收器 3，吸收未反应的三氧化硫气体。生成的烷基硫酸酯用氢氧化钠中和，同时搅拌进行外循环冷却，中和后的烷烃硫酸酯钠盐，进入混合器中，添加其他添加剂（磷酸盐、焦磷酸盐、碳酸钠、漂白剂、羧甲基纤维素等）。然后，经过喷雾干燥得到粉状去污剂，包装成商品。

习　题

　　1. 工业上用什么方法可由萘制备高纯度 β-萘磺酸？为什么？

　　2. 为什么在萘的一硝化与一氯化反应中主要生成 α 位取代的萘衍生物，而一磺化时则是在一定条件下可得到 β 位取代为主的产物？

　　3. 判断下列结论是否正确？为什么？

　　(1) 在磺化反应中升高温度有利于磺酸的异构化。

　　(2) 容易磺化的芳烃容易水解。

　　4. 写出下列磺化反应的方法和主要反应条件。

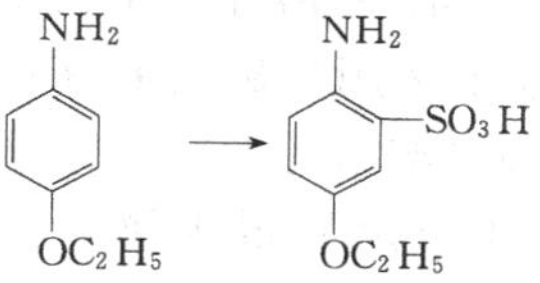

　　5. 为什么液相磺化反应终了的磺化液中一般要求废酸的质量分数在 70% 以上？

　　6. 用三氧化硫磺化应注意哪些问题？

　　7. 请指出以下哪一种化合物可用烘焙法磺化，为什么？

　　(1)2,4-二氯苯胺　(2)对氯苯胺　(3)间硝基苯胺　(4)对甲氧苯胺

5 硝化反应

硝化是有机化合物分子中引入硝基（—NO_2）的化学过程。工业上脂肪族化合物的硝化很少应用，而芳香族化合物及其还原产物（$ArNH_2$）则是有机合成的重要中间体，因此，本章主要讨论芳香族化合物的硝化反应。

引入硝基的目的可以归纳为：

① 作为制备氨基化合物的一条重要途径；

② 利用硝基的极性，使芳环上的其他取代基活化，促进亲核置换反应进行；

③ 在染料合成中，利用硝基的极性，加深染料的颜色。

5.1 硝化原理

5.1.1 硝化剂

硝化剂是指能够产生硝酰正离子（NO_2^+）的反应试剂，它是以硝酸或氮的氧化物为主体，与强酸（H_2SO_4、$HClO_4$ 等）、有机溶剂（CH_3CN、CH_3COOH 等）或路易斯酸（BF_3、$FeCl_3$ 等）等物质组成。工业上常用的硝化剂有不同浓度的硝酸、硝酸与硫酸的混合物、硝酸盐和硫酸，以及硝酸的乙酸酐溶液等。

（1）硝酸 纯硝酸、发烟硝酸及浓硝酸很少解离，主要以分子状态存在，如 75%～95% 的硝酸有 99.9% 呈分子状态。纯硝酸中有 96% 以上呈 HNO_3 分子，仅约 3.5% 的硝酸经分子间质子转移，解离成硝酰正离子 NO_2^+。

$$2HNO_3 \rightleftharpoons H_2NO_3^+ + NO_3^-$$

$$H_2NO_3^+ \rightleftharpoons H_2O + NO_2^+$$

由上式平衡反应可见，水分使反应左移，不利于 NO_2^+ 的形成，如果硝酸中的水分较多，例如 70% 以下的硝酸，则按下式进行解离，不能形成 NO_2^+。

$$HNO_3 + H_2O \rightleftharpoons NO_3^- + H_3O^+$$

硝酸在较高的温度下分解而具有氧化能力，通常稀硝酸比浓硝酸的氧化能力更强。

$$2HNO_3 \xrightleftharpoons{-H_2O} N_2O_5 \rightleftharpoons N_2O_4 + [O]$$

单用硝酸作硝化剂，会因硝化反应产生水而使硝酸稀释，甚至失去硝化能力。所以，很少采用单一的硝酸作硝化剂，除非是反应活性较高的酚、酚醚、芳胺以及稠环芳烃的硝化能力。

（2）混酸 混酸是浓硝酸或发烟硝酸与浓硫酸按一定比例组成的硝化剂。硝酸中加入供给质子能力强的硫酸后，增加了硝酸离解为 NO_2^+ 的程度。

$$HNO_3 + 2H_2SO_4 \rightleftharpoons NO_2^+ + H_3O^+ + 2HSO_4^-$$

如 10％的硝酸-硫酸溶液会 100％地离解成 NO_2^+，20％的溶液也有 62.5％的硝酸分子离解成 NO_2^+。

另外，硫酸对水的亲和力比硝酸强，可减少或避免硝酸被反应生成的水所稀释，提高硝酸的利用率。硝酸被硫酸稀释后，其氧化能力降低，不易产生氧化的副反应；腐蚀性也降低了，可采用铸铁设备操作，因而混酸是应用最为广泛的硝化剂。

（3）硝酸盐与硫酸　硝酸盐与硫酸作用生成硝酸和硫酸盐，实质上是无水硝酸与硫酸的混酸。

$$MNO_3 + H_2SO_4 \rightleftharpoons HNO_3 + MHSO_4$$

常用的硝酸盐有硝酸钠、硝酸钾。硝酸盐与硫酸的配比一般是（0.1～0.4）:1（质量比）左右。按这种配比，硝酸盐几乎全部生成 NO_2^+，所以最适合于苯甲酸、对氯苯甲酸等难以硝化的芳烃硝化。

（4）硝酸的乙酸酐溶液　研究表明，硝酸的乙酸酐溶液包含 HNO_3、$H_2NO_3^+$、CH_3COONO_2、$CH_3COONO_2H^+$、NO_2^+、N_2O_5 的组分，硝化能力较强，可在低温下进行硝化反应，适用于易被氧化和为混酸所分解的硝化反应。醋酐对有机物有着良好的溶解性，可使反应处于均相，其酸性很小。一些容易被混酸中硫酸破坏的有机物，可在此硝化剂中顺利的硝化。硝化反应生成的水可使酸酐水解生成醋酸，所需硝酸不必过量很多。这种硝化剂既保持了混酸的优点，又弥补了混酸的不足，是仅次于硝酸和混酸的常用的硝化剂，广泛用于芳烃、杂环化合物、不饱和烃化物、胺、醇以及肟等的硝化。

硝酸在醋酐中可以任意比例混溶，常用浓度是含硝酸 10％～30％的醋酐溶液。其配制应在使用前进行，以避免因放置过久产生四硝基甲烷而有爆炸的危险。

此外，硝酸与醋酸、四氯化碳、二氯甲烷或硝基甲烷等有机溶剂形成的溶液也可以作硝化剂。硝酸在这些有机溶剂中能缓慢地产生 NO_2^+，反应比较温和。

各种硝化剂均可以 X—NO_2 表示，离解后均可产生硝酰正离子 NO_2^+。

$$X—NO_2 \rightleftharpoons NO_2^+ + X^-$$

硝化剂离解的难易程度，取决于 X—NO_2 分子中 X^- 的吸电子能力，X^- 吸电子能力越大，形成 NO_2^+ 的倾向亦越大，硝化能力也越强。X^- 的吸电子能力的大小，可由 X^- 的共轭酸的酸度表示，见表 5-1。

表 5-1　按硝化强度次序排列的硝化剂

硝化剂		硝化反应时存在形式	X^-		HX
硝酸乙酯	硝化能力增强	C_2H_5ONO	$C_2H_5O^-$	吸电子能力增大	C_2H_5OH
硝酸		$HONO_2$	HO^-		H_2O
硝酸-醋酐		CH_3COONO	CH_3COO^-		CH_3COOH
五氧化二氮		$NO_2 \cdot NO_3$	NO_3^-		HNO_3
硝酰氯		NO_2Cl	Cl^-		HCl
硝酸-硫酸		NO_2OH_2	H_2O		H_3O^+
硝酰硼氟酸		NO_2BF	BF_4^-		HBF_4

由表可见，硝酸乙酯的硝化能力最弱，硝酰硼氟酸的硝化能力最强。

5.1.2　硝化剂的活泼质点

硝化反应通常是用能够生成硝酰正离子（NO_2^+）的试剂为硝化剂。

1903 年尤勒最早提出 NO_2^+ 为硝化反应的进攻试剂，这个观点一直到 20 世纪 40 年代中期，通过各种光谱数据、物理测定以及动力学的研究，才确证了它的存在，并证明了它是亲电硝化反应的真正进攻质点。

5.1.3　硝化反应机理

以不同浓度的硝酸、混酸、硝酸盐和过量硫酸、硝酸和乙酐的混合物作为硝化剂进行的硝化反应是典型的亲电取代反应。

芳香化合物进行硝化反应时，分两步进行。首先，亲电质点向芳环进行亲电攻击，生成 π 络合物，然后转变成 σ 络合物，最后脱去质子得到硝化产物。反应历程如下：

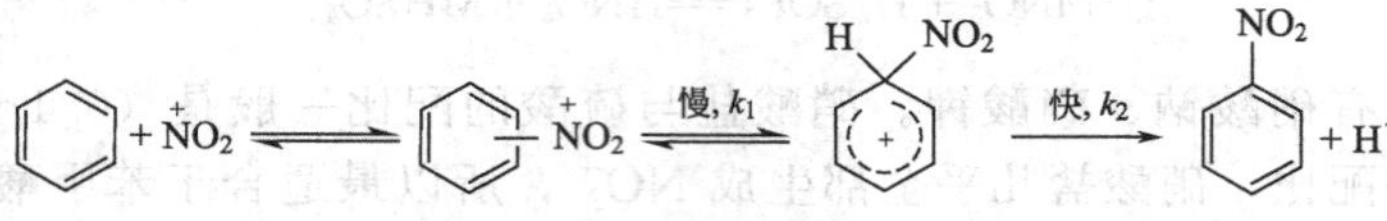

硝化动力学方程的研究结果表明：在大多数硝化反应中，硝化亲电质点是 NO_2^+，反应速率与 NO_2^+ 的浓度成正比。而溶剂对反应也有着十分重要的影响。当芳烃在大大过量的浓硝酸中进行均相，硝化时，反应速率为：

$$V = k[ArH]$$

在浓硫酸中，用硝酸进行均相硝化的反应速率为：

$$V = k[ArH][HNO_3]$$

被硝化物与硝化剂介质互不相溶的液相硝化反应，称为非均相硝化反应。由于传质效果和化学反应均能影响此类硝化反应的速率，情况比较复杂。

5.2　硝化反应的影响因素

影响硝化反应的因素主要有被硝化物的结构、硝化剂、反应温度、催化剂、反应介质以及搅拌等，此外还须考虑硝化伴随的副反应。

5.2.1　被硝化物的结构

芳烃作为被硝化物，其结构对硝化反应有直接影响，硝化反应符合亲电取代反应的一般规律。芳环上有给电子基时，芳环上的电子云密度较高，硝化反应易于进行，得到以邻、对位为主的硝化产物。反之，芳环上具有吸电子基，芳环上的电子云密度下降，硝化反应较难进行，硝化产物主要是间位异构体。单取代苯的硝化反应速率按以下顺序递增：

$$NO_2 < SO_3H < COOH < Cl < H < Me < OMe < OEt < OH$$

单取代苯在混酸中进行一硝化时的相对速度以及在邻、间、对位硝化的相对活性，分别如表 5-2 和表 5-3 所示。

表 5-2　单取代苯在混酸中"一"硝化的相对速率

取代基	相对速率	取代基	相对速率
—N(CH₃)₂	2×10^{11}	—I	0.18
—OCH₃	200000	—F	0.15
—CH₃	24.4	—Cl	0.033
—C(CH₃)₃	15.5	—Br	0.030
—CH₂COOC₂H₅	3.8	NO₂	6×10^{-8}
—H	1.0	—N(CH₃)₃⁺	1.2×10^{-8}

表 5-3 单取代苯硝化反应定位的相对活度

化合物	相对活度		
	邻位	间位	对位
PhH	1	1	1
PhMe	40	3	57
PhCOOEt	0.0026	0.0079	0.0009
PhCl	0.030	0.000	0.139
PhBr	0.037	0.000	0.106

萘硝化反应的主要产物为 α-硝基萘，因为它的 α-位比 β-位活泼。蒽醌环的性质较为复杂，与苯相比较难硝化，当它进行硝化时，硝基主要进入 α-位，少部分进入 β-位，同时有部分二硝基蒽醌生成。硝化反应也受取代基团空间效应的影响，具有位阻较大的给电子取代基的芳烃，其邻位硝化比较困难，而对位硝化产物常常占据优势。例如，甲苯硝化时，邻位与对位产物的比例为 40∶57，而叔丁基苯硝化时，其比例下降为 12∶79。

5.2.2 硝化剂及其浓度和用量

不同结构的有机化合物被硝化的难易程度不同，而各种硝化剂又具有不同的硝化能力。因此，易于硝化的底物可选用活性较低的硝化剂，以免过度硝化和减少副反应的发生，而难于硝化的底物可选用活性较强的硝化剂进行硝化。此外，对于相同的被硝化物，若采用不同的硝化剂，常常得到不同比例的异构体，例如，分别用混酸和硝酸-乙酐混合液硝化乙酰苯胺，得到的硝化异构体的比例的差别很大。所以在硝化反应中，合理地选择硝化剂至关重要。不同硝化剂对乙酰苯胺硝化产物的影响见表 5-4。

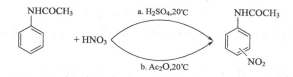

表 5-4 不同硝化剂对乙酰苯胺硝化产物的影响

方法	邻位/%	间位/%	对位/%
a	19.4	2.1	78.5
b	67.8	2.5	29.7

混酸组成的变化明显地影响其硝化能力。随着混酸中硫酸含量的增加，硝化能力越来越强。对于难于硝化的底物还可用 HNO_3-SO_3 作硝化剂，以便提高反应速率和减少废酸量。硝化剂的浓度以及硝化剂和被硝化物之间的配比对硝化反应的结构也有影响，在浓度和配比小的情况下，硝化反应不易进行；反之，硝化反应易于进行，甚至可得到多硝基化合物。使用浓硝酸很难硝化苯甲酸，而改用发烟硝酸则可使硝化反应顺利进行。被硝化物在硝化剂中的溶解度不同，有时也会影响硝化的深度。因此，在选择硝化剂时应考虑底物在硝化剂中的溶解性能，尽可能创造一个均相反应的环境，以便加速硝化反应和抑制局部深度硝化。

5.2.3 反应温度

硝化反应温度的选择和控制是十分重要的。温度升高，将增大反应速率常数，提高被硝化物和产物在酸相中的溶解度，有利于 HNO_3 离解成 NO_2^+，从而加快硝化反应的速度；但是，多硝化、氧化、断键、聚合和硝基置换除氢之外的其他基团等副反应也随之增加。另外，反应温度的变化还会影响产物中异构体的生成比例，表 5-5 表明了在不同的温度下混酸硝化硝基苯时的异构体产物的组成。应尽可能在低温下硝化酚、酚醚和乙酰芳胺等易被硝化和氧化的活泼芳烃，而含有硝基或磺酸基等较为稳定的芳烃，则应在较高的温度下硝化。因此，选择适宜的反应温度需根据被硝化物的活性和引入硝基的数目，同时兼顾其他方面综合考虑。

$$\text{苯} + HNO_3 \xrightarrow{H_2SO_4} \text{硝基苯}(NO_2) + H_2O$$

表 5-5　硝基苯采用混酸硝化时温度对异构体生成比例的影响

反应温度/℃	邻位/%	间位/%	对位/%
25～29	5	93	2
90～100	12	87	1

　　反应温度还直接影响生产安全和产品质量。硝化反应本身为强烈的放热反应，若使用混酸作为硝化剂，则硫酸被反应生成的水所稀释，会产生大量的稀释热。因此，必须及时冷却以便移除反应体系中的热量。否则，累积的热量将迅速提高反应温度，引起多种副反应的发生，使产品质量下降，而且将造成硝酸的分解，产生大量红棕色的二氧化氮气体，使反应釜内的压力增大，同时主副反应速率的加快，还将继续产生更大量的热量，如此恶性循环使得反应失去控制，将导致发生爆炸事故等严重后果。所以，为了确保安全和得到优质产品，应该严格控制在规定的反应温度下操作。

5.2.4　搅拌

　　大多数芳烃在硝酸、混酸等硝化剂中的溶解度很低，这些化合物的硝化过程属于非均相体系，其反应速率不仅与上述诸影响因素有关，还取决于两相界面的大小、反应物的相界面的扩散速度和产物离开界面的速度。因此，增加搅拌强度，可以提高传质和传热效率，加速硝化反应。

　　研究结果表明，搅拌在硝化反应起始阶段尤为重要。原因是在反应初期，两相密度相差很大，较难混合均匀，而且反应剧烈，放出的热量很多，为了解决这些传质和传热问题，需要加强搅拌。值得注意的是在间歇硝化过程中，由于各种原因而使得搅拌突然停止是十分危险的，非常容易引发事故，应尽力避免这种情况的发生。

5.2.5　相比与硝酸比

　　在非均相硝化反应中，混酸与被硝化物的质量比称为相比（又称酸油比）。当相比固定时，强烈搅拌的最佳结果只是被硝化物饱和溶解于酸相中；而相比提高后，可使被硝化物在酸相中的溶解总量增大，有利于加速硝化反应。相比太小，初期反应十分剧烈，使得控制温度较为困难；相比太大，则降低设备的生产能力，实际工业生产中常用的一种方法是向硝化釜中加入一定量的废酸来增加相比和减少"三废"处理量。

　　硝化剂与被硝化物的摩尔比称为硝酸比。按照化学方程式，此值理论上应为1，但是在工业生产中硝酸的用量常常高于理论量，以促使反应进行完全。当硝化剂为混酸时，对于易被硝化的芳烃，硝酸比为 1.01～1.05；而对于难被硝化的芳烃，硝酸比为 1.1～1.2 或更高。由于环境保护的要求日益强烈，20 世纪 70 年代开发的绝热硝化法正在逐步取代传统的过量硝酸硝化工艺。绝热硝化法的优点是多硝基物等副产物少，硝酸的利用率高、节能、生产安全和环境污染减少。

5.2.6　硝化副反应

　　在芳香族硝化过程中，除了向芳环上引入硝基的正常反应外，还常常会发生许多副反应,研究的目的在于提高经济效益,因为生成副产物说明反应物或硝化产物有损失,也意味着要增加主要产物的精制费用。其次是减少环境污染和增加安全性。

在所有副反应中,影响最大的是氧化副反应,它常常表现为生成一定量的硝基酚,例如在甲苯硝化中可检出副产物有硝基甲苯酚等。

烷基苯在硝化时,硝化液颜色常常会发黑变暗,特别是在接近硝化终点时,更容易出现这种现象,实验证明,这是由于烷基苯与亚硝基硫酸及硫酸形成络合物的缘故。出现有色络合物,往往是由于硝化过程中硝酸的用量不足,一旦形成,在 45~55℃下,及时补加一些硝酸就很易将其破坏;但是当温度大于 65℃时,络合物会自动产生沸腾,使温度上升到 85~90℃,此时即使再补加硝酸,也难于挽救,生成深褐色的树脂状物。

络合物的形成与已有取代基的结构、个数和位置等因素有关。一般不带任何取代基的苯,最不易形成络合物,带有吸电子基的苯衍生物次之,而带有烷基的苯系芳烃最易发生这一反应,并且取代基的链越长就越容易形成此种络合物。

许多副反应的发生常常与反应体系中存在的氮氧化物有关,因此设法减少硝化剂内氮的氧化物含量,并且严格控制反应条件以防止硝酸的分解,常常是减少副反应的重要措施之一。

5.3 硝化方法

5.3.1 混酸硝化

混酸硝化是工业上广泛采用的一种硝化方法,特别是用于芳烃的硝化。混酸硝化的特点:① 硝化能力强,反应速率快,生产能力高;②硝酸用量接近于理论用量,几乎全部被利用;③硫酸的热容量大,可使硝化反应平稳进行;④浓硫酸可溶解多数有机物,以增加有机物与硝酸的接触,使硝化反应易于进行;⑤混酸对铁的腐蚀性很小,可采用普通碳钢或铸铁作反应器。

一般的混酸硝化工艺过程如图 5-1 所示。

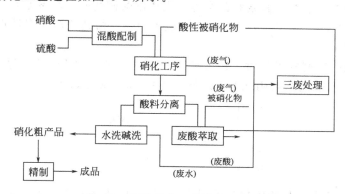

图 5-1 混酸硝化工艺过程示意图

混酸配制可间歇操作,也可连续操作。间歇操作的生产效率虽低,但适用于小批量、多品种生产;连续操作的生产能力大,适用于大吨位产品的生产。

配制混酸的设备要求具有防腐能力并装有冷却和机械混合装置。混酸配制过程产生的混合热由冷却装置及时移除。为减少硝酸的挥发和分解,配酸温度一般在 40℃以下。

间歇式配酸,其操作要严格控制原料酸的加料顺序和加料速度。在无良好混合条件下,严禁将水突然加入大量的硫酸中。否则,会引起局部瞬间剧烈放热,造成喷酸或爆炸等事故。比较安全的配酸方法应是在有效的混合和冷却条件下，将硫酸先缓慢、后渐快地加入水或废酸中，并控制温度在 40℃ 以下，最后再以先缓慢、后渐快的加酸方式加入硝酸。连续式配酸也应遵循这一原则。配制的混酸必须经过检验分析，若不合格，则需补加相应的酸，调整组成直至合格。

当几种不同的原料酸配制混合酸时，可根据物料平衡原理建立联合方程式，求出各种原料酸的用量。

5.3.2 硝酸硝化

用硝酸进行硝化的困难是必须设法保持高效的硝酸浓度，不然反应生成的水会使硝化反应速率迅速下降。解决这一问题的方法有液相硝化、气相硝化、苯与硝酸通过高分子膜进行硝化等。硝酸硝化法根据所用硝酸浓度的不同，可分为用浓硝酸的硝化和用稀硝酸的硝化。

(1) 浓硝酸硝化　浓硝酸硝化需要使用过量很多倍的硝酸，以避免反应生成的水使硝酸稀释，进而导致氧化副反应的发生。例如，对氯甲苯的一硝化，要使用 4 倍量 90% 左右的硝酸；邻二甲苯的二硝化要用 10 倍量的发烟硝酸。过量的硝酸必须回收利用。1-硝基蒽醌的制备是以蒽醌为原料，以 98% 硝酸为硝化剂，蒽醌与硝酸的摩尔比为 1∶15，在 25℃ 以下进行硝化反应。

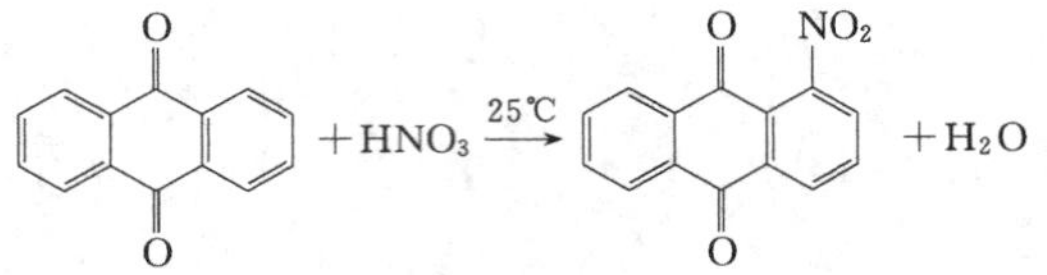

反应为液相均相反应，采用多釜串联或管式反应器。反应控制在残留 2% 蒽醌作为硝化终点。硝化的副产物主要是 2-硝基蒽醌和二硝基蒽醌。一般是用亚硫酸钠溶液处理，使 2-位上的硝基置换成磺酸基，成为水溶性衍生物而除去。二硝基蒽醌则要在硝基还原成氨基之后，再精制除去。

(2) 稀硝酸硝化　稀硝酸硝化只适用于容易硝化的活泼芳烃化合物，例如某些酰化的芳胺、对苯二酚的醚类、酚类、茜素和芘类等。用稀硝酸硝化时的溶剂是水，芳烃与稀硝酸的摩尔比为 (1∶1.4) ～ (1∶1.7)；硝酸浓度约为 30%。稀硝酸对铁腐蚀严重，故硝化设备使用不锈钢或搪瓷釜。

用稀硝酸硝化的典型例子是对二乙氧基苯的硝化，所用硝酸的浓度是 34%，反应温度不高于 70℃，对二乙氧基苯与硝酸的摩尔比为 1∶1.5，反应如下：

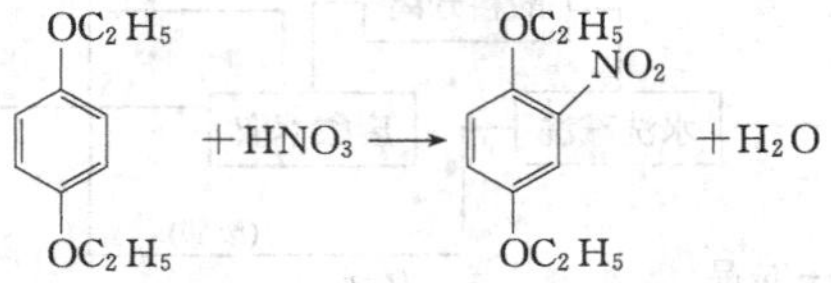

2,5-二乙基-N-苯甲酰胺的硝化是采用 17% HNO₃ 为硝化剂，在沸腾状态下进行反应，被硝化物和硝酸的摩尔比为 1∶1.9。

5.3.3 在溶剂中的均相硝化

(1) 在浓硫酸介质中的均相硝化　当被硝化物或硝化产物在反应温度下为固体时，可将被硝化物溶解在大量的硫酸中，然后加入硝酸或混酸进行硝化。此法硝酸过量很少，一般产率较高，应用范围较广。例如硝基苯、蒽醌、对硝基氯苯等的硝化。动力学研究发现，对于不同结构的芳烃，硫酸浓度在 90% 左右时，反应速率常数为最大值。大量实践也证明，当硫酸浓度高于或低于 90% 左右时，硝化反应速率均会降低。

（2）在有机溶剂中的硝化 硝化反应在有机溶剂中进行，不仅可避免使用大量的硫酸作溶剂，减少和消除废酸量；而且选用不同的溶剂可以改变硝化产物异构体的比例。常用的有机溶剂有二氯甲烷、二氯乙烷、四氯化碳、冰醋酸、酸酐等。例如，以二氯甲烷为溶剂进行硝化，其优点是：① 二氯甲烷的沸点是 41℃，有利于低温硝化的温度控制；② 一般只需要使用理论量的硝酸；③ 可利用二氯甲烷萃取硝化产物。苯甲酸在二氯甲烷中用混酸硝化时，硝酸仅过量 1%，二硝化物收率也在 99% 以上。

5.3.4 取代硝化

含有磺酸基的芳环或杂环化合物进行硝化，磺酸基可被硝基取代：

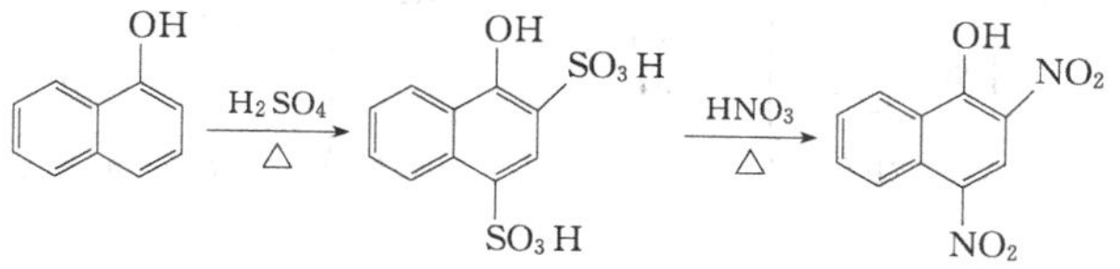

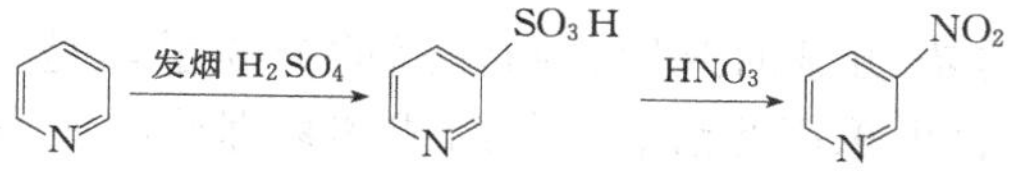

取代硝化在有机合成上有着重要的意义。一些活泼性芳烃或杂环化合物直接硝化，容易发生氧化等副反应，如果先在芳环或杂环上引入磺酸基，使芳环上电子云密度下降，再进行取代硝化，可减少硝化副反应。例如，苦味酸的合成。

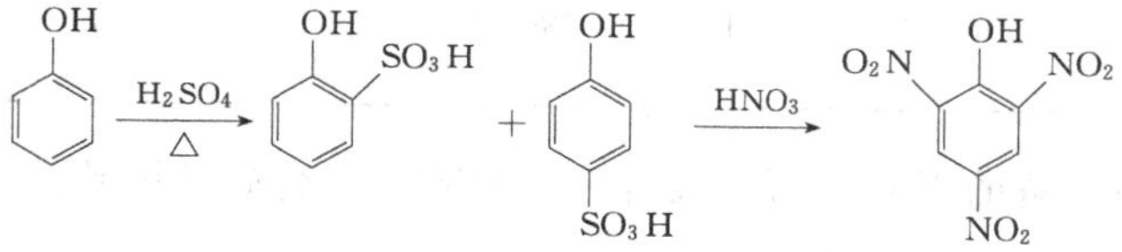

当芳环上同时存在羟基（或烷氧基）和醛基时，若采用先磺化后硝化的方法，则醛基不受影响。

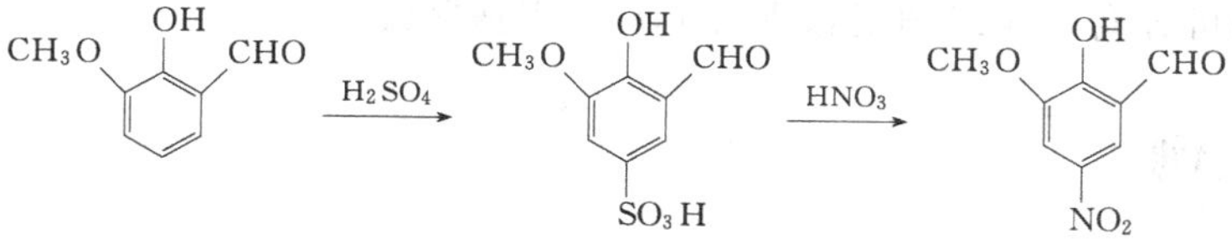

芳香族重氮盐用亚硝酸钠处理，生成芳香族硝基化合物的反应称为重氮基的取代硝化。

$$ArN_2^+ Cl^- + NaNO_2 \longrightarrow ArNO_2 + N_2 \uparrow + NaCl$$

重氮基的取代硝化适用于合成特定取代位置的硝基化合物。如邻二硝基苯和对二硝基苯均不能由直接硝化制得。但可以由邻硝基苯胺或对硝基苯胺形成的重氮盐与亚硝酸反应制得。

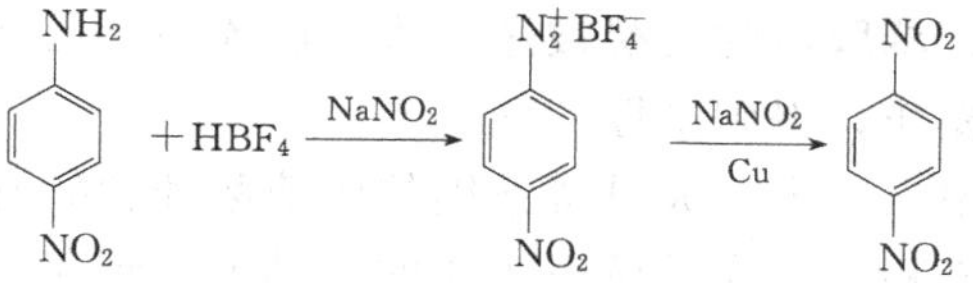

5.4　硝化产物分离方法

硝化产物常常是异构混合物，其分离提纯方法有化学法和物理法两种。

5.4.1　化学法

化学法是利用不同异构体在某一反应中的不同化学性质而达到分离的目的。例如，包含在间二硝基苯中的少量邻位、对位异构体，可通过与亚硫酸钠反应除去，或在相转移催化剂存在下与稀的氢氧化钠水溶液反应去除之。

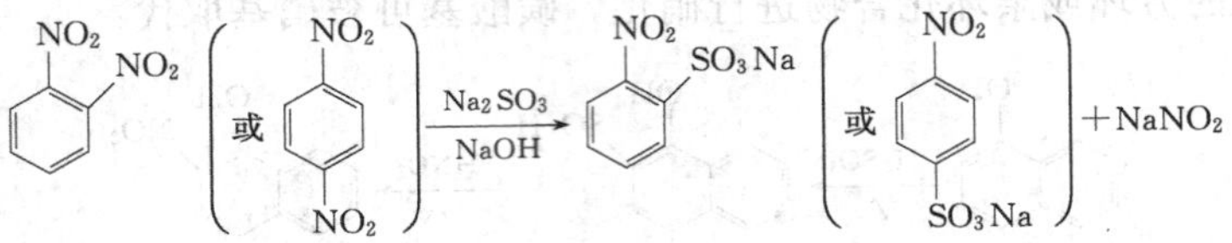

5.4.2　物理法

若异构体的熔点、沸点有明显的差别，则常用的分离手段是采用精馏和结晶配合的方法。例如，氯苯-硝化的产物可采用此法，产物组成和物理性质如表 5-6 所示。

表 5-6　氯苯-硝化产物的组成及物理性质

异构体	组成/%	凝固点/℃	沸点/℃ 0.1MPa	沸点/℃ 1.0kPa
邻位	33～34	32～33	245.7	119
对位	65～66	83～84	242.0	113
间位	1	44	235.6	

近年来随着精馏设备的不断更新，混合硝基氯苯和混合硝基甲苯的分离已可采用精馏法直接完成。

除了上述精馏法外，也可利用异构体在有机溶剂中或酸度不同时其溶解度不同的性质来实现分离，利用二氯乙烷为溶剂可分离 1,5-二硝基萘与 1,8-二硝基萘；利用环丁砜、1-氯萘或二甲苯等溶剂可分离 1,5-二硝基蒽醌与 1,8-二硝基蒽醌。

5.5　应用实例

5.5.1　硝基苯

硝基苯的主要用途是制取苯胺和聚氨酯泡沫塑料。早期采用的是混酸间歇硝化法，随着对苯胺需求量的迅速增长，20 世纪 60 年代以后，逐渐发展了锅式串联、管式、环式或泵式循环等连续硝化工艺。目前我国广泛采用的是锅式串联工艺，其简要流程如图 5-2 所示。

按图所示的苯连续硝化的配料比例，向硝化锅 1 中连续加料，硝化锅 1 温度控制在68～70℃，硝化锅 2 控制在 65～68℃。由锅 2 流出的物料在连续分离器中自动连续分离成废酸和酸性硝基苯。废酸进入萃取锅用新鲜苯连续萃取，萃取后的酸性苯中约含 2%～4%硝基苯，用泵连续送往硝化锅；萃取后的废酸被送去浓缩成硫酸再循环使用。酸性硝基苯则经过连续水洗、碱洗和分离等操作，得到中性的硝基苯。

上述工艺过程的主要缺点是产生大量待浓缩的废硫酸和含硝基物的废水，以及对于硝化设备要求具有足够的冷却面积。在大量研究工作的基础上，近年来在国外又发展了绝热硝化

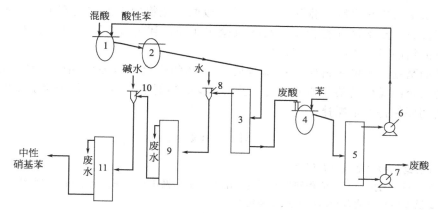

图 5-2 苯连续硝化流程示意图

1,2—硝化锅；3,5,9,11—分离器；4—萃取锅；6,7—泵；8,10—文丘里管混合器

法。绝热硝化法的要点是将超过理论量 10% 的苯和预热到 90℃ 的混酸（含 HNO$_3$ 5.0%~8.5%、H$_2$SO$_4$ 60%~70%、H$_2$O≥25%），加到四个串联的硝化锅中，物料的进口温度在 132~136℃。分离出的废酸浓缩成 68% 循环再用。有机相经洗涤除去夹带的硫酸和微量酚类，蒸出未反应的过量苯，即得到硝基苯。

据报道，绝热硝化法具有如下优点：反应在较高温度下进行，反应速率快；由于采用过量苯，硝酸几乎全部转化，而且副产物少（二硝基苯＜5×10^{-4}mg/L）；与原来在 65℃ 左右进行硝化所采用的混酸组成相比，本法混酸中的含水量高，酸的浓度低，因此较为安全，不需要冷却系统；可利用反应热浓缩废酸。总之，由于操作费用低、能耗低、设备密闭、废水少、污染少等优点，所以本法被认为是目前最先进的硝基苯生产工艺路线。

此外，制造硝基苯还有以下方法。采用 40%~68%HNO$_3$ 进行苯的硝化，反应后的废硝酸用蒸馏法回收。苯、二氧化氮及氧在 20~25℃ 用紫外线照射 2h，可得到硝基苯，收率为 98%。

5.5.2 α-硝基萘的制备

$$\text{（萘）} \xrightarrow{HNO_3} \text{（α-硝基萘）} +H_2O$$

当萘在最佳条件下硝化时，产物主要是 α-硝基萘。反应进行剧烈，除非预先防范，否则会生成多硝基化合物。如应用粗萘，则硝化产物将不满意；且由于分离纯的 α-硝基萘极困难，因此为了避免下一步的复杂性，最好应用纯粹的原料。

当不用循环酸进行硝化时，则可应用下列组成的混酸（H$_2$SO$_4$ 59.55%、HNO$_3$ 15.85%、H$_2$O 24.60%，硝酸比 1.01），会生成由 95% α-硝基萘、一些未反应的萘及极少量二硝基衍生物所组成的产品。

如用循环酸溶解被硝化的萘，硝化仍按一般方法进行，则其操作步骤如下：将萘（640kg）悬浮在（2250kg）稀硫酸中或悬浮在含有 65% H$_2$SO$_4$ 的废酸中。彻底搅拌全部物料，再缓慢加入（1175kg）混酸（H$_2$SO$_4$ 56.60%、HNO$_3$ 28.30%、H$_2$O 15.10%，硝酸比 1.03）。

加酸期间，温度保持在 35~50℃；待全部酸加完后，可将温度渐渐升到 65~70℃。并保持 1h。停止搅拌，倾析浮在表面的硝基萘和夹带的部分废酸，一同放到分离器中，留下的"尾"酸供下次硝化之用。静置 3h 后，除去废酸，把粗硝基萘放到槽中。在槽中用沸水和碱液重复洗涤，到不显酸性为止。在洗涤操作期间，利用蒸汽除去可能存在的任何游离萘。硝基萘的结晶温度须在 52～52.5℃。

粗产品的精制，也可用占粗产品本身质量 10% 的轻汽油或石脑油作溶剂进行重结晶。精制的成功与否同操作的某些细节有关：①用最少的溶剂量；②为了保证生成小粒晶体，在结晶生成期间要保持经常搅拌。

习　题

1．影响混酸硝化的主要因素有哪些？

2．简述混酸硝化的生产工艺流程和生产原理。配酸及硝化操作有哪些安全事项必须要注意？

3．为什么说稀硝酸只适合于活泼芳烃的硝化？

4．如何除去间二硝基苯中含有的少量邻位和对位异构体？

5．采用混酸、硝酸硝化时，各对硝化反应有何材质要求？

6．混酸硝化时，为什么要严格控制反应温度以及始终保持良好的搅拌？

7．以甲苯为基本原料合成下列化合物：

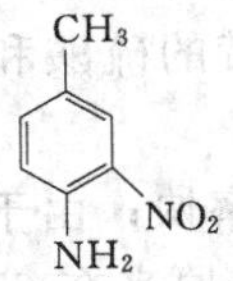

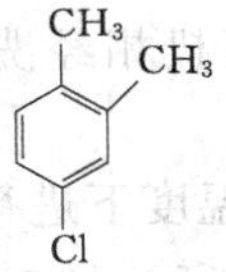

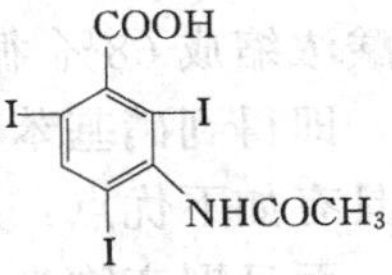

6　卤化反应

卤化是向有机物质分子中引入卤素制取卤化物的化学过程。根据引入卤素的不同，卤化可分为氟化、氯化、溴化和碘化。其中氯化物的制备最为经济，氯化反应的应用也最为广泛，是本章讨论的重点。卤化按其方法分，可分为加成卤化、取代卤化和置换卤化。

卤化物中的卤原子性质相当活泼，通过卤化物的转化，可制备含有其他取代基的衍生物，在染料、农药、医药、香料等有机合成中占有重要的地位。有些卤化物可直接作为精细化学品应用，如含氯或溴的有机物可用作橡胶或塑料的阻燃剂。

卤化反应广泛使用的卤化剂是卤素（氯、溴、碘），盐酸和氧化剂（如次氯酸钠、氯酸钠等），金属和非金属的卤化物（$FeCl_3$、PCl_5）。其中二氯硫酰是芳烃中引入氯原子的高活性反应试剂，二氯硫酰、氯化硫、氯化铝相混合为高氯化剂，也有采用光气、卤胺（RN-HX）、卤酰胺（RSO_2NHX）等为卤化剂的。

6.1　加成卤化

加成卤化是卤素、卤化氢及其他卤化物与不饱和烃进行的加成反应，含有双键、叁键和某些芳烃等有机物常采用卤加成的方法进行卤化。

6.1.1　卤素与不饱和烃的加成

在加成卤化反应中，由于氟的活泼性太高、反应剧烈且易发生副反应，因而极少应用。碘与烯烃的加成是一个可逆反应，生成的二碘化物不仅收率低，而且性质也不稳定，故很少应用。因此，在卤素与烯烃的加成反应中，只有氯和溴的加成应用比较普遍。

卤素与烯烃的加成，按反应历程的不同可分为亲电加成和自由基加成。

（1）亲电加成　碳-碳双键是烯烃的结构特征，在双键结构中，π键较弱，容易和亲电试剂作用发生亲电加成反应。烯烃在氯或溴的作用下，π键断裂，生成两个较强的σ键，转变为两个卤原子连接在相邻碳上的饱和化合物。

$$CH_2{=\!\!=}CH_2 \xrightleftharpoons{Cl_2} \underset{Cl\rightarrow Cl}{CH_2{=\!\!=}CH_2} \xrightarrow{FeCl_3} CH_2Cl\overset{+}{-}CH_2+FeCl_4^- \longrightarrow CH_2Cl{-}CH_2Cl+FeCl_3$$

卤素与烯烃的亲电加成反应，一般采用的溶剂有四氯化碳、氯仿、二硫化碳、乙酸和乙酸乙酯等。醇和水不宜作溶剂，会生成卤化醇或卤代醚等副产物。

卤加成反应温度不宜太高，否则有脱去卤化氢的可能，或者同时发生取代反应。

（2）自由基加成　卤素在光、热或引发剂存在下，首先产生卤自由基，然后与不饱和烃发生加成反应。

光卤化加成的反应特别适用于双键上具有吸电子基的烯烃。例如三氯乙烯中有三个氯原子，进一步加成氯化很困难；但在光催化下可氯化制取五氯乙烷，经消除一个分子的氯化氢后，可制得驱钩虫药物四氯乙烯。

$$ClCH{=\!\!=}CCl_2 \xrightarrow[60\sim70\text{℃}]{Cl_2/h\nu} Cl_2CH{-}CCl_3 \xrightarrow{-HCl} Cl_2C{=\!\!=}CCl_2$$

卤素自由基加成反应的影响因素主要是自由基的引发和终止。常用的引发剂是有机过氧化物、偶氮二异丁腈等。而光引发是主要方法之一。

6.1.2 卤化氢与不饱和烃的加成

卤化氢与不饱和烃的加成反应，可得到饱和卤代烃：

$$RCH{=\!\!=}CH_2 + HX {\Longleftrightarrow} RCHX{-\!\!}CH_3 + Q$$

这是一个可逆放热反应，低温对加成反应有利，在 50℃ 以下时，反应几乎是不可逆的。

卤化氢对双键的加成可分为离子型亲电加成和自由基加成两类。亲电加成，卤原子的定位符合马尔科夫尼科夫规则，即氢原子加在含氢较多的碳原子上。

卤化氢与烯烃加成反应的活泼性次序是：

$$HI > HBr > HCl$$

反应时可采用卤化氢饱和的有机溶剂或浓的卤化氢水溶液。反应速率不仅取决于卤化氢的活泼性，而且还与烯烃的性质有关。烯烃上带有给电子取代基时，有利于反应的进行，当烯烃上带有强吸电子基如 —COOH、—CN、—CF$_3$、—N（CH$_3$）$_3^+$ 时，烯烃的 π 电子云向取代基方向转移，卤代氢的加成方向正好与马尔科夫尼科夫规则相反。

$$CH_2{\overset{\frown}{\underset{\delta+}{=}}}\underset{\delta-}{\overset{\overset{H}{|}}{C}}{-}Y + H^+X^- \longrightarrow CH_2{-}\underset{\underset{X}{|}}{CH_2}{-}Y$$

在光和引发剂的催化下，溴化氢和烯烃的加成属于自由基加成反应。在该反应中卤化氢的定位规则属于反马尔科夫尼科夫规则。

6.1.3 其他卤化物与不饱和烃的加成

除卤素、卤化氢外，次卤酸、N-卤代酰胺和卤代烷等也是不饱和烃加成反应常用的卤化剂。不饱和烃与这三种卤化物的加成反应均属于离子型亲电加成反应，质子酸和路易斯酸均能加快反应速率。

（1）次氯酸加成　次氯酸不稳定，难以保存，通常是将氯气通入水或氢氧化钠水溶液中，也可以通入碳酸钙悬浮水溶液中，制取次氯酸及其盐。典型的例子是 β-氯乙醇的生产。

$$CH_2{=\!\!=}CH_2 \xrightarrow[60℃]{Cl_2/H_2O} ClCH_2CH_2OH + HCl$$

随着反应的进行，氯乙醇和氯离子的浓度不断增加。氯离子浓度的增加，使生成二氯乙烷的副反应增多；β-氯乙醇浓度的增大，将促使生成 2,2'-二氯乙醚的副反应发生。为减少这些副反应，工业上采用连续操作，控制乙烯、氯气和水的流速，使反应液中氯乙醇控制在 4% 左右，β-氯乙醇可得到较好的收率。

β-氯乙醇的最大用途是生成环氧乙烷。此外，还可以用作合成材料，农药、医药的中间体以及聚硫橡胶的原料。

（2）用 N-卤代酰胺的加成　N-卤代酰胺与烯烃加成可制得 α-卤醇。α-溴醇的制备应用比较普遍的卤化剂是 N-溴代乙酰胺和 N-溴代丁二酰亚胺。该反应可在酸（如醋酸、高氯酸）催化下进行：

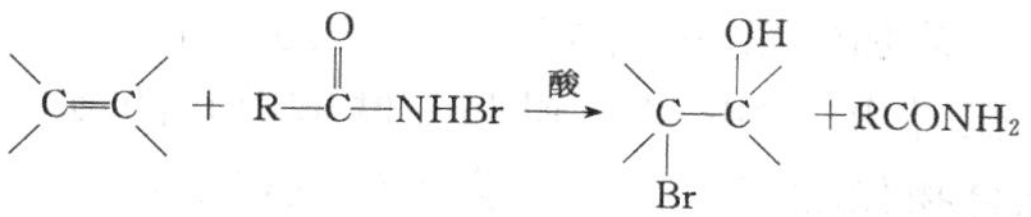

$$CH_3CH{=}CHCH_3 + CH_3CONHBr \xrightarrow[0\sim25℃]{H_2SO_4/CH_3OH} CH_3CH{-}CHCH_3 + CH_3CONH_2$$

用 N-溴代乙酰胺制备 α-溴醇，因无溴负离子的存在，不会有二溴化物的生成。另外，选用不同的溶剂，可制得相应的 α-溴醇及其衍生物。

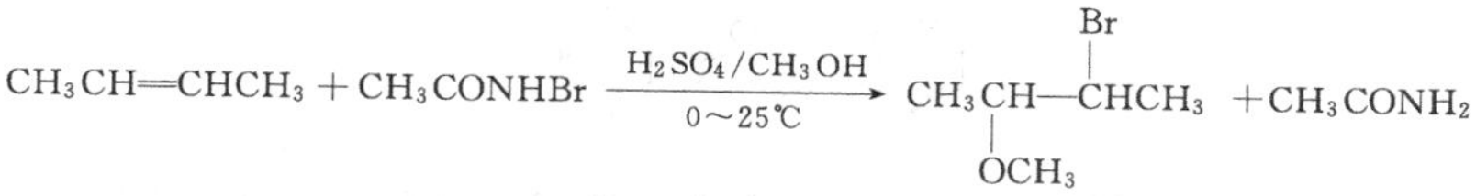

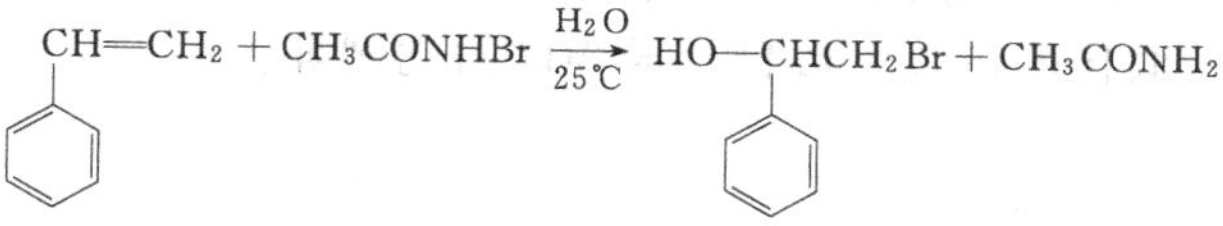

$$CH_3CH{=}CHCH_3 + CH_3CONHBr \xrightarrow[0\sim25℃]{H_2SO_4/CH_3OH} CH_3CH{-}CHCH_3 + CH_3CONH_2$$

α-氯醇除用次氯酸与烯烃加成制取外，还可以采用 N-氯代胺对烯键进行氯加成制得，而且使用不同的溶剂，可制得不同的 α-氯醇衍生物。

总之，用 N-卤代酰胺的加成，可避免因卤负离子的存在而产生的副反应，在精细有机合成中有重要的意义。

（3）用卤代烷的加成　卤代烷的不饱和烃的加成卤代，多是叔卤代烷在路易斯酸催化下对烯键进行亲电进攻，得到加成产物。例如，氯代叔丁烷和乙烯在氯化铝催化下反应，可得 1-氯-3,3-二甲基丁烷，收率为 75%。

$$(CH_3)_3CCl + CH_2{=}CH_2 \xrightarrow{AlCl_3} (CH_3)_3C{-}CH_2CH_2Cl$$

多卤代甲烷衍生物可与双键发生自由基加成反应，在双键上形成碳-卤键，使双键的碳原子上增加一个碳原子。例如，丙烯和四氯化碳在过氧化苯甲酰作用下生成 1,1,1,3-四氯丁烷，收率为 80%。

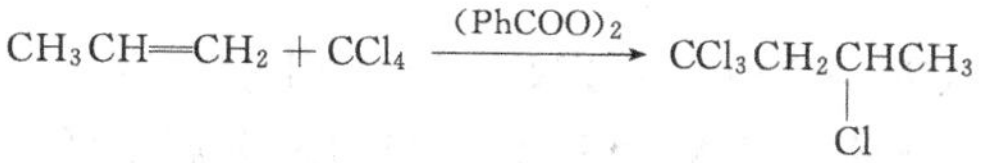

$$CH_3CH{=}CH_2 + CCl_4 \xrightarrow{(PhCOO)_2} CCl_3CH_2CHCH_3$$

6.2　取代卤化

取代卤化是合成有机卤化物最重要的途径，主要包括芳环上的取代卤化、芳环侧链及脂肪烃的取代卤化。取代卤化以取代氯化和取代溴化最为常见。

6.2.1　芳环上的取代卤化

芳环上取代基的电子效应和卤化的定位规律与一般芳环上的亲电取代反应相同，其主要影响因素有以下几方面。

（1）被卤化芳烃的结构　芳环上取代基可通过电子效应使芳环上的电子云密度增大或减小，从而影响芳烃的卤化取代反应。芳环上有给电子基团时，有利于形成 σ 络合物，卤化容易进行，主要形成邻、对位异构体，但常出现多卤代现象；反之，芳环上有吸电子基团时，因其降低了芳环上电子云密度而使卤化反应较难进行，需要加入催化剂并在较高温度下反应。例如，苯酚与溴的反应，在无催化剂存在时便能迅速进行，并几乎定量地生成 2,4,6-

三溴苯；而硝基苯的溴化，需加铁粉并加热至 135～140℃才发生反应。

含多个 π 电子的杂环化合物（如噻吩、吡咯和呋喃等）的卤化反应容易发生；而缺 π 电子、芳香性较强的杂环化合物如吡啶等，其卤化反应较难发生。

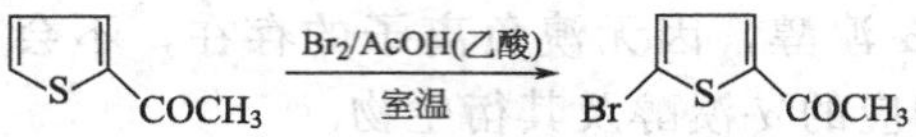

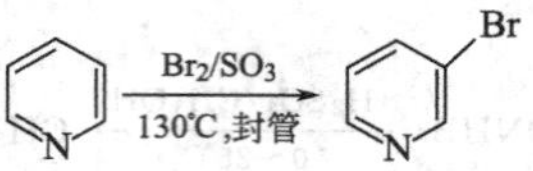

（2）卤化剂　在芳烃的卤代反应中，必须注意选择合适的卤化剂，因为卤化剂往往会影响反应的速度、卤原子取代的位置、数目及异构体的比例等。

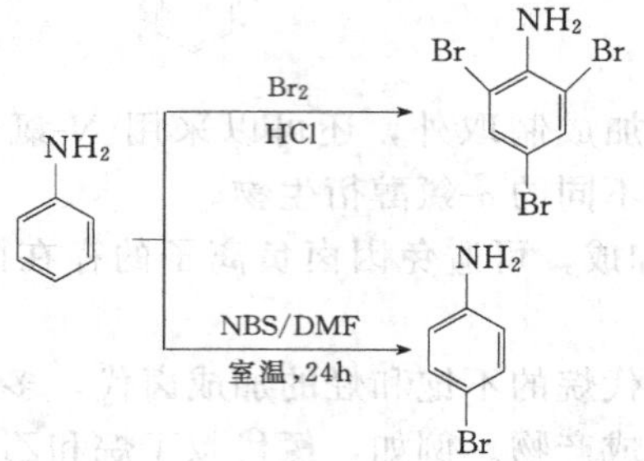

卤素是合成卤代芳烃最常用的卤化剂。其反应活性顺序为：

$$Cl_2 > BrCl > Br_2 > ICl > I_2$$

对于芳烃环上的氟化反应，直接用氟与芳烃作用制取氟代芳烃，因反应十分激烈，需在氦气或氮气稀释下于 −78℃进行，故无实用意义。

取代氯化时，常用的氯化剂有：氯气、次氯酸钠、硫酰氯等。不同氯化剂在苯环上氯化时的活性顺序是：

$$Cl_2 > ClOH > ClNH_2 > ClNR_2 > ClO-$$

常用的溴化剂有溴、溴化物、溴酸盐和次溴酸的碱金属盐等。溴化剂按照其活泼性的递减可排列成以下次序：

$$Br^+ > BrCl > Br_2 > BrOH$$

芳环上的溴化可用金属溴化物作催化剂，如溴化镁、溴化锌，也可用碘。

溴资源比氯少，价格也比较高。为回收副产物溴化氢，常在反应中加入氧化剂（如次氯酸钠、氯酸钠、氯气、双氧水等），使生成的溴化氢氧化成溴素而得到充分利用。

$$2BrH + NaOCl \xrightarrow{H_2O} Br_2 + NaCl + H_2O$$

分子碘是芳烃取代反应中活泼性最低的反应试剂，而且碘化反应是可逆的。为使反应进行完全，必须移除并回收反应中生成的碘化氢。碘化氢具有较强的还原性，可在反应中加入适当的氧化剂（如硝酸、过碘酸、过氧化氢等），使碘化氢氧化成碘继续反应；也可加入氨水、氢氧化钠和碳酸钠等碱性物质，以中和除去碘化氢；一些金属氧化物（如氧化汞、氧化镁等）能与碘化氢形成难溶于水的碘化物，也可以除去碘化氢。

氯化碘、羧酸的次碘酸酐（RCOOI）等碘化剂，可提高反应中碘正离子的浓度，增加碘的亲电性，有效地进行碘取代反应。例如：

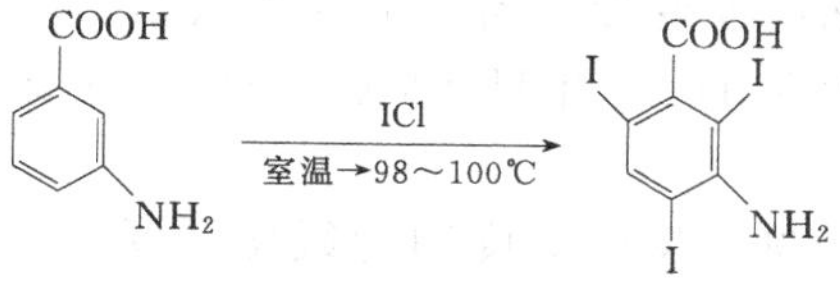

（3）反应介质 如果被卤化物在反应温度下呈液态，则不需要介质而直接进行卤化，如苯、甲苯、硝基苯的卤化。若被卤化物在反应温度下为固态，则可根据反应物的性质和反应的难易，选择适当的溶剂。常用的有水、醋酸、盐酸、硫酸、氯仿及其他卤代烃类。

对于性质活泼、容易卤化的芳烃及其衍生物，可以水为反应介质，将被卤化物分散悬浮在水中；在盐酸或硫酸存在下进行卤化，例如对硝基苯胺的氯化。

对于较难卤化的物料，可以浓硫酸、发烟硫酸等为反应溶剂，有时还需加入适量的催化剂碘。如蒽醌在浓硫酸中氯化制取 1,4,5,8-四氯蒽醌。先将蒽醌溶于浓硫酸中，再加入 $0.5\% \sim 4\%$ 的碘催化剂，在 $100℃$ 下通氯气，直到含氯量为 $36.5\% \sim 37.5\%$ 为止。

当要求反应在较缓和的条件下进行，或是为了定位的需要，有时可选用适当的有机溶剂。如萘的氯化采用氯苯为溶剂，水杨酸的氯化采用乙酸作溶剂等。

选用溶剂时，还应考虑溶剂对反应速率、产物组成与结构、产率等的影响。表 6-1 列出了不同溶剂对产物组成的影响。

表 6-1　不同溶剂对产物组成的影响

原　料	溶　剂	主产物及其产率/%	
苯酚＋Br_2	CS_2（<5℃）	对溴苯酚	$80 \sim 84$
	SO_2		84
	H_2O（室温）	2,4,6-三溴苯酚	约 100
N,N-二甲基苯胺＋Br_2	H_2O（室温）	N,N-二甲基-2,4,6-三溴苯胺	约 100
	二氧六环（5℃）	N,N-二甲基-4-溴苯胺	$80 \sim 85$
苯酚＋Br_2（2mol）	$C_6H_5CH_3$（−70℃）	2,6-二溴苯酚	87

（4）反应温度 一般反应温度越高，反应速率越快。对于卤取代反应而言，反应温度还影响卤素取代的定位和数目。通常是反应温度高、卤取代数多，有时甚至会发生异构化。如萘在室温、无催化剂下溴化，产物是 α-溴萘；而在 $150 \sim 160℃$ 和铁催化下溴化，则得到 β-溴萘。较高的温度有利于 α-体向 β-体异构化。在苯的取代氯化中，随着反应温度的升高，二氯化反应速率比一氯化增加得还快；在 $160℃$ 时，二氯苯还将发生异构化。

卤化温度的确定，要考虑到被卤化物的性质和卤化反应的难易程度，工业生产上还需考虑主产物的产率及装置的生产能力。如氯苯的生产，由于温度的升高，使二氯化物产率增加，即一氯代选择性下降，故早期采用低温（$35 \sim 40℃$）生产。但由于氯化反应是强放热反应，每生成 1mol 氯苯放出大约 131.5kJ 的热量，因此维持低温反应需较大的冷却系统，且反应速率低，限制了生产能力的提高。为此在近代，普遍采用在氯化液的沸腾温度下（$78 \sim 80℃$），用塔式反应器进行反应。其原因有：①采用填料塔式反应器，可有效消除物料的返混现象，使温度的提高对 k_2/k_1（二氯化速率常数与一氯化速率常数之比）增加不显著；②过量苯的汽化可带走大量反应热，便于反应温度的控制和有利于连续化生产。

（5）原料纯度与杂质 原料纯度对芳环取代卤化反应有很大影响。例如，在苯的氯化反应中，原料苯中不能含有含硫杂质（如噻吩等）。因为它易与催化剂 $FeCl_3$ 作用生成不溶于苯的黑色沉淀并包在铁催化剂表面，使催化剂失效；另外，噻吩在反应中生成的氯化物在氯化液的精馏过程中分解出氯化氢，对设备造成腐蚀。其次，在有机原料中也不能含有水，因为水能吸收反应生成的 HCl 成为盐酸，对设备造成腐蚀，还能萃取苯中的催化剂 $FeCl_3$，导致催化剂离开反应区，使氯化速度变慢，当苯中含水量达 0.02%（质量分数）时，反应便停止。此外，还不希望 Cl_2 中含 H_2，当 H_2 含量＞4%（体积分数）时，会引起火灾甚至爆炸。

（6）反应深度　以氯化为例，反应深度即为氯化深度，它表示原料烃被氯化程度的大小。通常用烃的实际氯化增重与理论单氯化增重之比来表示；也可以用氯化烃的含氯量或反应转化率来表示。由于芳烃环上氯化是一个连串反应，因此要想在一氯化阶段少生成多氯化物，就必须严格控制氯化深度。工业上采用苯过量的方法，控制苯氯比为 4∶1（摩尔比），采用低转化率反应。

对于苯氯化反应，由于二氯苯、一氯苯，苯的比重依次递减，因此，反应液相对密度越低，说明苯的含量越高，反应转化率越低，氯化深度就越低，生产上采用控制反应器出口液的相对密度来控制氯化深度。表 6-2 是采用沸腾法的苯氯化生产数据。

表 6-2　氯化液相对密度与产物组成的关系

氯化液的相对密度(15℃)	氯化液组成(质量分数)/%			氯苯∶二氯苯(质量比)
	苯	氯苯	二氯苯	
0.9417	69.36	30.51	0.13	235
0.9529	63.16	36.49	0.35	104

（7）混合作用　在苯的氯化中，如果搅拌不好或反应器选择不当，会造成传质不匀和物料的严重返混，从而对反应不利，并会使一氯代选择性下降。在连续化生产中，减少返混现象是所有连串反应，特别是当连串反应的两个反应速率常数 k_1 和 k_2 相差不大，而又希望得到较多的一取代衍生物时常遇到的问题。为了减轻和消除返混现象，可以采用塔式连续氯化器，苯和氯气都以足够的流速由塔的底部进入，物料便可保持柱塞流通过反应塔，生成的氯苯，即使相对密度较大也不会下降到反应区下部，从而可以有效克服返混现象，保证在塔的下部氯气和纯苯接触。

6.2.2　脂肪烃及芳烃侧链的取代卤化

脂肪烃和芳烃侧链的取代卤化是在光照、加热或引发剂存在下卤原子取代烷基上氢原子的过程。它是合成有机卤化物的重要途径，也是精细有机合成中的重要反应之一。

（1）脂肪烃及芳烃侧链取代卤化的反应特点

① 反应是典型的自由基反应　其历程包括链引发、链增长和链终止三个阶段。例如甲苯的氯化（甲苯的侧链取代卤化是典型的自由基反应）：

链引发　　　　　　　$Cl_2 \xrightarrow{\text{光、热或引发剂}} 2Cl\cdot$

链增长　　　　$C_6H_5CH_3 + Cl\cdot \longrightarrow C_6H_5CH_2\cdot + HCl$

　　　　　　$C_6H_5CH_2\cdot + Cl_2 \longrightarrow C_6H_5CH_2Cl + Cl\cdot$

或　　　　　$C_6H_5CH_3 + Cl\cdot \longrightarrow C_6H_5CH_2Cl + H\cdot$

　　　　　　$H\cdot + Cl_2 \longrightarrow HCl + Cl\cdot$

链终止　　　$C_6H_5CH_2\cdot + Cl\cdot \longrightarrow C_6H_5CH_2Cl$

　　　　　$C_6H_5CHCl\cdot + Cl\cdot \longrightarrow C_6H_5CHCl_2$

　　　　　　$Cl\cdot + H\cdot \longrightarrow HCl$

　　　　　　$Cl\cdot + Cl\cdot \longrightarrow Cl_2$

　　　　　$Cl\cdot + O_2 \longrightarrow ClO_2\cdot \xrightarrow{Cl\cdot} O_2 + Cl_2$

② 反应具有连串反应特征　与芳烃环上的取代卤化一样，脂肪烃及芳烃侧链取代卤化反应也是一个连串反应。如烷烃氯化时，在生成一氯代烷的同时，氯自由基可与一氯代烷继续反应，生成二氯代烷，进而生成三氯、四氯及至多氯代烷。

（2）影响因素及反应条件的选择

① 被卤化物的性质　若无立体因素的影响，各种被卤化物氢原子的活性次序为：

$$ArCH_2-H > CH_2=CH-CH_2-H > 叔\ C-H > 仲\ C-H > 伯\ C-H > CH_2=CH-H$$

这与反应中形成的碳自由基的稳定性规律相同。

苄位和烯丙位氢原子比较活泼，容易进行自由基取代卤化反应。如果在苄位或其邻、对位带有吸电子基团，苄位的卤化更容易进行；若带有给电子基团，则卤化相对困难。烯丙位卤化反应的难易与其结构有关，如果分子中存在不同的烯丙基 C—H 键，它们的反应活性取决于相对应的碳自由基的稳定性，其活性顺序为：叔 C—H > 仲 C—H > 伯 C—H。

② 卤化剂　在烃类的取代卤化中，卤素是常用的卤化剂，它们在光照、加热或引发剂存在下产生卤自由基。其反应活性顺序为：$F_2 > Cl_2 > Br_2 > I_2$，但其选择性与此相反。碘的活性差，通常很难直接与烷烃反应；而氟的反应性极强，用其直接进行氟化反应过于剧烈，常常使有机物裂解成为碳和氟化氢。所以，有实际意义的只是烃类的氯代和溴代反应。

由于卤素可以与脂肪烃中的双键发生加成反应，一般不宜采用卤素进行烯丙位取代卤化反应；而芳环上不易发生卤素的加成反应，则可采用卤素进行苄位取代卤化反应。NBS 用于烯丙位或苄位氢的卤代反应，具有反应条件温和、选择性高和副反应少的特点。例如，分子中存在多种可被卤代的活泼氢时，用 NBS 卤化的主产物为苄位溴化物或烯丙位溴化物：

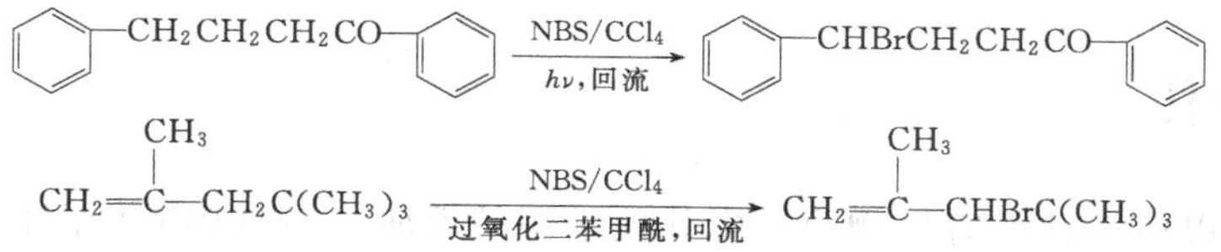

③ 引发条件及温度　烃类化合物的取代卤化反应发生的快慢主要取决于引发自由基的条件。光照引发和热引发是经常采用的两种方法。

光照引发以紫外光照射最为有利。以氯化为例，氯分子的光离解能是 250kJ/mol，与此对应的引发光波长是 478nm。波长越短的光，其能量越强，越有利于引发自由基，但波长小于 300nm 的紫外光透不过普通玻璃。因而，实际生产中常将发射波长范围为 400～700nm的日光灯作为照射光源；光引发时，其反应温度一般控制在 60～80℃。

热引发可分为中温液相氯化与高温气相氯化，氯分子的热离解能是 239kJ/mol，一般液相氯化反应的热引发温度范围为 100～150℃，而气相氯化反应温度则高达 250℃以上。其余卤素分子的离解能量要略低些，反应温度可以相应降低。表 6-3 为卤素分子离解所需能量。

表 6-3　卤素分子离解所需能量

卤素	光照极限波长/nm	光离解能/(kJ/mol)	热离解能/(kJ/mol)
Cl_2	478	250	239
Br_2	510	234	193
I_2	499	240	149

提高反应温度有利于取代反应，也有利于减少环上加成氯化副反应，还可促进卤化剂均

裂成自由基，所以一般在高温下进行苄位和烯丙位的取代卤化反应。

④ 催化剂及杂质　芳烃在有催化剂时，环上取代氯化要比环上加成或侧链氯化快得多，即在催化剂存在时，通常只能得到环上取代产物。在光照、加热或引发剂下通 Cl_2，侧链取代氯化又比环上加成氯化快得多。因此通过自由基反应进行芳环侧链的卤化时，应当注意不要使反应物中混入能够发生环上取代氯的催化剂。

对于自由基反应，原料需有较高的纯度和严格控制其杂质，否则会阻止反应。

a. 杂质铁。若有铁存在，通氯时会转变成 $FeCl_3$，则对自由基反应不利，并起抑制作用，同时若原料为烯烃或芳烃时，还会加快加成氯化及环上取代氯化。因此，原料中不能有铁，反应设备不能用普通钢设备，需用衬玻璃、衬镍的或搪瓷、石墨反应器。

b. 氧气。对反应有阻碍作用，需严格控制其浓度。对于光引发：烃中氧含量 $<1.25\times 10^{-4}$，Cl_2 中需 $<5.0\times 10^{-5}$；或烃中氧含量为 5.0×10^{-5}，Cl_2 中需 $<2.0\times 10^{-4}$。

c. 水。原料中有少量水的存在，也不利于自由基取代反应的进行。因此，工业上常用干燥的氯气。

此外，固体杂质或具有粗糙内壁的反应器，均会使链终止。为了除去反应物中可能存在的痕量杂质，有时加入乌洛托品。

⑤ 反应介质　四氯化碳是经常采用的反应介质，因为它属于非极性惰性溶剂，可避免自由基反应的终止和一些副反应的发生。其他可用的溶剂还有苯、石油醚和氯仿等。反应物若为液体，则可不用溶剂。

⑥ 氯化深度及原料配比　由于芳烃侧链及烷烃的取代氯化都具有连串反应的特点，因此，氯化产物的组成是由氯化深度来决定的。氯化深度越深，单氯化选择性越低，即多氯化物组成越高。选择适当的氯化深度及烃氯化，对提高单氯化选择性是有利的，烃氯比大、一氯代烷的选择性高，一般适宜的烃氯比为（5～3）：1。

6.3　置换卤化

置换卤化是以卤基置换有机物分子中其他基团的反应。与直接取代卤化相比，置换卤化具有无异构产物、多卤化物和产品纯度高的优点，在药物合成、染料及其他精细化学品的合成中应用较多。可被卤基置换的有羟基、硝基、磺酸基、重氮基。卤化物之间也可以互相置换，如氟可以置换其他卤基，这也是氟化的主要途径。

6.3.1　羟基的置换卤化

醇羟基、酚羟基以及羧羟基均可被卤基置换，常用的卤化剂有氢卤酸、含磷及含硫卤化物等。

（1）置换醇羟基

① 氢卤酸置换醇羟基　氢卤酸和醇的置换反应是一个可逆平衡反应。

$$ROH + HX \rightleftharpoons RX + H_2O$$

增加反应物的浓度及不断移出产物和生成的水，有利于加快反应速率、提高收率。此反应属于亲核取代反应。醇的结构和酸的性质都能影响反应速率。醇羟基的活性大小，一般是：叔醇羟基＞仲醇羟基＞伯醇羟基。氢卤酸的活性是根据卤素负离子的亲核能力大小而定的，其顺序是：HI＞HBr＞HCl＞HF。因此，伯醇和仲醇与盐酸反应时常常需要在催化剂作用下完成，常用的催化剂为 $ZnCl_2$。例如：

$$(CH_3)_3COH \xrightarrow[\text{室温}]{\text{HCl 气体}} (CH_3)_3CCl$$

$$n\text{-}C_4H_9OH \xrightarrow[\text{回流}]{NaBr/H_2O/H_2SO_4} n\text{-}C_4H_9Br$$

$$C_2H_5OH + HCl \underset{\text{加热}}{\overset{ZnCl_2}{\rightleftharpoons}} C_2H_5Cl + H_2O$$

② 卤化磷和氯化亚砜置换醇羟基　氯化亚砜和卤化磷也可以用于置换羟基，氯化亚砜是进行醇羟基置换的优良卤化剂，反应中生成的氯化氢和二氧化硫气体易于挥发而无残留物，所得产品可直接蒸馏提纯。因此在生产上被广泛采用。例如：

$$(C_2H_5)_2NC_2H_4OH + SOCl_2 \xrightarrow[\text{室温}]{\text{苯}} (C_2H_5)_2NC_2H_4Cl + HCl\uparrow + SO_2\uparrow$$

卤化磷对羟基的置换，多用于对高碳醇、酚或杂环羟基的置换反应。如：

$$3CH_3(CH_2)_3CH_2OH + PI_3 \longrightarrow 3CH_3(CH_2)_3CH_2I + P(OH)_3$$

$$3CH_3(CH_2)_2CH_2OH + PBr_3 \longrightarrow 3CH_3(CH_2)_2CH_2Br + P(OH)_3$$

（2）置换酚羟基　酚羟基的卤素置换相当困难，需要活性很强的卤化剂，如五氯化磷和三氯氧磷等。

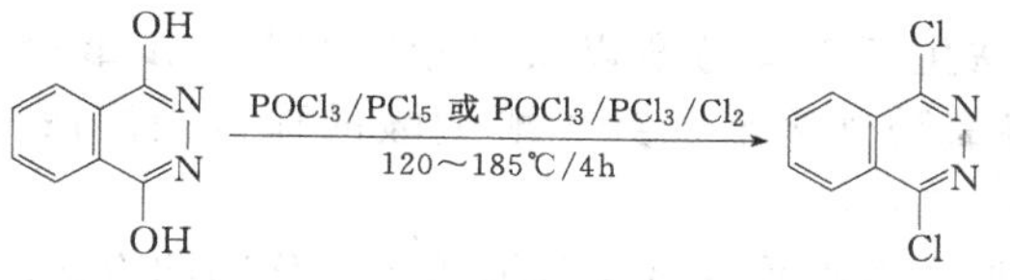

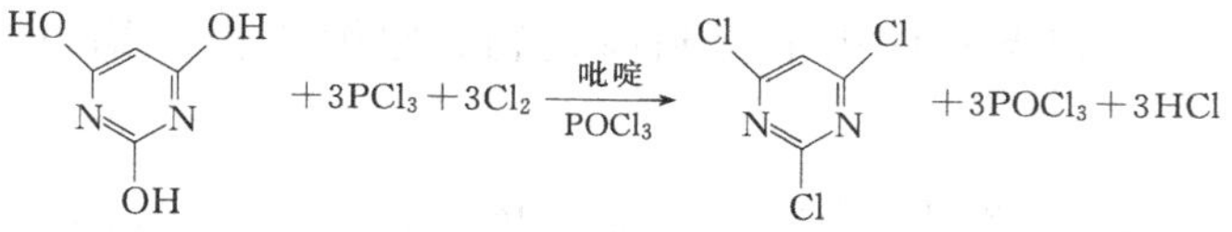

五卤化磷置换酚羟基的反应温度不宜过高，否则五卤化磷受热会离解成三卤化磷和卤素。这不仅降低其置换能力，而且卤素还可能引起芳环上的取代或双键上的加成等副反应。

使用氧氯化磷作卤化剂时，其配比要大于理论配比。因为 $POCl_3$ 中的三个氯原子，只有第一个置换能力最大，以后逐渐递减。

酚羟基的置换使用三苯膦卤化剂在较高温度下反应，收率一般较好。

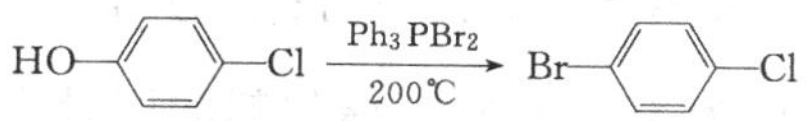

（3）置换羧羟基　用 $SOCl_2$ 或 PCl_3 与羧酸反应是合成酰氯最常用的方法。即：

$$RCOOH + SOCl_2 \longrightarrow RCOCl + SO_3 + HCl$$

五氯化磷可将脂肪族或芳香族羧酸转化成酰氯。由于五氯化磷的置换能力极强，所以羧酸分子中不应含有羟基、醛基、酮基等敏感基团，以免发生氯的置换反应。三氯化磷的活性较小，仅适用于脂肪羧酸中羟基的置换；氯化亚砜的活性并不大，但若加入少量催化剂（如 DMF、路易斯酸等），则可增大其反应活性。如：

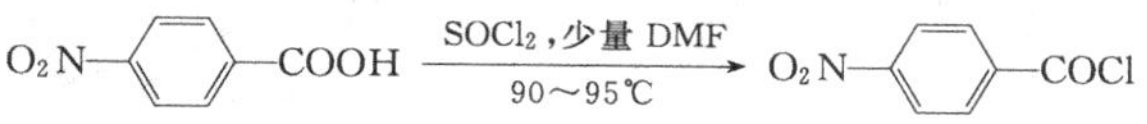

6.3.2 芳环上硝基、磺酸基和重氮基的置换卤化

（1）置换硝基　硝基被置换的反应为自由基反应，其反应历程如下：

$$Cl_2 \longrightarrow 2Cl\cdot$$

$$ArNO_2 + Cl\cdot \longrightarrow Ar\,Cl + \cdot NO_2$$

$$\cdot NO_2 + Cl_2 \longrightarrow NO_2\,Cl + Cl\cdot$$

工业上，间二氯苯是由间二硝基苯在 222℃下与氯反应制得；1,5-二硝基蒽醌在邻苯二甲酸酐存在下，在 170～260℃通氯气，硝基被氯基置换而制得 1,5-二氯蒽醌。以适量的 1-氯蒽醌为助熔剂，在 230℃向熔融的 1-硝基蒽醌中通入氯气，可制得 1-氯蒽醌。

通氯的反应器应采用搪瓷或搪玻璃的设备，因为氯与金属可产生极性催化剂，使得在置换硝基的同时，发生离子型取代反应，生成芳环上取代的氯化副产物。

（2）置换磺酸基　在酸性介质中，氯基置换蒽醌环上磺酸基的反应也是一个自由基反应。采用氯酸盐与蒽醌磺酸的稀盐酸溶液作用，可将蒽醌环上的磺酸基置换成氯基。

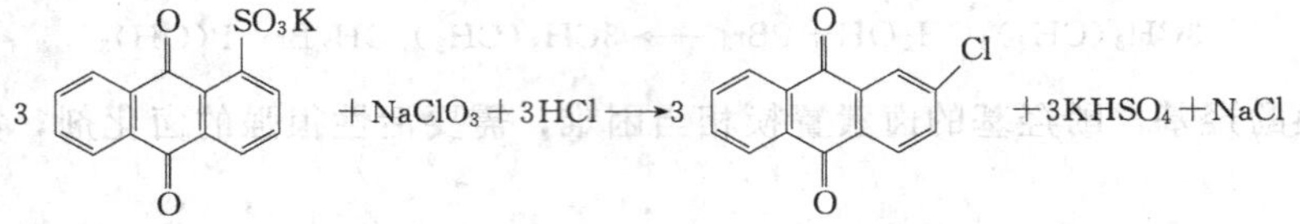

工业上常常采用这一方法生产 1-氯蒽醌以及由相应的蒽醌磺酸制备 1,5-和 1,8-二氯蒽醌。方法是在 96～98℃下将氯酸钠溶液加到蒽醌磺酸的稀盐酸溶液中，并保温一段时间，反应即可完成，收率为 97%～98%。

（3）置换重氮基　用卤原子置换重氮基是制取芳香卤化物的方法之一。先由芳胺制成重氮盐，再在催化剂（亚铜型）作用下得到卤化物。它被称作桑德迈尔（Sandmeyer）反应。即：

$$ArNH_2 \xrightarrow{\text{NaNO}_2 + \text{HX}} ArN_2^+\,X^- \xrightarrow{\text{CuX}} ArX + N_2 \quad (X = Cl、Br)$$

在反应过程中同时生成的副产物有偶氮化合物和联芳基化合物。芳香氯化物的生成速度与重氮盐及一价铜的浓度成正比。增加氯离子浓度可以减少副产物的生成。

重氮基被氯原子置换的反应速率，受对位取代基的影响。通常，当芳环上有其他吸电子基存在时有利于反应。取代基对反应速率的影响以下列顺序减小：

$$NO_2 > Cl > H > CH_3 > OCH_3$$

置换重氮基的反应温度一般为 40～80℃，催化剂的用量为重氮盐的 1/10～1/5（化学计算量）。例如：

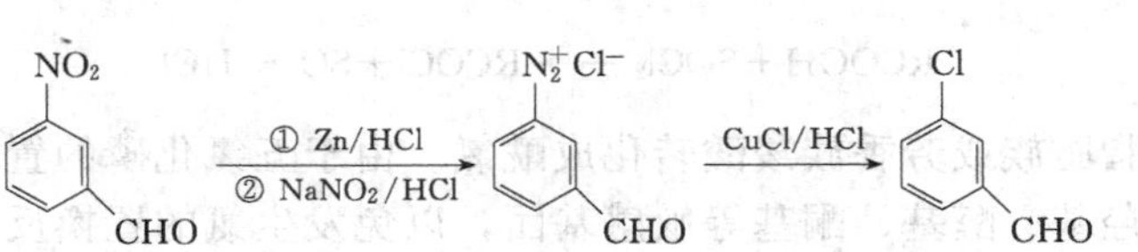

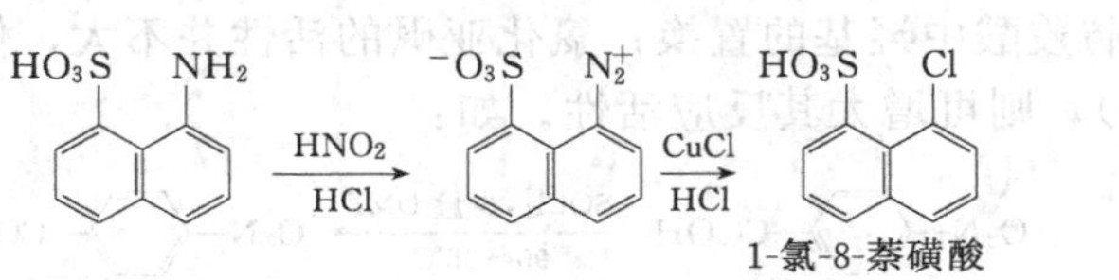

1-氯-8-萘磺酸

1-氯-8-萘磺酸是合成硫靛黑的中间体。

用铜粉代替亚铜盐催化剂加入重氮盐的盐酸或氢溴酸溶液中也可进行卤基置换重氮基的反应。此时称为盖特曼（Gatterman）反应。如：

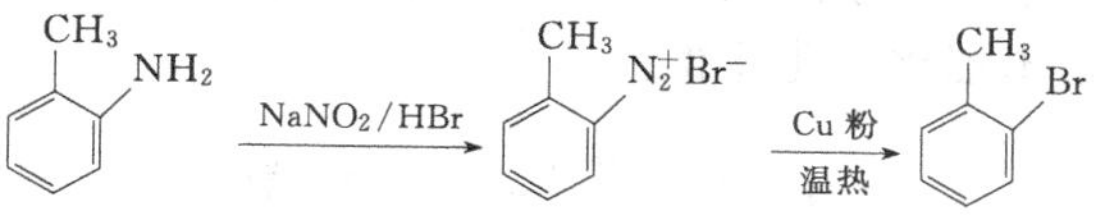

生成的邻溴甲苯是合成医药的中间体。

（4）置换氟化　目前工业上制备有机氟化物的方法主要采用置换氟化法。

① 伯氨基的置换　许多芳香族的氟衍生物是通过氟原子置换芳环上的重氮基而制得的。通常是将芳伯胺的重氮盐与氟硼酸盐反应，生成不溶于水的重氮氟硼酸盐；或芳胺在氟硼酸存在下重氮化，生成重氮氟硼酸盐，后者经加热分解，可制得产率较高的氟代芳烃。此类反应称为希曼（Schieman）反应。

$$ArN_2^+ X^- \xrightarrow{BF_4^-} ArN_2^+ BF_4^- \xrightarrow{\triangle} ArF + N_2 \uparrow + BF_3$$

应当指出，重氮氟硼酸盐分解必须在无水条件下进行，否则易分解成酚类和树脂状物质。

$$ArN_2^+ BF_4^- + H_2O \xrightarrow{\triangle} ArOH + HF \uparrow + BF_3 \uparrow + N_2 \uparrow + 树脂状物$$

② 卤素的亲核置换（卤素交换反应）　卤素交换反应是在有机卤化物与无机卤化物之间进行的。对于有机氟化物的制备，工业上常用 HF、KF、NaF、AgF_2、SbF_5 等无机氟化剂通过置换有机卤化物中的卤原子来实现。反应所用的溶剂有 DMF、丙酮、四氯化碳等。如2,4,6-三氟-5-氯嘧啶的合成即是由四氯嘧啶与氟化钠在 180～220℃、环丁砜中回流制得的，收率可达 87.5%，它是合成活性染料的重要中间体；氟里昂系列产品几乎都是通过置换氟化而得。

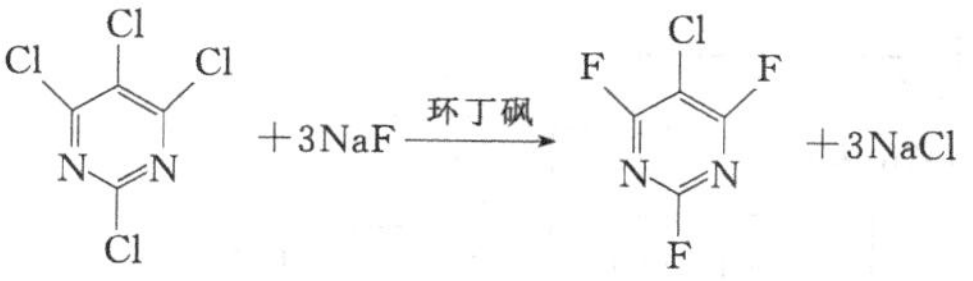

$$CCl_4 + HF \xrightarrow[3MPa]{SbCl_5, 110℃} CCl_2F_2$$
氟里昂-12(F_{12})

$$CHCl_3 + HF \xrightarrow[20～30℃]{SbCl_5} CHF_2Cl$$
氟里昂-22(F_{22})

6.4　应用实例

卤化反应在工业上应用十分普遍，现介绍氯苯、3-氯丙烯等几例。

6.4.1　氯苯的合成

氯苯是生产农药、染料、医药等精细化学品的通用原料，是重要的基本有机化工产品。氯苯生产有两种方法：直接氯化法和氧氯化法。氧氯化法是苯、氯化氢和氧在高温及催化剂存在下反应而得：

$$C_6H_6 + HCl + \frac{1}{2}O_2 \xrightarrow{Cu-Al_2O_3} \underset{}{C_6H_5Cl} + H_2O$$

该法主要用于由氯苯生产苯酚的工艺，当苯酚生产转向异丙苯法后，此法已很少见，工业上，氯苯的生产主要是苯催化氯化而得。

$$C_6H_6 + Cl_2 \xrightarrow{FeCl_3} C_6H_5Cl + HCl$$

苯直接氯化有两种操作方式：间歇法和连续法。间歇法是先将干燥的苯投入反应釜中，再加入相当于苯量1%的铁屑作催化剂，然后通入氯气，以通氯气的速度控制反应温度在40～60℃，直至氯化液的相对密度（15℃）达到1.280为止。连续法是苯和氯气连续不断地通入反应器，反应器内装有铁屑或无水氯化铁催化剂，反应在苯的沸腾温度下进行，反应热由苯蒸发及少量的氯气带出。氯化液由反应器中连续流出并达到规定的要求。

苯直接催化氯化的反应器有间歇釜式反应器，连续操作的多釜串联反应器及单级塔式连续氯化器（沸腾氯化器）。不同的反应器及操作方式对氯化产物组成的影响如表6-4所示。

表 6-4 不同氯化方式对氯化产物组成（质量分数）的影响

氯化方式	未反应的苯/%	氯苯/%	二氯苯/%	氯苯/二氯苯（质量比）
间歇	63.2	35.2～35.4	1.4～1.6	22～25
多釜串联连续	63.2	34.4	2.4	14.3
单级塔式连续	63～66	32.9～35.6	1.1～1.4	25～30

苯的直接催化氯化生产工艺流程如图6-1所示。

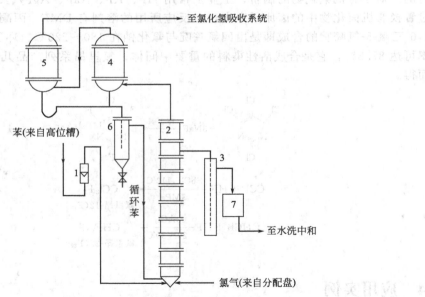

图 6-1 苯的直接催化氯化生产工艺流程图

1—流量计；2—氯化塔；3—液封槽；4,5—冷凝器；6—酸苯分离器；7—冷却器

生产的操作过程如下：将经过固体食盐干燥的苯及氯气，按苯、氯摩尔比约为4：1的比例，送入充满铁环填料（作催化剂）的氯化塔底部，维持在75～80℃之间，使其在沸腾状态下进行反应。从顶部放出的苯蒸气和氯化氢气体，经石墨冷凝器冷凝，冷凝液经酸苯分离器分离，分离出的苯返回塔内，不冷凝的氯化氢用水吸收得到盐酸。从反应塔上端溢流出

的反应液，要求不含氯气。反应液经液封槽，再流入石墨冷凝器冷却后，送去水洗、中和、分离、精馏后可分别得到产品氯苯、二氯苯及回收的原料苯。

由表 6-4 可见，由于返混的缘故，多釜串联连续操作时氯苯/二氯苯值最小，二氯苯含量较多。当采用单级塔式氯化器连续操作时，苯和氯气以足够的流速由塔底部进入，物料的流动形态接近于理想置换流型，生成的氯苯即使相对密度较大也不会下降至反应器底部，从而较有效地克服了返混现象。所以，二氯苯的含量相对较少，氯苯/二氯苯值较大。

氯化反应是放热反应，每生成 1mol 的氯苯释放出 131.5kJ 的热量，冷却降温有利于主反应，但温度太低，则会影响反应速率，为提高氯化反应速率、强化冷却效果，现在氯苯的合成多采用沸腾氯化法。即将氯化温度提高到 80℃ 左右，在苯沸腾的条件下进行氯化，反应释放出的热量由过量的苯汽化移出。此法生产能力大、返混程度小、冷却效率高。

为保证反应物料所需的停留时间和线速度，反应器为高径比较大的塔式；为防腐可内衬耐酸砖；内装铁环填料既是氯化催化剂，又可增加气液相间传质面积，改善流动状态。塔底炉条支承填料，塔顶设置扩大部分和两层内部挡板，促使气液分离。

苯环上的取代氯代是一个连串反应，通常以一氯化产物为主产品。所以，氯化深度是控制反应质量的一个重要因素。不同氯化产物组成的氯化液具有不同的相对密度。氯化深度是用参加氯化反应的原料质量分数来表示，即氯化反应的转化率。降低氯化深度，可以提高一氯化产物的产率，减少多氯化产物的产率，但是未反应的芳烃回收循环量增大，操作费用和物料损耗增多，设备生产能力下降。生产上常用测定反应器出口氯化液的相对密度来控制氯化深度。

苯直接催化氯化生产工艺流程如下所述。经过干燥的苯和氯气按规定的比例，经流量计计量由氯化塔底部进料，部分氯气与铁环反应生成氯化铁并溶于苯中；氯化温度控制在 75～80℃，反应在沸腾状态下进行，反应热由过量的苯蒸气带出。氯化液由塔上部溢出，控制出口氯化液相对密度（15℃）为 0.935～0.950，此氯化液中氯苯的质量分数为 25%～30%、苯为 66%～74%、多氯苯<1%。氯化液经液封、石墨冷却器后去水洗、中和、精馏，蒸出的苯循环使用，除产品氯苯外，二氯苯还可进一步分离回收。塔顶尾气含有苯及氯化氢气体，经冷凝器冷凝分离出的苯返回氯化塔，未冷凝的氯化氢气体经水的吸收得到盐酸副产品。

6.4.2 3-氯丙烯的合成

3-氯丙烯也称作烯丙基氯，其分子式为 $H_2C{=}CHCH_2Cl$，广泛用于向各种化合物中引入烯丙基，是重要的有机合成中间体，主要用于制造环氧氯丙烷、甘油、氯丙醇、丙烯醇等，在农药、医药、涂料、胶黏剂等生产中有重要的意义。

3-氯丙烯的合成是丙烯在高温下进行的自由基取代氯化反应。

$$CH_3CH{=}CH_2 + Cl_2 \longrightarrow ClCH_2CH{=}CH_2 + HCl$$

反应是在 500～530℃、0.44～0.69MPa 的条件下进行，丙烯和氯气的摩尔比为（3.7～4.8）∶1，反应混合物在氯化器中的停留时间为 1.5s。

纯度为 98% 以上的丙烯经干燥后，由管式炉加热至 350～400℃，按一定的配比进入氯化器，液氯由蒸发器蒸发后，经加热器预热，通过计量器计量进入氯化器。反应后的气体经旋风分离器除去焦炭和炭黑，再经冷却器急冷至 50～100℃，进入汽提-冷凝塔，在塔中利用液态丙烯的蒸发来冷却反应气体，使氯化产物全部冷凝下来。丙烯及氯化氢气体由塔顶采出后，再进入薄膜吸收器，通过薄膜吸收得到副产品浓盐酸。从旋风分离器除去盐酸后的丙烯气体经苛性钠洗涤塔，除去丙烯中残留的氯化氢后由压缩机将丙烯压缩至 1.5～2MPa，再经冷凝、冷却、干燥，除去水分后循环使用。

由汽提-冷凝塔底采出的氯化产物经分馏后得到 3-氯丙烯，纯度为 98%，收率为 80%～88%，副产物有 1,3-二氯-1-丙烯、2-氯丙烯、1,2-二氯丙烷等。

另外，以丙烯为原料，以锑为催化剂，在 240～260℃ 常压下进行氧氯化反应，也可以得到 3-氯丙烯。

6.4.3　2,4-二氟苯胺的合成

2,4-二氟苯胺是有机合成的中间体，用于氟苯水杨酸（二氟尼柳）的合成。氟苯水杨酸是羧酸类非甾体抗炎药，是水杨酸药物最具发展前途的品种。

2,4-二氟苯胺的合成有两条路线，一条是以 1,2,4-三氯苯为原料，经硝化、氟代、还原脱氯而得到产品。

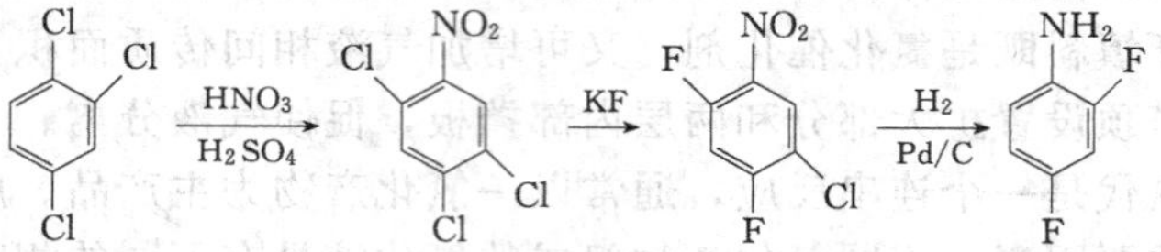

另一条合成路线是以间苯二胺为原料，经重氮化、置换、硝化、还原而得到 2,4-二氟苯胺。其合成步骤如下：

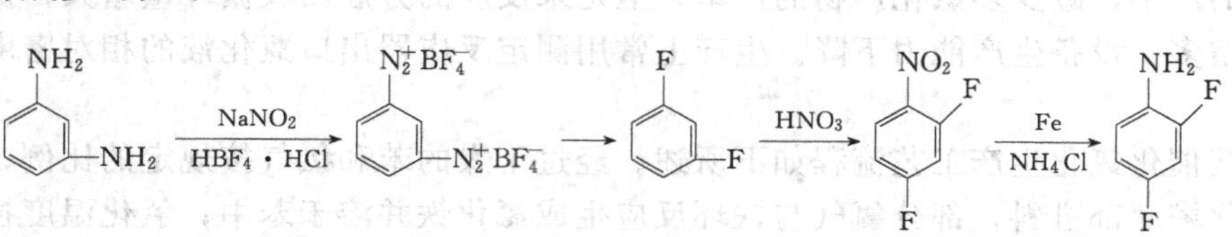

（1）重氮化、置换　将含有亚硝酸钠的水溶液和含有间苯二胺盐酸盐的水溶液在搅拌条件下，分别缓慢地滴入冷却的 56% 氟硼酸溶液中。反应结束后，过滤得到黄色固体，干燥后得间二氟硼重氮盐。将其加热分解，经蒸馏可得间二氟苯，收率为 60.3%。

（2）硝化　将间二氟苯逐渐滴入冷却的发烟硝酸中，加毕，继续搅拌反应 1h。然后将反应液倾入冰水中，用乙醚提取，提出液用碳酸氢钠溶液及水洗涤，干燥后减压蒸馏，收集 58～59℃[533.3Pa(4mmHg)]馏分，得 2,4-二氟硝基苯，收率为 93.2%。

（3）还原　将 2,4-二氟硝基苯滴加入铁粉和氯化铵水溶液的混合液中，加毕，继续回流反应 2h。反应结束后进行水蒸气蒸馏，馏出液用乙醚提取，干燥，回收乙醚后减压蒸馏，收集 46～47℃[1200Pa(9mmHg)]馏分，得 2,4-二氟苯胺，收率为 84.6%。

习　题

1. 卤化常用方法有哪些？举例说明。
2. 芳环的取代反应和芳环侧链取代反应的主要区别是什么？
3. 芳环上取代反应为何是连串反应？
4. 简述一氯苯生产工艺经历的三个阶段。
5. 置换卤化有哪些优点？有哪些应用？
6. 以不饱和烃为原料，其他无机试剂任选，合成下列化合物。
(1) 2,2-二溴丙烷　　(2) 2-溴丙烷　　(3) 1,1,1-三氯乙烷

7　还原反应

从广义上讲，凡使反应物分子得到电子或使参加反应的碳原上的电子云密度增高的反应称为还原反应；从狭义上讲，凡使反应物分子的氢原子数增加或氧原子数减少的反应即为还原反应。

常用的还原反应有三种：催化氢化、化学还原、电解还原。

7.1　催化氢化

催化氢化是工业上常用的还原有机化合物的方法，其操作简便、反应速率快、产率较高、产品较纯。

以活性镍、铂、钯负载于载体（如碳、硫酸钡或碳酸钙）上为催化剂，在氢压 $1\sim4atm$（$1atm=101kPa$）、温度 $0\sim100℃$ 进行的氢化反应称为低压氢化法。载体可促使及维持金属的分散，改变活性中心的数目及组合。因此同一催化剂由于所使用的载体不同，其催化活性各异，如 $Pt/C>Pt/BaSO_4>Pt/CaCO_3$。

另外，由于低压氢化是在溶剂的存在下进行的，这样有利于催化剂的分散及反应物和氢气接触。因此，溶剂对催化剂的活性也是有影响的。常用的溶剂及其在催化氢化中的活性顺序为：

$$CH_3COH >H_2O>C_2H_5OH> CH_3COC_2H_5 > \text{(环己烷)}$$

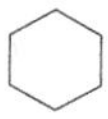

高压氢化是用活性镍、亚铬酸酮 $Cu_2Cr_2O_5$ 或 Pd/C 为催化剂，在氢压 $100\sim300atm$ 和温度 $300℃$ 以上进行的氢化反应。各种官能团被催化氢化的大致难易程度见表 7-1。

表 7-1　催化氢化各种官能团的大致难易顺序

	官 能 团	还 原 产 物		官 能 团	还 原 产 物
活性依次降低	RCOCl RNO₂ RC≡CR RCH=O RCH=CHR RCOR ArCH₂—X(OR)	RCHO RNH₂ RCH=CHR(Z) RCH₂OH RCH₂—CH₂R RCH(OH)R ArCH₃	活性依次降低	RC≡N （萘） RCOOR' RCONHR （苯）	RCH₂NH₂ （十氢萘） RCH₂OH+R'OH RCH₂NHR （环己烷）

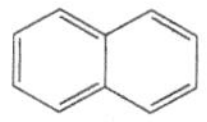

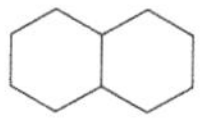

表 7-1 中所列顺序，对于亚铬酸酮催化剂只部分适用，它只能还原含氧化合物如醛、酮、酯等。而对碳碳双键、叁键和苯的氢化不起催化作用。

7.1.1　烯烃的催化氢化

烯烃催化加氢虽然是立体专一地顺式加成，但同时也有异构化反应发生。例如，1,2-二甲基环己烯会异构化为 2,3-二甲基环己烯，再催化氢化得到顺式和反式 1,2-二甲基环己烷的混合物。

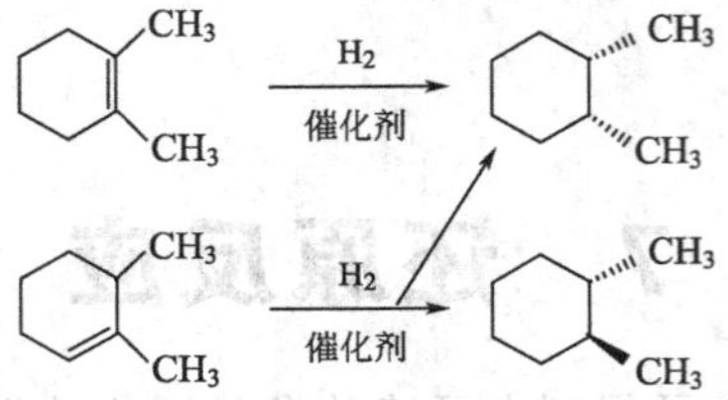

当用铂为催化剂时，其异构化作用比用钯的倾向要小。例如：

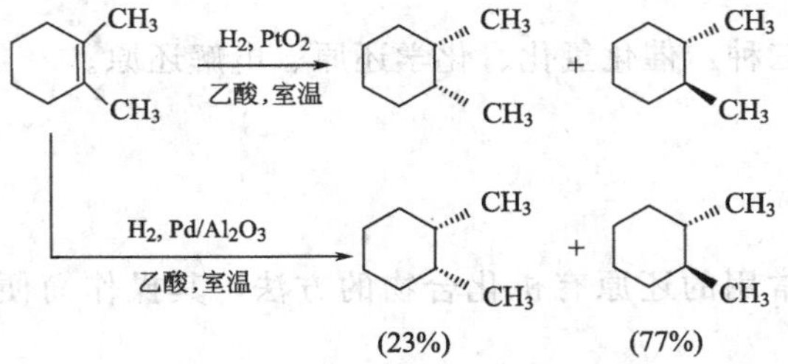

有空间阻碍的烯烃催化加氢时，反应是发生在空间位阻小的一边。例如：

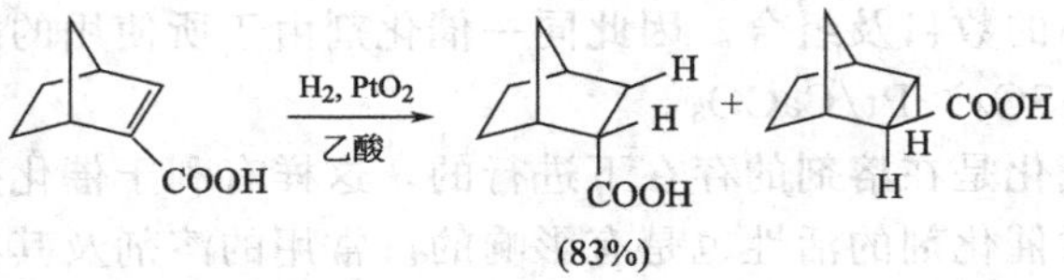

适当地控制反应条件，催化氢化可选择性地还原酯、酮，甚至醛的双键。

$$PhCH{=}CH{-}CO{-}Ph \xrightarrow[CH_3COOC_2H_5]{H_2,Pt} PhCH_2CH_2COPh(90\%)$$

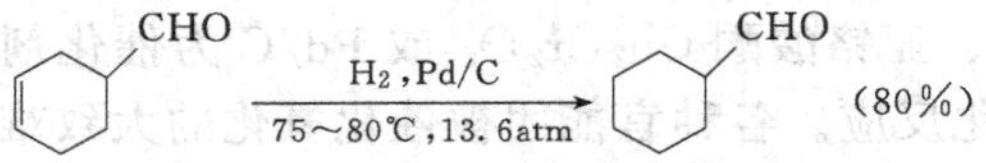

近年来所报道的一些均相氢化催化剂，如（Ph$_3$P）$_3$RhCl 等，其优点是：异构化反应减少，选择性提高。例如：

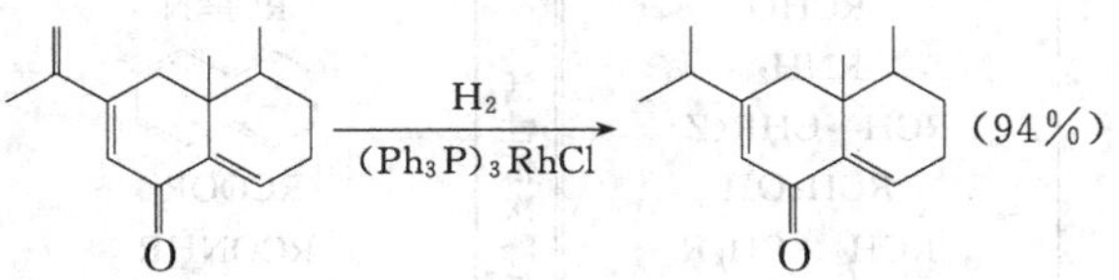

其中非极性和极性小的碳-碳双键被还原，而极性的双键如 α,β-不饱和羰基化合物中的碳-碳双键则不被还原。其催化反应过程如下：

$$(Ph_3P)_3RhCl+溶剂 \Longleftrightarrow Ph_3P+(Ph_3P)_2Rh(溶剂)Cl \xrightarrow{H_2} (Ph_3P)_2RhH_2(溶剂)Cl$$

$$\xrightarrow{RCH=CH_2} (Ph_3P)_2RhCl+RCH_2CH_3$$

炔烃完全催化氢化可得到相应的烷烃。当用活性低的催化剂如 Lindlar 催化剂（Pd/BaSO$_4$用喹啉减低活性时），能使炔烃的氢化停留在顺式烯烃阶段。

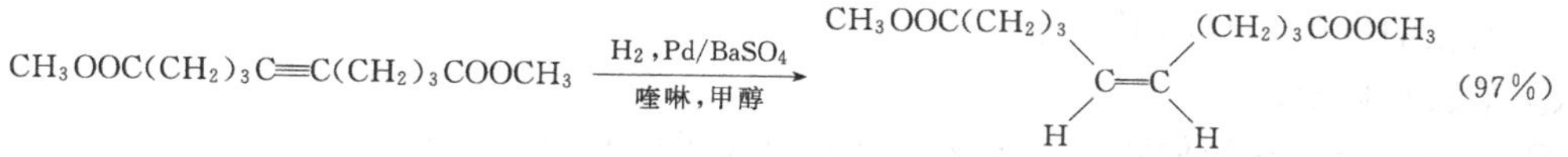
CH3OOC(CH2)3C≡C(CH2)3COOCH3
H2,Pd/BaSO4
喹啉,甲醇
CH3OOC(CH2)3
(CH2)3COOCH3
C=C
H
H
(97%)

7.1.2 芳香族和杂环化合物的催化氢化

催化氢化芳香族化合物比还原其他官能团困难，而选择性还原也是困难的。最常用的催化剂是铂和铑，其氢化可在常温下进行；当用活性镍或钌时，则需要高温和高压。

苯的衍生物如苯甲酸、酚或苯胺比苯容易还原。最方便的方法是用活性镍催化剂，在150～200℃和100atm下进行。例如，β-萘酚的醇溶液氢化产物有两种。当在碱性条件下，后者为主要产物：

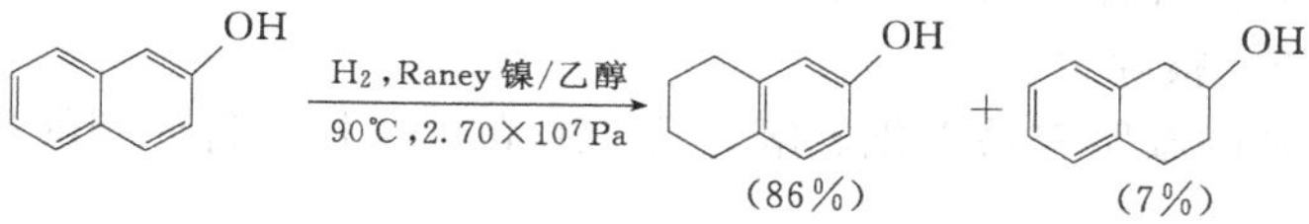
OH
H2,Raney 镍/乙醇
90℃,2.70×10^7Pa
OH
+
OH
(86%)
(7%)

催化氢化酚类得到环己醇，后者氧化为环己酮类。环己酮类也可直接由部分选择性氢化得到：

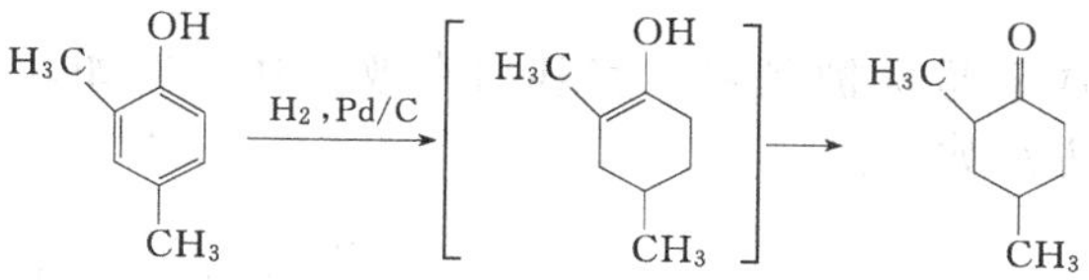
H3C
OH
CH3
H2,Pd/C
H3C
OH
CH3
H3C
O
CH3

当苄基或取代苄基与—OH、—OR、—O—、RCHO、—NR$_2$、—SR 或卤素相接时，在氢化过程中，上述官能团或原子被氢原子所取代得到甲苯或取代甲苯。这类反应在催化氢化中称为氢解。氢解反应的催化剂以 Pd/C 较好。例如：

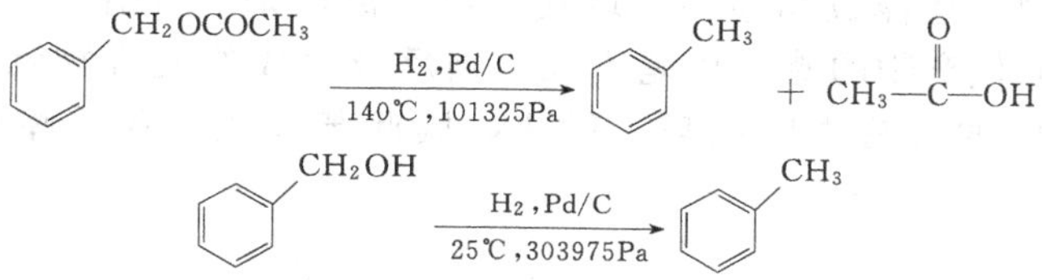
CH2OCOCH3
H2,Pd/C
140℃,101325Pa
CH3
+ CH3—C—OH
O
CH2OH
H2,Pd/C
25℃,303975Pa
CH3

选择不同的催化剂，可以得到不同的还原产物。例如，α-羟基苯乙酸用 Rh/Al$_2$O$_3$ 为催化剂，在甲醇溶液中氢化得六氢化 α-羟基苯乙酸；相反用铂为催化剂时，则生成苯乙酸：

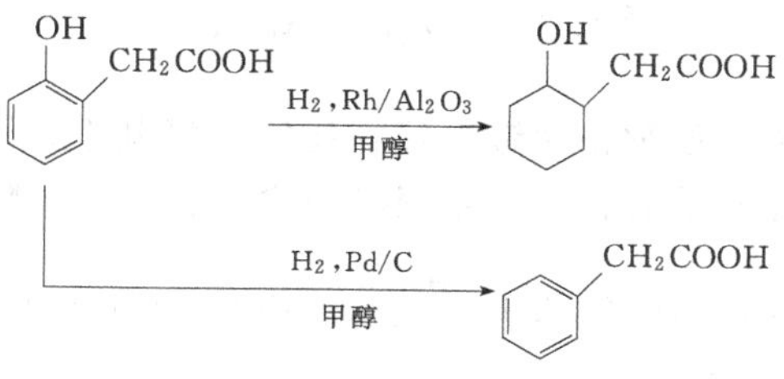
OH
CH2COOH
H2,Rh/Al2O3
甲醇
OH
CH2COOH
H2,Pd/C
甲醇
CH2COOH

其次，极性溶剂和碱的存在下，也有利于氢解：

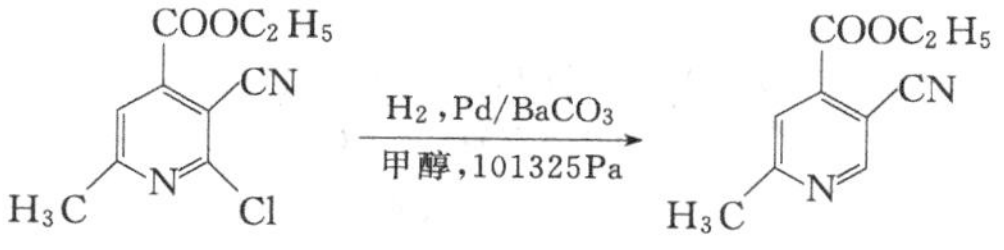
COOC2H5
CN
H3C
N
Cl
H2,Pd/BaCO3
甲醇,101325Pa
COOC2H5
CN
H3C
N

苄-氮键的氢解，有如下规律。

① 苄胺难以氢解。

② 含有一个苄基的仲胺，其氢解的难易取决于氮原子上的另一个烃基。

a. 含有一个苄基和一个烷基的仲胺难以催化氢解。

b. 含有一个苄基和一个其他取代基的仲胺，可以催化脱苄而成相应的伯氨。例如：

$$\begin{array}{c} Br-CH-COOH \\ | \\ Br-CH-COOH \end{array} \xrightarrow{PhCH_2NH_2} \begin{array}{c} PhCH_2NH-CH-COOH \\ | \\ PhCH_2NH-CH-COOH \end{array} \xrightarrow{\text{氢解}} \begin{array}{c} NH_2-CH-COOH \\ | \\ NH_2-CH-COOH \end{array}$$

c. 含有一个苄基和一个芳基的仲胺易被还原为芳香族伯胺和甲苯。

d. 二苄胺难以催化氢解，二苄胺中有一个苄基的芳环上被取代时则能够催化氢解，反应中没有取代基的苄基被除去。

③ 含有一个苄基的叔胺容易催化氢解，且产率高，这是制备仲胺的最好方法。

$$\text{Ph}-CH_2-N\begin{array}{c} R \\ \\ R' \end{array} \xrightarrow{\text{催化氢解}} \text{Ph}-CH_3 + HN\begin{array}{c} R \\ \\ R' \end{array}$$

氢解反应在有机合成上是保护羟基和氨基的有效方法。例如，设计由哌嗪合成1,4-不对称二代哌嗪，其合成方法如下：

$$H-N\underset{}{\bigcirc}N-H \xrightarrow{RX} R-N\underset{}{\bigcirc}N-H \xrightarrow{R'X} R-N\underset{}{\bigcirc}N-R'$$

但哌嗪和烷化剂作用时，即使哌嗪使用过量，仍常有大量对称的1,4-二代哌嗪生成。当哌嗪与等物质的量的卤烷作用时，可得1：2：1的哌嗪、一代哌嗪和二代哌嗪。如果引入中等大小的基团，还能成功地将一取代产物分离出来。若引入的基团分子量小，因其一取代产物和二取代产物的沸点相差不大，则反应生成的混合物就难以分开。由于苄基容易用催化剂氢解的方法由哌嗪环上除去，因此苄基在一代哌嗪的制备中可作为保护基。

$$H-N\underset{}{\bigcirc}N-H + HCl \xrightarrow[\text{乙醇}]{C_6H_5CH_2Cl} C_6H_5CH_2\overset{ClH}{\underset{\bullet\bullet}{N}}\underset{}{\bigcirc}N-H \cdot HCl$$

$$\xrightarrow{OH^-(pH>12)} \text{Ph}-CH_2-N\underset{}{\bigcirc}N-H \xrightarrow{RX} \text{Ph}-CH_2-N\underset{}{\bigcirc}N-R$$

$$\xrightarrow{\text{催化氢解}} \text{Ph}-CH_3 + H-N\underset{}{\bigcirc}N-R$$

又如，在多肽的合成中，如欲将肽键连接在指定的氨基上，可用 $PhCH_2OCOCl$ 与氨基反应，将氨基保护起来，在成肽后将保护基团氢解除去。

$$\begin{array}{c} HOOC-CH_2-CH_2-CH-NH-CH_2COOC_2H_5 \\ | \\ HN-CO-OCH_2-Ph \end{array} \xrightarrow[C_2H_5OH]{H_2,PtO_2} \begin{array}{c} HOOC-CH_2-CH_2-CH-NH-CH_2COOC_2H_5 \\ | \\ NH_2 \end{array}$$

杂环化合物的催化氢化，例如：

$$\underset{O}{\bigcirc} \xrightarrow[7.09\times10^5 Pa]{H_2, PdO_2} \underset{O}{\bigcirc}$$

$$(90\% \sim 93\%)$$

7.2　影响催化氢化反应的主要因素

催化氢化的反应速率和选择性，主要是由催化剂和被还原物的结构以及反应条件几种因素所决定。

（1）催化剂的影响　从表 7-1 可知，不同的催化剂，其适用范围和所要求的反应条件，以及生成的还原产物有可能不同。如苯甲酸乙酯分别以 Raney 镍和亚铬酸铜进行催化氢化，其结果如下：

又如 Raney 镍与硼镍虽都属镍系催化剂，但选择还原不饱和烃的能力却不相同。

催化剂中若添加适量的抵制剂或助催化剂，则会明显地影响催化剂的活性与功能。前者使催化剂的活性降低而反应选择性提高；后者可增加催化剂的活性，加快氢化反应的进程。如在钯催化剂中加入适量的喹啉作抵制剂，在较低温度下定量地通入氢气，可使炔烃的还原反应停留在烯烃阶段，而原有的烯键保留不变。

催化剂的用量应按照被还原基团和催化剂本身的活性大小而定，一般采用催化剂与反应物的质量分数为：Raney 镍 10%～15%，用量增大、反应速率加快，但不利于后处理和成本的降低。

（2）被还原物结构的影响　各种官能团催化氢化的活性顺序大致如表 7-2 所列。

表 7-2　不同官能团催化氢化的活性顺序（按由易到难排列）

被还原基团	还原产物	活性比较及条件选择
R—C(=O)—X	R—C(=O)—H	易还原，称为 Rosenmund 反应，宜用 Lindlar 催化剂
R—NO₂	R—NH₂	芳香族硝基活性>脂肪族硝基活性，可用 Ni 、Pd/C、PtO₂ 等催化剂在中性或弱酸性条件下还原

续表

被还原基团	还原产物	活性比较及条件选择
$R-C\equiv C-R'$	$\underset{H}{\overset{R}{C}}=\underset{H}{\overset{R'}{C}}$	易还原。多采用 Lindlar 催化剂,在低压、低温下定量地通入氢气,亦可采用 P-2 型 NiB 为催化剂,乙二胺为控制剂,进行炔烃的顺式加氢生成烯烃
$R-\overset{O}{\overset{\|}{C}}-H$	$R-CH_2OH$	芳香醛活性<脂肪醛活性,芳香醛还原为苄醇时可能氢解。可采用 PtO_2 为催化剂,Fe^{2+} 为助催化剂,并在温和条件下进行
$RCH=CHR'$	RCH_2CH_2R'	孤立双键活性>共轭双键活性,位阻小的双键活性>位阻大的双键活性。顺式加成,可用 Ni、Pd/C、PtO_2 等催化剂
$R-\overset{O}{\overset{\|}{C}}-R'$	$R-\overset{OH}{\overset{\|}{CH}}-R'$	活性酮和位阻小的酮易氢化。在 H^+ 和温度高的条件下,芳酯酮易氢解。采用 Ni 催化剂,少量 $PtCl_2$ 为助催化剂,低温氢化效果较好
$Ph-CH_2-X-R$ (X=O,N); $Ph-CH_2-X$ (X=Cl,Br)	$PhCH_3+HXR$; $PhCH_3+HX$	氢解活性:$PhCH_2-N^+$ > $PhCH_2-Cl(Br)$ > $PhCH_2-O-$ > $PhCH_2-N-$;苄氧基脱苄宜于中性,脱卤宜于碱性,苄氨基脱苄宜于酸性条件,可用 Ni、Pd、Pt、$Cu_2Cr_2O_5$ 等催化剂
$R-C\equiv N$	$R-CH_2NH_2$	用 Ni 在 NH_3 存在下氢化,用 Pd、Pt 在酸性条件下氢化,中性条件有仲胺副产物
吡啶、喹啉、吡咯	部分氢化产物	活性:季铵盐>游离胺。在酸性条件下,以 PtO_2、Pd/C 为催化剂较好,Ni 活性较差,需在高温和加压下进行
稠环芳烃	部分氢化	活性:菲>蒽>萘,芳香性较小的环首先氢化。用 Pt、Pd、Ni、Rh 催化
$R-\overset{O}{\overset{\|}{C}}-OR'$	$RCH_2OH+R'OH$	常用 $Cu_2Cr_2O_5$ 为催化剂在高温、高压下氢化
$R-\overset{O}{\overset{\|}{C}}-NH_2$	RCH_2NH_2	内酰胺易氢化,酯酰胺难氢化,需在高压下进行,以 $Cu_2Cr_2O_5$ 为催化剂
Ph-R (苯环)	环己烷-R	活性:$PhNH_2$>$PhOH$>$PhCH_3$>$Ph-H$,苯环难于氢化,常用 Ni、Rh、Ru 为催化剂,并在加压下进行
$R-\overset{O}{\overset{\|}{C}}-OH$	RCH_2OH	难于用一般的催化氢化法还原。需用 RhO_2 或 RuO_2 为催化剂在 200℃、1200atm 下反应方可进行
$R-\overset{O}{\overset{\|}{C}}-ONa$		不能氢化

(3) 反应温度和压力的影响　反应温度增高,氢压加大、反应速率也相应加快,但也容易引起副反应增多,反应选择性下降。例如:

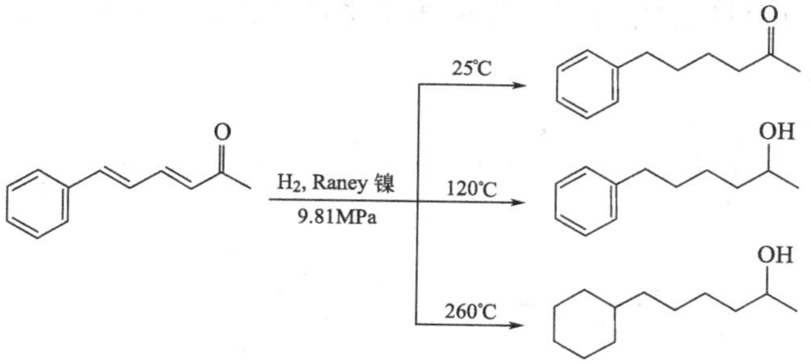

（4）溶剂的极性与酸碱度的影响　催化剂的活性通常随着溶剂的极性和酸性的增加而增强。低压催化氢化常用的溶剂有乙酸乙酯、乙醇、水、醋酸等。同一催化剂在这些溶剂中所表现出来的活性顺序是：

$$CH_3COOH > H_2O > C_2H_5OH > CH_3COOC_2H_5$$

高压催化氢化不能用酸性溶剂，以免腐蚀高压釜。常用的溶剂为乙醇、水、环己烷、甲基环己烷、1,4-二氧六环等。

介质的酸碱度不仅可影响反应速率和选择性，而且对产物的构型也有较大的影响。例如：

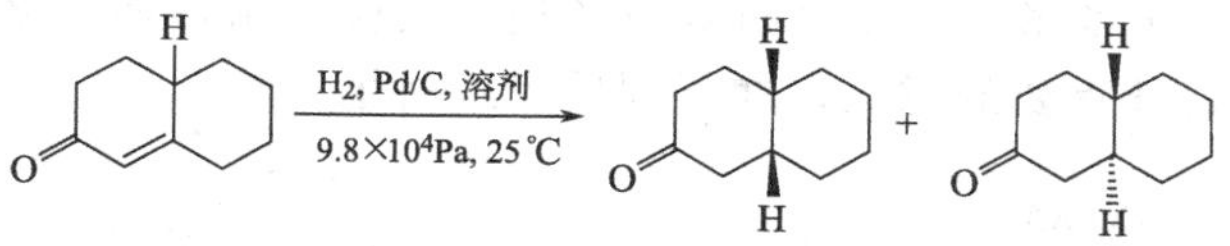

溶剂		
C$_2$H$_5$OH	53%	47%
C$_2$H$_5$OH/HCl/H$_2$O	93%	7%
C$_2$H$_5$OH/KOH	35%~50%	65%~50%

还需注意的是，选用溶剂的沸点应高于反应温度，并对产物有较大的溶解度，这样有利于产物从催化剂表面解吸出来。

（5）搅拌效率的影响　该反应为多相反应，且有放热效应，所以需采用强有力和高效率的搅拌，以免局部过热，减少副反应的发生。

7.3　化学还原

如果分子中有多个可被还原的基团，需要氢化还原的是列于表 7-1 前列的较易还原的基团，而保留的是该列表后列较难还原的基团，则选用催化氢化法为佳；反之，若需还原后列基团而保留前列基团，通常选用具有反应选择性的化学还原为好。例如，要选择性地还原不饱和酮、酸、酯和酰胺中的羰基成羟基，而分子中的烯键保留，氢化铝锂是最合适的还原剂。

常用的化学还原剂有：金属、金属复氢化物、肼及其衍生物、硫化物、硼烷等。

7.3.1　活泼金属

这种形式上被认为是涉及"初生态"氢的反应，实质是"内部的"电解还原，包括电子从一种金属比如锂、钠、钾、镁、钙、锌、锡或铁转移到待还原的有机分子上，形成"负离子自由基"，然后随即与供质子剂提供的质子结合成自由基，接着再从金属表面取得一个电子，形成负离子，再从供质子剂取得质子而完成还原反应的全过程。质子给予体（例如，酸、醇、水或氨水）既可以在电子转移期间出现也可以在以后阶段加入，取决于所使用的反应条件。如下式所示：

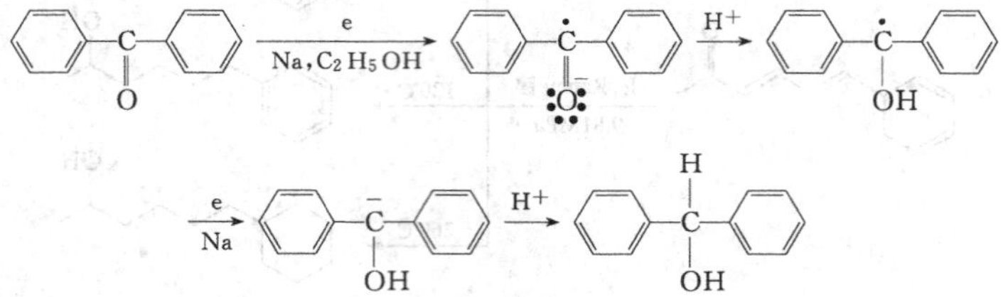

$$2R_2C=O \xrightarrow[Na,Et_2O]{e} 2R_2\overset{\cdot}{C}-O^- \longrightarrow \begin{matrix} R_2C-O \\ | \\ R_2C-O \end{matrix} \xrightarrow{H^+} \begin{matrix} R_2C-OH \\ | \\ R_2C-OH \end{matrix}$$

若反应过程中无供质子剂存在，负离子自由基可以二聚，形成双负离子，反应后再经供质子剂处理，即可得双分子还原产物。

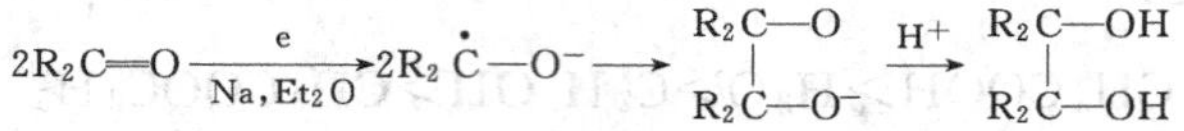

（1）钠或钠汞齐   以醇为供质子剂，钠或钠汞齐可将羧酸酯还原成相应的伯醇，酮还原成仲醇，即所谓 Bouveault-Blanc 还原反应。主要用于高级脂肪酸酯的还原。

在没有供质子剂存在下，酯发生双分子还原得 α-羟基酮，称为醇酮缩合（Acylion Condensation）

具有适当链长的二元羧酸酯与钠进行双分子还原反应可制得环状化合物，这对于制备中环和长环化合物具有特殊重要的意义，如下列反应式所示：

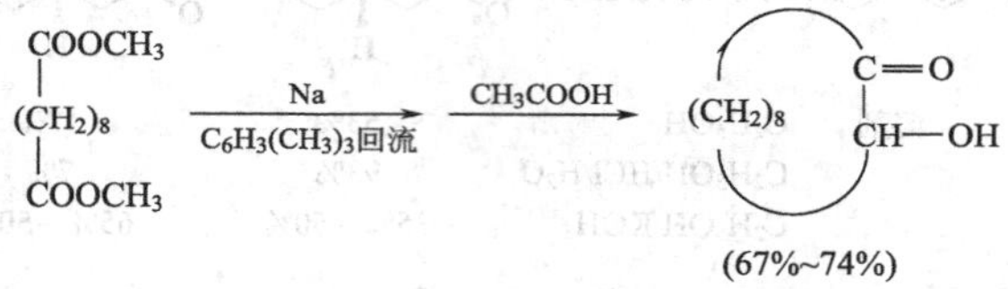

在液氨-醇溶液中，钠可使芳核得到不同程度的氢化还原，称为 Birch 还原。

芳核上的取代基性质对反应有很大影响，一般拉电子取代基使芳核容易接受电子，形成负离子自由基，因而使还原反应加速，生成 1,4-二氢化合物；而推电子取代基则不利于形成负离子自由基、反应缓慢、生成缓慢，生成的产物为 2,5-二氢化合物。两种还原产物的氢化位置不同，其原因可能是拉电子取代基形成的负离子自由基以邻位或间位与质子作用，生成自由基，继而进一步获得电子，再与质子作用，最后得到产品。以下式为例：

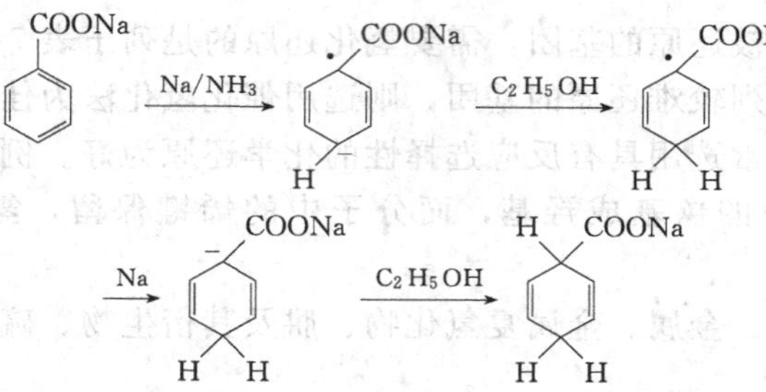

（2）锌和锌汞齐   在强酸性条件下，锌或锌汞齐可使醛、酮羰基分别还原成甲基、亚甲基，这类反应被称为 Clemmensen 还原。Clemmensen 还原反应也是被还原物与锌表面之间发生电子得失的结果。

Clemmensen 还原在合成分子量较大的烷烃、芳烃、多环化合物等方面应用较多，产率较高。羰基化合物分子中若含有羧基、酯基、酰胺基、孤立双键等，在还原反应中这些基团可不受影响，但硝基及与羰基共轭的双键，则同时被还原成胺和饱和烷基。对于 α-酮酸及其酯类只能将酮羰基还原成羟基。如下例：

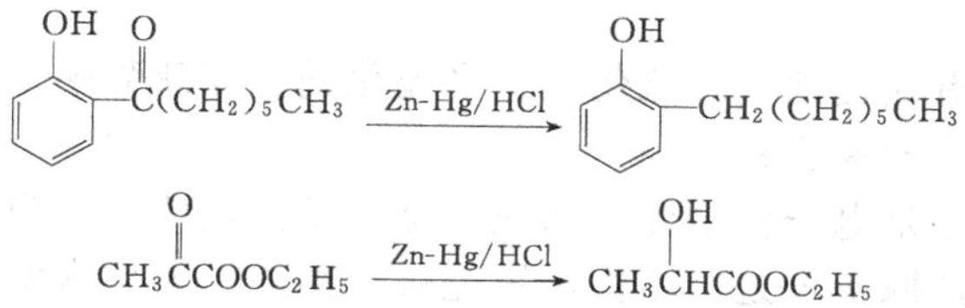

由于该反应多数是采用锌汞齐（或锌粉）和浓盐酸与被还原物一起回流的操作方法，所以对酸敏感的羰基化合物（如带有吡咯、呋喃环等基团的羰基化合物），不宜用此法。脂肪醛、酮和脂环酮在此反应中易树脂化或产生双分子还原，生成频哪醇（Pinacols）等副产物，因而产率较低。对于难溶于盐酸的羰基化合物的还原，常在共溶剂如醋酸、乙醇、二氧六环等存在下进行。

在碱性条件下，锌可使酮还原成仲醇，但对于 α-位具有氢原子的酮还原收率较低。最有用的是用锌还原芳香族化合物，通过对反应液 pH 值的控制，可得不同的还原产物。在中性或微碱性条件下得芳羟胺，在碱性条件下发生双分子还原反应，生成偶氮苯或氢化偶氮苯。

（3）Fe 粉 铁粉与盐酸、醋酸与硫酸合用，是一种具有较强还原能力的还原剂，常用来将硝基化合物还原成相应的胺。当芳环上有拉电子基团时，由于硝基上氮原子的电子云密度下降，容易接受铁释放出的电子，因而还原较易进行，反应温度亦较低；反之，若芳环上接有推电子基团，则还原较难进行，反应温度较高。

铁粉的组成对反应活性有显著的影响。一般采用含硅的铸铁粉，而熟铁粉、钢粉及化学纯的铁粉效果较差。即使是铸铁粉，在用于还原反应之前也应经稀酸处理，除去覆盖在金属表面上的杂质，用以提高其反应活性。铸铁粉愈细、反应愈快，但过细会造成处理的困难，一般以 60～100 目为宜。反应中为防止铁粉沉于反应器底部，必须强烈搅拌。

在氯化亚铁等电解质存在下，由于水是供质子剂，所以只需用较理论计算量少得多的酸即可进行反应。在工业上酸的用量仅为理论计算量的 1/40，而实验室小量反应虽用酸量较多，但 1.0mol 硝基化合物需要的酸也不超过 0.5mol，否则会产生难以过滤的氢氧化铁。

本反应一般对卤素、烯键、羰基等无影响，可用于选择性还原。

（4）锡或氯化亚锡 锡与乙酸或稀盐酸的混合物也可以用于硝基、氰基的还原，产物为胺，是实验室常用的方法，工业上不用锡而用廉价的铁粉。其反应历程与上述活泼金属类似。

使用计算量的氯化亚锡，可选择性还原多硝基化合物中的一个硝基，且对羰基等无影响。

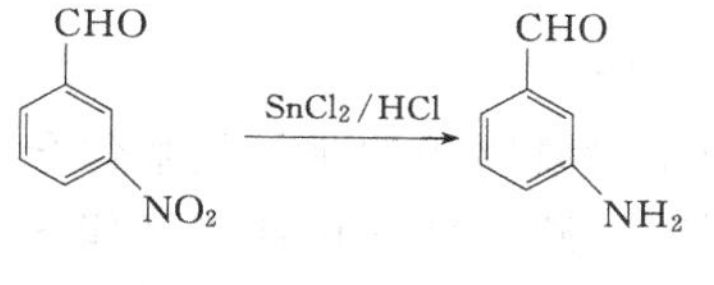

7.3.2 含硫化合物

这类还原剂可用于硝基、亚硝基、偶氮基等的还原。特别重要的是硫化物可使多硝基化合物部分还原，如可将间二硝基苯还原成间硝基苯胺。对于不对称间-二硝基苯衍生物的还原，究竟哪个硝基被选择性地还原成氨基，有时取决于苯环上其他取代基的性质，如取代基为氨基、羟基，则邻位硝基优先被还原。

$$O_2N \text{—} \underset{H_2N}{\bigcirc} \text{—} NO_2 \xrightarrow{Na_2S/NH_4Cl} H_2N \text{—} \underset{H_2N}{\bigcirc} \text{—} NO_2$$

常用的含硫化合物有硫化钠、二硫化钠、多硫化钠、亚硫酸钠、亚硫酸氢钠、连二亚硫酸钠（又名次亚硫酸钠、即保险粉）等。

硫化物在还原反应中是电子供给体，水或醇是质子供给体，反应后硫化物被氧化成硫代硫酸钠，而亚硫酸盐的还原机理是对不饱和键先进行加成，然后水解，从而实现还原过程。

使用硫化钠作还原剂，因伴随有氢氧化钠生成，使反应液的 pH 值逐渐增大，易产生双分子还原等副反应，且产物中通常带入有色杂质。若在反应液中加入氯化铵，以中和生成的碱或加入适量的硫化钠，使反应迅速进行，不致停留在中间阶段，或换用硫氢化钠、二硫化钠作还原剂，均可避免上述副反应的发生。

7.3.3 肼及其衍生物

肼及其衍生物（如芳基磺酸肼、二亚胺等）可对某些不饱和官能团进行选择性还原，其中，与 Clemmensen 还原反应互为补充的 Wolff-Kishner-黄鸣龙反应早为大家所知。

(1) 肼 醛、酮在强碱性条件下与肼缩合成腙，高温分解，放出氮气，结果使羰基还原成亚甲基的反应被称为 Wolff-Kishner-黄鸣龙反应。

$$\underset{R'}{\overset{R}{>}}C\!\!=\!\!O \xrightarrow{H_2NNH_2} \underset{R'}{\overset{R}{>}}C\!\!=\!\!NNH_2 \xrightarrow[\text{或 KOH},\triangle]{NaOR} \underset{R'}{\overset{R}{>}}CH_2 + N_2\uparrow$$

Kishner 法是把混有少量铂/素瓷的氢氧化钾和腙一起加热，将羰基还原成亚甲基。Wolff 法是把腙和醇钠一起在封管中加热而完成这一反应。1946 年我国化学家黄鸣龙对此反应做了非常有益的改进，他将醛或酮和 85% 水合肼、氢氧化钾混合，在二乙二醇（DEG）中于常压下回流约 1h，再蒸去水，然后升温至 $180\sim200℃$ 反应 $2\sim4h$，即得高产率的烃。

黄鸣龙还原法已在有机合成上得到广泛的应用。它可用于对酸敏感，带有吡咯、呋喃等杂环的羰基化合物的还原，对甾族羰基化合物及难溶的大分子醛、酮和酮酸等尤为合适。但是酮酯、酮腈，含活泼卤原子的羰基的醛、酮还原不能用此法。

在氢化反应催化剂如 Raney 镍或钯/炭的存在下，用肼还原芳香族硝基化合物成芳胺也已被广泛应用。其原理是氢化催化剂促使肼分解成氮（或氨）和氢，即肼的分解作氢的来源。

$$\underset{NO_2}{\bigcirc}\text{—}CHO \xrightarrow[\triangle]{H_2NNH_2,KOH,DEG} \underset{NH_2}{\bigcirc}\text{—}CHO$$

(2) 对甲苯磺酰肼 用对甲苯磺酰肼代替肼与羰基化合物反应，生成的腙再与氢化铝锂或氰化硼氢化钠反应，也可使对碱敏感的羰基化合物（如 β-二酮、β-酮酸酯等）在十分温和的条件下还原成相应的烃，而酯基、酰胺基、氰基、硝基、氯原子不受影响。如下例：

$$CH_3\text{—}\underset{\underset{NNHSO_2C_6H_4CH_3\text{-}p}{\parallel}}{C}\text{—}(CH_2)_3COOC_8H_{17}\text{-}n \xrightarrow[\text{DMF},]{NaBH_3CN} CH_3(CH_2)_4COOC_8H_{17}\text{-}n$$

（3）二亚胺　二亚胺是一种不稳定的还原剂，自身能发生歧化反应而生成肼和氮气，所以通常是在待还原物存在下边制边用。

$$2NH{=}NH \longrightarrow H_2NNH_2 + N_2\uparrow$$

二亚胺可以通过肼的氧化，偶氮二羧酸的分解，磺酰肼在碱性介质中的热分解和蒽-二亚胺加成物的热分解等方法制得。

二亚胺可与烯烃进行烯键的加成反应，它与不对称烯烃的加成通常是从空间障碍较小的一侧进行顺式加氢反应。反应经过如下的过程：

$$H_2N{-}NH_2 \xrightarrow{\text{氧化剂}} HN{=}NH \longrightarrow {-}C{=}C{-} \longrightarrow {-}\overset{|}{C}{-}\overset{|}{C}{-} + N_2\uparrow$$

由于二亚胺与非极性重键（如 C=C、N=N、C≡C 等）的反应活性大于与极性重键（如 C=O、C=S、C≡N 等）的反应活性，因此可以在羰基、硝基、氰基、砜基等存在下选择性地还原碳碳重键，对烯烃来讲，反式比顺式的氢化速度快、产率高。双键上取代基增多，则反应速率与产率明显下降。

7.3.4　氢负离子转移试剂

这类还原剂包括两种类型：一种是亲核试剂，如金属复氢化合物、异丙醇铝/异丙醇；另一种是亲电试剂，如硼烷、氢化铝等。此类还原剂对多功能基分子具有良好的选择性，反应速率较快、产率好。

（1）金属氢化物和金属复氢化物　常见的这一类试剂有：氢化铝锂（又称四氢铝锂）、硼氢化钠、硼化钾、氢化锂、氢化钠等。其中以氢化铝锂、硼氢化钠研究和应用得最多。

氢化铝锂、硼氢化钠都可看作是两种金属氢化物形成的复氢负离子的盐类。

$$LiH + AlH_3 \longrightarrow Li^+AlH_4^-$$
$$NaH + BH_3 \longrightarrow Na^+BH_4^-$$

AlH_4^- 和 BH_4^- 是亲核试剂，首先进攻极性重键（如 C=O、C=S、C≡N、N=O 等）中的正电性质子，继而发生氢负离子转移，最后水解而得还原产物。

这类还原剂一般不与孤立的碳-碳双键反应，但是，由于反应过程中有 AlH_3 或 BH_3 释放出来的可能性，而它们是缺电子的，如果在酸性介质或反应温度高于 100℃ 时，会发生 AlH_3 或 BH_3 对非极性碳-碳双键的亲电进攻，因此溶剂和反应温度不仅会影响反应速率，而且会影响反应的方向和性质。

几种金属复氢化物的还原性能见表 7-3。

表 7-3　金属复氢化物的还原性能

反应物官能团	产物的官能团	LiAlH₄	NaBH₄	KBH₄
C=O	CHOH	+	+	+
—C(=O)H	—CH₂OH	+	+	+

续表

反应物官能团	产物的官能团	LiAlH₄	NaBH₄	KBH₄
$-\overset{\overset{\displaystyle O}{\parallel}}{C}-OR$	—CH₂OH+ROH	+	−	−
$-\overset{\overset{\displaystyle O}{\parallel}}{C}-OH$	—CH₂OH	+	−	−
$-\overset{\overset{\displaystyle O}{\parallel}}{C}-NHR$	—CH₂NHR 或 $-\overset{\overset{\displaystyle}{}}{\underset{OH}{C}}HNHR$	+	−	−
$-\overset{\overset{\displaystyle O}{\parallel}}{C}-NR_2$	—CHO+HNR₂	+	−	−
(RCO)₂O	RCH₂OH	+	−	−
$R-\overset{\overset{\displaystyle O}{\parallel}}{C}-Cl$	RCHO	+	+	+
—C≡N	—CH₂NH₂ 或 —CH=NH ⟶ —CHO	+	−	−
$\overset{}{\underset{}{C}}=NOH$	$\overset{}{\underset{}{C}}HNH_2$	+	−	−
R—NO₂	R—NH₂	+	−	−
—CH₂OSO₂C₆H₅ 或 —CH₂Br	—CH₃	+	−	−
$-CH-\overset{}{\underset{}{C}}-$ (环氧)	$-CH_2-\overset{}{\underset{OH}{C}}-$	+	−	−
$-\overset{\overset{\displaystyle S}{\parallel}}{C}-NH_2$	—CH₂NH₂	+	+	+
—N=C=S	—NHCH₃	+	+	+
C₆H₅—NO₂	$C_6H_5N\overset{\overset{\displaystyle O}{\uparrow}}{=}NC_6H_5$ 或 C₆H₅N=NC₆H₅	+	+	+
$-\overset{\overset{\displaystyle}{\mid}}{N}\rightarrow O$	$-\overset{\overset{\displaystyle}{\mid}}{N}-$	+	+	+
RSSR 或 RSO₂Cl	RSH	+	+	+

注：＋表示官能团能被还原，－表示不能被还原。

由表 7-3 可知氢化铝锂的还原能力很强，在一般情况下除了孤立碳-碳双键不受影响之外、醛、酮、酯、羧酸、酰氯、硝基化合物、卤代烃等均可被还原，因此反应选择性较差，与其相反，硼氢化钠（钾）的还原能力虽较弱，但反应选择性高，被还原物分子的脂肪族硝基、氰基、孤立双键、卤素、羧基、酯基、酰胺基等均可保留，为醛、酮的专用还原剂，如若有氯化钙、氯化铝等 Lewis 酸存在，硼氢化钠（钾）的还原能力大大提高，可使酯基至羧酸还原成相应的醇。

$$O_2N-\overset{}{\underset{}{\bigcirc}}-COOR \xrightarrow[\text{O(CH}_2\text{CH}_2\text{OCH}_3)_2]{\text{NaBH}_4/\text{AlCl}_3} O_2N-\overset{}{\underset{}{\bigcirc}}-CH_2OH$$

(84%)

$$Br-\overset{}{\underset{}{\bigcirc}}\overset{COOCH_3}{\underset{NH_2}{}} \xrightarrow[42℃]{\text{KBH}_4/\text{CaCl}_2,\text{C}_2\text{H}_5\text{OH}} Br-\overset{}{\underset{}{\bigcirc}}\overset{CH_2OH}{\underset{NH_2}{}}$$

对于 α,β 不饱和醛或酮，尤其是 β 芳基 α,β-不饱和羰基化合物，其双键能否保留，这取决于反应条件，若反应时间短（5min 或更短）、反应温度低（25℃），金属复氢化物用量少（如氢化铝锂的物质的量为被还原物的 1/4），加料方式是将金属复氢化物加到不饱和羰基化合物中，则反应物分子中的羰基变成羟基，而双键保留；反之，双键、羰基均被还原。

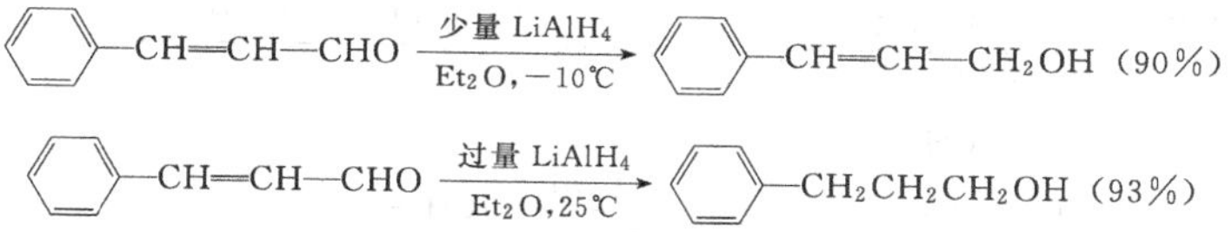

用氢化铝锂作还原剂时，反应要求在严格的无水、无氧、无二氧化碳条件下，在非质子溶剂（如无水乙醚、无水四氢呋喃等）中进行，反应结束后，过量的氢化铝锂可通过小心加入含水乙醚、乙醇-乙醚、乙醇、乙酸乙酯或计算量的水，将它破坏掉，上述后处理若用计算量的水，生成的偏铝酸盐呈细粒状，易过滤除去；如果用过量的水，则会产生难于分离的氢氧化铝沉淀。

硼氢化钠（钾）因反应活性较低，在 25℃ 以下，特别是在碱性介质中遇水、醇都较稳定，因此一般采用乙醇作溶剂，或在相转移催化剂存在下用水作溶液剂，在水-有机相两相体系中进行还原反应，操作既简便又安全，但硼氢化钠（钾）不能与强酸接触，以免产生易燃、剧毒的乙硼烷和因此而引起的副反应，反应一般要求在碱性或中性介质中进行，反应完毕后可用丙酮分解过量的硼氢化钠（钾），对于需要较高温度和较长时间的还原反应，可选用异丙醇、二乙二醇二甲醚作溶剂。

（2）异丙醇铝/异丙醇　异丙醇铝作为催化剂，异丙醇作为还原剂和溶剂（对于难反应的羰基化合物可加入甲苯或二甲苯作共溶剂，以提高反应温度），与羰基化合物一起加热回流，可使羰基还原成羟基，而分子中的其他官能团如烯键、炔键、卤原子、硝基、氰基、环氧基、缩醛、偶氮基等均不受影响，反应选择性强，是醛、酮的专用还原剂，被称为 Meerwein-Ponndorf-Verley 还原反应。除异丙醇铝和异丙醇用作还原剂外，乙醇铝、丁醇铝与相应的醇均有还原作用。反应历程如下：

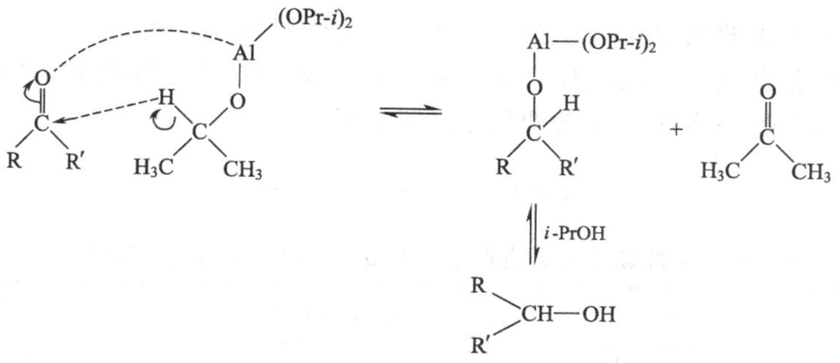

首先是羰基的氧原子和异丙醇铝的铝原子形成配位键，接着发生异丙醇的氢原子以氢负离子的形式转移到羰基碳原子上，形成六元环过渡态，然后铝-氧键断裂，生成新的醇铝衍生物和丙酮，前者经醇解即得还原产物——醇。

由于异丙醇铝极易吸潮，遇水分解，所以需要无水操作条件。

β-二酮、β-酮酯等易于烯醇化的羰基化合物，或含酚羟基、羧基等酸性基团的羰基化合物，因羟基和羧基易与异丙醇铝形成铝盐，使还原反应受到抑制，故一般不用此法。含有氨基的羰基化合物因易与异丙醇铝形成复盐而影响反应的进行，可改用异丙醇钠为还原剂。对热敏感的醛，可用乙醇铝和乙醇作还原剂，在室温下，用氮气流驱赶乙醛的办法使反应进行。

有些羰基化合物的还原反应不是只停留在形成醇这一步，而是会进一步还原成烃，或失水成烯，或发生碳正离子的重排反应。

（3）硼烷　硼烷与金属复氢化物及异丙醇铝/异丙醇不同，它是亲电性负离子转移还原剂。如它还原羰基化合物，首先是有缺电子的硼原子进攻富电子的羰基氧原子，然后硼原子上的氢以氢负离子形式转移到缺电子的羰基碳原子上而使之还原成醇。

硼烷具有一个引人注目的反应特性，就是它还原羧基的速度比还原其他基团要快、条件也温和。如果控制硼烷的用量，并在低温下进行反应，可选择性地还原羧基成相应的醇，而分子中其他易被还原的基团，如硝基、氰基、酯基、醛或酮的羰基、卤原子等均可保留，因此它是选择性还原羧酸的优良试剂。可被硼烷还原的常见官能团见表 7-4。

$$O_2N—\text{〈〉}—CH_2COOH \xrightarrow[20\sim25℃,2h]{2BH_3/THF} O_2N—\text{〈〉}—CH_2CH_2OH \quad (94\%)$$

$$HOOC(CH_2)_4COOC_2H_5 \xrightarrow[-18℃,10h]{2BH_3/THF} HOCH_2(CH_2)_4COOC_2H_5 \quad (88\%)$$

乙硼烷（B_2H_6）可以看作是硼烷的二聚体，在四氢呋喃（THF）等醚类溶剂中，它能溶解并解离成硼烷和醚的络合物（$R_2O\cdot BH_3$），因此可以代替硼烷用于还原反应。但因乙硼烷是有毒气体，且会自燃，一般避免直接使用。较方便的方法是将硼氢化钠与三氟化硼混合用于还原反应，乙硼烷一生成，就随即用于还原反应。

$$3NaBH_4 + 4BF_3 \longrightarrow 2B_2H_6 + 3NaBF_4$$

表 7-4　可被硼烷还原的常见官能团（按由易到难的大致顺序）

被还原的官能团	水解后的产物	被还原的官能团	水解后的产物
—COOH	—CH₂OH	$\overset{\|\ \ \|}{\underset{O}{C—C}}$	$\overset{\|\quad\|}{CH—C}$ $\underset{OH}{}$
—CH=CH—	—CH₂—CH—BH₂（水解前的产物）		（很慢，除非加入催化剂，如 BF_3）
		—COOR	—CH₂OH＋ROH
—CHO, $\overset{\|}{\underset{\|}{C}}$=O	—CH₂OH, $\overset{\|}{\underset{\|}{CHOH}}$	C=NOR	$\overset{\|}{CHNHOH}$ 或 $\overset{\|}{CHNH_2}$
—CO—NR₂, —CN	—CH₂NR₂, —CH₂NH₂	—CO—Cl $—CO_2^- M^+$, —NO₂	—CH₂OH（很慢）惰性

（4）甲酸及其衍生物　在甲酸或甲酸铵、甲酰胺、N,N-二甲基甲酰胺（DMF）等甲酸衍生物存在下，羰基化合物与氨、胺反应，结果羰基被还原胺化，而分子中其他易被还原的基团，如硝基、亚硝基、烯键等不受影响。该反应被称为 Leuckart 反应。羰基化合物经甲酸铵或甲酰胺还原，得到伯胺，如用 N-烷基取代或 N,N-二烷基取代甲酰胺为还原剂，则得到仲胺或叔胺。

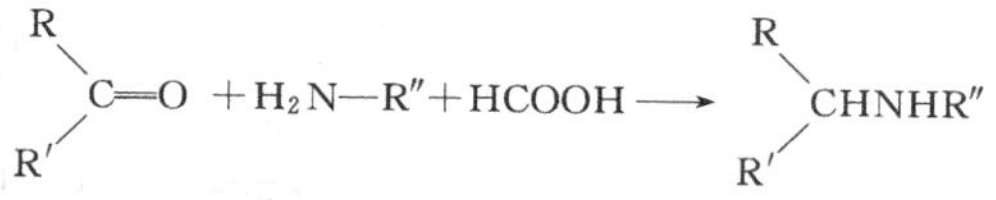

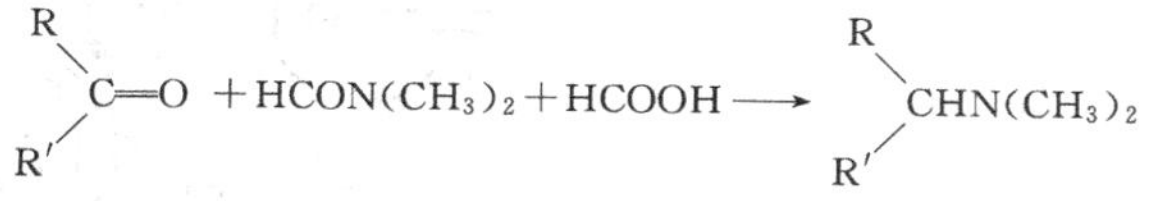

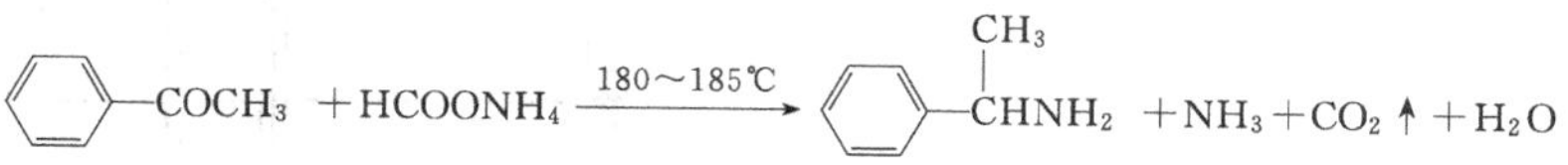

伯胺或仲胺也可通过本反应进行 N-甲基化。

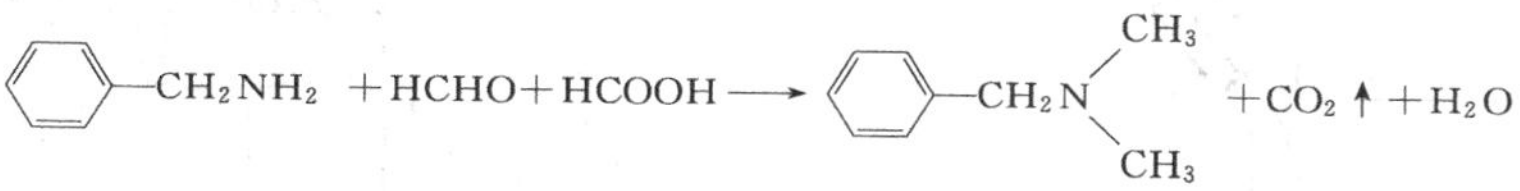

7.4　电解还原

电解还原是电解液离解产生的氢离子在电解池的负极上接受电子，形成原子氢，用于还原有机化合物的一种方法。该法有许多特点：它与催化氢化法相比，没有催化剂"中毒"的问题，操作方便；它与化学还原法相比，具有产率高、纯度好、易分离、成本低的优点。因而无论在实验室还是在工业上，它都具有广阔的应用前景。

电解还原的反应机理和最终产物受着多种变化因素的影响和制约，其中负极电压、负极材料及电解液的组成与酸碱度对反应影响最大。如下例：

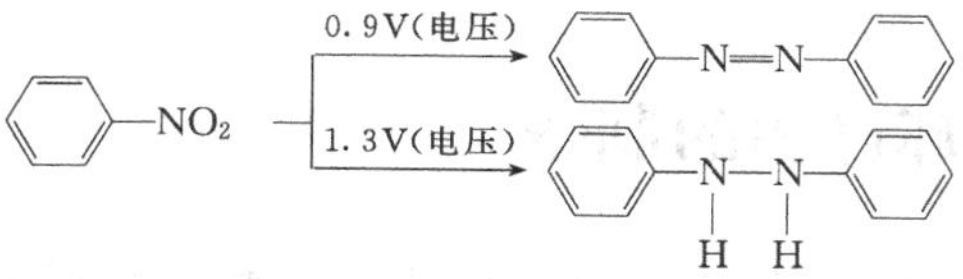

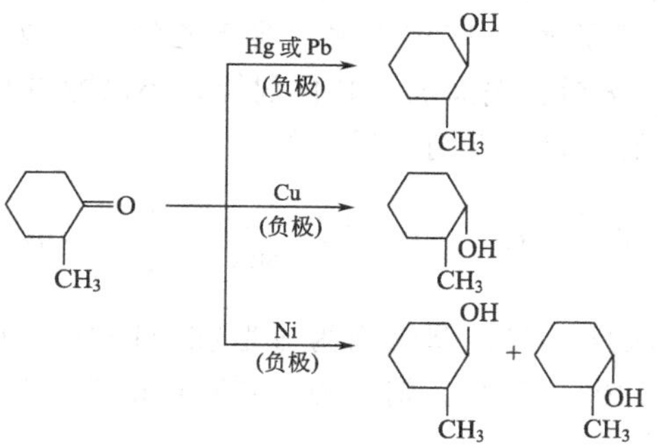

负极材料最常用的是纯汞和铅，其次是铂和镍；正极材料是炭棒、铂、铅、镍。电解液最好用水或某些盐的水溶液。对于难溶于水的有机物，在水中可以加入适量的有机溶剂，如乙醇、醋酸、丙酮、乙腈、N,N-二甲基甲酰胺等，或直接采用具有足够介电常数的上述有机溶剂作为电解液。电解装置见图 7-1。

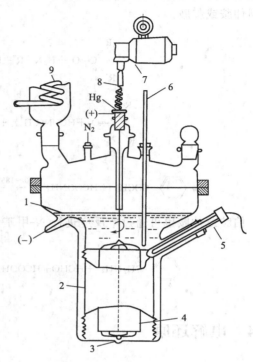

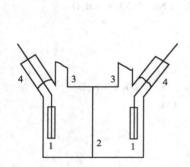

（a）简易电解池
1—电极；
2—隔膜；3—回流冷凝；
4—玻璃塞

（b）制备规模的电解池
1—溶液的水平衡；2—铂阴极；3—特氟隆轴承；
4—旋转着的铂阳极；5—参比电极（饱和甘汞电极）；
6—温度计；7—使阳极旋转的驱动装置；
8—绝缘的传动装置；9—蛇管冷凝管

图 7-1 电解装置

7.5 应用实例——环己醇的制备

环己醇为无色晶体或液体，有樟脑和杂醇油的气味，相对密度（20/4℃）为 0.9624，熔点 25.2℃，沸点 161℃，易燃烧，稍溶于水，溶于乙醇、乙醚、苯、二硫化碳和松节油。环己醇用于制造己二酸、增塑剂、洗涤剂、乳化剂等。环己醇氧化所得的环己酮和己二酸是合成纤维尼龙 6 和尼龙 66 的原料，其制备反应如下：

$$\text{C}_6\text{H}_5\text{—OH} + 3\text{H}_2 \xrightarrow[\text{1~2MPa}]{\text{Ni},140\sim150℃} \text{C}_6\text{H}_{11}\text{—OH}$$

反应采用列管式固定床反应器，催化剂为分散在 Al_2O_3 或 Cr_2O_3 载体上的镍催化剂，压力为 1~2MPa，温度为 140~150℃。副产物主要有环己烷、环己烯、环己酮以及甲烷等。生产工艺流程如图 7-2 所示。

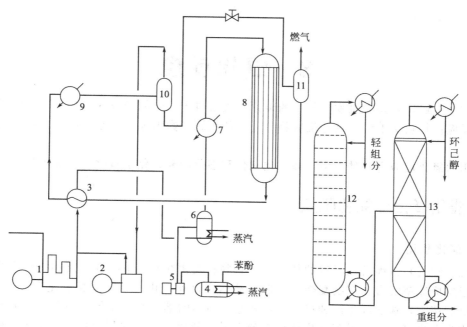

图 7-2 苯酚加氢制环己醇工艺流程

1,2—氢气压缩机；3—热交换器；4—储罐；5—高压泵；6—蒸发器；

7—预热器；8—反应器；9—预热器；

10,11—冷却器；12,13—分馏塔

氧气由压缩机 1 加压到 1~2MPa，滤掉机械杂质后，与压缩机 2 出来的循环氢混合，进入热交换器 3。用反应器中放出的反应物加热后，经鼓泡分配器进入蒸发器 6，苯酚从储罐 4 用高压泵压入蒸发器 6，为避免苯酚结晶析出，储罐 4 及其管道均需用蒸汽保温。蒸发后的苯酚温度为 120~125℃，其成分必须进行控制，氢油比一般采用 10∶1。苯酚-氢混合物经过预热器 7 后进入反应器 8。反应热通过水蒸发移出。苯酚的转化率为 85%~99%，最终产物的产率可达 96%，催化剂选择性为 96%。

习　题

1. 写出常用的几种化学还原剂。

2. 铁粉还原的用途有哪些？

3. 硝基苯液相催化氢化制苯胺时，为何用骨架镍催化剂而不用 Pd/C 催化剂？

4. 总结出所有制备苯胺的还原方法。

5. 简述由苯制备以下产品的工艺过程。

（1）

（2）

6. 写出己二腈的制备方法。

8 氧化反应

从广义上讲，凡是有机物分子中的碳原子失去电子，碳原子总的氧化态增高的反应均称为氧化反应；从狭义上讲，凡是反应物分子中的氧原子数增加、氢原子数减少的反应称为氧化反应。

常用的氧化反应有三种类型，即催化氧化和催化脱氢、化学氧化、电解氧化。

8.1 催化氧化与催化脱氢

8.1.1 催化氧化

氧气、空气是最廉价而易得的氧化剂。有些有机物在室温下与空气接触，就能发生氧化反应，但反应速率缓慢，产物复杂，此现象被称为自动氧化。为了提高氧化反应的选择性，并加快反应速率，在实际生产和科研中，常选用适当的催化剂。在催化剂存在下进行的氧化反应被称为催化氧化。如甲苯催化氧化制苯甲醛、苯甲酸；石油裂解的 C_4 馏分经催化氧化制丁二烯等。

(1) 反应历程 催化氧化可分为均相催化氧化和非均相催化氧化（即定相催化氧化）两种方式。前者将氧气和空气通入到带有催化剂的液态反应物中进行氧化反应，后者将反应物的蒸气与氧气和空气的混合物，通过固体催化剂制得氧化产物。

均相催化氧化基本上属于自由基链式反应，但是有的过程尚未完全搞清楚。反应经历链的引发、链的传递和链的终止三个阶段。其中决定性作用步骤是链的引发。以钴盐催化烃的氧化为例，反应历程可用下式表示：

$$R\!-\!H + Co^{3+} \longrightarrow R\cdot + H^+ + Co^{2+}$$
$$R\cdot + O_2 \longrightarrow R\!-\!O\!-\!O\cdot$$
$$R\!-\!O\!-\!O\cdot + R\!-\!H \longrightarrow R\!-\!O\!-\!O\!-\!H + R\cdot$$
$$R\!-\!O\!-\!O\!-\!H + Co^{2+} \longrightarrow R\!-\!O\cdot + OH^- + Co^{3+}$$
$$R\!-\!O\cdot + R\!-\!H \longrightarrow ROH + R\cdot$$
$$R\cdot + R\cdot \longrightarrow R\!-\!R$$
$$R\cdot + R\!-\!O\!-\!O\cdot \longrightarrow R\!-\!O\!-\!O\!-\!R$$

所得醇在强化的反应条件下，又可继续被催化氧化，生成醛（酮）或羧酸。

若有酚类、胺类、醌类、硫化物、甲酸等抑制剂的存在，均会造成链的终止。水也有此作用。

近几十年来，均相络合物催化氧化技术的研究得到了较快的发展。它是以过渡金属络合物（以钯络合物用得较多）为催化剂，反应首先是由催化剂的过渡金属中心原子与反应物分子构成配位键使其活化，继而在配位键上进行氧化反应。这类反应具有催化活性高，反应选择性好，操作条件温和等优点。但催化剂容易中毒，原料纯度要求高，成本较高。非均相催化氧化反应大致分为以下五个步骤：

① 反应物在催化剂表面上的扩散；

② 反应物被催化剂表面吸附；

③ 被吸附的反应物发生氧化反应，并释放出能量；

④ 氧化产物自催化剂表面脱附；

⑤ 脱附的产物由催化剂表面扩散到流体相并带走热量。

以五氧化二钒催化芳烃的非均相催化氧化反应为例，反应历程可用下式表示：

$$V_2O_5 + 反应物 \longrightarrow V_2O_3 + 氧化产物$$
$$V_2O_3 + O_2 \longrightarrow V_2O_5$$

必须强调指出的是，气态氧化剂的催化氧化反应，物料与氧气或空气的混合爆炸极限较宽，而且是强放热反应（尤其是完全氧化）。因此，严格遵循操作规程、正确掌握反应条件、及时移走反应热量、确保安全设施的落实是极为重要的问题。

（2）常用催化剂　均相催化氧化工业上常用的催化剂为过渡金属的有机酸盐，如乙酸钴、丁酸钴、环烷酸钴、乙酸锰等，有的还加入三聚乙醛或乙醛、丁酮、有机或无机溴化物等作为氧化促进剂。实验室除了用上述催化剂外，还采用铂/碳（包括氢化还原铂盐、甲醛还原铂盐和氢化还原二氧化铂）、铜盐、氧化铬等催化剂。

非均相催化氧化常用的固体催化剂有钒和钼等过渡金属氧化物，银、钯等贵金属等。

（3）反应溶剂的选择　若反应物能溶于水，则一般用新蒸馏的水作溶剂，以防催化剂因重金属离子的存在而中毒失效。不溶于水的反应物可根据其溶解性能选用丙酮、叔丁酮、1,4-二氧六环、N,N-二甲基甲酰胺、六甲基磷酸三酰胺、吡啶、醋酸等可与水混溶的极性溶剂，或者选用庚烷、氯仿、乙酸乙酯、硝基苯等与水互不混溶的极性较弱或非极性的溶剂。但需注意的是，若选后者为溶剂，反应物浓度不可太高，一般以 2%～7% 为宜，以防反应生成的水量过度使催化剂凝聚、表面积减小、使其活性下降。

（4）反应装置　与催化氢化装置类似，氧化反应装置也分常压、低压和高压三种。对于常压间歇反应器，可采用配有气体分散头的导气管，实验室常用此装置。若要进行连续化生产，工业上多采用柱状反应器，在反应柱中填充催化剂，反应液从柱顶缓慢下流，氧气从柱底通入，或将反应液与氧气一同从柱的一端通入。

（5）影响催化氧化反应的主要因素

① 反应物结构的影响　伯醇通常比仲醇容易被氧化，当多元醇分子中同时存在有伯羟基和仲羟基时，一般是伯羟基优先被催化氧化，这是因位阻效应所致。

$$CH_3CHCH_2OH \xrightarrow[O_2,20℃]{Pt/C,H_2O} CH_3CHCHO$$

（式中两者均含 OH 取代基）

多元伯醇被催化氧化时，仅有一个端位伯羟基被氧化成醛基。

$$HOCH_2 \text{——}\!\!\!\!\!\!\text{——} CH_2OH \xrightarrow[O_2,80～90℃]{PtO_2/H_2,H_2O} HOCH_2 \text{——}\!\!\!\!\!\!\text{——} CHO$$

反应物分子中若有烯键存在，一般不受影响。

$$CH_3\text{—}CH\text{=}C\text{—}CH_2OH \xrightarrow[O_2,60℃]{PtO_2/H_2,庚烷} CH_3\text{—}CH\text{=}C\text{—}CHO$$
$$(77\%)$$

② 介质 pH 值的影响　反应介质的 pH 值对催化氧化反应的产物起着决定的作用。伯醇在中性介质中催化氧化成醛，而在碱性介质中却几乎定量生成羧酸。反应物若是多元伯醇，则一般只有一个伯羟基被氧化成羧基。

$$CH_3(CH_2)_{10}CH_2OH \xrightarrow[C_7H_{16},60℃]{Pt,O_2} CH_3(CH_2)_{10}CHO \quad 77\%$$

$$CH_3(CH_2)_{10}CH_2OH \xrightarrow[H_2O,OH^-,60℃]{Pt/C,O_2} CH_3(CH_2)_{10}COOH \quad 96\%$$

$$C(CH_2OH)_4 \xrightarrow[H_2O,OH^-,60℃]{Pt/C,O_2} (HOCH_2)_3CCOOH \quad 50\%$$

③ 催化剂结构的影响　同一原料若采用不同的催化剂进行催化氧化，可能得到不同的产物。

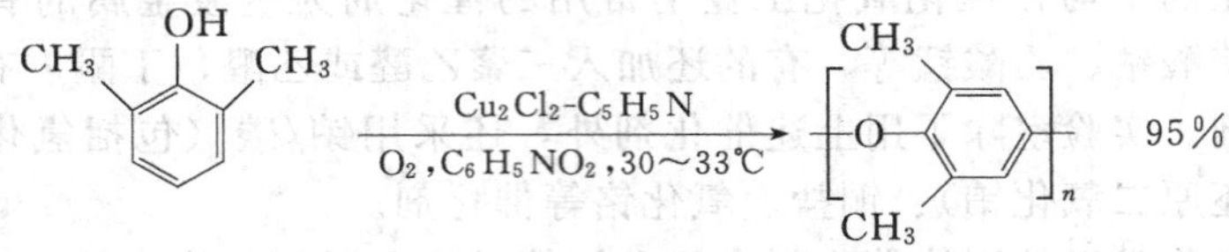

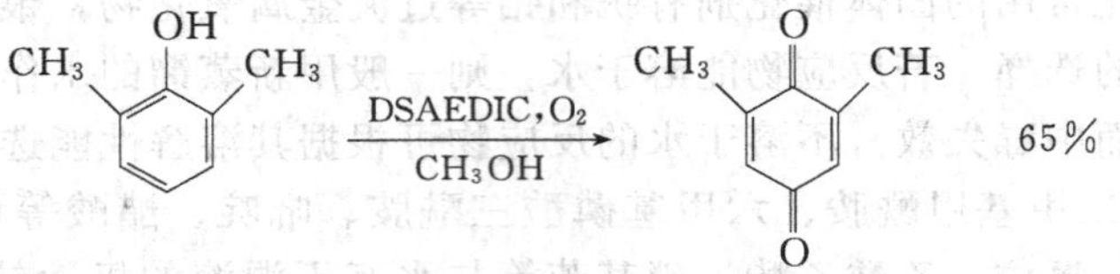

注:DSAEDIC 为二缩水杨醛乙二胺钴盐,结构式为

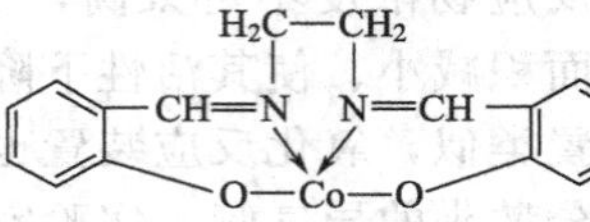

此外，反应条件、反应时间、催化剂用量等对反应速率、反应产物均有一定程度的影响。

8.1.2　催化脱氢

有机化合物在催化剂的作用下，受热裂解脱氢，生成不饱和的氧化产物，该反应称为催化脱氢。这类反应在工业上已得到广泛的应用。例如：

$$(R,R'=H,CH_3-,CH_3CH_2-等)$$

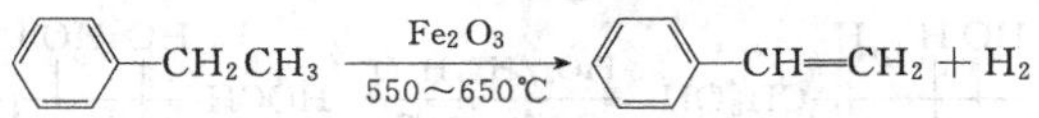

(1) 反应历程及催化剂　脱氢是加氢反应的逆过程。有机反应物首先被吸附在催化剂表面上，然后将氢原子转移给催化剂，最后脱氢产物脱离催化剂表面而完成反应的全过程。

催化脱氢常用的催化剂有铂、钯、镍、铜、金属氧化物及硫、硒等。

催化脱氢反应通常在高温下进行。可将反应物与催化剂在较高沸点的溶剂（如氯苯、二甲苯、异丙苯、对甲基异丙苯、邻二氯苯、十氢化萘、喹啉、萘、硝基苯等）中混合、搅拌、加热回流；亦可将反应物的蒸气连续通入高温下的催化剂，制取脱氢产物。

(2) 副反应问题　由于催化脱氢和催化加氢所用的催化剂有些是相同的，因此在催化脱氢反应中可能会有催化加氢或催化氢解等副反应伴随发生。如下例：

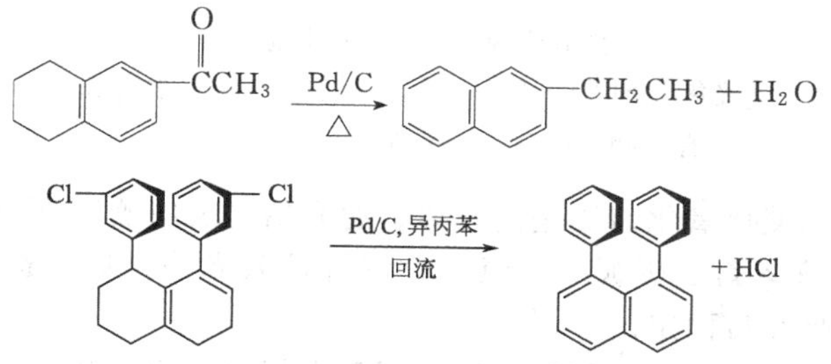

(44%)

仲醇、叔醇催化脱氢反应中有脱水反应发生。

（3）辅助试剂的应用　液相催化脱氢反应体系中，常加入一些辅助试剂，如苯、环己酮等。它们的作用是作为氢接受体，有利于脱氢反应的顺利进行。

8.1.3　光催化氧化

在光的照射下，有机物分子与激发态的氧之间发生的氧化反应称为光催化氧化。这类反应因具有原料易得、成本较低、工艺简单、反应选择性高、而且三废量较少等特点，在天然化合物、药物、香料等精细化学品的合成应用方面已屡见报道，如将醇氧化成羰基化合物、共轭双烯氧化成环状过氧化物等。人们预测，随着生产和科学技术的发展，其应用范围将会有较大的发展。

（1）光敏化剂　有些有机物虽然通过光的直接照射，可以发生光氧化反应，但反应速率缓慢、产物复杂。如果加入某种特殊的催化剂，并注意反应条件的选择和控制，这类反应便可加速，且能得到纯度好、产率高的氧化产品。这种用于光催化反应的特殊催化剂称为光敏化剂。

常用的光敏化剂有苯乙酮、二苯酮、联苯甲酰、曙红、亚甲基蓝、Rose Bengale 等。作为理想的光敏化剂，应符合下列条件：

① 它不与反应溶剂、反应物、产物发生反应，在反应环境中，其化学性质是稳定的；

② 它所吸收的光线应不同于反应物及产物的吸收谱线；

③ 光敏化剂本身从 S1 至 T1 的系间窜跃率要高，即其单线态与三线态之间的能量差越小、效率越高，以避免单线态能量传递过程中各种复杂因素的影响；

④ 光敏化剂的三线态能量比反应物（即受体）的三线态能量应至少高 17kJ/mol；

⑤ 光敏化剂的三线态应有足够长的寿命来完成能量的传递。

光化学反应对光敏化剂的纯度要求很高，常采用真空升华、区域熔融，以及柱层析等方法反复精制。甚至用化学合成法制备光敏化剂，以保证纯度的需求。

（2）光催化氧化反应历程　该反应历程有以下两种可能的历程。

① 高能光敏化剂接受光波，产生三线态光敏化剂，继而从有机反应的分子中提取氢，形成自由基，该自由基再与氧作用，经过过氧化物，最后形成氧化产物。如下式表示：

$$光敏化剂 \xrightarrow{h\nu} [光敏化剂]^{T1}$$

$$[光敏化剂]^{T1} + RH \longrightarrow 光敏化剂—H + R·$$

$$R· + O_2 \longrightarrow R—O—O·$$

$$RH + R—O—O· \longrightarrow ROOH + R·$$

$$R—O—O· + 光敏化剂—H \longrightarrow ROOH + 光敏化剂$$

② 能量从三线态光敏化剂传递给氧是反应的本质部分，能量传递结果形成激发态氧，过程如下：

$$光敏化剂 \xrightarrow{h\nu} [光敏化剂]^{T1}$$

$$[光敏化剂]^{T1} + O_2 \longrightarrow 光敏化剂 + O_2^* (激发态)$$

$$有机物 A + O_2^* \longrightarrow AO_2$$

（3）反应装置 光催化氧化装置是由光源、滤光器和反应器三部分组成。

光源有汞灯、钨-卤素灯、碳弧灯、氙灯、钠灯及激光等。灯的选择应根据反应本身的特点和反应物的最大吸收带而定。

反应器分内、外照射两种。内照射反应器用于大规模有机合成反应。整套反应装置应安装在通风良好的位置，以便随时排除汞灯周围所产生的氧（注意：室内臭氧浓度不超过 0.1×10^{-6}），为了防止紫外线对眼睛的伤害，周围操作人员必须佩戴防护镜。

8.1.4 氨氧化

$R—CH_3$ 烃类化合物（R＝H，烃类，芳基）在催化剂存在下，与氨和空气的混合物进行高温氧化生成腈的反应称为氨氧化反应。

$$R—CH_3 + NH_3 + \frac{3}{2}O_2 \longrightarrow RCN + 3H_2O$$

$$CH_2{=}CH—CH_3 + NH_3 + \frac{3}{2}O_2 \xrightarrow[\text{流化床反应器 } 440℃, 6.37 \times 10^4 Pa]{41^{\#} 催化剂} CH_2{=}CH—CN + 3H_2O$$
$$(75\%)$$

该反应历程有几种不同的解释，一般认为是自由基反应。以丙烯的氨氧化反应为例，首先氧化成丙烯醛，然后再与氨加成、脱水最后氧化成丙烯腈。

$$CH_2{=}CH—CH_3 \xrightarrow{O_2} CH_2{=}CH—CH_2 \cdot \longrightarrow CH_2{=}CH—CH_2—O—O \cdot$$

$$\xrightarrow{CH_2{=}CHCH_3} CH_2{=}CH—CH_2—O—OH \xrightarrow{-H_2O} CH_2{=}CH—CHO \xrightarrow[\text{加成}]{NH_3}$$

$$\underset{\underset{OH}{|}}{CH_2{=}CH—CH—NH_2} \xrightarrow{-H_2O} CH_2{=}CH—CH—NH \xrightarrow[-H_2O]{O_2} CH_2{=}CHCN$$

氨氧化反应具有原料易得、操作方便、可在常压或低压下反应、产率和纯度高、生产安全等优点，在工业上已被广泛应用。

8.2 化学氧化

化学氧化是指利用空气和氧气以外的无机或有机氧化剂，使有机物发生氧化反应。在实际生产中，为了提高氧化反应的选择性，常采用化学氧化法。

化学氧化法具有反应条件温和、操作简便、容易控制、工艺成熟的优点。只要选择了合适的化学氧化剂，就可能获得良好的氧化效果。由于化学氧化剂具有高选择性，可以将其用于醇、醛、羧酸、酚、醌以及环氧化合物等一系列有机产品的制备。尤其是对于产量小、价值高的精细化学品，使用化学氧化法尤为方便。

化学氧化法主要的缺点是化学氧化剂价格较其他氧化剂贵。虽然某些化学氧化剂的还原物可以回收利用，但仍存在处理难的问题。另外，化学氧化大多是分批操作，设备的生产能力低，有时对设备腐蚀严重。由于存在以上缺点，在实际工艺改进过程中，以前曾用化学氧化法制备的一些大吨位产品现已改用空气氧化法，例如苯甲酸、苯酐等。

本文主要介绍一些常用的氧化剂，包括过氧化氢、有机过氧酸、锰化物、铬酸及其衍生物、硝酸、含卤氧化剂、二氧化硒、四乙酸铅及二甲基亚砜等。

8.2.1 过氧化物

（1）过氧化氢　过氧化氢是一种具有微弱酸性（$K_{a1}=1.6\times10^{-12}$）、较为温和的氧化剂。其最大优点是反应后没有三废问题，产品易提纯。工厂生产的过氧化氢大都是 30% 左右的水溶液，俗名双氧水。近几十年来，由于高能燃料的需要，含量 90% 和更浓的过氧化氢已有出售，但是这类产品切不可与可燃物品，如木材、纸等接触；重金属盐因能催化使其分解，也必须隔离存放，以防着火和爆炸。

过氧化氢参与氧化反应，其反应历程与介质的 pH 值及具有还原作用的过渡金属催化剂的存在等因素有关。

① 在碱性介质中，过氧化氢分解成亲核性离子 HOO^-，可选择性地氧化 α,β 不饱和羰基或硝基化合物、α,β 不饱和砜等，是制备相应环氧化合物的常用方法。

$$HOOH + OH^- \Longleftrightarrow HOO^- + H_2O$$

② 在酸性介质中，过氧化氢异裂成 OH^- 和 OH^+，后者是亲电性氧化剂。在有机酸介质中，过氧化氢首先生成过氧酸，然后进行氧化反应，所得环氧产物遇酸开环，常用于烯烃的氧化，最终产物为反式二醇。

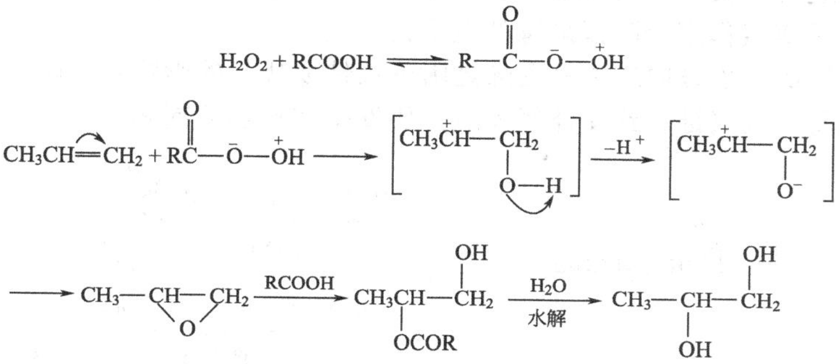

③ 在有还原作用的过渡金属离子，如 Fe^{2+} 催化下，过氧化氢发生均裂，以 HO· 形式进行氧化反应，主要用于 α-二醇、α-羟基酸的氧化。

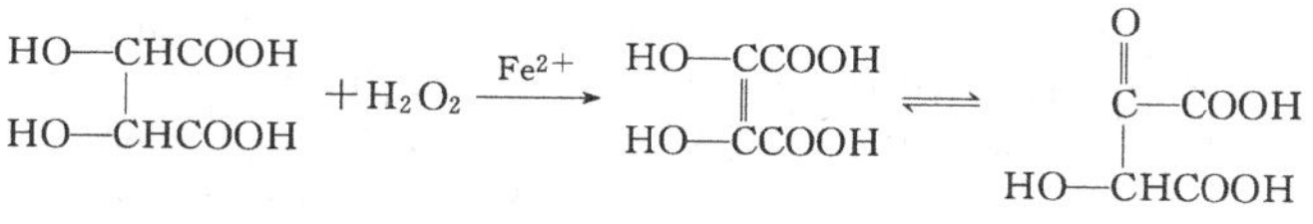

（2）有机过氧酸　分子符合 $R-CO_2OH$ 通式的羧酸称为有机过氧酸。常用的有机过氧酸有过氧甲酸、过氧乙酸、过氧三氟乙酸、过氧苯甲酸、过氧间氯苯甲酸等，其中以过氧三氟乙酸的酸性和氧化性最强。

有机过氧酸可由相应的羧酸和酸酐与过氧化氢反应制得。

$$\underset{30\%水溶液}{HCO_2H} + H_2O_2 \xrightarrow{室温} HCO_3H + H_2O$$

$$\underset{30\%水溶液}{(CH_3CO)_2O} + H_2O_2 \xrightarrow{25\sim30℃} CH_3CO_3H + CH_3CO_2H$$

$$\underset{90\%水溶液}{(CH_3CO)_2O} + H_2O_2 \xrightarrow[ClCH_2CH_2Cl]{CF_3CO_2H\ 催化量} CH_3CO_3H + CH_3CO_2H$$

$$(CF_3CO)_2O + H_2O_2 \xrightarrow[CH_2Cl_2]{0℃} CF_3CO_3H + CF_3CO_2H$$
90%水溶液

$$C_6H_5COOH + H_2O_2 \xrightarrow[25\sim30℃]{CH_3SO_3H} C_6H_5CO_3H + H_2O$$
70%水溶液

　　有机过氧酸不稳定，放置过程中会慢慢分解失氧，特别是过氧甲酸、过三氟乙酸要随制随用（过氧间氯苯例外，它可在室温下储存）。在制备和使用有机过氧酸时，要除去过氧化物，反应完毕后，若还有许多的过氧酸（可用碘化钾-淀粉试纸检验），应先用亚硫酸氢钠或硫酸亚铁等还原剂将其除去，然后进行蒸馏等操作。

　　有机过氧酸的性质与过氧化氢类似，主要用于烯烃的环氧化和邻二羟基化，羰基的酯化，以及叔胺、硫醚等化合物的氧化。

　　① 烯烃环氧化　　烯烃在适合的无水惰性有机溶剂中（如二氯甲烷、氯仿、丙酮、苯、1,4-二氧六环、四氢呋喃、乙醚等），于低温（0～5℃）或室温与有机过氧酸反应，氧原子从空间阻碍较小的一侧对烯键进行顺式亲电加成，结果生成相应的环氧化合物。

　　由于烯烃环氧化属于亲电加成反应，因此反应的难易取决于烯键的电子云密度和过氧酸中 R 基团的性质。若烯键碳原子上连接有推电子基团，过氧酸分子中的 R 与拉电子基团相连，则反应容易进行；反之，则反应缓慢。与芳环或其他共轭烯烃的环氧化反应也减慢，因为共轭体系 π 电子离域作用会降低烯键的电子云密度。

　　过氧酸对烯键的进攻方向通常易受烯键附近极性取代基的影响，若附近有羟基存在，因其与过氧酸之间易形成氢键，致使环氧反应主要发生在羟基的同侧。

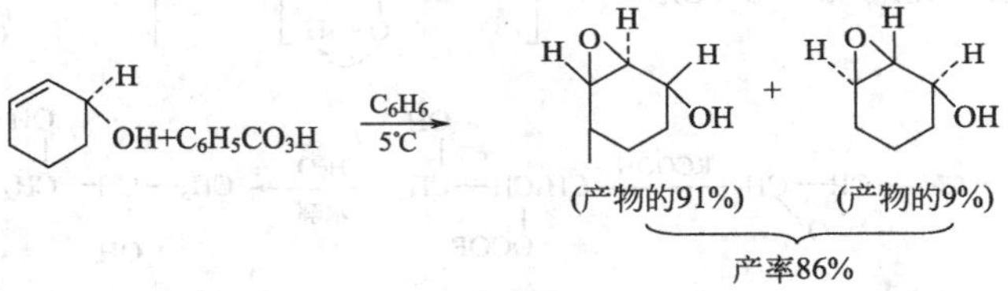

（产物的91%）　　　　（产物的9%）

产率86%

　　② 烯烃邻二羟基化　　过氧酸在过量的相应的羧酸或无机强酸存在下与烯烃反应，结果生成反-1,2-二醇。这类反应常采用过氧化氢与甲酸的混合物作为氧化剂。

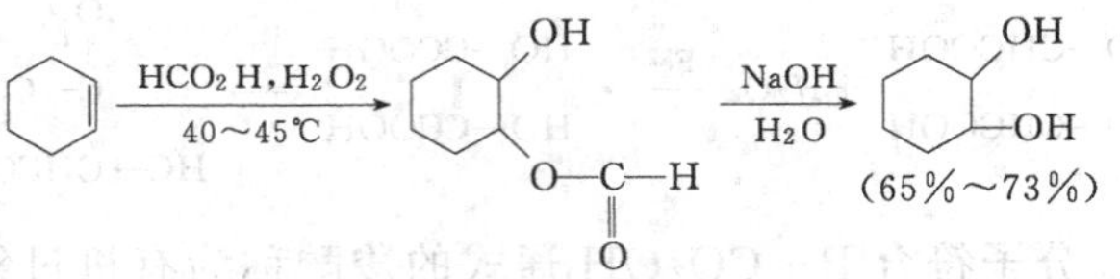

　　该反应实际上是烯烃先环化再氧化，所得的环氧化物再与亲核试剂（如卤化氢、含水硫酸、羧酸等）反应而开环。受攻击的碳原子往往发生构型转化，最后得反式加成产物。这是制备反-1,2-二醇的重要方法。

　　③ 羰基酯化　　过氧酸与羰基化合物作用，羰基旁的碳链发生氧化断裂，结果生成相应的酯或内酯。此反应称为拜耳-维立格（Baeyer-Villiger）反应，即羰基酯化反应。

例如：

$$\text{(C}_6\text{H}_5\text{)CO-C}_6\text{H}_4\text{-NO}_2 \xrightarrow{\text{CH}_3\text{CO}_3\text{H}} \text{C}_6\text{H}_5\text{-O-CO-C}_6\text{H}_4\text{-NO}_2$$

碳基酯化产物经碱性水解，即得相应的醇或酚，在有机合成上可用以制取特殊的醇或酚。

④ 胺和硫醚的氧化 伯胺被过氧酸氧化成亚硝基化合物，继而进一步氧化成硝基化合物；仲胺与过氧酸作用，生成硝酮（Nittones）；叔胺生成 N-氧化物。后者的反应机理可能类似于烯烃的环氧化反应。

$$\text{CH}_3\text{O-C}_6\text{H}_4\text{-NH}_2 \xrightarrow[\text{HCCl}_3 \text{ 回流}]{\text{CH}_3\text{CO}_3\text{H/CH}_3\text{CO}_2\text{H}} \text{CH}_3\text{O-C}_6\text{H}_4\text{-NO}_2 \quad (82\%)$$

$$\text{RCH}_2\text{NHR} \xrightarrow{\text{RCO}_3\text{H}} \text{RCH}_2-\underset{\text{OH}}{\text{N}}-\text{R} \longrightarrow \text{RCH}=\underset{\text{O}}{\text{N}}-\text{R}$$

与此类似，过氧酸可将硫醚氧化成亚砜或砜，且硫醚分子中若存在不饱和键，可不受影响，为此目的，间氯过氧苯甲酸是最适合的选择性氧化剂。

$$\text{C}_6\text{H}_5-\text{C}\equiv\text{C}-\text{S}-\text{CH}_3 \begin{cases} \xrightarrow[\text{HCCl}_3,-23\sim-10℃]{m\text{-ClC}_6\text{H}_4\text{CO}_3\text{H}} \text{C}_6\text{H}_5-\text{C}\equiv\text{C}-\overset{\text{O}}{\underset{}{\text{S}}}-\text{CH}_3 \quad (92\%) \\[2ex] \xrightarrow{2\text{mol } m\text{-ClC}_6\text{H}_4\text{CO}_3\text{H}} \text{C}_6\text{H}_5-\text{C}\equiv\text{C}-\overset{\text{O}}{\underset{\text{O}}{\text{S}}}-\text{CH}_3 \quad (81\%) \end{cases}$$

⑤ 烯丙位碳-氢键的氧化 过氧酸酯在亚铜盐催化下，可将烯丙位碳-氢键氧化，先引入酰氧基，经水解而得烯丙醇衍生物。该反应已成为烯丙醇衍生物的最简便的合成方法。常用的过氧酸酯是过氧苯甲酸叔丁酯和过氧乙酸叔丁酯。

$$\text{(环己烯)} + \text{C}_6\text{H}_5\text{CO}_3\text{C(CH}_3)_3 \xrightarrow[\substack{\text{过量环己烯}\\\text{(作为溶剂)}}]{\text{CuBr}} \text{(环己烯基-O-CO-C}_6\text{H}_5) + (\text{CH}_3)_3\text{COH}$$
$$(71\%\sim80\%)$$

脂肪族烯烃进行上述反应时，常得到两种异构化产物。

$$\begin{array}{c} \text{CH}_3\text{CH}_2\text{CH}=\text{CH}_2 \\ \text{CH}_3\text{CH}=\text{CH}-\text{CH}_3 \end{array} \xrightarrow{\text{RCO}_3\text{C(CH}_3)_3/\text{Cu}^+} \underset{\underset{\underset{\text{O}}{\|}}{\text{OCR}}}{\text{CH}_3\text{CHCH}=\text{CH}_2} + \underset{\underset{\underset{\text{O}}{\|}}{\text{OCR}}}{\text{CH}_3\text{CH}=\text{CH}-\text{CH}_2}$$
$$(90\%) \qquad\qquad (10\%)$$

其原因可能是具有末端烯键的烯烃与 Cu^+ 所形成的配位化合物比具有非末端烯键的烯烃所形成的配位化合物稳定的缘故。

8.2.2 锰化合物

(1) 高锰酸钾 高锰酸钾是一种通用型的强氧化剂，反应一般在中性或碱性介质中进行。反应中有副产物氢氧化钾生成，可采用钾酸或加入硫酸镁（或硫酸锌）的方法将其除去，以保持反应在接近中性或弱碱性的介质中进行。

高锰酸钾作为氧化剂主要用于芳环或杂环侧链氧化成羧基，烯键的顺-邻二羟基化或羰基化，以及烯键的裂解。由于它的氧化性很强而反应选择性差，所以在应用上受到一定的限制。

① 芳环或杂环侧链氧化成羰基　芳烃稳定，一般不易被氧化。但多环芳烃却容易被氧化开环而成芳酸，特别是连接有氨基或羟基的芳环更容易被氧化。

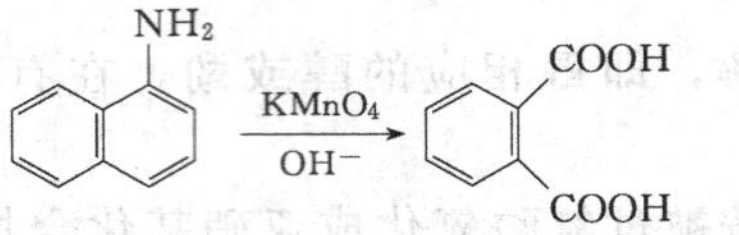

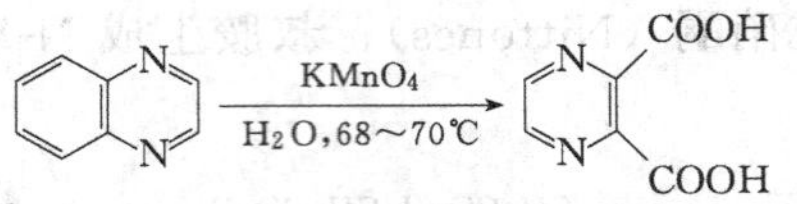

芳环侧键不论长短均可被氧化成羧基，且较长的侧链比甲基更易被氧化。杂环的侧链亦可被氧化成羧基。

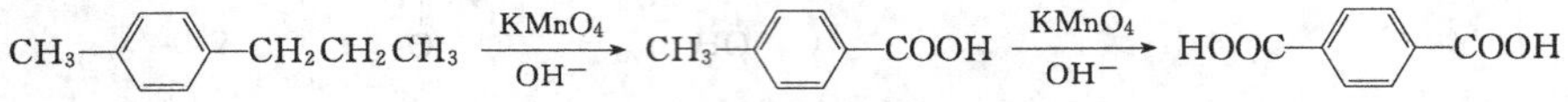

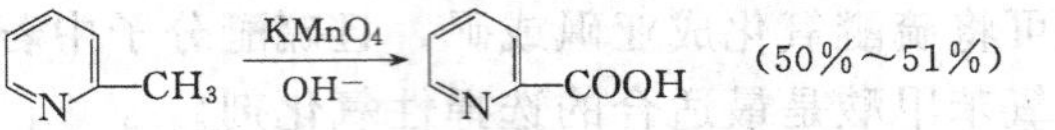

芳环侧链氧化成羧基的反应一般在水溶液中于60～100℃进行。水中溶解度小的芳香烃可采用不与高锰酸钾反应的有机溶液，如二氯甲烷等，在相转移催化剂存在下，与高锰酸钾溶液进行两相之间的反应。

② 烯键顺-邻二羟基化或羰基化　在较强的碱性溶液中和较低温度下，高锰酸钾稀溶液可使烯烃氧化、水合，得到顺式邻二羟基化合物。

$$CH_3(CH_2)_7CH{=}CH(CH_2)_7COOH \xrightarrow[\text{过量 NaOH}]{\text{稀 }KMnO_4\text{ 溶液}} CH_3(CH_2)_7\underset{|}{\overset{OH}{C}}H{-}\underset{|}{\overset{OH}{C}}H_2$$

在弱碱性溶液中（pH＝9.0～9.5）氧化产物是α-羟基酮。

$$CH_3(CH_2)_7CH{=}CH(CH_2)_7COOH \xrightarrow[\text{用 }H_2SO_4\text{ 调节 pH 为 9.0～9.5}]{KMnO_4}$$

$$CH_3(CH_2)_7\overset{OH}{\overset{|}{C}}H{-}\overset{O}{\overset{\|}{C}}{-}(CH_2)_7COOH + CH_3(CH_2)_7\overset{O}{\overset{\|}{C}}{-}\overset{OH}{\overset{|}{C}}H{-}(CH_2)_7COOH$$

若以醋酸为溶剂，高锰酸钾氧化的结果是使烯烃变为醋酸酯和α-二酮。

$$C_4H_9{-}CH{=}CH{-}C_4H_9 \xrightarrow[Ac_2O]{KMnO_4} \underset{(66\%)}{C_4H_9{-}\overset{O}{\overset{\|}{C}}{-}\overset{O}{\overset{\|}{C}}{-}C_4H_9} + \underset{(15\%)}{C_4H_9{-}\overset{O}{\overset{\|}{C}}{-}\overset{OAc}{\overset{|}{C}}H{-}C_4H_9}$$

③ 烯键裂解为羧基和羰基　浓的和过量的高锰酸钾，在较高的温度下，可使烯键裂解，生成羧酸和酮。

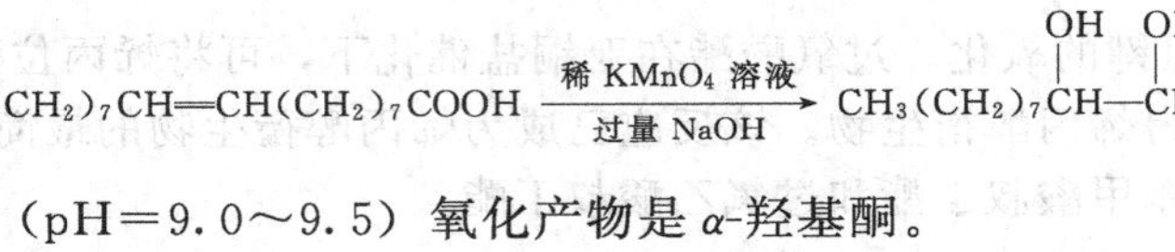

这类反应存在下述缺点：反应选择性较差，副反应较多，且有较大量的二氧化锰生成，后处理困难。改进的办法是用高锰酸钾和高碘酸钠的混合物（$KMnO_4$ ∶ $NaIO_4$ 为 1∶6），

在 pH＝7.7 水溶液中，对烯烃进行氧化反应。高锰酸钾先将烯烃氧化成 α-二醇或羟基酮，接着高碘酸钠将 α-二醇或 α-羟基酮裂解成羰基化合物，同时高碘酸钠又将低价锰化合物氧化成高价锰酸盐，使其反复用于氧化反应，所以高锰酸钾仅需催化剂量即可，且反应温和、收率高。

$$CH_3(CH_2)_7CH{=\!\!=}CH(CH_2)_7COOH \xrightarrow[20℃,100\%]{KMnO_4/NaIO_4/K_2CO_3} CH_3(CH_2)_7COOH + HOOC(CH_2)_7COOH$$

此外，高锰酸钾和硫酸水溶液可将三级烷基氧化成硝基化合物。将氮原子的 α 位具有 C—H 键的单烷基胺氧化成亚胺或羰基化合物。

（2）活性二氧化锰 在碱存在下高锰酸钾和硫酸锰反应，制得高活性含水二氧化锰。它是一种温和的氧化剂，常在室温进行氧化反应。特别适用于烯丙醇或苄醇氧化，制取 α,β-不饱和醛、酮，且双键构成不受影响，反应选择性较好、收率较高，但需较长的反应时间。常用的溶剂有水、丙酮、戊烷、苯、石油醚、氯仿、四氯化碳等。它还用于酸性介质中苯胺的氧化，产物为对苯醌。

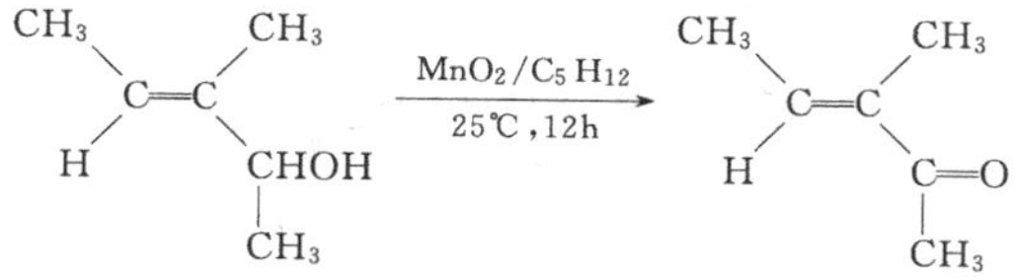

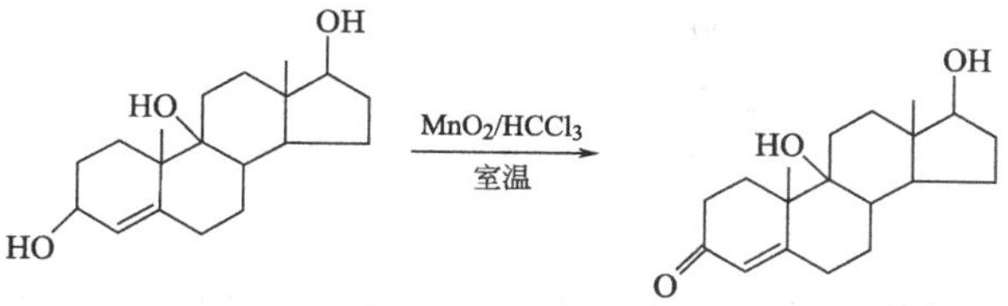

8.2.3 铬酸及其衍生物

（1）铬酸 铬酸也是一种很强的通用氧化剂，其氧化性能与高锰酸钾类似。通过铬酐 $(CrO_3)_x$ 在水中解聚即得铬酸。

将重铬酸钠结晶（98％）与硫酸混合加热熔融反应，生成熔融铬酐，经冷却制片即得成品。铬酸通常制成稀铬酸溶液使用。对于不溶于水的有机物，往往加入醋酸，以增加其溶解度。重铬酸钾（钠）的硫酸溶液中存在着酸式铬酸离子和重铬酸离子的平衡。

在稀的水溶液中，几乎都以 $HCrO_4^-$ 形式存在，而在很浓的水溶液中，则以 $Cr_2O_7^-$ 形式出现。氧化反应的结果是六价铬被还原为三价铬。

铬酸主要用于芳环侧链及醇的氧化，产物类型与反应介质的 pH 值有关。

① 芳环侧链的氧化

a. 在酸性介质中，芳环侧链不论长短，都被氧化成 α-羧酸。反应可能是从攻击侧链 α-碳原子开始。

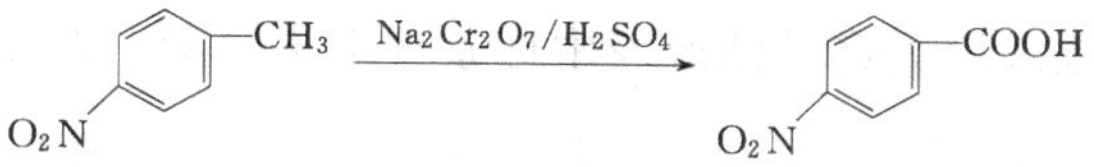

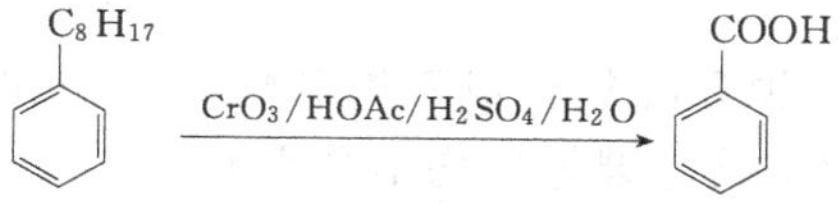

烷基苯氧化成芳酸用铬酸不如用高锰酸钾产率高，但若苯环上具有拉电子基团，则铬酸氧化效果为佳。

b. 在中性介质中，高温高压条件下，芳环侧链末端碳氢键被氧化，生成 ω-羧酸。

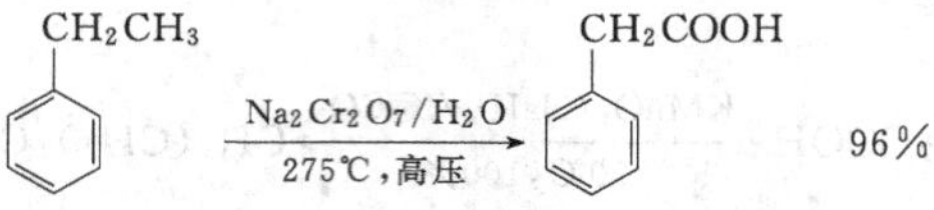

c. 在弱碱性介质中，并环芳烃氧化得酮，稠环 α 位氧化得醌。

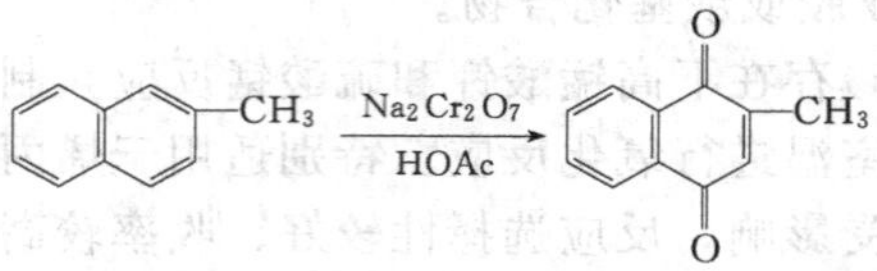

② 酚、芳胺的氧化　铬酸可将酚、芳胺氧化成醌。

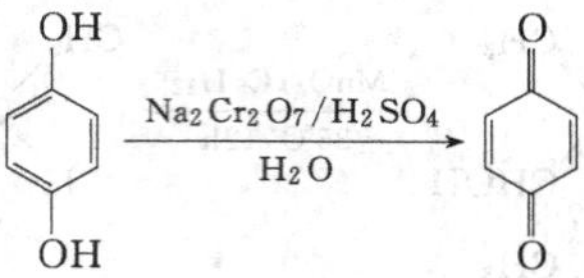

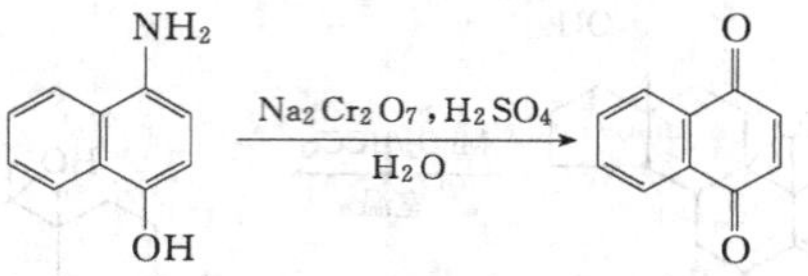

③ 醇的氧化　仲醇常用重铬酸盐或醋酸氧化成相应的酮。为了防止反应物进一步氧化，反应常用低温条件，并加入其他有机溶剂，如苯、二氯甲烷等，使反应在两相体系中进行。反应结束后，多余的氧化剂可用滴加甲醇或异丙醇的方法加以去除，并将生成的醛蒸除，以防止生成的醛在反应体系中继续氧化生成羧酸。

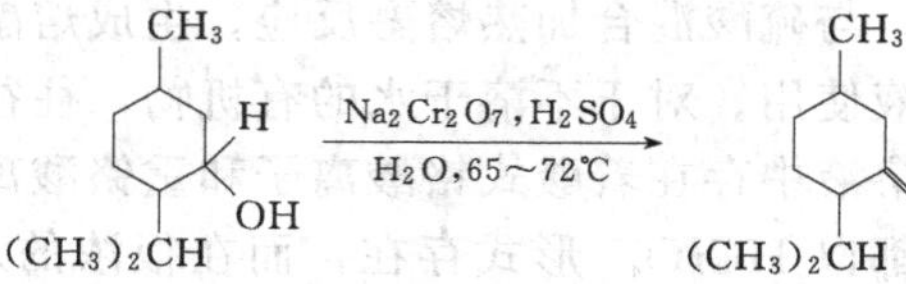

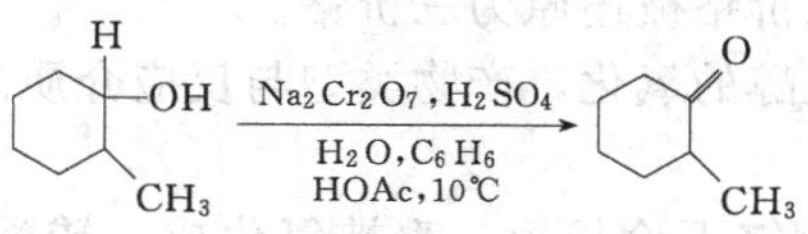

$$CH_3CH_2CH_2OH \xrightarrow[\text{H}_2\text{O},沸腾]{K_2Cr_2O_7, H_2SO_4} CH_5CH_2CHO$$

苄醇氧化成芳醛，是采用重铬酸钠溶液中性条件下进行的，产率较高。

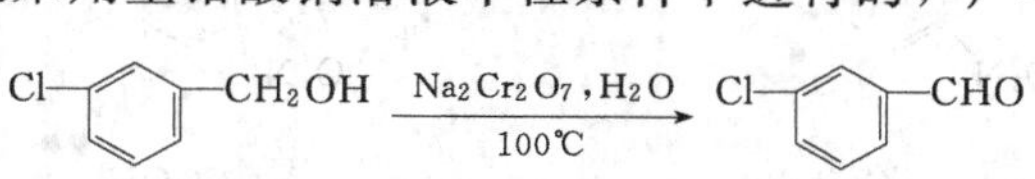

琼斯（Jones）试剂可将不饱和醇氧化成不饱和酮，不饱和键及其构型以及其他对氧化剂敏感的基团（如氨基、烯丙位碳氢键等）均不受影响。

反应一般在室温下进行，反应终点可从颜色的变化〔Cr$^{(Ⅵ)}$橙色→Cr^{3+}绿〕得到控制。

（2）铬酸衍生物　铬酸的酸性溶液虽然氧化能力很强，但反应选择性较差，不能用于对酸敏感的基团或其他易氧化基团的有机物的氧化。铬酸衍生物（主要包括醋酸混合酐、铬酰氯、铬酸叔丁酯、铬酐吡啶复合物、重铬酸吡啶盐等）作为氧化剂，它们各具特点，可用来进行选择性氧化反应。

① 醋酸混合酐 CrO$_2$(OAc)$_2$　把铬酐分小批量慢慢加到醋酸中（注意加料方式不可颠倒，否则会着火、爆炸）搅拌至全溶，即得醋铬混合酐的醋酸溶液，直接用于氧化反应。

混合酐主要用于氧化芳环上的甲基侧链，是制备芳醛的重要方法之一，产率中等。芳环上带有硝基、卤素、氰基、酯基等均不受影响。

$$O_2N-\!\!\!\!\!\bigcirc\!\!\!\!\!-CH_3 \xrightarrow[Ac_2O, H_2SO_4]{CrO_2(OAc)_2} O_2N-\!\!\!\!\!\bigcirc\!\!\!\!\!-CH(OAc)_2 \xrightarrow[\substack{H_2O \\ 100℃}]{H_2SO_4} O_2N-\!\!\!\!\!\bigcirc\!\!\!\!\!-CHO \quad (89\% \sim 95\%)$$

② 铬酰氯　将铬酐溶于水中，冷至 0℃，搅拌下加入浓盐酸，然后静置，分出下层，蒸馏可得铬酰氯。

铬酰氯可将甲基芳烃氧化成芳醛。一般是把甲基芳烃慢慢加到铬酰氯的二硫化碳（或二氯甲烷、四氯化碳）溶液中，首先生成复合物沉淀，然后酸性水解成芳醛。

$$ArCH_3 + 2CrO_2Cl_2 \longrightarrow \underset{\text{复合物}}{ArCH(OCrCl_2OH)_2} \xrightarrow[H_2O]{HCl} ArCHO$$

若芳环上有数个甲基，则仅其中一个甲基氧化成醛基，这是该氧化剂的特点之一。

$$\overset{CH_3}{\underset{CH_3}{\bigcirc}} \xrightarrow{2CrO_2Cl_2} \overset{CH(OCrCl_2OH)_2}{\underset{CH_3}{\bigcirc}} \xrightarrow[H_2O]{HCl} \overset{CHO}{\underset{CH_3}{\bigcirc}}$$

铬酰氯还可以用于将 α-取代末端烯烃氧化成 α-取代醛。

$$(CH_3)_3CCH_2-\overset{CH_3}{\underset{}{C}}=CH_2 \xrightarrow[②\ Zn]{①\ CrO_2Cl_2/CH_2Cl_2} (CH_3)_3CCH_2\overset{CH_3}{\underset{}{C}}HCHO$$

③ 铬酸叔丁酯　在隔湿和搅拌的情况下，把铬酐分小批量加入到预先冰冷的两倍重的无水叔丁醇中。反应完毕后加入石油醚，使得产品溶解。经无水硫酸钠干燥，即得铬酸叔丁酯。石油醚溶液可直接用于氧化反应。

铬酸叔丁酯通常用于烯丙基的氧化，生成 α,β-不饱和碳基化合物，也可使伯醇氧化成醛、仲醇氧化成酮。

$$CH_3(CH_2)_{14}CH_2OH \xrightarrow{[(CH_3)_3CO]_2CrO_2} \underset{(80\%\sim85\%)}{CH_3(CH_2)_{14}CHO}$$

④ 铬酐吡啶复合物　在隔湿和搅拌的情况，将铬酐分小批量加入到预先冷至 -18～-15℃ 的 10 倍重量的无水吡啶中（注意加料顺序不可颠倒，否则易着火），反应完毕后抽滤，用石油醚洗涤，得深红色晶体，经真空干燥，将其溶解在二氯甲烷等惰性溶剂中即可。

　　铬酐吡啶复合物用于醇的氧化，生成相应的醛或酮。反应条件温和，选择性好。分子中若含有其他易氧化的或对酸敏感的基团，例如，烯键、缩醛、缩酮、环氧基等均不受影响，且可用于选择性地氧化烯丙位亚甲基成羰基。

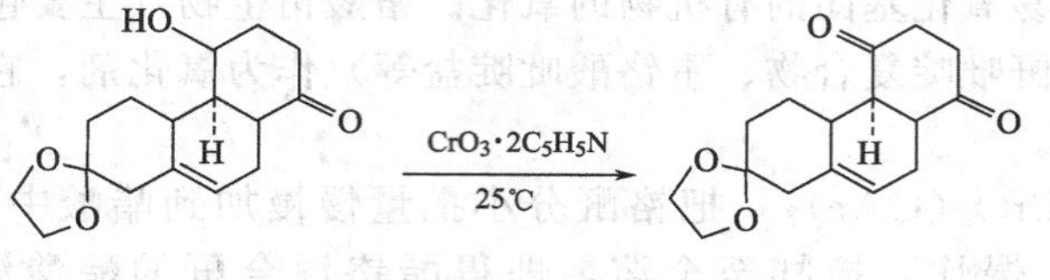

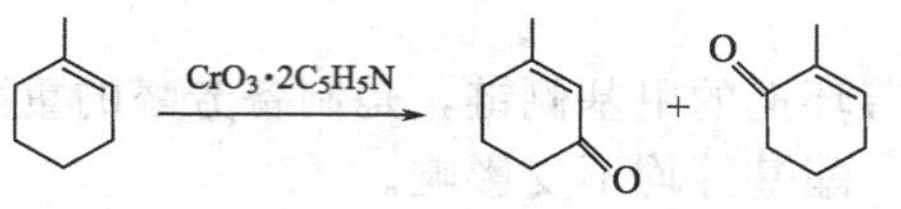

　　⑤ 重铬酸吡啶盐　将7.9份吡啶和10份铬酐分别溶解在少量水中，将这两种水溶液混合、搅匀，室温放置滤出橙色晶体，用水重结晶，得晶体熔点145～148℃。
　　重铬酸吡啶盐的氧化性能与铬酐吡啶复合物相同，但前者制备操作安全、使用方便。

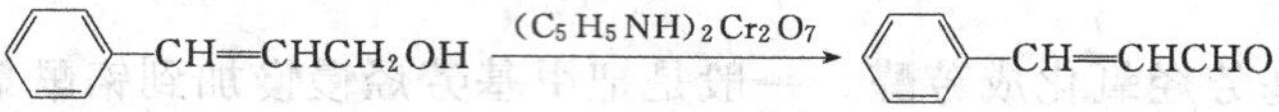

8.2.4　硝酸

　　硝酸是一种强氧化剂，稀硝酸的氧化能力比浓硝酸更强。
　　硝酸常用来氧化芳核或杂环侧链成羧酸；含有对碱敏感的基团的醇，氧化成相应的酮或羧酸；活泼亚甲基氧化成羰基；氢醌氧化成醌；亚硝基化合物氧化成硝基化合物。
　　硝酸用作氧化剂，反应选择性不高，副反应较多，除氧化反应以外。还会产生硝化、酯化等副反应。因此有时用冰醋酸、1,4-二氧六环等溶剂稀释，以调节其氧化强度。
　　(1) 己二酸的制备　环己醇或环己酮在铜、钒催化剂存在下，用硝酸氧化生成己二酸成品。

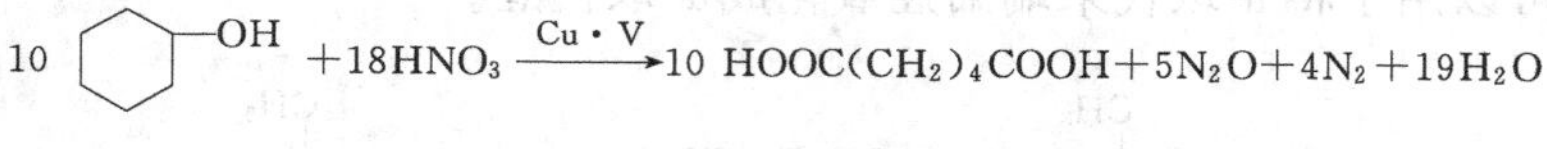

$$10\ \text{环己醇-OH} + 18HNO_3 \xrightarrow{Cu \cdot V} 10\ HOOC(CH_2)_4COOH + 5N_2O + 4N_2 + 19H_2O$$

　　己二酸主要用于制造尼龙66和聚氨酯泡沫塑料，在有机合成中常用于制造二元腈、二元胺等。
　　(2) 正己酸的制备　在催化剂存在下，仲辛醇与硝酸反应，然后静置分层，油层经水洗，脱水，精馏，即得正己酸。

$$3CH_3(CH_2)_4CH_2\underset{\underset{OH}{|}}{C}HCH_3 + 8HNO_3 \xrightarrow{催化剂} 3CH_3(CH_2)_4COOH + 3CH_3COOH + 8NO + 7H_2O$$

　　正己酸主要用于合成酯类香料，后者可作为食品添加剂。

8.2.5　含卤素氧化剂

　　含卤素氧化剂品种较多，氯气是其中最便宜的一种，用它作氧化剂，常伴随有氯化反应发生。在此仅介绍几种常用的含卤素的氧化剂，包括：次氯酸钠、高碘酸、三氯化铁、N-溴代丁二酰亚胺（NBS）、N-溴代乙酰胺（NBA）、N-氯代乙酰胺（NCA）。
　　(1) 次氯酸钠　在0℃左右将氯气通入氢氧化钠溶液至饱和，即得次氯酸钠溶液。氧化反应通常在碱性条件中进行。

次氯酸钠可将稠环或具有侧链的芳香烃氧化成羧酸。

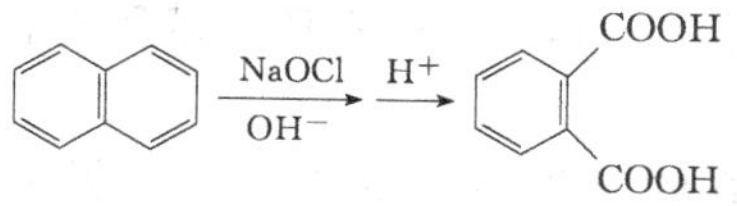

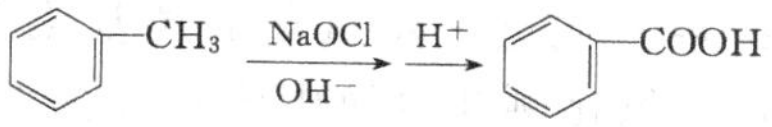

次氯酸钠能够使羰基α位活泼亚甲基或甲基氧化断裂，生成羧酸。该反应首先是活泼亚甲基或甲基上的氢原子被氯取代，然后再发生碳碳键断裂氧化成羧酸。

$$R—COCH_3 \xrightarrow[OH^-]{NaOCl} [RCOCCl_3] \xrightarrow{H_2O} RCOOH + HCCl_3$$

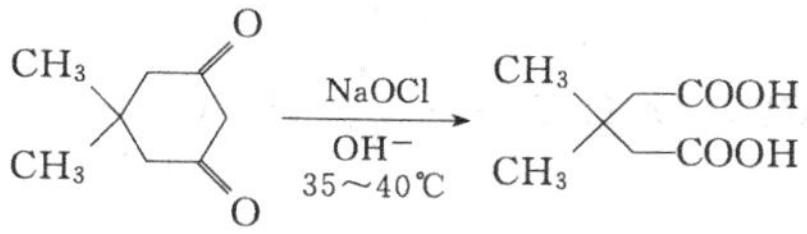

（2）高碘酸　高碘酸及其盐类能氧化1,2-二醇、α-氨基醇、α-羟基酮、1,2-二酮，发生碳碳键断裂，生成羰基化合物或羧酸，反应通常定量进行。

$$R—\underset{}{\overset{OH}{\overset{|}{C}}}H—\overset{OH}{\overset{|}{C}}H—R' \xrightarrow[\text{室温}]{H_5IO_6} RCHO + R'CHO + HIO_3 + H_2O$$

$$R—\overset{O}{\overset{\|}{C}}—\overset{O}{\overset{\|}{C}}—R' \xrightarrow[\text{室温}]{H_5IO_6} RCOOH + R'COOH + HIO_3 + H_2O$$

$$R—\overset{OH}{\overset{|}{C}}H—\overset{NH_2}{\overset{|}{C}}H—R' \xrightarrow[\text{室温}]{H_5IO_6} RCHO + R'CHO + NH_3 + HIO_3 + H_2O$$

实验表明，1,2-环己二醇的顺式异构体比反式异构体易被高碘酸氧化。一些刚性的环状1,2-二醇，其反式异构体与高碘酸不反应。因此，有人认为高碘酸氧化过程中有环酯化合物形成。

该反应通常在室温进行，操作简便。常用水作溶剂，或用水作辅助溶剂，与甲醇、乙醇、叔丁醇、1,4-二氧六环、醋酸混用。因此难溶于水的化合物不宜用高碘酸作氧化剂。

（3）三氯化铁　三氯化铁是一种弱氧化剂，用它作氧化剂可防止反应产物进一步被氧化，常用于多元酚或芳胺的氧化，产物为醌，收率较高。反应一般在酸性条件下进行。

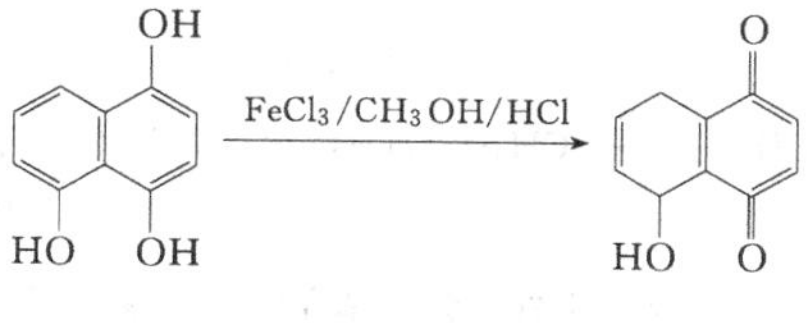

（4）*N*-溴代丁二酰亚胺（NBS）、*N*-溴代乙酰胺（NBA）、*N*-氯代乙酰胺（NCA）　NBS、NBA、NCA属同一类具有一定选择性的氧化剂。以含水丙酮或含水1,4-二氧六环为溶剂，可使伯醇、仲醇氧化成相应的醛和酮。就脂环醇而言，α-羟基较容易氧化，该立体选择性在甾醇的氧化中已广泛应用。

8.2.6 二氧化硒

二氧化硒是一种白色晶体，常压下可升华，熔点 340℃，相对密度 3.96（15℃），极易溶于水，可溶于醋酸、甲醇、乙醇、1,4-二氧六环、苯等有机溶剂。二氧化硒有毒，且对皮肤有腐蚀作用。

二氧化硒是一种选择性较好的氧化剂，主要用于将羰基相连的甲基或亚甲基氧化成羰基；烯丙位烃基氧化成相应的醇羟基或进一步氧化成羰基化合物。该反应常用 1,4-二氧六环、醋酸、乙醇、水等作溶剂，二氧化硒在溶液中先转化为亚硒酸 $(HO)_2SeO$ 或相应的亚硒酸二烷基酯，反应中 Se^{4+} 被还原成红黑色的不溶性金属硒，反应完毕后剩余的二氧化硒必须除去，方法是通入二氧化硫或加入醋酸铅溶液。

（1）氧化羰基 α 位活泼甲基或亚甲基成羰基

$$CH_3CH_2CHO \xrightarrow[\text{溶剂}]{SeO_2} CH_3COCHO$$

$$CH_3COCH_2CH_3 \xrightarrow[\text{溶剂}]{SeO_2} \underset{(17\%)}{OHCCOCH_2CH_3} + \underset{(1\%)}{CH_3COCOCH_3}$$

该氧化反应首先是亚硒酸和羰基化合物的烯醇式发生亲电进攻，形成亚硒酸酯，进而发生（2,3）δ 迁移重排，形成 1,2-二羰基化合物。

（2）氧化烯丙位烃基成相应的醇或羰基化合物　烯丙位烃基被亚硒酸氧化成醇，在用醋酸为溶剂时氧化成乙酰氧基化合物，在过量的二氧化硒存在下可进一步氧化成酮。

$$CH_3—CH═CH—CH_2—CH_3 \xrightarrow{(HO)_2SeO} CH_3CH═CH—\underset{\displaystyle OH}{\underset{|}{CH}}—CH_3$$

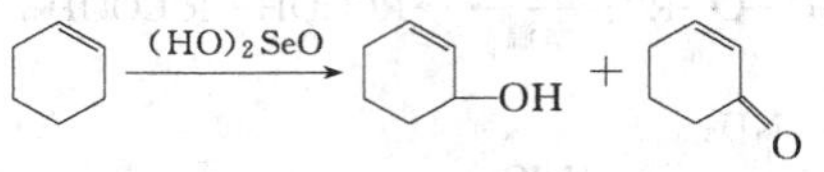

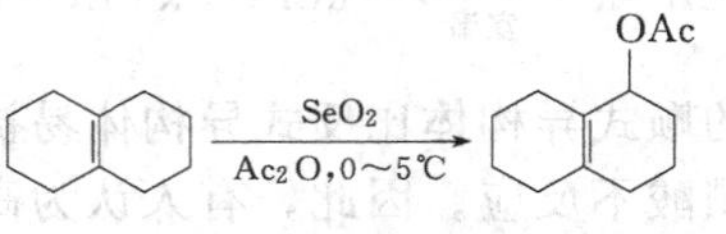

若反应物有多个烯丙位存在，该氧化反应选择性规则如下。

① 氧化双键碳取代基较多一边的烯丙位基。

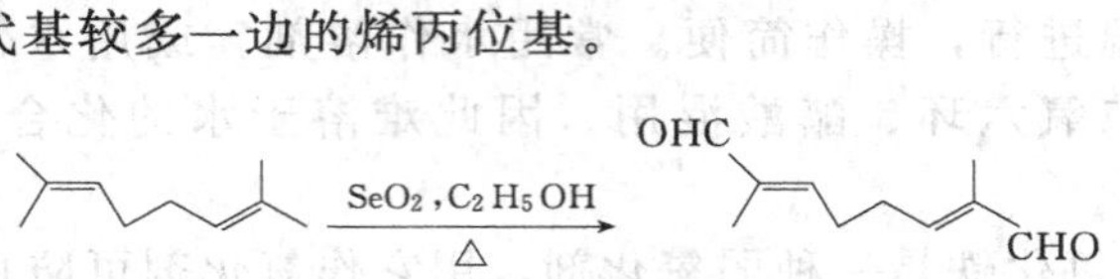

② 以遵守上述规则为前提，氧化活性顺序为 $CH_2>CH_3>CH$。

$$CH_3CH_2—\overset{\displaystyle CH_3}{\overset{|}{C}}═CHCH_3 \xrightarrow{SeO_2} CH_3—\overset{\displaystyle OH}{\overset{|}{CH}}—\overset{\displaystyle CH_3}{\overset{|}{C}}═CHCH_3 + CH_3CH_2—\overset{\displaystyle CH_2OH}{\overset{|}{C}}═CHCH_3$$

34 ∶ 10

③ 对于环状烯烃，双键碳上取代基较多一端的环上烯丙位碳氢键被氧化成羟基。

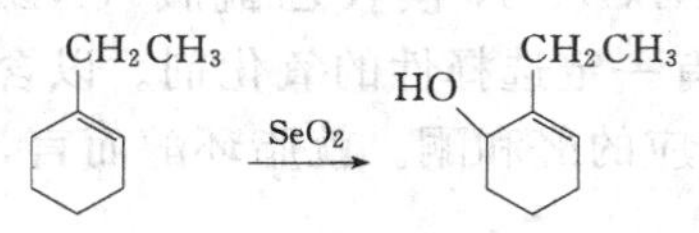

④ 末端烯烃在进行该氧化反应时，常发生烯丙位重排，羟基引入末端。

$$C_6H_5COCH_2CH_2COC_6H_5 \xrightarrow[\text{CH}_3\text{COOH},90℃]{SeO_2,H_2O} C_6H_5COCH=CHCOC_6H_5$$

反应历程如下：

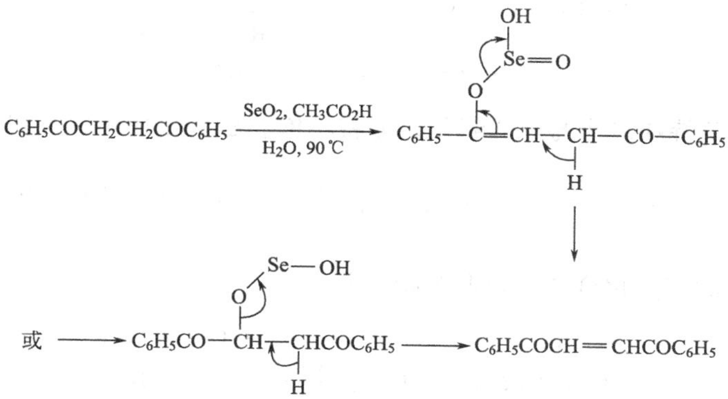

$$C_6H_5COCH_2CH_2COC_6H_5 \xrightarrow[\text{H}_2\text{O},90℃]{SeO_2,CH_3CO_2H}$$

被消除的两个氢原子若互为顺式，其反应速率比互为反式的快得多。

8.2.7 四乙酸铅

四乙酸铅可由四氧化三铅与乙酸在含有少量乙酸酐存在下，于 65℃ 反应而得。它是一种晶状固体，熔点 175～180℃。遇水立即分解成棕黑色的二氧化铅和乙酸，遇醇液也会迅速反应，因此忌用水和醇作反应溶剂。常用的溶剂有冰醋酸、苯、氯仿、二氯甲烷、三氯乙烯、硝基苯、乙腈等。氧化反应结束后，剩余的四乙酸铅可用滴加乙二醇的办法将其除去。

四乙酸铅用作氧化剂，其反应选择性较高。主要用于 1,2-二醇氧化断裂成醛或酮，伯醇、仲醇氧化成醛和酮；具有 δ-H 的醇氧化化合成四氢呋喃衍生物；羧酸氧化脱羧成烯烃。

（1）1,2-二醇氧化断裂成醛和酮

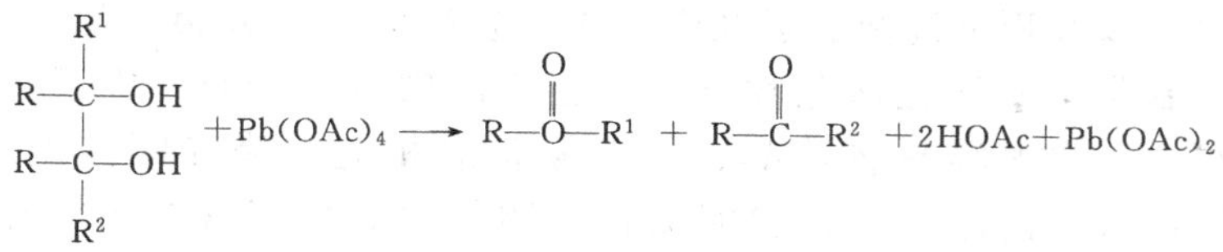

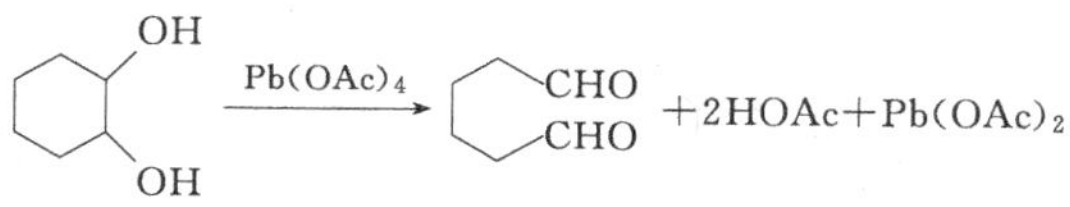

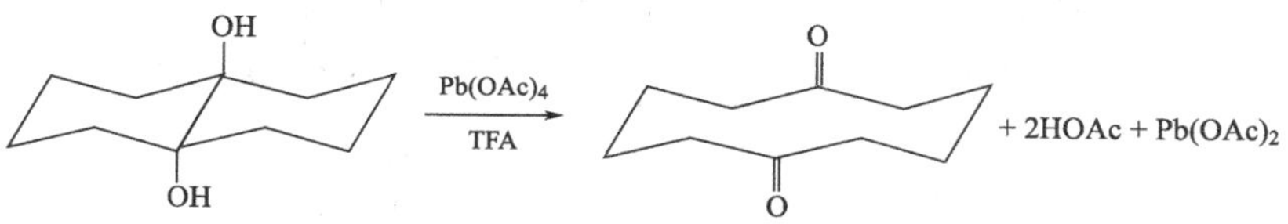

反式 1,2-二醇亦可以被四乙酸铅氧化，但不如顺式异构体容易进行。可采用吡啶作溶剂，则可加快反式 1,2-二醇氧化断裂的速度。而其他试剂，如高碘酸，在一般情况下是不可能的。因此有研究者认为该反应：可能经历了非环状中间体的酸或碱催化消除的过程。α-氨基醇、α-羟基酸、α-酮酸、α-氨基酸、乙二胺等都可以发生类似的反应。

(2) 伯醇、仲醇氧化成醛或酮

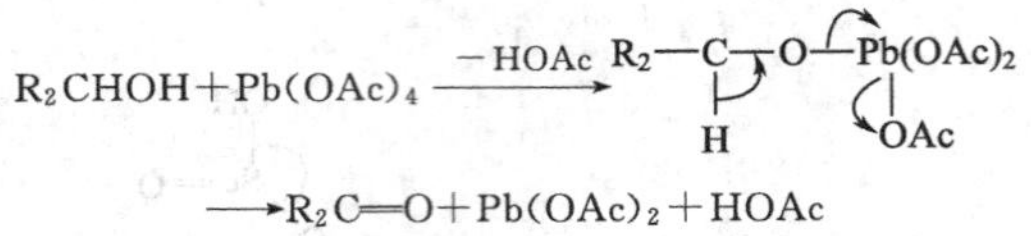
$R_2CHOH + Pb(OAc)_4$
$-HOAc$
R_2—C—O—$Pb(OAc)_2$
H
OAc
→$R_2C{=}O + Pb(OAc)_2 + HOAc$

此反应一般用于特殊结构的醇的氧化，如将不饱和醇氧化成不饱和醛。

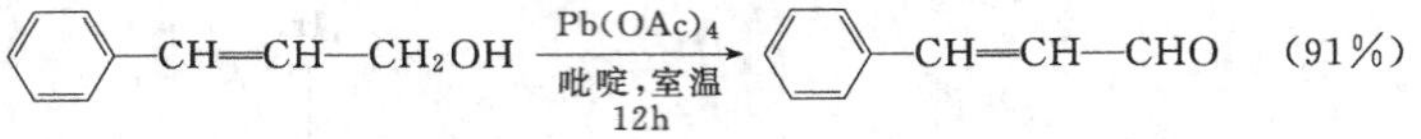
CH═CH—CH₂OH
Pb(OAc)₄
吡啶，室温
12h
CH═CH—CHO
(91%)

(3) 具有 δ-H 的醇氧化合成四氢呋喃衍生物

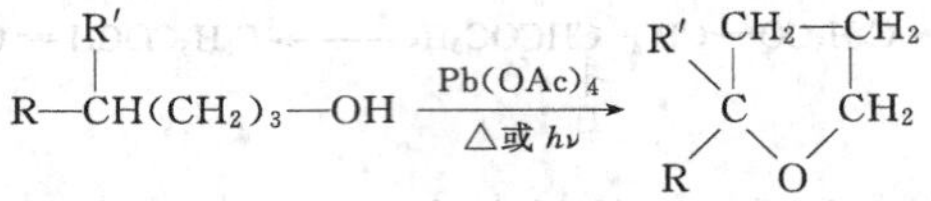
R′
R—CH(CH₂)₃—OH
Pb(OAc)₄
△或 hν
R′
CH₂—CH₂
C
CH₂
R
O

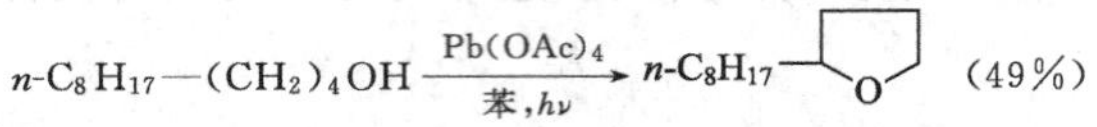
n-C₈H₁₇—(CH₂)₄OH
Pb(OAc)₄
苯，hν
n-C₈H₁₇
O
(49%)

(4) 羧酸氧化脱羧成烯　一元羧酸对四乙酸铅比较稳定（甲酸除外），后来发现，在微量的乙酸铜催化下，一元羧酸在较温和的条件下可被氧化，脱羧形成烯烃，产率较高。

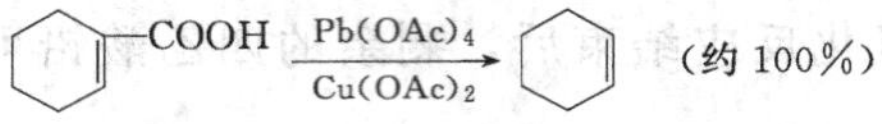
COOH
Pb(OAc)₄
Cu(OAc)₂
(约 100%)

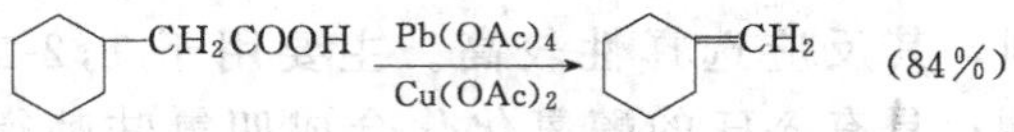
CH₂COOH
Pb(OAc)₄
Cu(OAc)₂
CH₂
(84%)

8.2.8　二甲基亚砜

二甲基亚砜（即 DMSO）是实验室中常用的一种非质子极性溶剂，与水、乙醇、丙酮、乙醚、氯仿、苯等均可混溶。近几十年来又发现它是一种很有用的选择性氧化剂。如它能选择性地氧化某些活性卤化物，生成相应的羰基化合物；在强亲电性试剂和质子供给体的存在下，它很容易将伯醇、仲醇氧化成相应的醛和酮。该反应条件温和，产率较高，在生物碱、甾体化合物和糖类化合物等含有易变官能团的复杂有机化合物的氧化上应用较多。

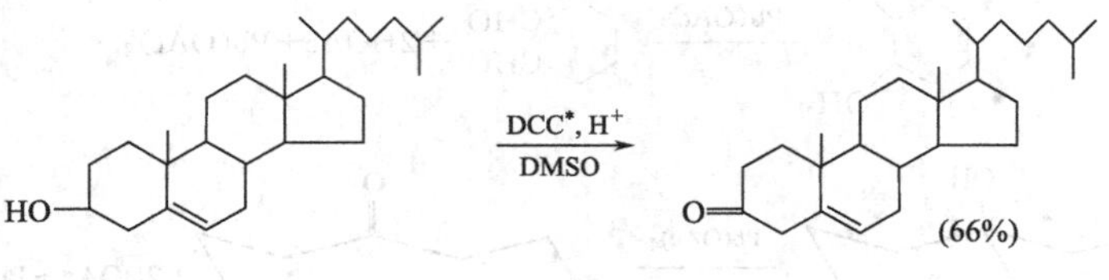
HO
DCC*, H⁺
DMSO
O
(66%)

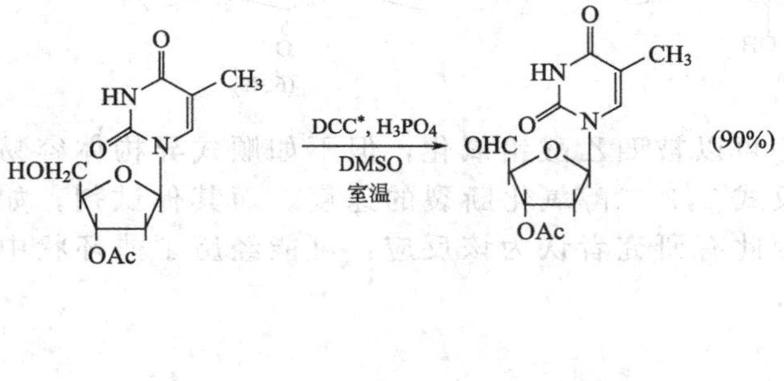
O
CH₃
HN
O
N
HOH₂C
O
OAc
DCC*, H₃PO₄
DMSO
室温
O
CH₃
HN
O
N
OHC
O
OAc
(90%)

DMSO 作为氧化剂用于有机合成有下列几种情况。

（1）DMSO 单独使用　DMSO 能单独氧化 α-卤代羧酸酯、α-卤代羧酸、α-卤代苯乙酮、卤苄、伯碘代烷等活性卤化物，生成相应的醛或酮。但对醇的氧化较困难。

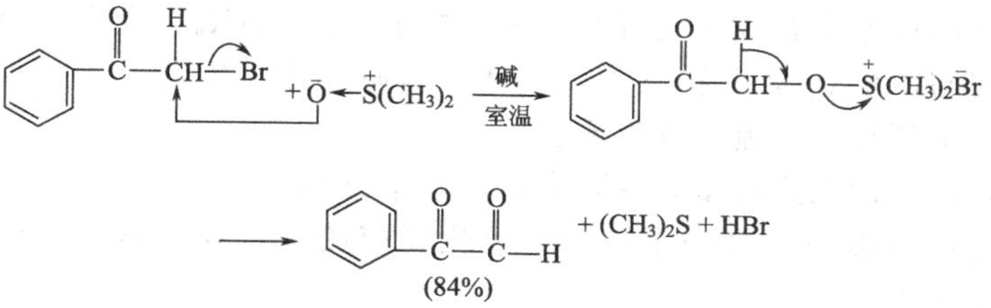

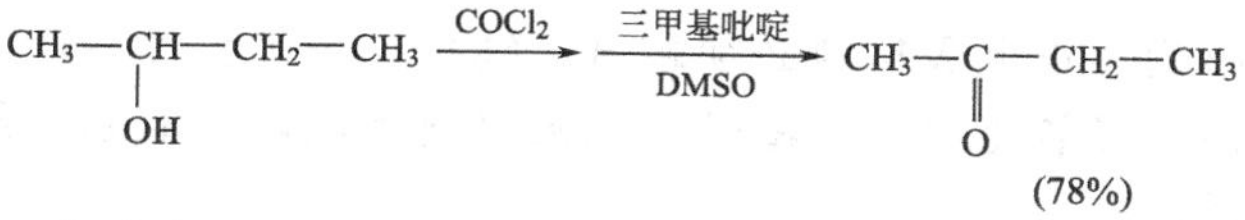

（2）DMSO/DCC 氧化剂　将 DMSO/DCC（二环己基碳二亚胺）溶液加入醇类化合物中，并用三氟乙酸吡啶盐（TFA·Py）作质子供给体和接受剂（也可用磷酸），该氧化物反应不仅条件温和（一般在室温下进行），而且选择性高、收率好，被称为普菲茨纳-莫法特法（Pfitzner-Moffatt methode）。可用于氧化伯、仲醇，成为相应的醛或酮，而对分子中的烯键、酯基、氨基等均无影响。

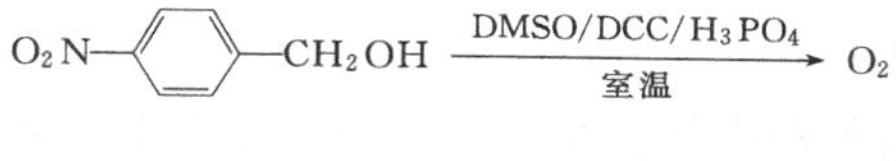

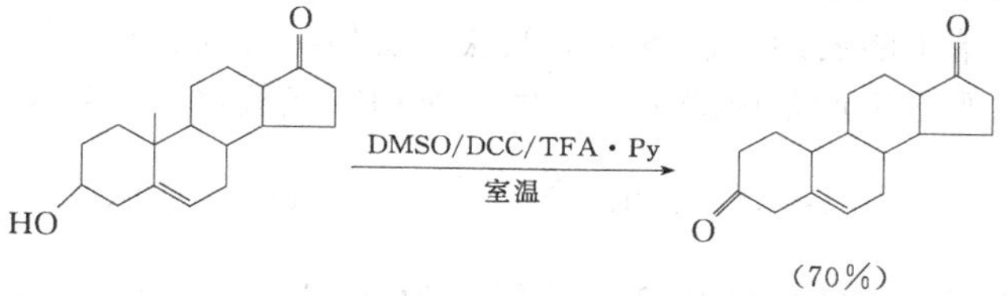

本方法对空间位阻大的羟基（α 键羟基）氧化产率不高。DCC 毒性较大，且反应生成的二环己基脲不易分离。

（3）DMSO/Ac$_2$O 氧化剂　用醋酐代替 DCC，可避免使用 DCC 时存在的上述缺点。该氧化剂可将羟基氧化成羰基而不影响其他基团的存在，但常有羟基乙酰化和形成甲硫基甲醚等副反应伴随发生，使本法收率降低，且立体选择性不如 DMSO/DCC。然而，位阻较大的 α-羟基比 ε-羟基氧化收率高，因为 α-羟基发生乙酰化副反应较难。

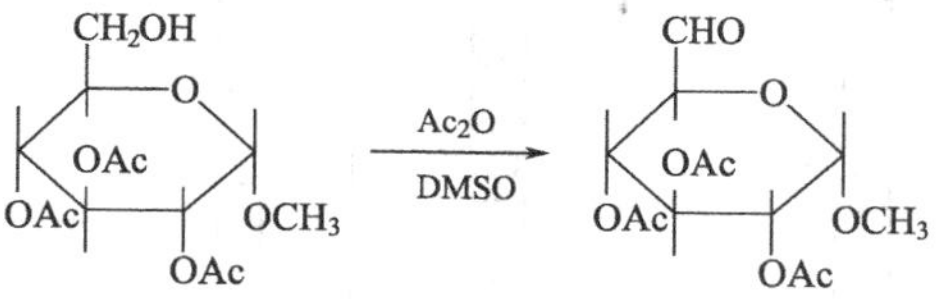

8.3　电解氧化

有机化合物的溶液或悬浮液被电解时，负离子向正极迁移，失去电子，减少了负离子价的现象被称为电解氧化。该反应具有产率高、产品纯度高、易分离提纯、工艺简便、操作费用少、三废污染少等优点，因此受到了有关工业界、科技界的重视。

羧酸的电解研究得较多，在工业上已获得较为广泛的应用，被称为柯尔柏合成（Kolbe's synthesis）。它的基本反应如下：

$$R\!-\!COO^-\!-\!e \longrightarrow R\!-\!COO\cdot \xrightarrow{-CO_2} R\cdot \xrightarrow{R\cdot} R\!-\!R$$

$$R\!-\!COO^-\!+\!R'\!-\!COO^- \xrightarrow{-CO_2} \cdots\cdots R\!-\!R'$$

羧酸电解氧化已被用来合成长链烷烃、一元酸酯、二元酸酯、烯烃等化合物。

电解氧化装置与电解还原装置一样，也是由电源，正、负电极，隔板，搅拌器，冷凝器，温度调节器，电压计，电流计等组成。

影响电解氧化反应的因素较多，主要有以下几个方面。

（1）正电极电压的影响　这是影响电解氧化反应的最重要因素，电压不同，产物也不同，因此采用稳压装置。

（2）电极材料的影响　正电极材料必须耐氧、纯净，否则会影响产品的收率和纯度。常用的正极材料是铂、铅、二氧化铅、石墨等。电极材料不同，释氧超电压也不同，释氧超电压越高，氧化能力越强。

（3）电解温度的影响　一般来讲，温度越低，电流效率越大，氧化程度越深。

（4）搅拌效率的影响　改善搅拌效率可以增加反应物与电极接触的机会，提高氧化效果。

8.4　应用实例

（1）甲苯氧化制苯甲酸　苯甲酸又名安息香酸，是一种重要的精细有机化工产品，全世界年产量达数万吨。苯甲酸要用来制备苯甲酰氯、食品防腐剂、塑料增塑剂，以及医药和香料的中间体。目前工业上生产苯甲酸常采用甲苯液相空气氧化法，其反应式：

$$\text{\raisebox{-2pt}{$\bigcirc$}}\!-\!CH_3 + 1.5O_2 \xrightarrow{Co(Ac)_2} \text{\raisebox{-2pt}{$\bigcirc$}}\!-\!COOH + H_2O$$

液相空气氧化要用乙酸钴作催化剂，其用量为 $0.01\% \sim 0.015\%$（质量分数），反应温度 $150 \sim 170℃$，压力为 1MPa，其生产流程如图 8-1 所示。甲苯、乙酸钴（2%水溶液）和空气连续地从氧化塔的底部进入。反应物的混合除了依靠空气的鼓泡外，还借助于氧化塔中

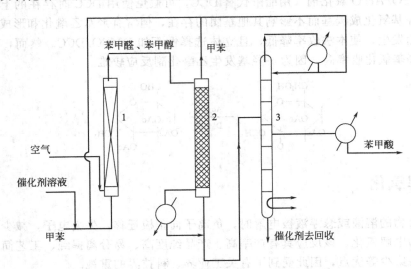

图 8-1　甲苯液相空气氧化制苯甲酸流程示意图

1—氧化反应塔；2—汽提塔；3—精馏塔

下部反应液的外循环冷却。从塔上部流出的氧化产物中约含有苯甲酸 35％。反应中未转化的甲苯由汽提塔回收，氧化的中间产物苯甲醇和苯甲醛可在汽提塔及精馏塔的顶部回收，与甲苯一样回入氧化塔再反应。精制的苯甲酸可由精馏塔的侧线出料收集。塔釜中残留的重组分主要是苯甲酸苄酯和焦油状产物，其中钴盐可以再生使用。氧化尾气夹带的甲苯经冷凝后再用活性炭吸附，吸附在活性炭上的甲苯可用水蒸气吹出回收，活性炭同时得到再生。氧化产物也有采用四个精馏塔进行分离的，分别回收甲苯、轻组分、苯甲醛和苯甲酸。此法制取苯甲酸按消耗甲苯计算的收率可达 97％～98％，产物纯度可达 99％以上。

（2）异丙苯氧化制过氧化物　有机过氧化物是液相空气氧化的一类重要产品，其通式是ROOH。工业上较有实用价值的是由异丙苯、间二甲苯、甲基异丙苯、乙苯、异丁烷、异丙醇、乙醛和环己烷制取相应的过氧化物。其中有些有机过氧化物的主要用途是联产苯酚或间甲酚和丙酮，有的可使丙烯环氧化，联产环氧丙烷和有关产品，如苯乙烯、异丁烯、丙酮、乙酸、环己醇和环己酮等。异丙苯氧化制过氧化氢异丙苯的生产具有重要意义，可制备苯酚和丙酮，而且此法也适用于生产甲酚、萘酚等。

异丙苯氧化制异丙苯过氧化氢（CHP）的反应式如下：

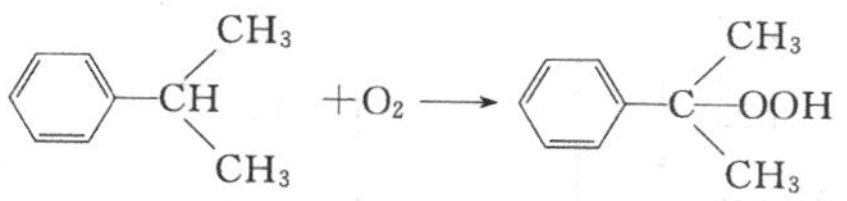

$$\Delta H = -116 \text{kJ/mol}$$

为了引发这种氧化反应，一般不宜采用过渡金属盐类，因为它们还能加速有机过氧化物分解反应，所以常用过氧化物本身作为引发剂。当反应连续进行时，只要使反应系统中保留有一定浓度的 CHP，不必再外加引发剂。氧化生成的 CHP 分子内已不再有 α-氢原子，所以在反应条件下比较稳定，可以成为液相氧化的最终产物。但在反应过程中，CHP 也会受热分解，进一步发生分支反应，生成一系列氧化副产物。

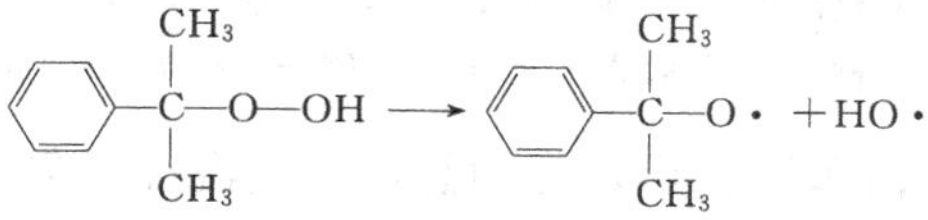

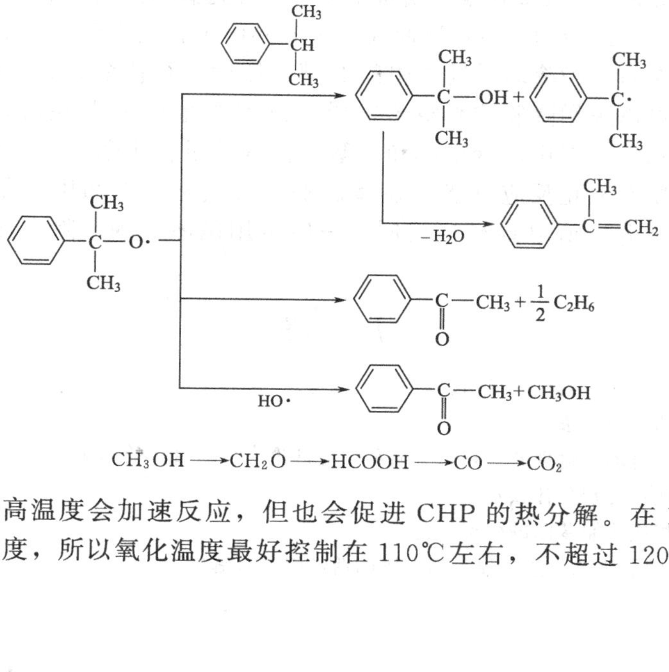

氧化时虽然升高温度会加速反应，但也会促进 CHP 的热分解。在 120～125℃，CHP已有一定的分解速度，所以氧化温度最好控制在 110℃左右，不超过 120℃。温度过高，会使 CHP 产生剧烈的连锁自动分解，引起爆炸事故。异丙苯氧化过程中，存在有氧化成 CHP 的反应，以及 CHP 的分支反应，反应产物的选择性主要决定于链增长反应和分支反应速率的竞争。对于异丙苯的液相氧化，链增长速度较快，且生成的 CHP 较稳定，所以只要反应条件控制适宜，有可能获得高的选择性。

异丙苯液相氧化制 CHP 的工艺流程如图 8-2 所示。

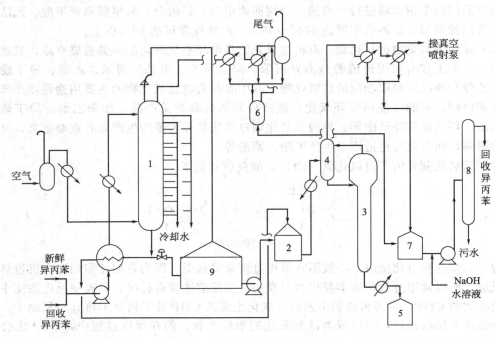

图 8-2　异丙苯液相氧化制异丙苯过氧化氢的工艺流程

1—氧化塔；2—氧化液槽；3—降膜蒸发器；4—汽液分离器；5—浓缩氧化液槽；
6—中间槽；7—回收异丙苯槽；8—碱洗分离器；9—事故槽

新鲜异丙苯和回收的异丙苯混合后，经预热至一定温度由氧化塔顶进入，空气自塔底鼓泡通入。工业上采用泡罩塔式氧化塔，塔板上设有冷却盘管移走反应热量。塔顶排出尾气中的氧含量为 1%～2%，经冷却、冷凝以回收夹带的异丙苯。氧化液自塔底排出，其中 CHP 的含量控制在 25% 左右，经冷却后进入中间贮槽，然后进行浓缩。为了防止 CHP 在浓缩过程中发生分解，可以采用降膜式真空蒸发器，CHP 含量达 80% 左右，其余为未反应的异丙苯和副产物苯乙酮、二甲基苯甲醇和甲酸等。浓缩过程中蒸出的异丙苯可循环使用。回收异丙苯中的杂质对氧化反应可能有显著影响，特别是苯酚和甲基苯乙烯等杂质，会使氧化反应的速率下降，所以要严格控制，一般可用碱液处理，除去回收异丙苯中的酸和酚类。

习　题

1. 简述氧化反应的定义、氧化的目的。
2. 简述氧化常用的三种方法。
3. 什么是有机物的自动氧化现象？它属于何种反应理论？自动氧化的影响因素有哪些？
4. 化学氧化的优缺点分别是什么？
5. 简述芳烃的液相氧化制苯酚的生产工艺。
6. 空气气-固相接触催化氧化法中催化剂常用的活性组分有哪些？

7. 用高锰酸钾将甲基、伯醇基或醛基氧化为羧基时，在操作上有哪些不同？

8. 写出合成下列物质的合成路线。

(1) 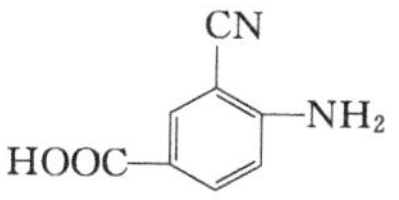　HOOC—〈苯环, 带 CN 和 —NH₂〉

(2) 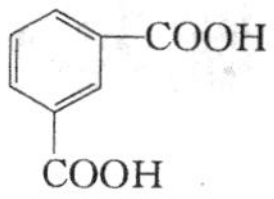　〈苯环, 带 COOH 和 COOH〉

9 烷基化反应

9.1 概述

烷基化反应是指在有机物分子的 C、N、O 等原子上引入烷基的化学反应，简称烷基化。通过烷基化不仅可以引入烷基，也可以引入不饱和烃基，还可以引入芳基和带有取代基的烷基，如氯甲基、羧甲基、羟乙基、氰乙基等，其中以在有机物分子中引入烷基最为重要。

被引入烷基的有机化合物主要有芳香烃及其衍生物、烷烃及其衍生物。芳香烃及其衍生物，包括芳香烃、卤代芳烃、硝基芳烃、芳磺酸、酚、芳香胺、芳羧酸及其酯等；烷烃及其衍生物，包括脂肪醇、脂肪胺、羧酸及其衍生物等。

提供烷基的试剂又叫烷基化试剂，常见的有以下几类：

① 烯烃及其衍生物　乙烯、丙烯、长链 α-烯烃、丙烯腈、丙烯酸甲酯等；
② 醇类　甲醇、乙醇、正丁醇、十二碳醇（月桂醇）等；
③ 卤烷　氯甲烷、碘甲烷、氯乙烷、溴乙烷、氯乙酸和氯化苄等；
④ 酯类　硫酸二甲酯、硫酸二乙酯、对甲基苯磺酸酯等；
⑤ 环氧化合物　环氧乙烷、环氧丙烷等；
⑥ 醛或酮　甲醛、乙醛、丁醛、丙酮等。

烷基化反应通过形成新的 C—C、C—N、C—O 等共价键，延长了有机化合物的分子骨架，改变了烷基化物的化学结构，改善或赋予了其新的性能，制造出许多具有特定用途的有机化学品，成为合成农药、染料、医药、表面活性剂、香料等的重要原料；有些烷基化产物本身就是具有特定用途的精细化学品，如非离子表面活性剂壬基酚聚氧乙烯醚、阴离子表面活性剂十二烷基苯磺酸、增塑剂邻苯二甲酸酯类等。

9.2 芳环上的 C-烷基化

芳环上的 C-烷基化是指芳环碳原子上的氢原子被烷基所取代，生成烷基芳烃或烷基芳烃衍生物的化学反应。

9.2.1 芳环上 C-烷基化的反应机理

芳环的 C-烷基化属于芳香族亲电取代反应，反应是在催化剂作用下，将烷基引入芳环。常用的烷基化剂有烯烃、醇、卤烷以及醛和酮。催化剂的作用是将烷基化剂转变成活泼的亲电质点（烷基正离子）。烷基正离子进攻芳环发生亲电取代反应，这个反应也称为傅-克（Freidel-Crafts）烷基化反应。

烯烃在能提供质子的催化剂存在下，质子首先加到烯烃分子上形成烷基正离子。

$$R{-}CH{=}CH_2 + H^+ \Longrightarrow R{-}\overset{+}{CH}{-}CH_3$$

烷基正离子进攻芳环发生亲电取代反应，生成烷基芳烃，同时释放出质子。

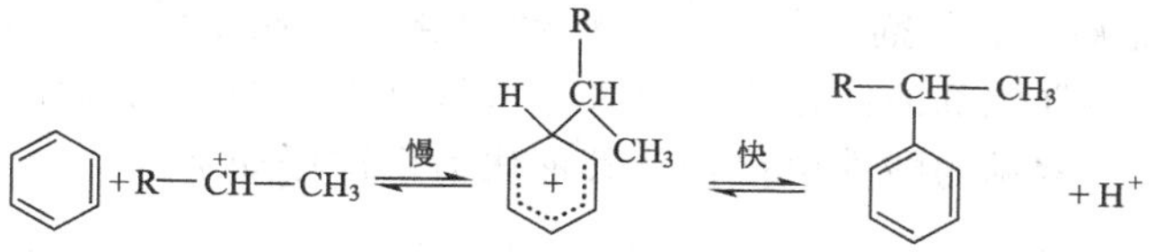

质子与烯烃的加成遵循马尔科夫尼科夫规则，即质子总是加成到双键中含氢较多的碳原子上，所以除乙烯外，烯烃作烷基化剂时，总是生成支链烷基芳烃。例如，丙烯和苯生成异丙苯，异丁烯和苯生成叔丁基苯。

以卤烷为烷基化剂时，催化剂氯化铝使卤烷转变为烷基正离子。

$$R{-}Cl+AlCl_3 \Longrightarrow \overset{\delta+}{R}{-}\underset{\text{分子配合物}}{\overset{\delta-}{Cl}{:}AlCl_3} \Longrightarrow \underset{\text{离子对或离子配合物}}{R^+\cdots AlCl_4^-} \Longrightarrow R^+ + AlCl_4^-$$

从上述反应看，理论上不消耗 $AlCl_3$。但实际上，1mol 卤烷需要消耗 0.1mol $AlCl_3$，就以促使反应顺利进行。

当以醇为烷基化剂时，醇首先与催化剂提供的质子结合成质子化醇，质子化醇再进一步离解成烷基正离子和水：

$$R{-}OH+H^+ \Longrightarrow ROH_2^+ \Longrightarrow R^+ + H_2O$$

若以醛为烷基化剂时，亲电活泼质点也是在质子的存在下形成的。

$$RCHO+H^+ \Longrightarrow R{-}\overset{H}{\underset{OH}{\overset{+}{C}}}$$

芳环上 C-烷基化反应的影响因素，以芳环上的取代基对反应的影响较大。当芳环上有烷基等给电子基时，烷基化反应容易进行。而且烷基化反应不易停留在一取代阶段；而当芳环上的烷基具有较大的空间效应时（异丙基、叔丁基），只能取代到一定程度。氨基、烷氧基以及羟基虽属给电子基，但因其可以与催化剂配合而降低芳环上的电子云密度，不利于烷基化反应的进行。如果芳环上有卤原子、羰基、羧基等吸电子基时，则烷基化反应不易进行，必须使用较多的强催化剂，提高反应温度才能使反应进行。当芳环上有硝基时，烷基化反应不能进行，但是当硝基的邻位有烷氧基时，选用适当的催化剂，仍可获得较好的烷基化产物。

例如：

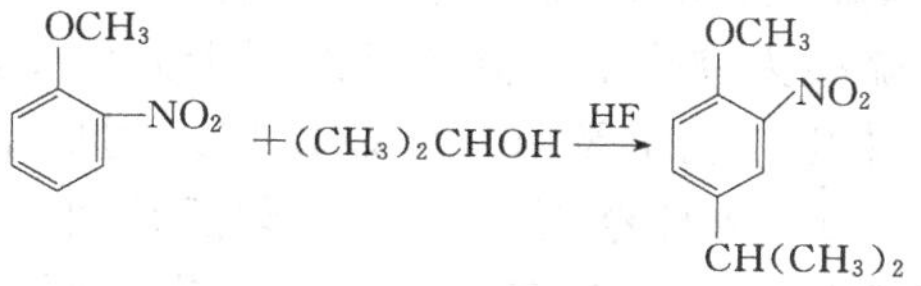

硝基苯能溶解芳烃和氯化铝，不能进行烷基化反应，可用作烷基化反应溶剂。

稠环芳烃更容易进行 C-烷基化反应，杂环中的呋喃系、吡咯系等虽对酸比较敏感，但在适当的条件下，也能进行烷基化反应。

在低温、低浓度、弱催化剂以及较短的反应时间条件下，烷基进入芳环的位置，遵循亲电取代反应的定位规律。否则，烷基进入的位置就缺乏规律性。

9.2.2　芳环上 C-烷基化的催化剂

催化剂的作用是将烷基化剂转变成活泼的亲电质点（烷基正离子），以促进亲电取代反应的进行。常见 C-烷基化催化剂的物质有：酸性卤化物、质子酸、阳离子交换树脂、酸性氧化物和烷基铝。不同催化剂的活性相差很大，可根据芳烃的活性选择合适催化剂。

（1）酸性卤化物　　常见的酸性卤化物及其催化活性次序如下：

$$AlBr_3 > AlCl_3 > GaCl_3 > FeCl_3 > SbCl_5 > ZrCl_4 > SnCl_4 > BF_3 > TiCl_4 > ZnCl_2$$

其中最重要的是无水氯化铝、三氟化硼。

① 无水氯化铝　　傅-克反应最常用的催化剂之一，具有廉价易得、催化活性好、技术成熟、应用广泛等优点。无水氯化铝为白色晶体，熔点为 190℃（253.31kPa），180℃ 开始升华。新制取的升华无水氯化铝几乎不溶于烃类，对烯烃的 C-烷基化反应没有催化活性，当有微量水分或氯化氢存在时，就能显示出其催化活性。

无水氯化铝能溶于大多数的液态氯烷，并且生成烷基正离子。无水氯化铝还能溶于许多供电子型溶剂中，如二氧化硫、二硫化碳、硝基苯等，并能与这些溶剂形成配合物，这种无水氯化铝溶剂配合物可用作傅-克反应的催化剂。但是，无水氯化铝溶于醇、醚或酮形成的配合物对 C-烷基化没有催化作用或作用很弱。

无水氯化铝与烷基化剂或芳烃形成的配合物是连续烷基化的良好催化剂。工业上称为红油的氯化铝-溶剂配合物就是由无水氯化铝和多烷基苯以及少量的水配制而成。红油不溶于烷基化物，易于分离，便于循环使用，只要补充少量的氯化铝就能保持稳定的催化活性，而且比单用氯化铝副反应少。因而适于大规模、连续化烷基苯的生产。

当用氯烷进行 C-烷基化时，可直接使用金属铝做催化剂，因为反应生成的氯化氢与金属铝作用可生成氯化铝配合物。

② 氟化硼　　属于活泼的催化剂，可以和醇、醚及酚等形成具有催化活性的配合物，副反应少，用于酚类的烷基化。当以烯烃或醇做烷基化剂时，还可以用氟化硼作硫酸、磷酸和氢氟酸等催化剂的促进剂。

③ 其他酸性卤化物　　$ZnCl_2$、$FeCl_3$ 等酸性卤化物是比较温和的催化剂。当反应物比较活泼，用无水氯化铝会引起副反应时，可选用这些温和的催化剂。特别是氯化锌，广泛应用于氯甲基化反应。

（2）质子酸　　质子酸是能够电离出质子的无机酸或羧酸及其衍生物。最重要的质子酸是硫酸、磷酸和氢氟酸，它们的活泼顺序如下：

$$HF > H_2SO_4 > H_3PO_4$$

① 硫酸　　广泛应用于以烯烃、醇、醛和酮为烷基化剂的 C-烷基化反应，具有价廉、易得、使用方便等优点。使用硫酸为催化剂，其浓度选择十分重要，若选用不当，会引起芳烃的磺化，烷基化剂的聚合、酯化、脱水及氧化等副反应。例如用异丁烯为烷基化剂进行的 C-烷基化反应，若用 85%～90% 的硫酸时，除烷基化反应外，还有一些酯化反应；当用 80% 的硫酸时，则主要是聚合反应，同时有一些酯化反应，而不会发生烷基化反应；当用 70% 的硫酸，则主要是酯化反应，而不发生烷基化和聚合反应。对于乙烯来说，98% 的硫酸足以引起苯和烷基的磺化，所以乙烯与苯的烷基化反应不能使用硫酸做催化剂。以硫酸为催化剂，必须选择合适的浓度，避免不必要的副反应。

② 氢氟酸　　其沸点 19.5℃，熔点 −83℃，在空气中发烟，其蒸气具有强烈的腐蚀性和毒性，溶于水，可用于各种类型的傅-克反应。使用氢氟酸做催化剂，不易引起副反应，特别是当用氯化铝或硫酸有副反应时宜采用氢氟酸。氢氟酸的低熔点还允许其在很低的温度下使用。液态氢氟酸对含氧、氮和硫的有机物具有较高的溶解度，对烃类也有一定的溶解度，

因而可兼做溶剂。氢氟酸与氟化硼的配合物（HBF$_4$）也是良好的催化剂。氢氟酸沸点较低，易于从反应物中分离回收，损耗较少，当反应温度高于其沸点时，则需加压操作。氢氟酸因其腐蚀性强、价格较高，其工业应用受到了限制，目前，主要用于十二烷基苯的生产。

③ 磷酸和多磷酸　它们既是烯烃烷基化的良好催化剂，又是烯烃聚合和闭环的催化剂。磷酸和多磷酸没有氧化性，用其做催化剂不会发生芳环上的取代反应，特别是当芳烃分子中含有羟基等敏感性基团时，比用氯化铝或硫酸效果好。

100％磷酸在室温下是固体，常用的是 85％～89％ 的含水磷酸或多磷酸。多磷酸是液态，对许多类型的有机物是良好的溶剂，H$_3$PO$_4$-BF$_3$ 还是效果更好的催化剂。将磷酸负载在硅藻土、二氧化硅或三氧化二铝等载体上，可以制成固体磷酸催化剂。固体磷酸催化剂用于烯烃为烷基化剂的气相催化烷基化反应。

由于磷酸和多磷酸的价格比氯化铝或硫酸贵得多，其应用受到了一定的限制。

（3）酸性氧化物及烷基铝　酸性氧化物常用于气相催化烷基化反应，比较重要的是 SiO$_2$-Al$_2$O$_3$ 催化剂。这种催化剂不仅有良好的催化活性，而且还可用于脱烷基化、转移烷基化、酮的合成和脱水闭环等反应。

烷基铝是以烯烃作烷化剂时的一种催化剂，它可使烷基有选择地进入芳环上氨基或羟基的邻位。如酚铝 Al(OC$_6$H$_5$)$_3$ 是苯酚邻位烷基化的催化剂；苯胺铝 Al(NHC$_6$H$_5$)$_3$ 是苯胺邻位烷基化的催化剂。当使用脂肪族烷基铝（AlR$_3$）或烷基氯化铝（AlR$_2$Cl）时，其中的烷基必须与要引入的烷基相同。

此外，阳离子交换树脂也是常用的质子酸催化剂，其中最重要的是苯乙烯-二苯乙烯的磺化物。当以烯烃、卤烷或醇对苯酚进行烷基化时，阳离子交换树脂是特别有效的催化剂。这种催化剂的特点是副反应少、易于回收套用，但其使用受温度的限制，失效后也不能再生。

9.2.3　芳环上 C-烷基化的特点

（1）连串反应　芳环上引入烷基后，芳环上的电子云密度增加，芳环的反应活性增大，可进一步发生二烷基化或多烷基化反应。例如，在苯分子中引入乙基或异丙基后，其烷基化反应速率比苯快 1.5～3.0 倍。因此，苯的一烷基化产物很容易进一步烷基化，生成二烷基化苯和多烷基化苯。随着芳环上烷基数目增多，空间效应也逐渐增大，进一步的烷基化反应速率降低，实际上，三或四烷基化苯的生成量很少。为控制和减少二烷基化或多烷基化芳烃的生成，工业上常使芳烃过量，过量的芳烃回收后可循环使用。

（2）可逆反应　由于烷基的影响，在烷基芳烃中，与烷基相连的碳原子上的电子云密度比芳环上其他碳原子增加得更多。在强酸性催化剂作用下，烷基芳烃可返回到 σ 配合物状态，并进一步脱去烷基转变成起始原料。生产上利用 C-烷基化反应的可逆性，使烷基苯在强酸催化剂的作用下发生烷基的转移和歧化。即苯环上的烷基可以从一个位置转移另一个位置，或者是从一个分子转移到另一个分子上。当苯量不足时，有利于二烷基苯或多烷基苯的生成；而当苯过量时，则有利于烷基的转移，使多烷基苯向单烷基苯转化。例如，异丙苯生产中将副产的二异丙苯送回烷基化反应器，令其与过量的苯发生烷基的转移，生成异丙苯：

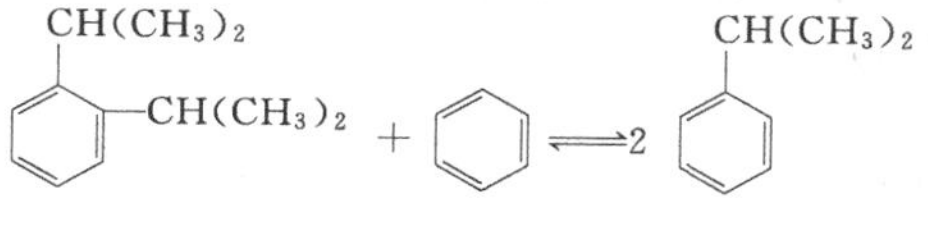

（3）烷基正离子的重排　C-烷基化反应中的亲电质点——烷基正离子可能重排成更加稳定的结构。例如，1-氯丙烷与苯反应，所生成的正丙苯只有 30％，而异丙苯却占 70％，这是因为烷基正离子发生了如下重排：

$$CH_3-CH_2-\overset{+}{C}H_2 \Longrightarrow CH_3-\overset{+}{C}H-CH_3$$

因此，苯用1-氯丙烷烷基化，其产物是异丙苯和正丙苯的混合物。烷基正离子的重排总是转变成更加稳定的烷基正离子。其一般规律是：伯碳正离子重排为仲碳正离子，仲碳正离子重排为叔碳正离子。以长碳链的卤烷或烯烃做烷基化剂时，烷基正离子的重排现象更加突出，烷基化产物异构体的种类也更多。

9.2.4 芳环上 C-烷基化的方法

根据使用的烷基化剂，C-烷基化有不同的方法。常用的烷基化剂有卤烷、烯烃、醇、醛和酮等。

（1）烯烃烷基化法 烯烃是活泼而价廉的烷基化剂，工业上广泛应用于芳烃、芳胺及酚类的 C-烷基化，如烷基苯、烷基酚、烷基苯胺的生产。常用的烯烃有乙烯、丙烯、异丁烯以及长链的 α-烯烃等。以烯烃为烷基化剂常用氯化铝做催化剂。此外用氟化硼、氢氟酸为催化剂时，效果也很好。烯烃比较活泼，在一定条件下会发生聚合、异构化和成酯等副反应。因此，用烯烃进行 C-烷基化时，必须严格控制反应条件，减少副反应的发生。

工业上以烯烃为烷基化剂有液相法和气相法两类。液相法所用催化剂是酸性卤化物或质子酸（以液态为催化剂），液态芳烃和气（或液）态烯烃在催化剂作用下进行烷基化反应，常用的反应器为鼓泡塔，多级串联反应釜以及釜式反应器。气相法是以固体酸为催化剂，如磷酸-硅藻土、BF_3-Al_2O_3 等，芳烃和烯烃均呈气态，在一定温度和压力下通过固体酸催化剂进行反应，反应常采用固定床式反应器。

（2）卤烷烷基化法 卤烷是活泼的 C-烷基化剂，卤烷的结构对烷基化影响较大，当卤烷中的烷基相同而卤原子不同时，反应活性的次序是：RI＞RBr＞RCl。当卤烷中的卤原子相同而烷基不同时，则有下列反应活性的次序：氯化苄＞叔卤烷＞仲卤烷＞伯卤烷＞卤甲烷。由此可见，氯化苄的反应活性最大，只需要少量温和的催化剂（如氯化锌，甚至使用铝或锌）即可与芳烃发生 C-烷基化。氯甲烷的反应活性相对最小，必须使用较多量氯化铝，在加热条件下，才能与芳烃进行 C-烷基化反应。卤代芳烃因为连接在芳环上的卤原子受芳环的影响而反应活性较低，难以进行 C-烷基化反应，一般不能用作烷基化剂。

用卤烷做烷基化剂，常用的是氯烷，反应一般在溶液中进行。由于反应过程中有大量的氯化氢生成，所以工业上不直接使用无水氯化铝，而是将铝锭或铝球放入烷基化反应器中。以氯烷为烷基化进行 C-烷基化时，反应物料必须经过干燥脱水，否则反应物料中的水分可使催化剂氯化铝分解，这不仅要消耗铝锭，而且会导致管道堵塞，影响正常生产。此外，反应产生的氯化氢对设备腐蚀性很强，所以凡是烷基化液流经的管道和设备，必须采取有效的防腐措施。为防止氯化氢气体外逸，有关设备要在微负压下操作，并用水将尾气中的氯化氢气体吸收下来，制成盐酸。

（3）醇烷基化法 醇类是弱烷基化剂，适用于活泼芳烃（如芳胺、酚、萘等）的烷基化。用醇类进行烷基化反应的同时有水生成。例如，染料中间体正丁基苯胺的生产，反应在酸性催化剂氯化锌存在下进行。如果反应温度不太高（210～250℃）时，烷基首先取代氨基氮原子的氢，发生 N-烷基化反应：

$$\text{PhNH}_2 + C_4H_9OH \xrightarrow[210℃,0.8MPa]{ZnCl_2} \text{PhNHC}_4H_9 + H_2O$$

若将温度升高到 240～300℃，烷基将从氨基氮原子上转移到芳环上，并主要生成对正丁基苯胺。

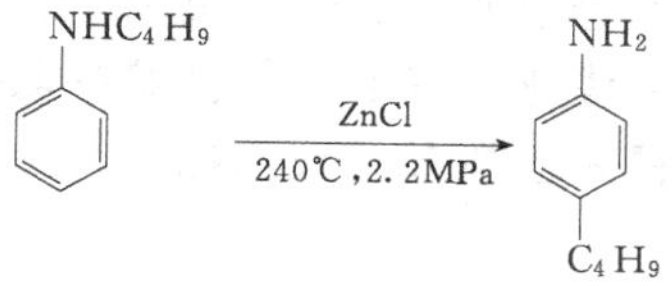

正丁醇和萘在发烟硫酸存在下，可同时发生 C-烷基化和磺化反应，生成 4,8-二丁基萘磺酸，中和后得到渗透剂 BX（俗称拉开粉）。渗透剂 BX 是一种重要的印染助剂。

（4）醛和酮烷基化法　醛和酮也是反应活性较弱的烷基化剂，常用于酚、芳胺、萘等活泼芳烃的烷基化，反应多以质子酸为催化剂。例如，2-萘磺酸与甲醛在稀硫酸作用下，进行的 C-烷基化反应。

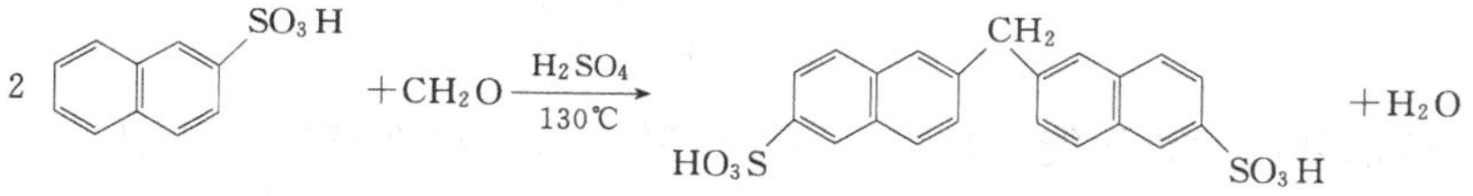

产物亚甲基二萘磺酸经 NaOH 中和后得到分散剂 N。分散剂 N 是纺织印染的重要助剂。

丙酮与过量的苯酚在无机酸催化剂作用下，可以制得 2,2-双（4-羟基苯基）丙烷，即双酚 A。

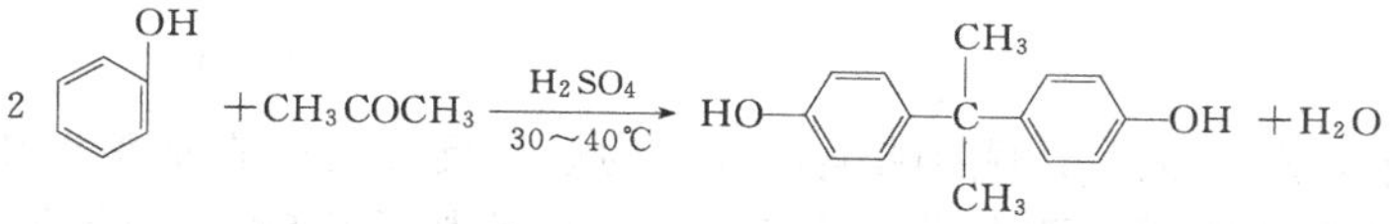

双酚 A 是制备高分子材料环氧树脂、聚碳酸酯及聚砜等的重要原料，也可用于涂料生产，用途极为广泛。

以醛为烷基化剂，对芳胺进行 C-烷基化的产物大都用于染料中间体。例如，甲醛与过量的苯胺在盐酸存在下反应，可制得 4,4'-二氨基二苯甲烷。

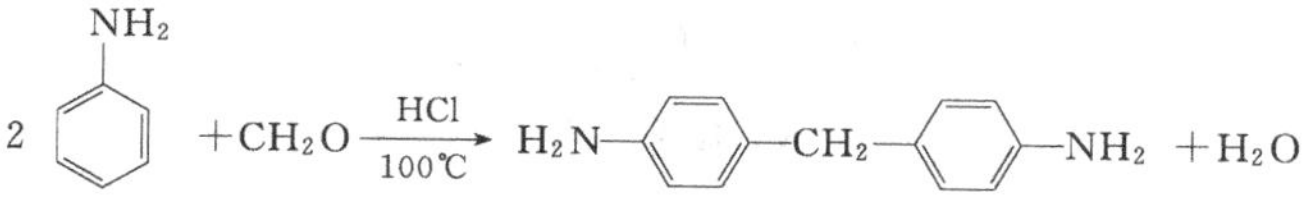

该产品是偶氮染料的重氮组分，又是制造压敏染料的中间体，还可作为聚氨酯树脂的单体。

9.3　活泼亚甲基化合物上的 C-烷基化

9.3.1　活泼亚甲基化合物上的 C-烷基化反应机理

在一个饱和碳原子上，若连有某些不饱和官能团如硝基、羰基、氰基、酯基或苯基时，与该碳相连的氢都具有一定的酸性。换句话说，这个饱和碳原子由于这些不饱和基团的存在而被致活了，故这些化合物被称为活泼亚甲基化合物。

与亚甲基相连的不饱和基团，致活亚甲基使其酸性增加的能力按大小顺序排列如下：

$$—NO_2>—COR>—SO_2R>—COOR>—CN>—C≡CH>—C_6H_5>—CH=CH_2$$

一般被一个硝基或者两个及两个以上的羰基、酯基、氰基等活化了的亚甲基都比一般醇的酸性大。此类化合物在非质子溶剂中用较强的碱处理，或者用碱金属醇化物的无水醇溶液处理时，活泼亚甲基上的氢易被碱夺取而形成烯醇负离子，这些烯醇负离子都能和卤代烷或其他烷基化试剂反应，其结果是活泼亚甲基上的氢被烷基取代。例如，乙酰乙酸乙酯和正溴丁烷在乙醇钠催化下进行反应，得 α-乙酰基己酸乙酯。

$$CH_3CCH_2COEt \xrightarrow[\text{回流}]{EtONa/EtOH} [CH_3C=CHCOEt \longleftrightarrow CH_3CCHCOEt]$$
$$\text{烯醇负离子} \qquad\qquad \text{碳负离子}$$

$$\xrightarrow[\text{回流}]{n\text{-}C_4H_9Br,EtOH} CH_3CCHCOEt$$
$$\underset{n\text{-}C_4H_9}{}$$
$$\text{α-乙酰基己酸乙酯}$$
$$(69\%\sim72\%)$$

亚甲基上致活基团的致活能力越强，则亚甲基上氢的酸性越大。如 β-二酮（或称 1,3-二酮）类化合物大都具有足够的酸性，用碱金属氢氧化物或碱金属碳酸盐就可以生成烯醇盐。例如：

$$CH_3COCH_2COCH_3 + CH_3I \xrightarrow[\text{回流}]{K_2CO_3,\text{丙酮}} CH_3COCHCOCH_3$$
$$\underset{CH_3}{}$$
$$(75\%\sim77\%)$$

在一般条件下，β-二酮及 β-酮酸酯类化合物的烃化反应发生在活泼亚甲基上，但是这些化合物若与 2 倍氨基钠作用，则生成双负离子，与卤代烃反应时，在酸性较小的亚甲基或甲基上导入烃基。其通式如下：

$$CH_3CCH_2CCH_3 \xrightarrow[\text{液氨}]{2mol/L\ NaNH_2} [CH_3C=CH-C=CH_2 \rightleftharpoons CH_3CCHCCH_2]$$

$$\xrightarrow{RX} CH_3CCH_2CCH_2R$$
$$R=\text{烷基，芳基等}$$

不对称的二酮在过量碱存在下，可生成两个不同的双负离子，当与烷基化试剂反应时，往往以一种烃化产物为主，即烃基首先进入取代基较少的 α-碳上。例如 1mol 2,4-己二酮在 2mol/L 氨基钠存在下进行的烃化反应，优先生成的是甲基被烃化的产物。

$$CH_3CCH_2CCH_2CH_3 \xrightarrow[\text{液氨}]{2mol/L\ NaNH_2\ RX} RCH_2CCH_2CCH_2CH_3$$

丙二酸酯和 β-酮酸酯的烷基化产物经水解和脱羧反应可分别生成羧酸和酮化合物。由此可合成长链的酮或羧酸衍生物。

$$\underset{CH_3}{C_2H_5CHCH(COOEt)_2} \xrightarrow[\text{回流}]{KOH/H_2O} \underset{CH_3}{C_2H_5CHCH(COOK)_2} \xrightarrow[\triangle]{H_2SO_4/H_2O} \underset{CH_3}{C_2H_5CHCH_2COOH}$$
$$(62\%\sim65\%)$$

$$\underset{COOEt}{n\text{-}C_4H_9CHCOCH_3} \xrightarrow[25℃]{NaOH/H_2O} \underset{COONa}{n\text{-}C_4H_9CHCOCH_3} \xrightarrow[\text{回流}]{H_2SO_4/H_2O} n\text{-}C_4H_9CH_2COCH_3$$
$$(52\%\sim61\%)$$

9.3.2 影响活泼亚甲基化合物 C-烷基化的因素

（1）碱和溶剂的影响 通常，反应所用的碱是根据活泼亚甲基化合物上氢原子的酸性大小来选择。常用的碱为碱金属与醇形成的盐，其中以醇钠最为常用。它们的碱性按下列次序排列：

$$t\text{-BuOK} > i\text{-PrONa} > \text{EtONa} > \text{MeONa}$$

在反应中，使用不同的溶剂能影响碱性的强弱。如采用醇钠则选用相应的醇为溶剂，对一些在醇中难于烃化的活泼亚甲基化合物，可在苯、甲苯、二甲苯或煤油溶剂中加入氢化钠或金属钠，生成烯醇盐后再进行烷基化反应。也可采用在煤油中加入甲醇钠-甲醇溶液，待活泼亚甲基化合物生成烯醇盐后，再蒸馏分离出甲醇，以避免可逆反应的发生，有利于烃化反应的进行。该法既不使用氢化钠，又不使用金属钠，因而是一种较简便而安全的方法。此外，还要注意反应所用溶剂的酸性。在选择溶剂时，其酸性控制在不足以将烯醇盐或碱质子化的范围内。

极性非质子溶剂如 N,N-二甲基甲酰胺、二甲基亚砜、1,2-二甲氧基乙烷可显著增加烯醇负离子和烷基化试剂之间的反应速率。这是因为它们不与烯醇负离子发生溶剂化作用，因而不会降低烯醇负离子作为亲核试剂的反应活性。

（2）烷基化试剂的结构 最常用的烷基化试剂是卤代烷。其中卤化苄和烯丙基卤化物具有较高的反应活性，能获得较为满意的反应效果。例如：

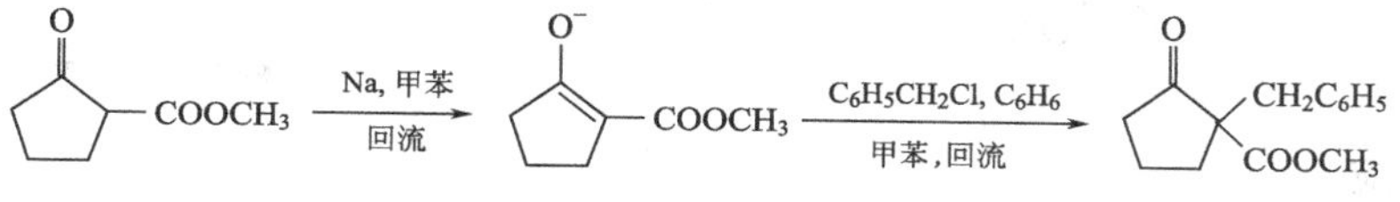

(81%~86%)

伯卤代烷、仲卤代烷可用于烷基化反应，只是反应活性较烯丙基卤化物、苄基卤化物低。叔卤代烷则很少作烷基化试剂，因为它与烯醇负离子作用，主要是进行消除卤化氢生成烯烃的反应。

可以作为烷基化试剂的还有硫酸酯和芳基酸酯，它们具有挥发性低的特点，适合于高温条件下的烷基化反应。另外，对甲苯磺酸酯的制备较相应的卤化物容易，在某些情况下，它们是更为有利的烷基化试剂。常用的烷基化试剂的相对反应活性，大致按下列顺序排列：

$$(RO)_2SO_2 > R\text{—I} > R\text{—Br} > p\text{-CH}_3C_6H_4SO_2OR > R\text{—Cl}$$

用二卤化物 $[XCH_2(CH_2)_nCH_2X]$ 作烷基化试剂，可得环状化合物。通常，不同大小环的关环反应的相对速度顺序是：三元环＞五元环＞六元环＞七元环＞四元环。此方法可用于合成某些环状化合物。例如：

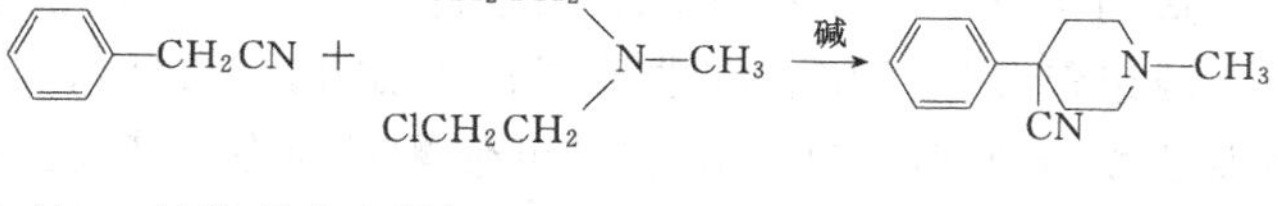

七个或七个以上的二卤代烷与活泼亚甲基化合物在进行成环反应时，常发生分子间的反应。环氧乙烷也可以作为烷基化试剂，它与活泼亚甲基化合物的反应结果是在活泼亚甲基上引入 β-羟乙基。例如，丙二酸二乙酯在醇钠催化下与环氧乙烷反应，得到 α-（β-羟乙基）丙二酸二乙酯，后者经分子内醇解得 α-乙氧羰基-γ-丁内酯。

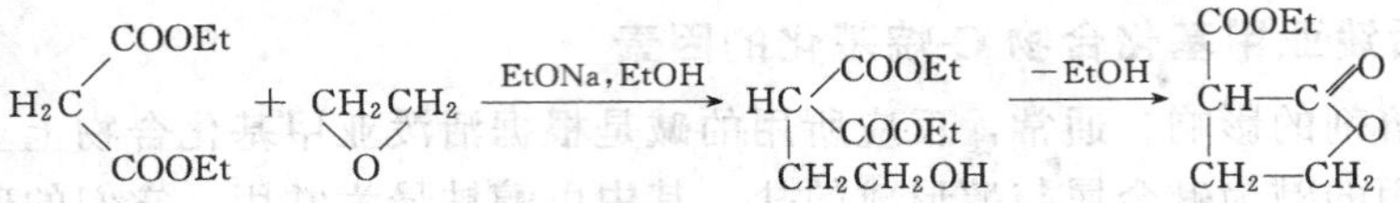

（3）引入烷基的顺序　活泼亚甲基化合物上有两个活泼氢原子，根据需要可选择适当的活泼亚甲基化合物和卤代烃，在一定的反应条件下，制得单烷基化或双烷基化产物。例如，在制备单烷基取代的丙二酸二乙酯时，往往产生一定量的双烷基化产物；若以 1mol 的丙二酸二乙酯和 1mol 的碱进行反应，则单烷基化产物的收率可以从75%增加到85%，双烷基化产物的量显著减少；增加卤代烷的用量，在足量的碱存在下进行反应，可得到以双烷基取代为主的产物。

当所需的双烷基化取代物中的两个烷基不相同时，在合成中，必须注意两个烷基引入的顺序，以便得到较高纯度和收率的产品，若引入的两个烷基都是伯烷基，应先引入较大的伯烷基，后引入较小的伯烷基；若引入的两个烷基一个为伯烷基，另一个为仲烷基，则应先引入伯烷基，再引入仲烷基。

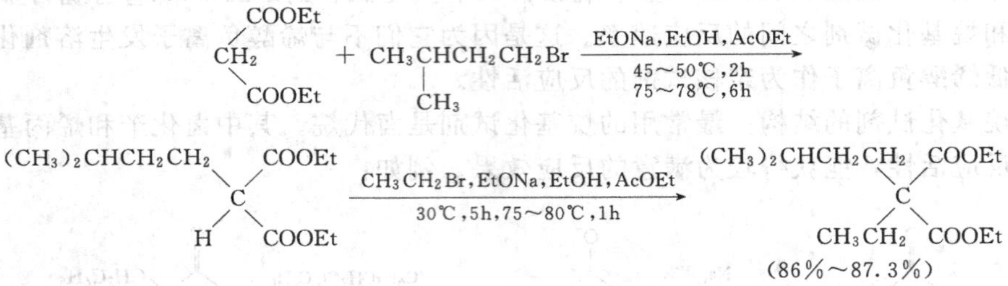

（4）副反应

① 裂解反应　β-酮酸酯类、β-二酮类化合物在进行烷基化反应时，容易发生酮羰基官能团的裂解反应，当此类化合物的活泼亚甲基被两个烷基取代时，裂解作用增强。

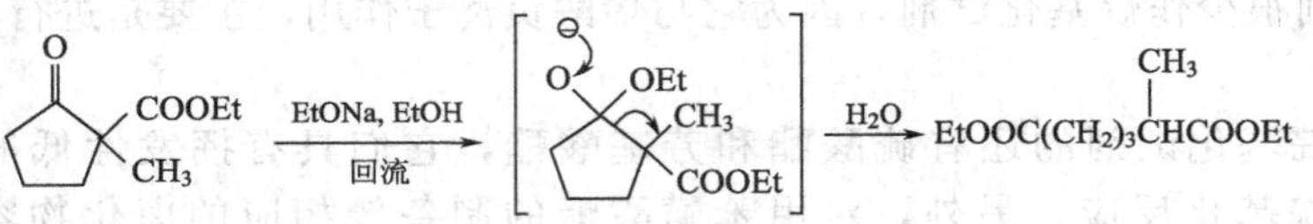

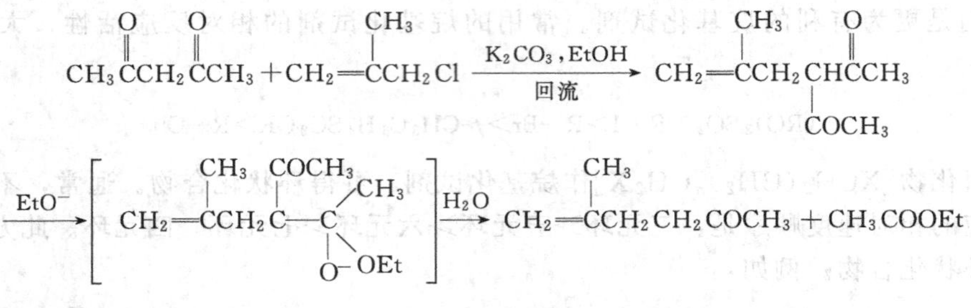

上述裂解反应可在适当条件下得到控制。如在较低的温度下，用位阻较大的碱，如叔丁醇钾在叔丁醇溶剂中，或以氢化钠为碱，在非质子溶剂如1,4-二氧六环、苯、N,N-二甲基甲酰胺或1,2-二甲氧基乙烷等溶剂中进行反应，可使酮羰基的裂解反应降低到最小量。但从另一方面看，也可以利用这种容易发生的裂解反应来合成某些用其他方法难以得到的酮或酸。

当丙二酸酯类或氰基乙酸酯类的烷基化产物和乙醇钠的乙醇溶液一起长时间加热时，会产生脱乙氧羰基的副反应。

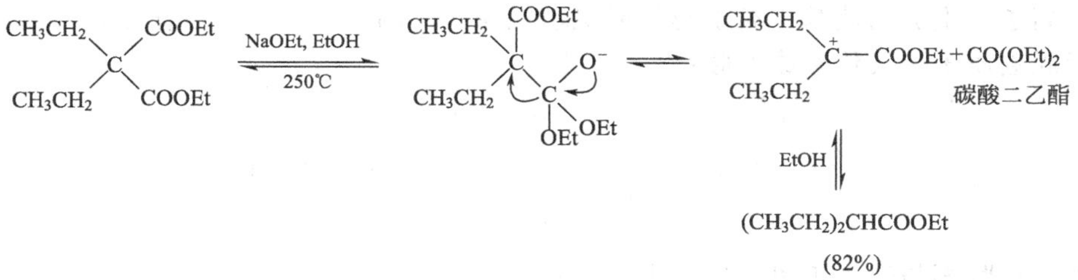

CH₃CH₂
COOEt
CH₃CH₂
COOEt
NaOEt, EtOH
250℃
O⁻
OEt
OEt
COOEt+CO(OEt)₂
碳酸二乙酯
EtOH
(CH₃CH₂)₂CHCOOEt
(82%)

由于上述反应是可逆的，所以可用碳酸二乙酯作为反应溶剂来抑制上述副反应的发生。

② 氧烷基化 在1,3-二羰基化合物的烷基化反应中，常出现的另一个副反应是在形成C-烷基化产物的同时，形成O-烷基化产物。一般选择适当的反应条件，可使O-烷基化产物的量减到最低程度。如烷基化试剂的选择可影响碳烷基化和氧烷基化产物的比例。对碳烷基化有利的烷基是烯丙基、苄基，而伯卤代烷比仲卤代烷又更有利于碳烷基化反应。

9.4 N-烷基化

氨、脂肪族胺或芳香族胺的氨基中的氢原子被烷基取代，或者直接加成而在其氮原子上引入烷基的反应都称为N-烷基化反应。N-烷基化反应所引入的烷基有甲基、乙基、羟乙基、苄基和C_8～C_{18}长碳链的烷基等。N-烷基化反应可以合成伯胺、仲胺、叔胺和季铵盐等N-烷基衍生物，这些化合物是染料、医药、表面活性剂等精细化工产品的重要中间体。

9.4.1 N-烷基化剂及反应类型

(1) N-烷基化剂 N-烷基化剂常见的有如下六类：

① 醇和醚类 如甲醇、乙醇、甲醚、乙醚、异丙醇、十八碳醇等；

② 卤烷类 如氯甲烷、氯乙烷、氯苄、氯乙酸、氯乙醇等；

③ 酯类 如硫酸二甲酯、硫酸二乙酯、对甲苯磺酸酯等；

④ 环氧化合物 如环氧乙烷、环氧氯丙烷等；

⑤ 烯烃衍生物 如丙烯腈、丙烯酸及其酯等；

⑥ 醛和酮类 包括各种脂肪族和芳香族的醛和酮。

(2) N-烷基化反应的类型 通常可分为取代型、加成型和缩合-还原型。

① 取代型 是烷基化剂与氨基氮原子上的氢发生取代反应。取代型的烷基化剂有醇、醚、卤烷和酯等。

② 加成型 是烷基化剂直接加成在氨基氮原子上，生成N-烷基化衍生物。用于加成型的N-烷基化剂是烯烃衍生物和环氧化合物。

③ 缩合-还原型 醛或酮类烷基化剂首先与氨基发生脱水缩合反应，生成缩醛胺，然后再还原为胺，因而也称为还原N-烷基化。

9.4.2 N-烷基化方法

N-烷基化的方法根据使用的烷基化剂不同有不同的方法。

(1) 用醇和醚作烷化剂的N-烷基化 醇类的烷基化能力很弱，反应必须使用催化剂在较强烈的条件下才能进行。如采用气相反应需要高温条件，而液相反应则需要在加压下进行。虽然如此，由于甲醇、乙醇等一类低级醇类的价格低廉，供应量大，工业上仍选用醇类做活泼胺类的烷基化剂。

用醇进行N-烷基化常以强酸（如浓硫酸）做催化剂，硫酸提供质子，使醇转变成活泼的烷基正离子，生成的烷基正离子与氨或氨基氮原子上的未共用电子对作用，形成中间配合物，然后脱去质子生成伯胺或仲胺：

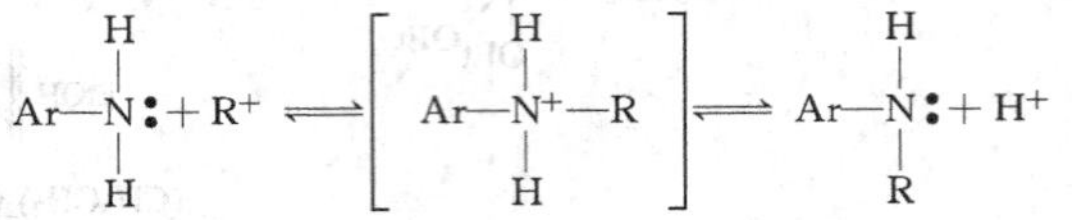

$$Ar-\overset{\underset{|}{H}}{\underset{\underset{}{H}}{N}}\mathbf{:}+R^+ \rightleftharpoons \left[Ar-\overset{\underset{|}{H}}{\underset{\underset{}{H}}{N^+}}-R \right] \rightleftharpoons Ar-\overset{\underset{|}{H}}{\underset{\underset{}{R}}{N}}\mathbf{:}+H^+$$

同理，仲胺再与烷基正离子反应生成叔胺：

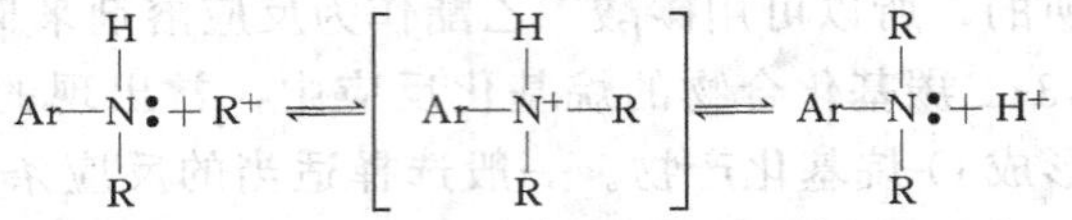

$$Ar-\overset{\underset{|}{R}}{\underset{\underset{}{H}}{N}}\mathbf{:}+R^+ \rightleftharpoons \left[Ar-\overset{\underset{|}{R}}{\underset{\underset{}{H}}{N^+}}-R \right] \rightleftharpoons Ar-\overset{\underset{|}{R}}{\underset{\underset{}{R}}{N}}\mathbf{:}+H^+$$

叔胺分子中氮原子上仍有未共用电子对，可继续与烷基正离子反应，生成季铵阳离子，得到烷基化的季铵盐。因此，N-烷基化产物往往是伯、仲、叔胺及季铵盐的混合物。

用醇进行 N-烷基化是一个亲电取代反应。胺的碱性愈强，反应愈易进行。对于芳胺而言，若芳环上有给电子基时，反应容易进行；反之，芳环上带有吸电子基时，则反应较难进行。

用醇的 N-烷基化反应，有液相法和气相法。

液相法是醇与氨或伯胺在酸催化剂作用下高温加压脱水，得到胺类产物。例如 N,N-二甲基苯胺的生成：

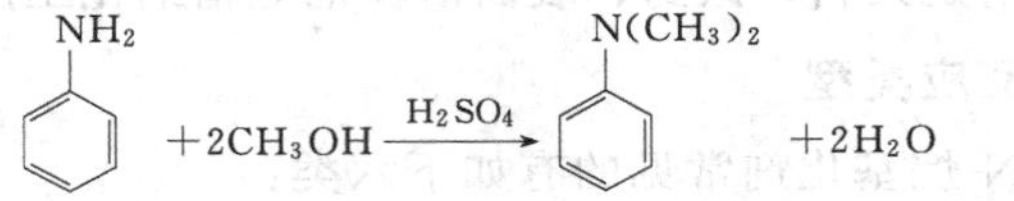

反应在不带搅拌的高压釜中进行。首先将苯胺、甲醇和硫酸，按照 1∶3∶0.1 的摩尔比混合均匀后，加入高压釜中，密闭后加热，在 205～215℃ 及 3MPa 下保温反应 4～6h。然后，泄压回收过量的甲醇及副产物二甲醚，再将反应物料放至分离器，用碳酸钠中和催化剂硫酸，静置分层。有机层是粗 N,N-二甲基苯胺，水层中含有季铵盐和硫酸钠。

气相法是醇和胺或氨的混合气体在一定的温度和压力下通过固体催化剂，发生 N-烷基化反应，反应后的混合气体经冷凝脱水即可得到 N-烷基化粗产品。例如，工业上大规模生产的甲胺就是由氨和甲醇气相 N-烷基化反应生成的。

$$NH_3+CH_3OH \xrightarrow[350\sim500℃,1\sim3MPa]{Al_2O_3/SiO_2} CH_3NH_2+H_2O$$

反应并不停留在一甲胺阶段，反应产物是一甲胺、二甲胺和三甲胺的混合物，其中二甲胺的用途最广。为减少三甲胺的产生，一般使氨过量，并加入适量的水和循环三甲胺，使烷基化向一烷基化和二烷基化转化。例如，在 500℃ 时，氨与甲醇的摩尔比 2.4∶1，反应后的产物组成为一甲胺 54%、二甲胺 26%、三甲胺 20%。工业上三种甲胺的产品一般均为质量分数为 40% 的水溶液。

二甲醚和二乙醚也可以用于气相 N-烷基化，反应温度较醇类低些。

（2）用卤烷作烷化剂的 N-烷基化　卤烷的反应活性比醇强，当需要在氨基氮原子上引入长碳链的烷基时，常选卤烷做烷基化剂。对于难以烷基化的胺类，如芳胺磺酸或硝基芳胺也要求使用卤烷做烷基化剂。

烷基相同的卤烷，其反应活性次序是：

$$RI>RBr>RCl \quad 脂肪族>芳香族 \quad 短链>长链$$

工业上常用的是氯烷或溴烷。若卤素相同，则伯卤烷反应最好，仲卤烷次之，叔卤烷因易发生消除反应而不宜采用。卤代芳烃的反应活性低于卤烷，反应所需条件较强烈（如要求高温、催化剂），但是，当芳卤的邻位或对位有强吸电子基时，其反应活性增加。

用卤烷的 N-烷基化的反应通式如下：

$$ArNH_2 + RX \longrightarrow ArNHR + HX$$

$$ArNHR + RX \longrightarrow ArNR_2 + HX$$

$$ArNR_2 + RX \longrightarrow Ar\overset{+}{N}R_3 \cdot X^-$$

反应是不可逆的，反应中产生的卤化氢可与芳胺形成盐而使芳胺难以烷基化，所以反应中加入缚酸剂以中和卤化氢，使胺类反应充分。常用的缚酸剂有 $NaOH$、Na_2CO_3、$Ca(OH)_2$、$CaCO_3$、$Fe(OH)_2$ 等。当用活泼卤烷在无水状态下，进行 N-烷基化时，可以不加缚酸剂。卤烷的反应活性较高，反应条件比醇类温和，反应可在水介质中进行，反应温度一般不超过 $100℃$，只有使用低沸点的卤烷（如氯甲烷、氯乙烷等），才需要使用高压釜进行加热操作。N-烷基化产物大多是仲胺和叔胺的混合物。如欲制取仲胺，则需使用过量较多的伯胺，以抑制叔胺的生成。

N,N-二甲基十八烷基苄铵是重要的阳离子表面活性剂和相转移催化剂，其合成是将 N,N-二甲基十八胺在 $80\sim85℃$ 加入接近等物质的量的苄氯中，然后在 $100\sim105℃$ 下反应到 pH 达 6.5 左右，收率近 95%。

（3）用酯类作烷化剂的 N-烷基化　强酸的烷基酯是活泼的烷基化剂。最常用的是硫酸二酯、苯磺酸酯和磷酸酯。酯类烷基化剂的沸点较高，反应可在常压及不太高的温度下进行。酯类价格比相应的醇或卤烷高，主要用于不活泼氨基的烷基化，以制备价格高、产量少的 N-烷基化产品。

硫酸酯类应用最多的是硫酸二甲酯或硫酸二乙酯，所以硫酸酯类只用于甲基化或乙基化。硫酸二酯虽然有两个烷基，但由于硫酸氢酯的烷基化能力很弱，实际上只有一个烷基参加反应。

$$ArNH_2 + CH_3OSO_2OCH_3 \xrightarrow{\text{易}} ArNHCH_3 + CH_3OSO_2OH$$

$$ArNH_2 + CH_3OSO_2ONa \xrightarrow{\text{难}} ArNHCH_3 + NaHSO_4$$

硫酸二甲酯是最常用的酯类烷基化剂。硫酸二甲酯的烷基化反应活性高，若芳环上存在氨基和羟基，只用控制反应液的 pH 值或选择适当的溶剂，可只在氨基上发生烷基化而不影响羟基。例如：

$$HO-\!\!\!\!\bigcirc\!\!\!\!-NH_2 \xrightarrow[\text{pH}6\sim7]{(CH_3)_2SO_4/20\% \text{ NaOH}} HO-\!\!\!\!\bigcirc\!\!\!\!-NHCH_3$$

苯磺酸酯的反应活性比卤烷高，但比硫酸酯低。苯磺酸酯的烷基可以是简单的，也可以是含有取代基的烷基，其应用比硫酸酯广泛，常用于引入摩尔质量较大的烷基。与硫酸二甲酯相比，苯磺酸甲酯的毒性极小，有时可用其代替硫酸二甲酯。

用芳磺酸酯进行 N-烷基化，应采用游离胺而不能使用铵盐，否则，得到的是卤烷和铵的苯磺酸盐：

$$C_6H_5SO_2OR + R'NH_2 \cdot HX \longrightarrow RX + R'\overset{+}{N}H_3 \cdot C_6H_5SO_3^-$$

苯磺酸酯应在 N-烷基化反应前预先制备，即由苯磺酰氯与相应的醇在氢氧化钠及低温条件下进行反应而制得。

此外，磷酸酯与芳胺反应，可以得到收率好、纯度高的 N,N-二烷基芳胺：

$$3ArNH_2 + 2(RO)_3PO \longrightarrow 3ArNR_2 + 2H_3PO_4$$

（4）用环氧乙烷作烷化剂的 N-烷基化　环氧乙烷的化学性质很活泼，可以与胺类发生开环加成反应得到含羟乙基的产物。例如：

$$\underset{\underset{O}{\diagdown}}{CH_2-CH_2} + RNH_2 \longrightarrow RNHCH_2CH_2OH$$

以环氧乙烷为烷基化剂进行烷基化反应，可用碱或酸作催化剂。常用的碱是氢氧化钠、氢氧化钾、醇钠与醇钾；酸性催化剂有氟化硼、酸性白土以及酸性离子交换树脂等。

若合成 N-羟乙基化合物，常常使苯胺过量很多。例如，合成 N-羟乙基苯胺，苯胺与环氧乙烷的摩尔比为 2.4：1，其合成方法是将苯胺与水混合后加热至 60℃，然后在冷却下分批加入环氧乙烷，在 60～70℃下保温 3h；再进行真空蒸馏，收集 150～160℃、800Pa 馏分，N-羟乙基苯胺收率为 83%～86%。

若为了合成 N,N-二羟乙基化物，则需环氧乙烷稍过量。如要合成 N,N-二羟乙基苯胺，苯胺与环氧乙烷的摩尔比为 1：2.02。合成方法是在 105～110℃、0.2MPa 下分批向苯胺中加入环氧乙烷，加毕，在 95℃下保温 5h，再真空蒸馏，收集 190～200℃、600～800Pa 馏分，N,N-二羟乙基苯胺收率在 88% 左右。

$$C_6H_5NH_2 \xrightarrow{\underset{\underset{O}{\diagdown}}{CH_2-CH_2}} C_6H_5NHCH_2CH_2OH \xrightarrow{\underset{\underset{O}{\diagdown}}{CH_2-CH_2}} C_6H_5N(CH_2CH_2OH)_2$$

N,N-二甲基十八胺与环氧乙烷作用制得的硝酸季铵盐，可用作抗静电剂：

$$C_{18}H_{37}N(CH_3)_2 + \underset{\underset{O}{\diagdown}}{CH_2-CH_2} + HNO_3 \longrightarrow \left[\underset{\underset{CH_3}{|}}{\overset{\overset{CH_3}{|}}{C_{18}H_{37}-\overset{+}{N}-CH_2-CH_2OH}} \right] \cdot NO_3^-$$

其合成是先将 N,N-二甲基十八胺溶解在异丙醇中，加入硝酸，氮气置换后，于 90℃通入环氧乙烷，在 90～110℃反应，反应之后冷却至 60℃，加入双氧水漂白即可。

（5）用烯烃衍生物作烷化剂的 N-烷基化　烯烃衍生物是指 α,β-不饱和的酮、腈、酸和酯类化合物。例如，丙烯腈、丙烯酸及其酯类、丙烯醛等。烯烃衍生物进行 N-烷基化，是通过双键的加成来实现的。烯烃双键上取代有羰基、氰基、羧基和酯基等吸电子基时，双键的活性增大，容易与氨基等含有活性氢原子的化合物进行加成反应，得到相应的 N-烷基化合物。例如：

$$RNH_2 + CH_2 = CH - CN \longrightarrow RNH(CH_2CH_2CN)$$
$$RNH(CH_2CH_2CN) + CH_2CH_2CN \longrightarrow RN(CH_2CH_2CN)_2$$
$$RNH_2 + CH_2 = CHCOOR' \longrightarrow RNH(CH_2CH_2COOR')$$
$$RNH_2(CH_2CH_2COOR') + CH_2 = CHCOOR' \longrightarrow RN(CH_2CH_2COOR')_2$$

与卤烷、环氧乙烷和硫酸酯相比，烯烃衍生物的烷基化能力相对较弱，常常需要使用催化剂，特别是 N,N-二烷基化物的合成。丙烯酸衍生物容易聚合，当反应温度超过 140℃时，聚合反应将加剧，所以用丙烯酸衍生物的 N-烷基化，反应温度一般不超过 130℃。为防止烯烃衍生物聚合，在反应中还要加入少量的阻聚剂。最常用的阻聚剂是对苯二酚。用烯烃衍生物进行 N-烷基化的产物，常用于生产染料、表面活性剂和医药中间体。

（6）用醛或酮作烷化剂的 N-烷基化　　氨与醛或酮在还原剂存在下可发生还原性烷基化，得到相应的伯胺。

$$NH_3 + RCHO \xrightarrow[-H_2O]{} RCH{=}NH \xrightarrow{\text{还原剂}} RCH_2NH_2$$

$$NH_3 + RCOR' \xrightarrow[-H_2O]{} \underset{R'}{\overset{R}{C}}{=}NH \xrightarrow{\text{还原剂}} \underset{R'}{\overset{R}{C}}HNH_2$$

生成的伯胺可与醛或酮继续反应，生成仲胺：

$$RCHO + RCH_2NH_2 \xrightarrow[-H_2O]{} RCH{=}NCH_2R \xrightarrow{\text{还原剂}} (RCH_2)_2NH$$

而仲胺还可进一步与醛或酮反应，最终生成叔胺。

N,N-二甲基十八胺是表面活性剂及纺织助剂的重要品种，其合成是将脂肪十八胺与甲醛及甲酸水溶液反应制得：

$$CH_3(CH_2)_{17}NH_2 + 2CH_2O + 2HCOOH \longrightarrow CH_3(CH_2)_{17}N(CH_3)_2 + 2CO_2\uparrow + 2H_2O$$

9.5　应用实例

以异丙苯为例说明工业生产中的烷基化反应过程。

异丙苯早期曾作为航空汽油的添加剂。现在异丙苯的主要用途是经过氧化和分解，制备苯酚和丙酮。工业上丙烯和苯的连续烷基化有液相和气相两种，丙烯来自石油加工过程，允许含有丙烷类饱和烃。苯的纯度要控制水分和硫，以免影响催化剂活性。苯和丙烯的烷基化反应如下：

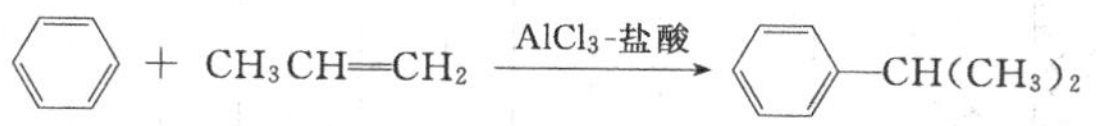

（1）液相法　　该法所用的氯化铝-盐酸配位催化剂溶液通常是由无水氯化铝、多烷基苯（PAB）和少量水配制而成。该催化剂保存温度高于 120℃ 时有树脂化反应。故烷基化温度一般控制在 80～100℃，氯化铝法合成异丙苯的工艺流程见图 9-1。

首先在釜 1 中配制催化剂。该设备是带加热夹套和搅拌器间歇反应釜，先加入多烷基苯及 AlCl$_3$，AlCl$_3$ 与芳烃摩尔比为 1：（2.5～3.0），然后在加热和搅拌下加入氯丙烷，制备好的催化剂按需要注入烷化塔 2。烷化反应是连续操作的。丙烯、脱水干燥的苯和多烷基苯由烷化塔 2 底部加入，塔顶蒸发的苯被换热器 3 冷凝后回到烷化塔，未冷凝的气体经 PAB 吸收塔 8 回收未冷凝的苯送回烷化塔 2 底部。水吸收塔 9 捕集 HCl。烷化塔上部溢流烷化物经热分离器 4，分出的催化剂送回烷化塔底部，热分离器排出的烷化物含有苯 44%～55%、异丙苯 35%～40%、二异丙苯 8%～12%、其他副产物 3%。进一步冷却后，在冷分离器 5 中分出残余的催化剂配合物，然后经水洗塔 6 和碱洗塔 7 除去烷化物中溶解的 HCl 和微量的 AlCl$_3$，然后送去精馏。异丙苯的收率可达 94%。每吨异丙苯消耗 10kg 氯化铝。

（2）气相法　　固体磷酸气相烷基化工艺以磷酸-硅藻土为催化剂，采用管式或多段塔式固定床反应器，其工艺流程如图 9-2 所示。

反应操作条件一般控制在 230～250℃、2.3MPa，苯与丙烯的摩尔比为 5：1。将丙烯-丙烷馏分与苯混合，经换热器及预热器与水蒸气混合后由上部进入反应器 1。各塔段之间加

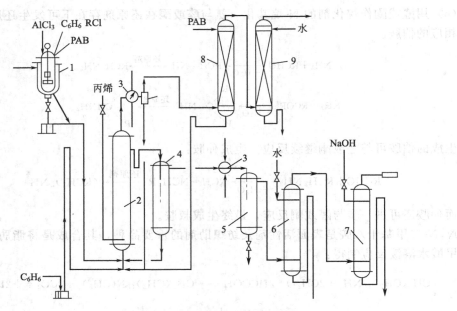

图 9-1 氯化铝法合成异丙苯的工艺流程

1—催化剂配制釜；2—烷化塔；3—换热器；4—热分离器；5—冷分离器
6—水洗塔；7—碱洗塔；8—多烷基苯（PAB）吸收塔；9—水吸收塔

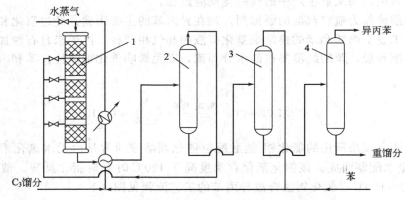

图 9-2 磷酸法生产异丙苯工艺流程图

1—反应器；2—脱丙烷塔；3—脱苯塔；4—成品塔

入丙烷，调节反应温度。反应物由下部排出，经脱丙烷塔、脱苯塔进入成品塔，蒸出异丙苯。脱丙烷塔蒸出的丙烷有部分作为载热体送经反应器，异丙苯收率在 90% 以上。

习　题

1. 什么是 C-烷基化、N-烷基化、O-烷基化，烷基化反应在精细有机合成中有哪些重要的意义？

2. 芳环上的 C-烷基化有什么特点，影响 C-烷基化反应的主要因素是什么？结合生产实例加以说明。

3. 无水氯化铝为 C-烷基化催化剂有何特点，使用时要注意哪些事项？

4. 简述以氯代烃为原料、氯化铝为催化剂的烷基化过程与以烯烃为原料、氟化氢为催化剂的烷基化生产过程的异同。

5. 烷基化生产中以 HF 作为催化剂有哪些危害及如何预防这些危害？

6. 简述 N-烷基化方法。

7. 简述分离 N-烷基化反应混合物的方法。

8. 试举例说明 N-烷基化合成的精细化学品。

9. 完成下列反应

(1) 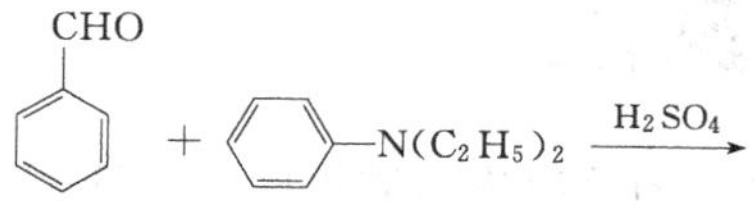 苯甲醛 + $C_6H_5-N(C_2H_5)_2$ $\xrightarrow{H_2SO_4}$

(2)  $C_6H_5-CHClCN$ + 苯 $\xrightarrow{AlCl_3}$

(3) $C_6H_5-NH_2$ + $2CH_2=CHCN$ $\xrightarrow{AlCl_3-HCl}$

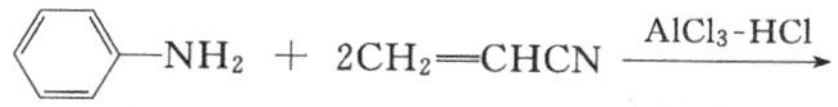

(4) 邻甲基苯胺(CH_3, NH_2) + C_2H_5OH $\xrightarrow[280℃]{H_2SO_4}$

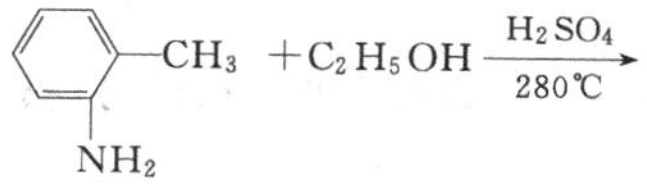

(5) $NaC\equiv CNa + CH_3CHCH_2CH_2CH_3$ (Br) $\xrightarrow{溶剂}$

(6) $(CH_3)_2CH-CH_2-CHO + R_2NH$ $\xrightarrow[(2)\ 蒸馏]{(1)\ K_2CO_3}$? $\xrightarrow{C_2H_5I}$ $\xrightarrow{H_3O^+}$

10. 合成下列化合物

(1) 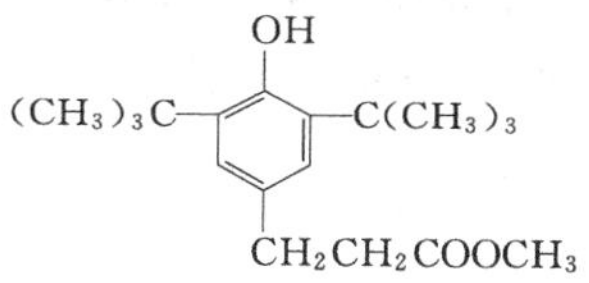 2,6-二叔丁基-4-(CH_2CH_2COOCH_3)苯酚：$(CH_3)_3C$, OH, $C(CH_3)_3$, $CH_2CH_2COOCH_3$ （以苯酚为原料）

(2) 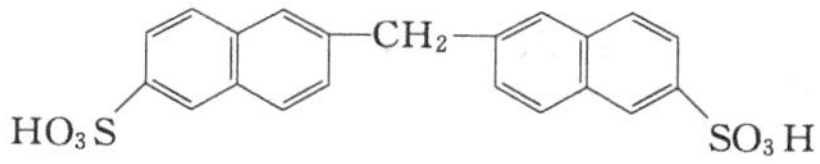 HO_3S—萘—CH_2—萘—SO_3H （以萘为原料）

(3) 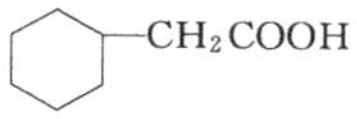 环己基—CH_2COOH （以环己醇为原料）

(4) 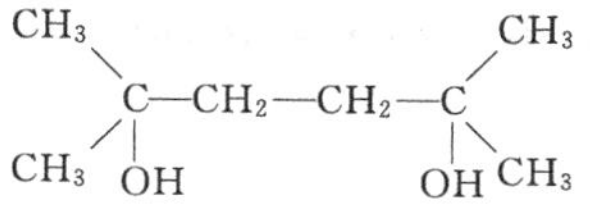 CH_3, CH_3—C—CH_2—CH_2—C—CH_3, OH, OH CH_3 （以乙炔和丙酮为原料）

10 酰基化反应

在有机物分子中的碳、氮、氧、硫等原子上引入酰基的反应称为酰化反应。酰化反应种类很多，最主要的是乙酰化和苯甲酰化。酰化剂有酰氯、酸酐、羧酸和酯，以前两者最常用。

酰化反应可用下列通式表示：

$$RCOZ + GH \longrightarrow RCOG + HZ$$

式中，RCOZ 为酰化剂，Z 代表 X、OCOR、OH、OR′、NHR′等；GH 为被酰化物，G 代表 R′O、R′NH、Ar、ArNH 等。

10.1 碳酰基化反应

10.1.1 芳环上的碳酰基化

(1) Friedel-Crafts 酰化反应　在氯化铝或其他 Lewis 酸（或质子酸）催化下，酰化剂与芳烃发生环上的亲电取代，生成芳酮的反应，称为 Friedel-Crafts 酰化反应。

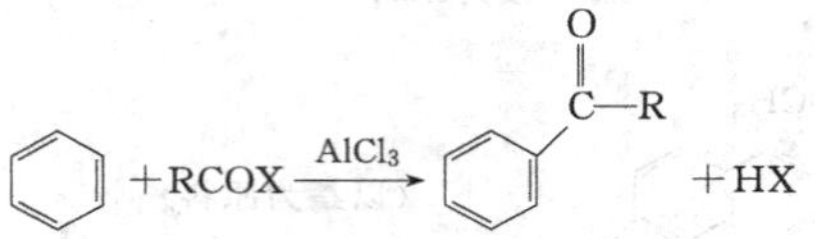

酰化剂除酰卤外，还可以是酸酐、羧酸酯、羧酸等。

(2) 影响反应的因素

① 酰化剂　在酰化剂中酰卤和酸酐是最常用的酰化剂。各种酰卤酰化剂的反应活性顺序是：

$$R\overset{O}{\overset{\|}{C}}—I > R\overset{O}{\overset{\|}{C}}—Br > R\overset{O}{\overset{\|}{C}}—Cl > R\overset{O}{\overset{\|}{C}}—F$$

在酰卤中以酰氯和酰溴用得较多。脂肪酰卤中烃基的结构对反应影响较大，当酰基的 α-碳原子是叔碳时，容易在氯化铝作用下形成叔碳正离子，而使反应所得产物主要是烷基化物。

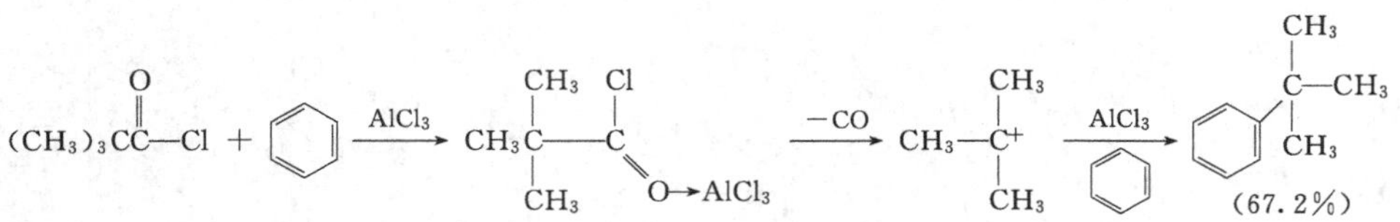

α,β-不饱和脂肪酰氯与芳烃反应时，因分子中存在烯键，在氯化铝的作用下可进一步发生分子内烃化反应而成环。

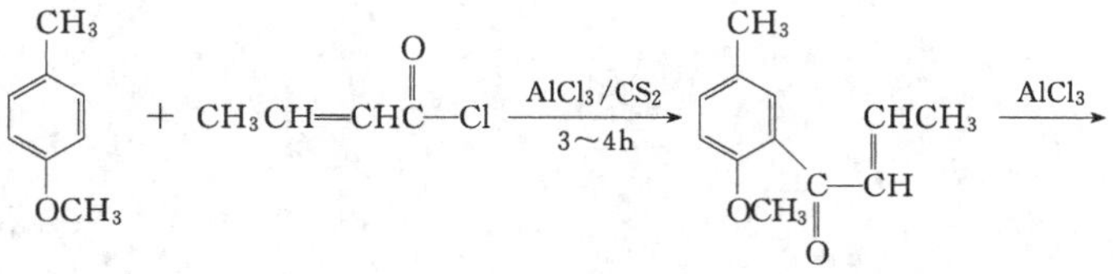

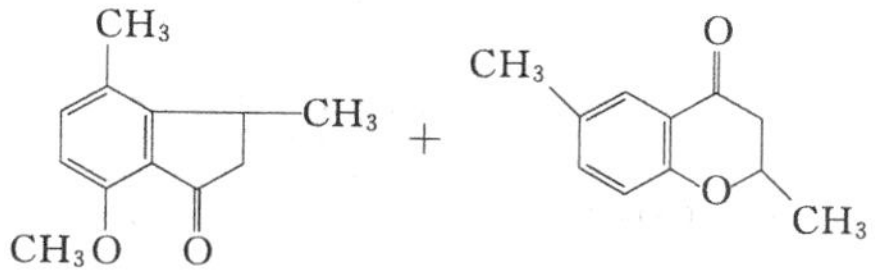

比较常用的酸酐多数为二元酸酐，如丁二酸酐、顺丁烯二酸酐、邻苯二甲酸酐及它们的衍生物。二元酸酐可制备芳酰脂肪酸，该酸经锌汞齐-盐酸还原可得芳基长链羧酸，接着进行分子内酰化即得环酮。

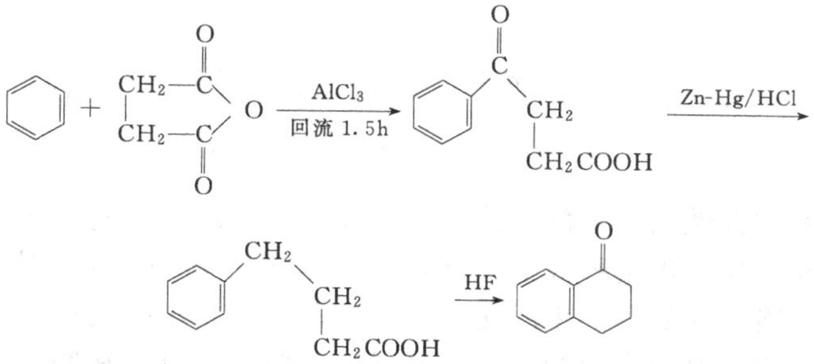

羧酸可以直接用作酰化剂，但不宜用氯化铝作催化剂，一般用硫酸、磷酸，最好是氟化氢。

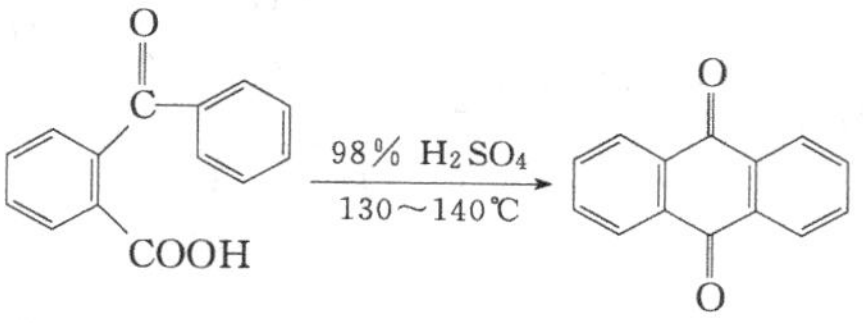

酯也可以用作酰化剂，但用得较少。

② 被酰化物的结构　和烷基化反应相似，酰基化反应属亲电取代反应，所以芳环进行酰基化反应的活性和烷基化反应一样（见烷基化部分）。

与烷基化反应不同的是酰基化反应在进行一元取代后，就可以停止下来（烷基化反应很容易生成多元取代物）。所以，Friedel-Crafts 反应合成芳酮比合成芳烃更为有利，产品易纯化。

多 π 电子的杂环，如呋喃、噻吩、吡咯等，容易进行酰基化反应；缺 π 电子的杂环，如吡啶、嘧啶等，则很难进行酰化反应。

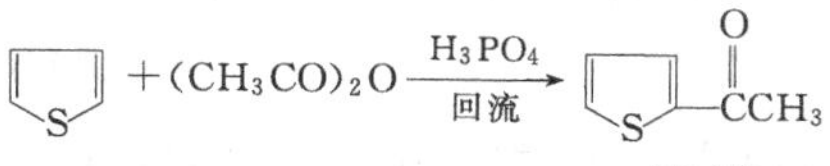

③ 催化剂　酰基化反应所使用催化剂的选择常根据反应条件来确定。当酰化剂为酰氯和酸酐时，常以 Lewis 酸（如氯化铝、三氟化硼、四氯化锡、氯化锌）为催化剂；若酰化剂为羧酸，则多选用硫酸、液体氟化氢及多聚磷酸等为催化剂。

$$\text{(图)} \xrightarrow[\text{70℃}]{\text{多聚磷酸}\quad H_2O} \text{(图)}\quad(94\%)$$

10.1.2　芳环上的甲酰基化

(1) Gattermann 反应　Gattermann 发现可以用两种方法在芳环上引入甲酰基。

一种方法是氰化氢法，即以氢氰酸和氯化氢为酰化剂，氯化锌或氯化铝为催化剂，使芳环上引入一个甲酰基。

$$ArH + HCN + HCl \xrightarrow{ZnCl_2} ArC\!\!=\!\!NH \cdot HCl \xrightarrow{H_2O} Ar\!-\!CHO$$
$$\qquad\qquad\qquad\qquad\quad |$$
$$\qquad\qquad\qquad\qquad\ H$$

为了避免使用剧烈毒性的氢氰酸，改用无水氰化锌 [Zn(CN)$_2$] 和氯化氢来代替氢氰酸和氯化氢，这样可在反应中慢慢释放氢氰酸，使反应更为顺利。该反应可用于烷基苯、酚、酚醚及某些杂环如吡咯、吲哚等的甲酰化。对于烷基苯，要求反应条件较剧烈，譬如需要过量的氯化铝来催化反应。对于多元酚或多甲基酚，反应条件可温和些，甚至有时可以不用催化剂。

$$\text{(图)} + Zn(CN)_2 + HCl \xrightarrow{AlCl_3, ClCH_2CH_2Cl} \text{(图)}(81\%) \xrightarrow{H_2O, HCl} \text{(图)}$$

另一种方法是用一氧化碳和氯化氢在催化剂氯化铝、氯化亚铜存在下，与芳环反应，使芳环上引入一甲酰基。此法被称作一氧化碳法，或称 Gattermann-Koch 反应。

$$\text{(图)} + CO + HCl \xrightarrow{CuCl, AlCl_3} \text{(图)}CHO$$

该反应主要用于烷基苯、烷基联苯等具推电子基取代的芳甲醛的合成。氨基取代苯，因氨基化学性质太活泼，易在该反应条件下与生成的芳醛缩合成三芳基甲烷衍生物。单取代的烷基苯在进行甲酰化时，几乎全部生成对位产物。

$$\text{(图)} + CO + HCl \xrightarrow{AlCl_3, CuCl \quad H_2O} CH_3\text{(图)}CHO\quad(51\%)$$

(2) Vilsmeier 反应　以氮取代的甲酰胺为甲酰化剂，在三氯氧磷作用下，在芳环或芳杂环上引入甲酰基的反应，称作 Vilsmeier 反应。

$$ArH + \begin{matrix}R\\ |\\ N\!-\!CHO\\ |\\ R\end{matrix} \xrightarrow{POCl_3} Ar\!-\!CHO + \begin{matrix}R\\ |\\ N\!-\!H\\ |\\ R\end{matrix}$$

Vilsmeier 反应是在 N,N-二烷基苯胺、酚类、酚醚及多环芳烃等较活泼的芳香族化合物的芳环上引入甲酰基的最常用的方法。对某些多 π 电子的芳环，如呋喃、噻吩、吡咯及吲哚等化合物环上的甲酰化，用该方法也能得到较好的收率。

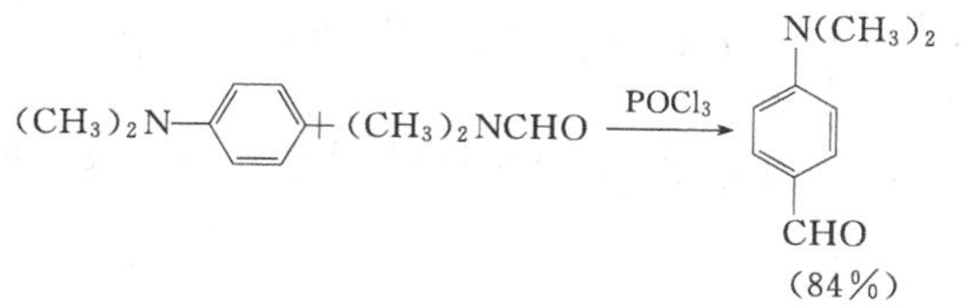

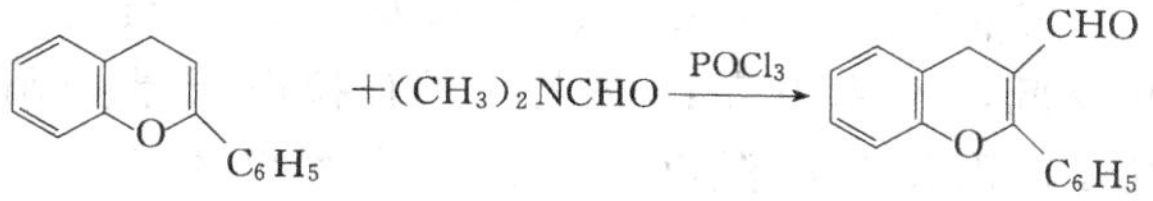

（3）Reimer-Tiemann 反应　酚与氯仿及碱液反应生成芳醛的反应称作 Reimer-Tiemann 反应。Reimer-Tiemann 反应具有原料易得、操作方便、未作用的酚可以回收等优点。可是往往收率不高，但对于某些中间体的合成很有用。

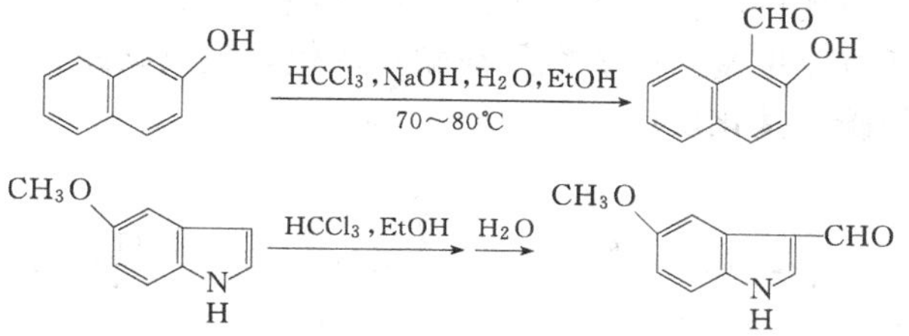

（4）Kolbe-Schmitt 反应　Kolbe-Schmitt 反应是直接在酚类化合物的环上引入羧基的较实用的方法。该反应是用干燥的酚盐与二氧化碳在高温高压条件下进行的，主要产物为邻羟基苯甲酸（水杨酸）。

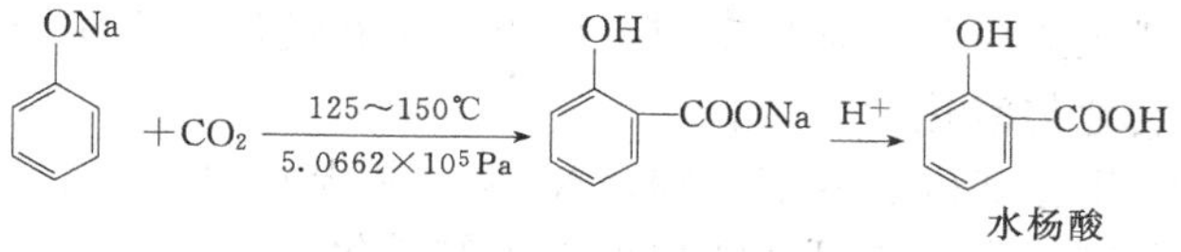

碱的存在与反应温度的高低对羧基引入的位置有决定性的作用。如把钠盐换成钾盐，反应温度提高到 200～250℃，酚和二氧化碳进行羧化反应时，羧基主要进入酚羟基的对位，生成对羟基苯甲酸。对羟基苯甲酸是重要的精细化工产品中间体，其酯可用作防腐剂。

（5）其他反应　在芳环上引入甲酰基除了上述几种反应外，还可有下列两种反应。

其一是在 $TiCl_4$ 存在下，芳烃可和二氯甲基甲醚缩合，继而水解生成芳醛，该反应为 Rieche 反应。二氯甲基甲醚可由甲酸酯和五氯化磷反应制得。

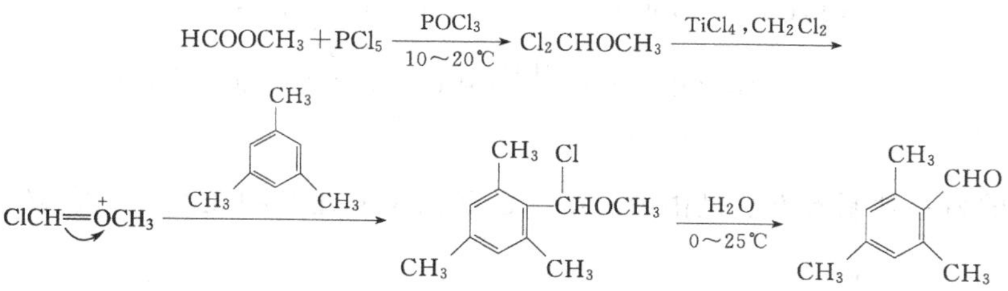

Rieche 反应可用于酚、酚醚、芳杂环化合物等的芳环上引入甲酰基。

另一种反应为 Duff 反应，其过程为：活泼的芳香族化合物如酚与六亚甲基四胺反应，生成亚胺中间体，随后水解得醛。若用三氟乙酸（CF_3COOH）催化反应，则较不活泼的烷基芳烃（如甲苯）也能顺利地进行甲酰化，甲酰基优先进入芳环上原有烷基取代基的对位，邻位产物很少。

$$(CH_3)_3C-\!\!\!\bigcirc\!\!\!-\ +(CH_2)_6N_4 \xrightarrow{CF_3COOH} \xrightarrow{H_2O} (CH_3)_3C-\!\!\!\bigcirc\!\!\!-CHO$$

$$\underset{\underset{H}{N}}{\bigotimes}\!\!\!-\ +(CH_2)_6N_4 \xrightarrow[\triangle]{CF_3COOH} \xrightarrow{H_2O} \underset{\underset{H}{N}}{\bigotimes}\!\!\!-CHO$$

一般来讲，当芳环上带有烷基、甲氧基、氨基及羟基等推电子基团时，反应容易进行，所需温度和压力也较低，产率也高；反之，当有拉电子基如硝基、氰基和羧基等基团存在时，反应速率减慢，即使升高温度和压力，产率也较低；磺酸基的存在使反应不能进行。

10.1.3　活泼亚甲基化合物的碳酰基化

具有活泼亚甲基的化合物（如乙酰乙酸乙酯、丙二酸酯、氰基乙酸酯等）可与酰基化试剂进行碳酰基化反应，由此可制备1,3-二酮或 β-酮酸酯类化合物。

在强碱存在下，活泼亚甲基上的氢容易被酰基取代，生成碳酰化产物。其反应历程类似与活泼亚甲基化合物的碳烷基化反应。

$$\underset{Y}{\overset{X}{CH_2}} +B^- \longrightarrow \underset{Y}{\overset{X}{CH}} \xrightarrow{RC-Cl} R-\overset{O}{\overset{\|}{C}}-\underset{Y}{\overset{X}{CH}} \xrightarrow{B^-} \xrightarrow{RC-Cl} (RC)_2\overset{X}{\underset{Y}{C}}$$

式中：X，Y= —CCH₃， —COR′， —CN，—NO₂…

B 为碱性催化剂，常用的有醇钠、氨基钠、氢化钠等。还可以用镁在乙醇中（加少量四氯化碳作活化剂）与活泼亚甲基化合物反应，生成乙氧基镁盐。它在苯、乙醚等溶剂中有较好的溶解度，并能顺利地与酰化剂反应。

溶剂可以是醚、二甲基亚砜、四氢呋喃、N,N-二甲基甲酰胺等。

酰氯是常用的酰化剂，有时酸酐和酯也可以用作酰化剂。

乙酰乙酸乙酯的活泼亚甲基碳酰化后得 β,β-二酮酸酯。若用酰氯作酰化剂，反应不能用乙醇作溶剂，通常是在无水乙醚中进行。二酮酸酯可以在一定条件下选择性地分解，得到新的 β-酮酸酯或1,3-二酮衍生物。例如，β,β-二酮酸酯在水溶液中加热回流。可选择性地去掉乙氧羰基，得1,3-二酮衍生物。若在氯化铵水溶液中反应，则可使含碳少的酰基（通常为乙酰基）被选择性地分解除去，得到另一种新的 β-酮酸酯。

$$CH_3COCH_2COOEt \xrightarrow{Na,Et_2O} CH_3CO\,CHCOOEt \xrightarrow{PhCOCl}$$

$$\underset{\underset{COPh}{|}}{CH_3COCHCOOEt} \xrightarrow[\text{回流}]{H_2O} CH_3COCH_2\,COPh+CO_2+EtOH$$
$$\text{1,3-二酮}$$

β-酮酸酯的另一种制备方法是由丙二酸二乙酯的碳酰化产物经酸催化裂解（或在沸水中裂解）而得。

$$CH_2(COOEt)_2 \xrightarrow{Mg,CCl_4(催化量),EtOH} EtOMgCH(COOEt)_2$$

$$\xrightarrow[\text{回流}]{CH_3CH_2COCl,Et_2O} \xrightarrow{H_2O,HCl} CH_3CH_2COCH(COOEt)_2 \xrightarrow[200℃]{\bigcirc\!\!\bigcirc^{SO_3H}} CH_3CH_2COCH_2COOEt$$
$$\text{丙酰乙酸乙酯}$$
$$\text{（}\beta\text{-酮酸酯）}$$

　　碳酰化的丙二酸二乙酯经酸催化裂解反应，可以得到用其他方法不易合成的酮，在该裂解反应中可同时脱去两个乙氧羰基。例如：

$$CH_3CH_2O \overset{+}{M}g \overset{-}{C}H(COOEt)_2 \xrightarrow[\text{NO}_2, Et_2O]{\text{COCl}} \overset{COCH(COOEt)_2}{\underset{NO_2}{\bigcirc}} \xrightarrow[\text{回流}]{H_2SO_4, AcOH, H_2O} \overset{COCH_3}{\underset{NO_2}{\bigcirc}}$$

10.2　氮原子上的酰化

10.2.1　羧酸为酰化剂的酰化

　　羧酸的酰化能力较弱，因而通常适于碱性较强的胺类的酰化。羧酸对胺类的酰化为可逆反应，反应分两阶段进行：

$$RNH_2 + R'COOH \underset{\text{分解}}{\overset{\text{成盐}}{\rightleftharpoons}} RNH_2 \cdot R'COOH \underset{\text{水解}}{\overset{\text{脱水}}{\rightleftharpoons}} RNHCOR' + H_2O$$

　　第一阶段成盐，第二阶段在加热条件下盐脱水生成酰胺。此两阶段均为可逆反应，因为弱碱的盐易分解，酰胺亦能被水解。为此，欲使酰化反应进行得较为完全，应使用无水羧酸（如乙酰化时多用冰醋酸），并将反应混合物加热沸腾，使生成的水不断蒸出；亦可加入苯、二甲苯等溶剂经共沸蒸馏除水，往往还采用使其中一种反应物过量的方法。

　　于反应体系中加入浓 H_2SO_4 及应用其他催化剂亦有助于反应的进行。唯当应用浓 H_2SO_4 时，需顾及某些化合物可能会因其而发生磺化、脱水等副反应。

　　某些碱性较弱的胺类如芳环上有—NO_2 的芳胺，在以羧酸为酰化剂时往往难以反应，但反应物与多聚磷酸（PPA）共热则能得到相应的酰胺。例如

$$\overset{NO_2}{\underset{NH_2}{O_2N-\bigcirc}} \xrightarrow[\text{PPA,160℃}]{CH_3COOH} \overset{NO_2}{\underset{NHCOMe}{O_2N-\bigcirc}}$$

　　以二环己基碳化二亚胺（DOO）为脱水剂，不仅可使反应在温和的条件下进行，而且可得到几为定量收率的酰胺：

$$RCOOH \xrightarrow[\text{THF,低温}]{C_6H_{11}N=C=NC_6H_{11}} \underset{\underset{NHC_6H_{11}}{|}}{RCOOC=NC_6H_{11}} \xrightarrow{R'NH_2} RCONHR' + (C_6H_{11}NH)_2C=O$$

此法尤适用于肽键化合物的合成。

　　再者，羧酸锂和 SO_3 在 DMF 中与胺类反应，亦可在十分缓和的条件下得到酰胺：

$$RCOOLi + SO_3 \cdot DMF \longrightarrow RCOOSO_2OLi \xrightarrow{R'_2NH} RCONR'_2$$

羧酸中以冰醋酸与苯甲酸为最常用的酰化剂。

$$PhNH_2 \xrightarrow[\triangle]{\text{冰醋酸}} PhNHCOMe + H_2O$$

$$PhNH_2 \xrightarrow[\text{回流}]{PhCOOH} PhNHCOPh + H_2O$$

胺类以二元羧酸为酰化剂进行酰化可得到环酰亚胺。

10.2.2　酸酐为酰化剂的酰化

　　酸酐的酰化能力大于羧酸，可在温和条件下进行酰化，适于较难酰化的胺类，如共轭、具有吸电子基的取代芳胺。被酰化的氨基周围有较大的基团（如二苯胺、2,4-二硝基苯胺），而使底物的酰化活性降低时，则需加入少量酸（如 H_2SO_4 或其他强酸）为催化剂，以促进反应的进行。

　　醋酐与苯甲酸酐为常用的酸酐类酰化剂，它们分别进行乙酰化与苯甲酰化。反应中无水生成，因而可不必加脱水剂。

　　在以醋酐为酰化剂时，如反应过于剧烈，可用苯、乙醚、甲苯、硝基苯等为稀释剂以缓和其作用；反之，则可加入 NaOAc、吡啶、氧化吡啶、二甲苯胺等碱性物质，或浓 H_2SO_4、$KHSO_4$、P_2O_5 等以促进反应的进行。尤其 Ac_2O-NaOAc、Ac_2O-Py、Ac_2O-H_2SO_4（浓）为最常用的乙酰化剂。

　　在以苯甲酸酐为酰化剂时，可将其与底物共热，或在苯甲酸钠、浓硫酸存在下加热以加速反应的进行。在若干场合，加入惰性溶剂为稀释剂同样也可使反应趋于缓和。

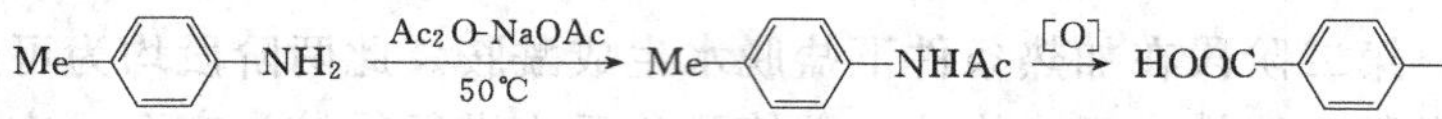

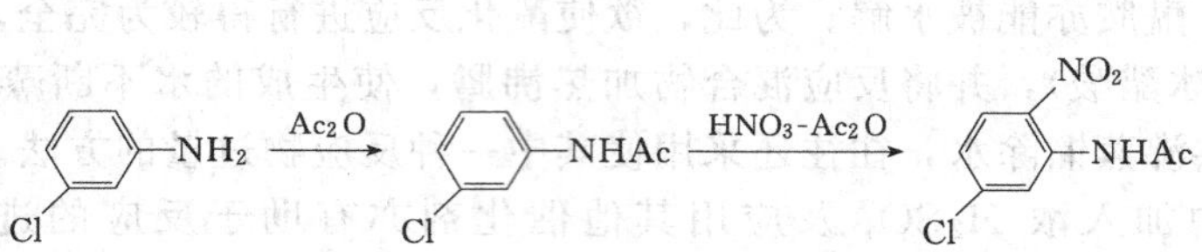

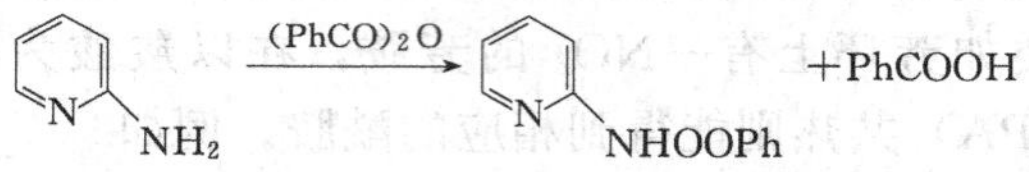

10.2.3　酰氯为酰化剂的酰化

　　酰氯为强力的酰化剂，以其进行的酰化反应往往相当剧烈，反应通常可在室温下进行。唯用其进行胺的酰化时，副产的 HCl 将与剩余的胺成盐：

$$PhNH_2 + MeCOCl \longrightarrow PhNHCOMe + HCl$$

$$PhNH_2 + HCl \longrightarrow PhNH_2 \cdot HCl$$

为此，常于反应体系中加入碱（如 NaOH、Na_2CO_3、吡啶等）中和生成的 HCl，借以提高酰胺的收率。加入 NaOH 则被称为 Schotten-baumann 方法。

$$RNH_2 + PhCOCl \xrightarrow{NaOH} PhCONHR + NaCl + H_2O$$

加入 Na_2CO_3 则为 Olaisen 方法。加入吡啶的方法，既可中和 HCl 又可作为溶剂使反应物在均相介质中进行反应，是一种更为理想的方法。常用的酰氯类酰化剂为乙酰氯与苯甲酰氯。

10.3　应用实例

　　（1）2,4-二羟基己苯（己雷琐辛）的制备

配料比Ⅰ：间苯二酚：己酸：氯化锌为 1.00：5.00：1.50

　　Ⅱ：己酰基间二苯酚：锌汞齐：盐酸为 1.00：1.30：4.00

间苯二酚与己酸（同时用作溶剂）在氯化锌存在下，于 120℃ 反应 3h 得缩合物，该缩合物经用锌汞齐盐酸还原后得产品己雷琐辛。

本品为医用口服驱虫药。

（2）邻甲氧基-对［双-（2-氯乙基）氨基］-苯甲醛的制备

配料比：二羟乙基苯胺：二甲基甲酰胺：三氯氧磷为 1.00：2.20：1.20。

将二甲基甲酰胺加到二羟乙基苯胺中，于 0℃ 左右开始滴加三氯氧磷，室温反应 2h 后，放置过夜，再在 100℃ 下反应 6h，在碎冰中用氢氧化钠溶液碱化至 pH＝10，过滤，滤饼用水及醇洗并抽干，得产品邻甲氧基-对［双-（2-氯乙基）氨基］-苯甲醛。

本品主要用于合成抗肿瘤药甲氧芳芥。

（3）α-乙酰噻吩的制备

配料比：噻吩：乙酸酐：磷酸：碳酸钠为 1.00：1.21：0.12：0.12。

噻吩和乙酸酐首先加热至 55～60℃，然后加入磷酸，升温至 100℃±5℃，反应 3h 后，加碳酸钠中和，分馏得乙酰噻吩。

本品为有机合成中间体，可用于制备医用驱虫药噻乙吡啶等。

（4）2-羟基-3-萘甲酸的制备

2-萘酚与碱反应生成 2-萘酚盐，经减压蒸馏脱水后，得无水 2-萘酚钠盐。通入二氧化碳进行羧基化反应，生成 2,3-酸双钠盐，用硫酸中和后得 2,3-酸。

本品主要为色酚 AS 及其他各种色酚的中间体，也可用作医药、有机颜料的中间体。

（5）N-乙酰乙酰苯胺的制备

N-乙酰乙酰苯胺可由双乙烯酮与苯胺制备，其反应式为

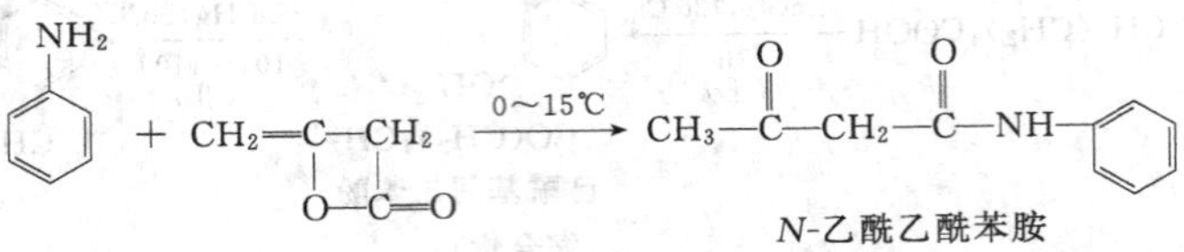

N-乙酰乙酰苯胺

将苯胺与双乙烯酮在 0～15℃下反应，生成乙酰乙酰苯胺，再经过滤、烘干即得成品。此法与用乙酰乙酸乙酯的酰化方法相比，具有工艺简单、质量好、收率高的优点。每吨产品消耗苯胺（99.5%）548kg，双乙烯酮（96%）501kg。

本品是染料、颜料及农药的中间体。

习　题

1. 什么是酰化反应？常用的酰化剂有哪几类？

2. F-C 酰化反应的主要影响因素有哪些？

3. 简述羧酸和醇的结构对其进行酰化反应的影响。

4. 胺的结构对羧酸与胺类进行的 N-酰化反应有何影响？

5. 用酰氯进行 N-酰化和 O-酰化时，反应中为什么要加入碱？常用的碱有哪些？

6. 完成下列反应

(1)

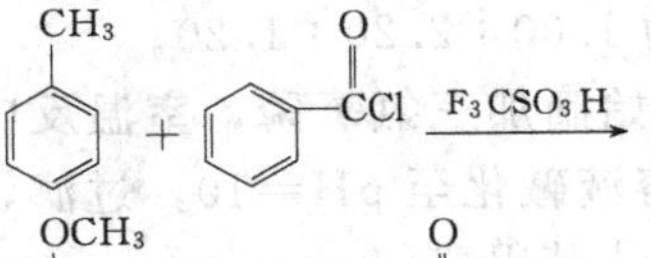

(2)

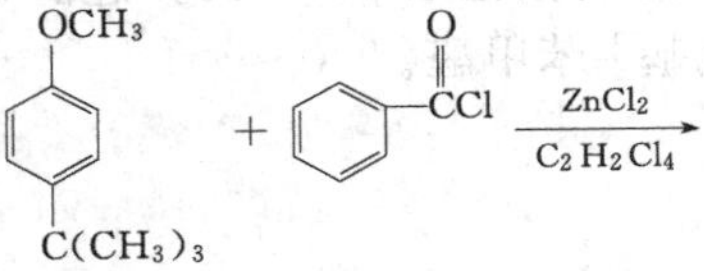

(3)

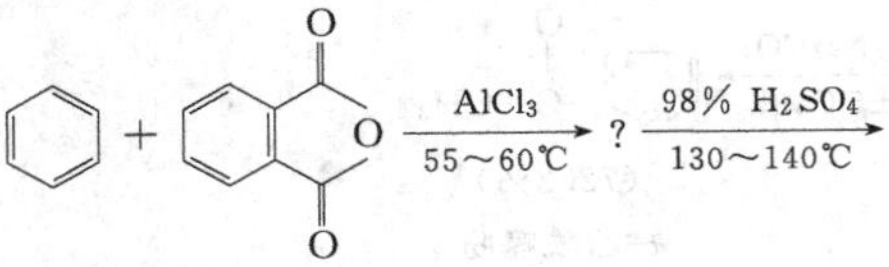

(4)

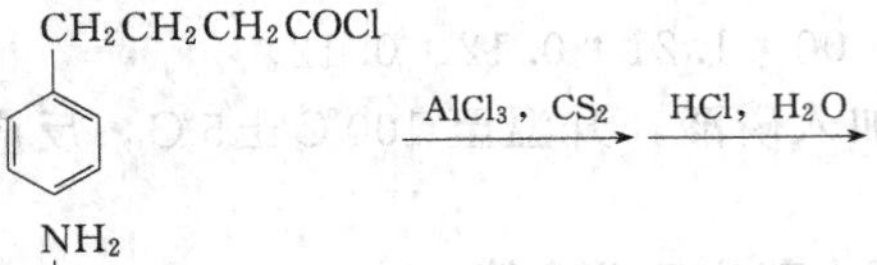

(5)

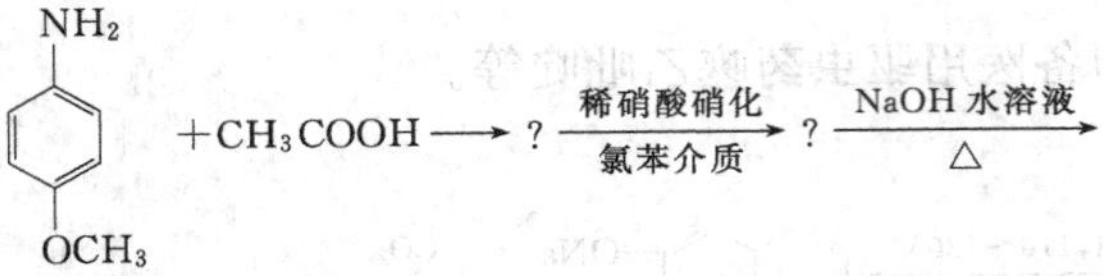

(6)

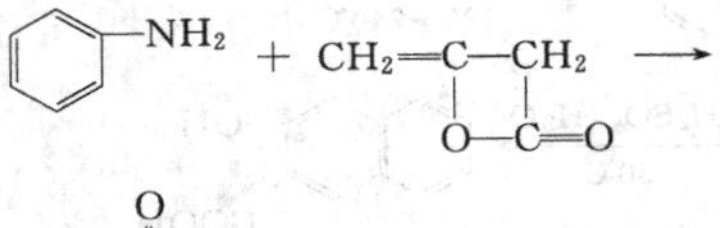

(7)

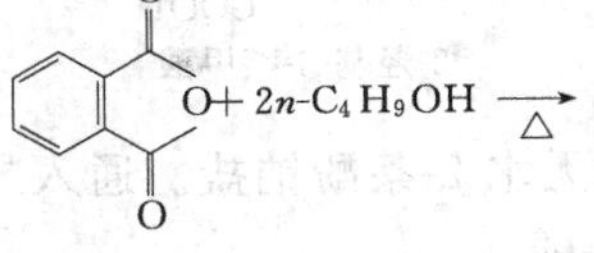

11 酯化反应

酯类产品是羧酸的一类衍生物，由羧酸与醇（酚）反应失水而生成的化合物。广泛存在于自然界，例如乙酸乙酯存在于酒、食醋和某些水果中；乙酸异戊酯存在于香蕉、梨等水果中；苯甲酸甲酯存在于丁香油中；水杨酸甲酯存在于冬青油中。高级和中级脂肪酸的甘油酯是动植物油脂的主要成分；高级脂肪酸和高级醇形成的酯是蜡的主要成分。大量的酯类化合物通过酯化反应得到。

11.1 概述

羧酸与醇在酸催化下作用，生成羧酸酯和水，称为酯化反应。

这是一个典型的可逆反应，应用平衡移动的原理，可以得到较高产率的酯。

$$R—COOH + R'OH \underset{}{\overset{H^+}{\rightleftharpoons}} RCOOR' + H_2O$$

羧酸与醇生成酯的反应是在酸催化下进行的；在一般情况下，羧酸与伯醇或仲醇的酯化反应，羧酸发生酰氧键断裂，其反应过程为：

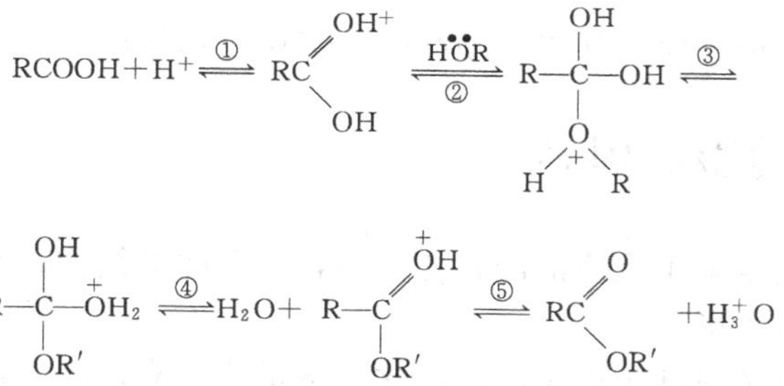

在酯化反应中，存在着一系列可逆的平衡反应步骤。步骤②是酯化反应的控制步骤，而步骤④是酯水解的控制步骤。这一反应是 S_N2 反应，经过加成-消除过程。

在酯化反应中，醇作为亲核试剂对羧基中的羰基进行亲核攻击，在酸催化下，羰基碳才更为缺电子而有利于醇对它发生亲核加成。如果没有酸的存在，酸与醇的酯化反应很难进行。例如，乙酸与乙醇的酯化反应，在没有酸催化时，混合加热几十小时，基本不反应，如在极少量的 H_2SO_4 存在时，在加热下 3～4h 即可达到平衡。

$$CH_3COOH + C_2H_5OH \underset{\triangle}{\overset{H^+}{\rightleftharpoons}} CH_3COOC_2H_5 + H_2O$$

11.2 酯化反应的类型

（1）羧酸与醇的反应　一元酸和醇（或酚）反应生成酯的方法称为直接酯化法。

$$R—COOH + R'OH \overset{H^+}{\rightleftharpoons} RCOOR' + H_2O$$

一般常用的酯化催化剂为硫酸、盐酸、芳磺酸等，采用催化剂后，反应温度在 70～150℃ 即可顺利发生酯化。酯化反应亦可不用催化剂，但为了加速反应的进行，必须采用 200～300℃ 的高温。

在乙酸乙酯的生产中，为了提高酯的收率，通常既适量增加乙酸投料的摩尔比，同时又不断蒸发乙酸乙酯、水和乙醇的三元共沸混合物来提高乙酸乙酯的收率，从而达到工艺短、产量高、单耗低并可连续生产的良好效果。

（2）羧酸酐与醇反应　羧酸酐是比羧酸更强的酰化剂。适用于较难反应的酚类化合物及空间位阻较大的叔羟基衍生物的直接酯化。

$$(RCO)_2O + R'OH \longrightarrow RCOOR' + RCOOH$$

反应中生成的羧酸不会使酯发生水解，所以酯化反应可以进行完全。

（3）酰氯与醇反应　酰氯的反应活性比相应的酸酐强。酰氯的酯化反应较易进行，可以代替羧酸或酸酐制备难以生成的酯。

$$RCOCl + R'OH \longrightarrow RCOOR' + HCl$$

（4）酯交换反应　酯交换法有酯与酯交换，酯与醇交换和酯与酸交换三种类型：

$$RCOOR' + R''COOR'' \Longrightarrow RCOOR'' + R''COOR'$$

$$RCOOR' + R''OH \Longrightarrow RCOOR'' + R'OH$$

$$RCOOR' + R''COOH \Longrightarrow RCOOH + R''COOR'$$

这三种类型都是可逆反应，其中以酯与醇的交换应用最广。

11.3　酯化反应的影响因素

影响酯化反应的因素除了反应的配料比以外，酸和醇的结构，平衡转化率，反应温度和催化剂均对反应产生很大影响。

（1）羧酸结构　直链羧酸中以甲酸的酯化速度最快，有侧链的羧酸比直链羧酸的酯化速度慢，侧链愈多，间位阻愈大，酯化速度也就愈慢。

（2）醇或酚的结构　伯醇的酯化反应速率最快，仲醇较慢，叔醇最慢。伯醇中又以甲醇最快。丙烯醇虽也是伯醇，但因氧原子上的未共享电子与分子中的不饱和双键间存在着共轭效应，因而氧原子的亲核性有所减弱，所以其酯化速度就较碳原子数相同的饱和丙醇为慢。苯甲醇由于存在有苯基，酯化速度受到影响。叔醇与羧酸的直接酯化，显然非常困难，这是由于空间阻碍较大，另外因为叔醇在反应中极易与质子作用发生消去脱水生成烯烃，而得不到酯类产物。

（3）催化剂　大多数酯化反应是在催化剂的作用下进行的，一般使用强酸催化以降低反应的活化能，从而加速反应的进行。强酸催化的酯化反应依醇的结构可有酰氧键断裂（伯、仲醇）和烷氧键断裂（叔醇）两种机理。

酰氧键断裂机理：

$$RCOOH \xrightarrow{H^+} RC\overset{O}{\underset{}{=}}\overset{+}{OH_2} \xrightarrow{-H_2O} R\overset{+}{C}=O \xrightarrow{H-O-R'} RC\overset{}{\underset{\overset{|}{O}\,H}{\overset{+}{-}O-R'}} \xrightarrow{-H^+} RCOOR'$$

烷氧键断裂机理：

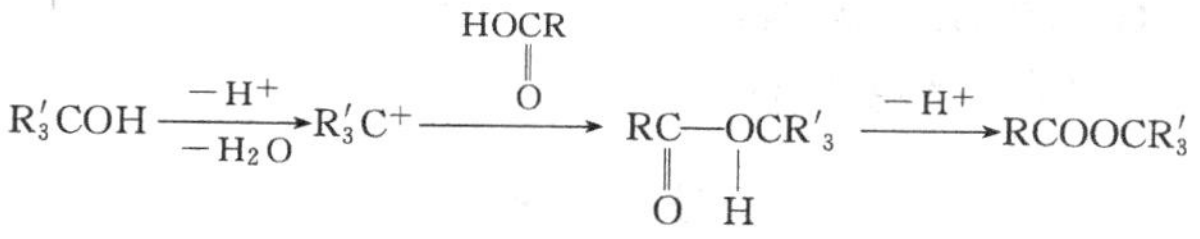

$$R_3'COH \xrightarrow[-H_2O]{-H^+} R_3'C^+ \xrightarrow{\underset{\underset{O}{\parallel}}{HOCR}} \underset{\underset{OH}{|}}{RC-OCR_3'} \xrightarrow{-H^+} RCOOCR_3'$$

强酸型催化剂常用的为浓硫酸、干燥氯化氢或对甲苯磺酸，此外还有磺酸型强酸性阳离子交换树脂、四氯铝醚络合物或二环己基碳化二亚胺；不同的酯化反应可选用不同的催化剂。

（4）反应温度　常温下酯化反应速率极慢，例如，在室温下乙酸与乙醇进行酯化时，需经 15 年之久能达到平衡。但加热却可加速酯化反应的进行。根据 Arrhenius 公式：

$$k = A \cdot \exp(-E_a/RT)$$

反应的温度升高，k 值增大，因而可加速反应的进行，缩短到达平衡的时间（但并不能提高收率）。这样，酯化反应通常需要加热。

11.4　应用实例

以下是一些酯化产品的实例。

（1）乙酸乙酯　乙酸乙酯可在浓硫酸的催化下，由乙酸和乙醇直接酯化制得：

$$CH_3COOH + C_2H_5OH \xrightleftharpoons{H_2SO_4} CH_3COOCH_2CH_3 + H_2O$$

在 500mL 三口瓶中，加入 40mL 乙醇，摇动下慢慢加入 50mL 浓硫酸，使其混合均匀，并加入几粒沸石。三口瓶一侧口插入温度计，另一侧口插入滴液漏斗，漏斗末端浸入液面以下，中间口装一长的刺形分馏柱。

仪器装好后，在滴液漏斗内加入 100mL 乙醇和 80mL 冰醋酸，混合均匀，先向瓶内滴入约 20mL 的混合液，然后，将三口瓶缓慢加热到 110～120℃，这时蒸馏管口应有液体流出，再自滴液漏斗慢慢滴入其余的混合液，控制滴加速度和馏出速度大致相等，并维持反应温度在 110～125℃，滴加完毕后，继续加热 10min，直至温度升高到 130℃ 不再有馏出液为止。

馏出液中含有乙酸乙酯及少量乙醇、乙醚、水和醋酸等，在摇动下，慢慢向粗产品中加入饱和的碳酸钠溶液（约 60mL）至无二氧化碳气体放出，酯层用 pH 试纸检验呈中性。移入分液漏斗中，充分振摇（注意及时放气）后静置，分去下层水相。酯层用 100mL 饱和食盐水洗涤两次，弃去下层水相，酯层用无水碳酸钾干燥。

将干燥好的粗乙酸乙酯进行常压蒸馏，收集 73～80℃ 的馏分，得到产品约 70g。

（2）苯甲酸苄酯　苯甲酸苄酯具有香脂香气，应用于食用香精配方中。苯甲酸苄酯是在使用氧化镁等作为催化剂，用苄醇与苯甲酸甲酯在 200℃ 左右进行酯交换反应制得：

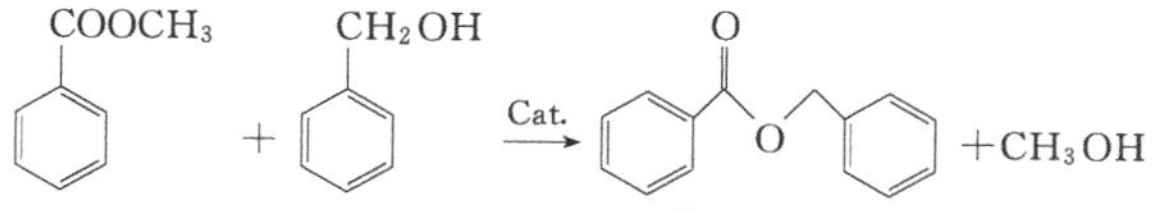

称取苄醇 140g、苯甲酸甲酯 136g、氯化镁 5g，置于高压反应釜中，氮气置换三次，密封。开搅拌，釜体加热，保持釜温在 200℃±2℃，反应 8h。反应结束，反应釜冷却至

30℃，用氮气置换一次，放空，打开高压釜，将物料倒入分液漏斗中，加约100g水洗涤两次，分出下层有机相。有机相减压蒸馏，收集180～182℃/1.2kPa的馏分，得到无色油状液体，即为苯甲酸苄酯，产品180g左右。

习　题

1. 用什么原理和措施可以提高酯化反应的产率？

2. 通过提高一种原料的量来提高酯化反应的转化率应遵循什么原则？例如，在乙酸乙酯合成中，使用的是过量的乙醇，而在乙酸异戊酯的合成中使用了过量的乙酸，为什么？

12　氨解反应

　　氨解反应是指含有各种官能团的有机化合物在胺化剂的作用下生成胺类化合物的过程。按被置换基团的不同，可分为卤素、羟基、磺基及硝基的氨解，羰基化合物的氨解和芳环上的直接氨解等，本章讨论其反应的基本原理及影响因素，并以实例解释。

12.1　概述

12.1.1　氨基化反应

　　氨基化反应包括氨解和胺化，氨解指的是氨与有机化合物发生复分解而生成伯胺的反应，有时也叫做氨基化或胺化。反应通式可简单表示如下：

$$R—Y+NH_3 \longrightarrow R—NH_2+HY$$

　　式中，R 可以是脂肪基或芳基；Y 可以是羟基、卤基、磺基或硝基。

　　胺化是指氨与双键（或环氧化合物）加成生成胺的反应。

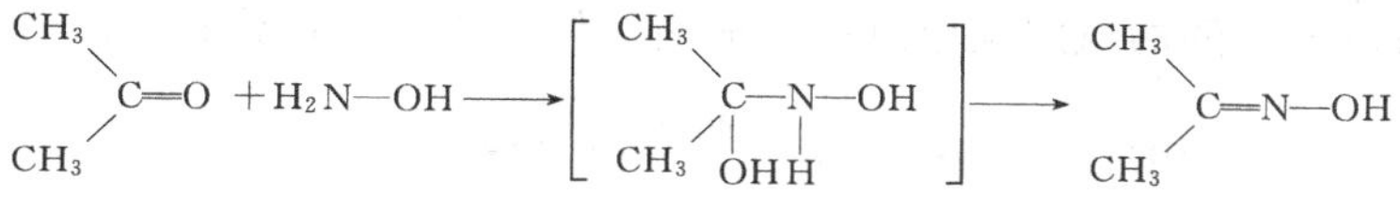

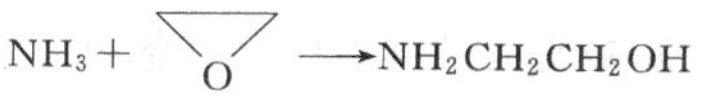

　　广义上，氨解和胺化还包括所生成的伯胺进一步反应生成仲胺和叔胺的反应，反应如下：

$$R—NH_2+R—Y \longrightarrow R_2—NH+HY$$
$$R_2—NH+R—Y \longrightarrow R_3—N+HY$$

12.1.2　氨基化类型和氨基化试剂

　　氨解和胺化的反应试剂是氨气和有机胺，其中氨气包括液氨和氨水，也可以是溶解在有机溶剂中的氨、气态氨或含氨基的化合物，例如尿素、碳酸氢铵和羟胺、氨基钠等；有机胺包括伯、仲、叔胺等。

　　氨基化类型包括加成胺化反应（双键、羰基化合物和环氧化合物）和取代氨解反应（醇或酚羟基，卤素、磺基及硝基、芳环上的直接胺化）。

12.1.3　氨解反应的应用

　　在精细化学品中引入氨基常会赋予化学品新的功能。例如，在染料生色团的邻位引入氨基可使染料的颜色变深或变暗，同时氨基的引入还可以改变染料的印染性能，可导致化合物在可见光谱中的红移现象，这在染料化学中具有重要意义。通常在有机分子中引入氨基等将导致化合物的生理活性的改变，用作药物的胺及酰胺类很多，例如氨基比林、咖啡因、潘生丁、苯海拉明、盐酸普鲁卡因、对氨基水杨酸等。

　　胺类用途广泛。有机化合物中的氨基通过重氮化反应可被除掉或转化成其他基团。胺类是重要的有机化工原料，由胺可以合成农药、医药、橡胶助剂、染料及颜料、合成树脂、纺织助剂、表面活性剂、感光材料等多种有机化工和精细化工上的原料及中间体。

脂肪族伯胺的制备主要采用氨解和胺化法。其中最重要的是醇羟基的氨解和胺化法，其次是羰基化合物的胺化氢化法，有时也用脂链上卤基氨解法。另外，脂胺也可以用脂羧酰胺或脂腈的加氢法来制备。

芳伯胺的制备主要采用硝化还原法。但是，如果用硝化还原法不能将氨基引入芳环上指定的位置或收率很低时，则需要采用芳环上取代基的氨解法。其中最重要的是卤基的氨解，其次是酚羟基的氨解，有时也用到磺基或硝基的氨解。

12.2 氨解方法

用氨解法制取胺常常可以简化工艺、减低成本、改进产品质量和减少"三废"，近年来其重要性日益增加，应用范围不断扩大。此外，通过水解、加成和重排反应制胺，工业上也有一定的应用。本节对氨解法作简要的介绍。

12.2.1 醇或酚羟基的氨解

对于某些胺类采用硝基还原或其他方法生产并不经济，当相应的羟基化合物有充分供应时，羟基化合物的氨解过程就具有很大的意义。此法是制备 $C_1 \sim C_8$ 低碳脂肪胺的重要方法，因为低碳醇价廉易得。

氨与醇作用时，首先生成伯胺，伯胺可以与醇进一步作用生成仲胺，仲胺还可以与醇作用生成叔胺。所以氨与醇的氨解反应总是生成伯、仲、叔三种胺类的混合物。

$$NH_3 \xrightarrow[-H_2O]{ROH} RNH_2 \xrightarrow[-H_2O]{ROH} R_2NH \xrightarrow[-H_2O]{ROH} R_3N$$

醇羟基不够活泼，所以醇的氨解要求较强的反应条件。醇的氨解有三种工业方法，即气固相接触催化氨解法、气固相临氢接触催化氨化氢化法和高压液相氨解法。

(1) 气固相接触催化氨解法　主要用于甲醇的氨解制二甲胺。所用的催化剂主要是 SiO_2-Al_2O_3，并加入 $0.05\% \sim 0.95\%$（质量分数）的 Ag_3PO_4、Re_2S_7、MoS_2 或 CoS 等活性组分。另外也可以使用氧化硅、氧化铝、二氧化钛、三氧化钨、白土、氧化钍、氧化铬等各种金属氧化物的混合物或磷酸盐作催化剂。一般反应温度为 $350 \sim 500℃$，压力为 $0.5 \sim 5.5MPa$。将甲醇和氨经汽化、预热，通过催化剂后即得到一甲胺、二甲胺和三甲胺的混合物。其中需要量最大的是二甲胺，其次是一甲胺，三甲胺用途不多。为了多生产二甲胺，可以采取在进料中加水、使用过量的氨、控制反应温度和空间速度以及将生成的三甲胺和一甲胺循环回反应器等方法。

(2) 气固相临氢接触催化氨化氢化法　是将醇、氨和氢的气态混合物在 $200℃$ 左右和一定压力下通过 Cu/Ni 催化剂而完成的。所用的低碳醇可以是乙醇、丙醇、异丙醇、正丁醇、异丁醇等。在催化剂中，铜主要是催化醇脱氢生成醛，镍主要是催化烯亚胺加氢生成胺，反应产物是伯、仲、叔三种胺类的混合物。其整个反应过程包括：醇的脱氢生成醛，醛的加成胺化，羟基胺的脱水和烯亚胺的加氢生成胺等步骤。

① 伯胺

$$CH_3CH_2OH \xrightarrow[\text{脱氢}]{-H_2} CH_3\overset{O}{\underset{}{C}}-H \xrightarrow[\text{加成胺化}]{+NH_3} CH_3-\overset{OH}{\underset{H}{C}}-NH_2$$
　　　　醇　　　　　　　　　醛　　　　　　　　　　　　　　羟基胺

$$\xrightarrow[\text{脱水}]{-H_2O} CH_3-CH=NH \xrightarrow[\text{加氢}]{+H_2} CH_3CH_2NH_2$$
烯亚胺　　　　伯胺

② 仲胺

$$CH_3CH_2NH_2 \xrightarrow[\text{加成胺化}]{+CH_3CHO} CH_3CH_2-\overset{H}{N}-\overset{OH}{CH}-CH_3$$

$$\xrightarrow[\text{脱水}]{-H_2O} CH_3CH_2-N=CH-CH_3 \xrightarrow[\text{加氢}]{+H_2} (CH_3CH_2)_2NH$$

③ 叔胺

$$(C_2H_5)_2NH \xrightarrow[\text{加成胺化}]{+CH_3CHO} (CH_3CH_2)_2N-\overset{OH}{CH}-CH_3$$

$$\xrightarrow[\text{脱水}]{-H_2O} (CH_3CH_2)_2N-CH=CH_2 \xrightarrow[\text{加氢}]{+H_2} (CH_3CH_2)_3N$$

为了控制伯、仲、叔三种胺类的比例，可以采用调整醇和氨的摩尔比、反应温度、气流速度以及将副产物的胺再循环等方法。乙醇胺的临氢接触催化氨化氢化是制备乙二胺的一个重要方法。

另外，乙醇胺的临氢接触催化胺化氢化是制备乙二胺的一个重要方法。其总的反应可表示为：

$$H_2N-CH_2CH_2-OH+NH_3 \longrightarrow H_2N-CH_2CH_2NH_2+H_2O$$

（3）高压液相氨解法　在合金催化剂的存在下，向 $C_8\sim C_{10}$ 醇中连续地通入定量的氨气进行氨解，然后去掉过量醇，滤掉合金催化剂，可得到三辛胺等产品。

芳环上羟基的氨解，此法可用于苯系、萘系和蒽醌系羟基化合物的氨解。苯系酚类的氨解主要用于苯酚的氨解制苯胺和间甲酚的氨解制间甲苯胺，一般采用气固相接触催化氨解法，未反应的酚类可用共沸精馏法分离。苯酚的转化率可达98%，生成的苯胺的选择性可达87%～90%。

$$\text{〇}-OH +NH_3 \longrightarrow \text{〇}-NH_2+H_2O$$

蒽醌环上的羟基与苯环、萘环上的羟基不同，它的氨解条件比较特殊。例如，它要求将1,4-二羟基蒽醌在质量分数为20%的氨水中先用强还原剂保险粉（$Na_2S_2O_4$）还原成隐色体，然后在94～98℃、0.3～0.4MPa下进行氨解，得到的产品是1,4-二氨基蒽醌的隐色体。它可以直接使用，也可以用温和氧化剂将其氧化成1,4-二氨基蒽醌。

12.2.2　脂肪族卤素衍生物的氨解

卤烷与氨、伯胺或仲胺的反应是合成胺的一条重要路线。合成反应式如下：

$$RX+NH_3 \longrightarrow RNH_2\cdot HX$$
$$RX+RNH_2 \longrightarrow R_2NH\cdot HX$$

$$RX + R_2NH \longrightarrow R_3N \cdot HX$$

脂链上的氯原子一般具有较高的亲核反应活性，所以它的氨解比较容易，又因为生成的脂肪胺的碱性大于氨，反应生成的胺容易与卤烷继续反应，生成仲胺和叔胺等副产物，因此用本方法合成脂肪胺时，得到的常为混合胺。

一般说来，碳原子数少的卤烷进行氨解反应比较容易，可以用氨水作氨解剂。碳原子多的卤烷的活性低，需要用氨的醇溶液或液氨作氨解剂。卤烷的活性大小依次为 R—I＞R—Br＞R—Cl＞R—F。叔卤代烷氨解时，易发生消除副反应，副产大量的烯烃。因此不宜采用叔卤烷的氨解制备叔胺。

由于得到的是伯胺、仲胺和叔胺的混合物，要求庞大的分离系统，因此除乙二胺等少数品种外，多数脂肪胺产品已不采用这条生产路线，卤基氨解技术在工业上只用于相应的卤素衍生物价廉易得的情况。

而脂肪胺的制备通常可以用醇的氨解、羰基化合物的胺化氢化、—CN 基和—CONH$_2$基的加氢等合成路线。

氨解二氯乙烷合成乙二胺是卤烷氨解制备脂肪胺的一典型例子。二氯乙烷很容易与氨水反应，首先生成氯乙胺，然后进一步与氨作用生成乙二胺（乙撑二胺、亚乙基二胺）。由于乙二胺具有两个无位阻的伯氨基，它们容易与氯乙胺或二氯乙烷进一步作用而生成二亚乙基三胺、三亚乙基四胺和更高级的多亚乙基多胺以及哌嗪（对二氮己环）等副产物。

$$ClCH_2CH_2Cl \xrightarrow{NH_3} ClCH_2CH_2NH_2 \xrightarrow{NH_3} \underset{\text{乙二胺}}{H_2N-CH_2CH_2-NH_2} \xrightarrow[\text{或 } ClCH_2CH_2Cl, NH_3]{ClCH_2CH_2NH_2}$$

$$\underset{\text{二亚乙基三胺}}{H_2NCH_2CH_2NHCH_2CH_2NH_2} \xrightarrow[\text{或 } ClCH_2CH_2Cl, NH_3]{ClCH_2CH_2NH_2} \underset{\text{三亚乙基四胺}}{H_2N(CH_2CH_2NH)_2CH_2CH_2NH_2}$$

$$ClCH_2CH_2NH_2 + H_2NCH_2CH_2Cl \xrightarrow[\text{环合}]{-HCl} \underset{\text{哌嗪盐酸盐}}{HN\begin{matrix} CH_2CH_2 \\ CH_2CH_2 \end{matrix}NH \cdot 2HCl}$$

各种多亚乙基多胺都具有很多用途，在工业上常常同时联产乙二胺和各种多亚乙基多胺。将二氯乙烷和质量分数为 28％的氨水连续打入钼钛不锈钢高压管式反应器中，在 160～190℃和 2.5MPa 下反应 15min，即得到含乙二胺和多亚乙基多胺的反应液。从反应液中蒸出过量的氨和一部分水，然后用 30％的液碱中和，再经浓缩、脱盐、粗馏和精馏，即得到乙二胺和各种多亚乙基多胺。氨水过量越多，乙二胺收率越高。反应的温度和压力越高，多亚乙基多胺的收率越高。可根据市场需要，控制适当的产物比例。另外也可以用氯乙酸制氨基乙酸。

芳香卤化物的氨解反应比卤烷困难得多，往往需要在强烈的反应条件（高温、高压、催化剂和强胺化剂）下才能进行。芳烃卤基的氨解属于亲核取代反应，所以，当苯环上有强吸电子基时（硝基、磺基、氰基等），使芳烃上的电子减少，氨解反应相对要容易。

一般采用芳族氯衍生物为起始原料，只有在个别情况下才用溴衍生物。氨解反应除了与芳烃结构、氨水的用量和浓度等因素有关外，催化剂的选择也很重要，通常采用铜催化剂，如一价铜有氯化亚铜或 Cu$^-$/Fe^{2+}、Sn^{2+}复合催化剂；二价铜有硫酸铜等。邻（或对）硝基氯苯及其衍生物氨解，可以制得相应的邻（或对）硝基苯胺及其衍生物。硝基的存在，使得氯基比较活泼。据报道，在高压釜中进行邻硝基氯苯的氨解时，如果加入适量相转移催化剂四乙基氯化铵，则只要在 150℃反应 10h，邻硝基苯胺的收率就可达 98.2％。

另外，2-氨基蒽醌的生产一般采用 2-氯蒽醌的氨解法：

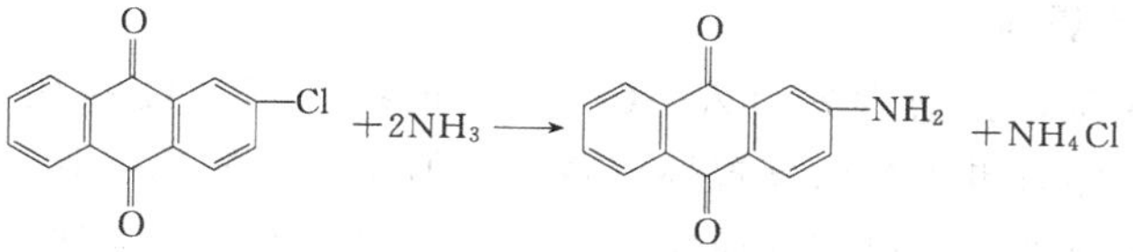

目前国内外大都采用高压釜间歇法氨解生产 2-氨基蒽醌，在硫酸铜作催化剂、氨大大过量的前提下，使氨解温度达 210～218℃，压力约 5MPa，时间 5～10h，收率可达 88%以上。

12.2.3 磺酸基的氨解

磺酸基的氨解也是亲核取代反应。苯环和萘环上磺基的氨解相当困难，但是蒽醌环上的磺基，因第 9、第 10 位两个羰基的活化作用比较容易被氨解，所以，通常磺酸基的氨解只限于蒽醌系列，主要用于蒽醌-2,6-二磺酸的氨解制 2,6-二氨基蒽醌：

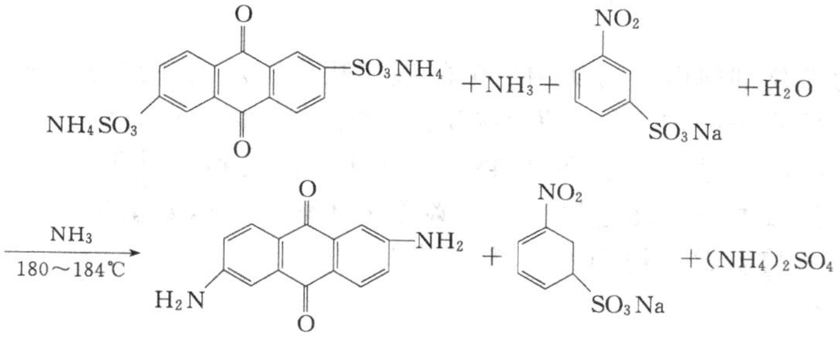

2,6-二氨基蒽醌是制备黄色染料的中间体，间硝基苯磺酸钠是作为温和氧化剂，将反应生成的亚硫酸铵氧化成硫酸铵，避免亚硫酸铵与蒽醌环上的羰基发生还原反应。此法虽然工艺简单，生成的产品质量较好，但是蒽醌经磺化制备上述 α 位蒽醌磺酸时要用汞作定位剂，因此必须对含汞废水进行严格处理。现在许多工厂已改用蒽醌的硝化还原法生产上述氨基蒽醌。

12.2.4 硝基的氨解

硝基的氨解也属于亲核取代反应，芳环上含有吸电子基团的硝基化合物，环上的硝基是相当活泼的离去基团，硝基氨解是其实际应用的一个方面。例如，由 1-硝基蒽醌氨解制 1-氨基蒽醌，反应式如下：

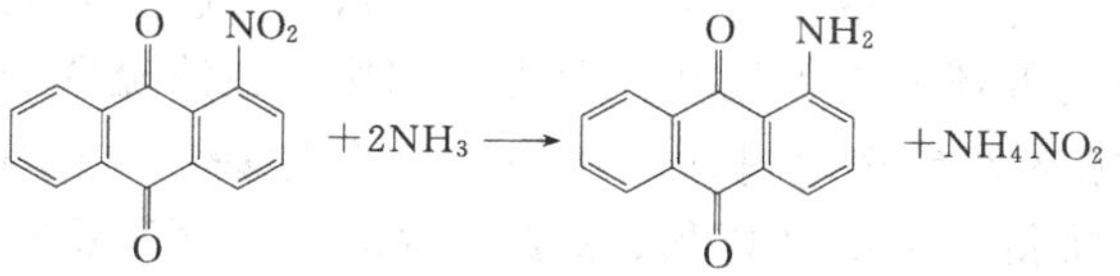

由 1-硝基蒽醌氨解制 1-氨基蒽醌一般均采用硫化碱还原法或加氢还原法。氨解法是近年来提出的一条合成路线。将 1-硝基蒽醌与过量的质量分数为 25% 的氨水在氯苯中于 150℃和 1.7MPa 的条件下反应 8h，可得到收率为 99.5% 的 1-氨基蒽醌，其纯度可达 99%。此法对设备的要求较高，氨的回收负荷很大。反应中生成的亚硝酸铵干燥时有爆炸的危险，因此在出料以后必须用水冲洗反应器，以防止发生事故。

氨解反应速率随氨水浓度、温度、压力的增大而加快，采用 C_1～C_8 的直链一元醇或二元醇的水溶液作溶剂，使氨解的压力和温度下降，降低亚硝酸铵分解的危险性，也可以采用其他有机溶剂如醚类、烃类等。另外，在氨解过程中加入少量卤化铵，可促使反应进行。

12.2.5　芳环的直接氨解

要在芳环上引入氨基，通常先引入—Cl 、—NO₂、—SO₃H 等吸电子取代基，以降低芳环的电子云密度，然后再进行亲核置换成氨基。但从实用的观点看，如能对芳环上的氢直接进行亲核置换引入氨基，就可大大简化工艺过程。要使该反应实现，首先芳环上应存在吸电子取代基，以提高芳环的亲核性，其次，要有氧化或电子受体参加，以便在反应中帮助脱氢，所以用氨基对包含有电子受体的原子或基团的芳香化合物进行氨基的直接取代是可能的。

芳环的直接氨解包括用氨的催化胺化、以羟胺为胺化剂氨解和用氨基钠为胺化剂的含氮杂环的氨解。

（1）氨的催化胺化　例如，苯与氨在 150～500℃和 1～100MPa 下通过 Ni-Zr-M（M 为稀土元素）的混合物，可以得到苯胺，所选用的稀土元素有 La、Y、Ho、Dy、Yb、Sm 和 Pr 等，但此法转化率低、催化剂寿命短，目前尚无实际应用。目前这种方法还处于探索性的研究阶段。

（2）以羟胺为胺化剂氨解　有实用价值的直接胺化法是以羟胺为胺化剂，按照反应条件可以分为碱式法和酸式法两种，分别为亲核胺化和亲电胺化两种方法。

当苯环上有强吸电子基时，它在碱性介质中可以在温和条件下与羟胺发生亲核取代反应，即为碱式法，强吸电子基使它邻、对位碳原子活化，所以氨基进入吸电子基的邻位或对位。例如 1-硝基萘直接氨解，得到 4-硝基-1-萘胺：

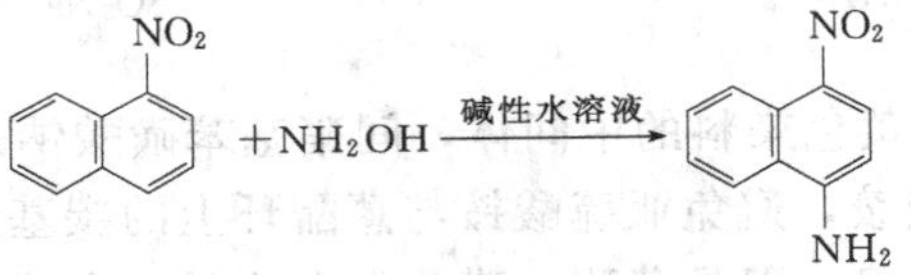

2,6-二氰基-4-硝基苯在二乙二醇的氢氧化钠的甲醇溶液中与羟胺盐酸盐氨解得 2,6-二氰基-4-硝基苯胺。

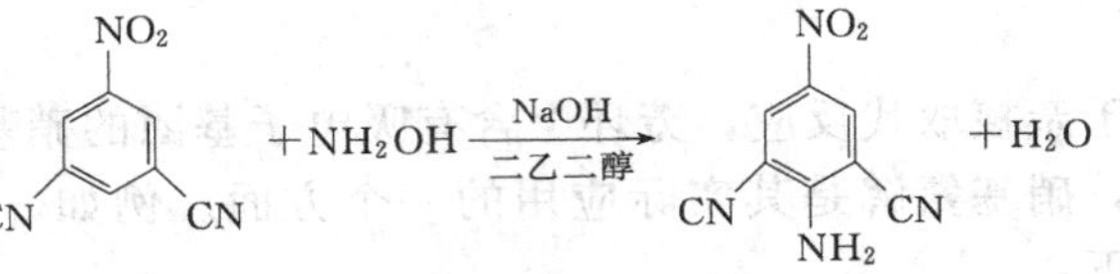

在浓硫酸介质中（有时是在钒盐和钼盐的存在下），芳族原料与羟胺在 100～160℃下发生亲电取代反应，直接向芳环上引入氨基，即为酸式法。在浓硫酸中羟胺可能是以 NH_2^+ 或 NH_2^+ 的配合物形式向苯环发生亲电进攻。当引入一个氨基后，反应容易进行下去。例如，蒽醌用羟胺进行胺化时将得到 1-氨基蒽醌、2-氨基蒽醌和多氨基蒽醌的混合物。

当氟苯与羟胺在浓硫酸介质中以 V₂O₅ 为催化剂在 120℃进行反应时，环上将同时引入氨基和磺酸基，产物中包括 3-氨基-4-氟苯磺酸和 5-氨基-2-氟苯磺酸两种异构体，其总收率达 95%。

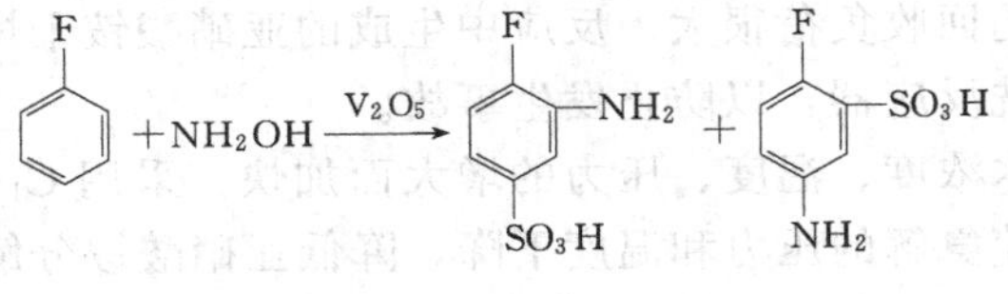

在上述相同条件下进行氯苯或溴苯的胺解，则分别得到 3-氨基-4-氯苯磺酸（收率 84%）和 2-氨基-4-溴苯磺酸（收率 90%）。

（3）用氨基钠的含氮杂环的胺化　含氮杂环化合物与氨基钠在 100℃ 以上共热，后再用水处理，可得到含氮杂环氨基化合物，也称齐齐巴宾反应（Chichibabin reaction）。该方法已被工业上用来合成 2-氨基吡啶和 2,6-二氨基吡啶以及应用于合成喹啉、异喹啉、嘧啶、苯并咪唑、苯并噻唑和其他氮杂环氨基化合物。氨解由易到难的程度，可排出以下顺序：1-甲基苯并咪唑＞异喹啉＞1-甲基嘧啶＞吡啶＞吖啶。

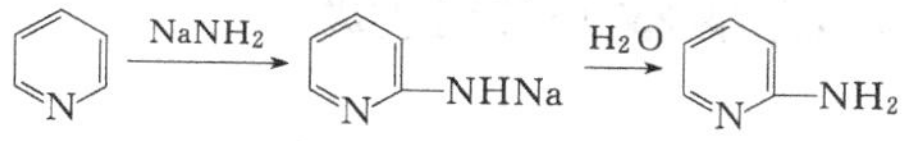

氨基进入到吡啶的 α 位，只有当 α 位被占据时才进入 γ 位，而且反应条件要激烈得多。氨化反应过程中释放出氢和氮，反应通常在烃类（甲苯、二甲苯、十氢萘等）、N,N-二甲基苯胺或醚类（二噁烷、氨基苯甲醚）溶剂中进行。

另外，萘醌、羟基萘醌以及蒽醌稠杂环衍生物环上的某些氢原子，也可以被氨基直接取代。

12.2.6　不饱和化合物的胺化

不饱和化合物与胺的反应是合成胺类的一种简便方法。含氧或氮的环状化合物容易与胺反应，得到 α-羟基胺或二元胺。含活泼氢的化合物与甲醛和胺缩合，则可向分子中引入氨甲基。

不饱和化合物（烯烃或羰基化合物）与伯胺、仲胺或氨反应能生成胺。简单的不饱和烃（如乙烯、乙炔）具有较强的亲核性，它们与胺的加成反应较难进行，需要加入催化剂和采取较剧烈的反应条件才能进行反应。例如，乙烯、氢化吡啶和金属钠在搅拌下于 100℃ 在高压釜中反应，生成 N-乙基氢化吡啶。

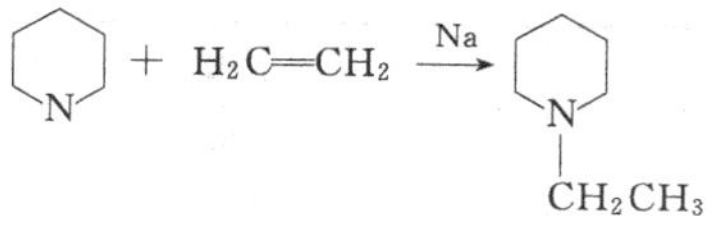

在碱金属存在下，共轭二烯与胺的加成比较容易进行。苯乙烯与胺的反应无需加入催化剂，例如：

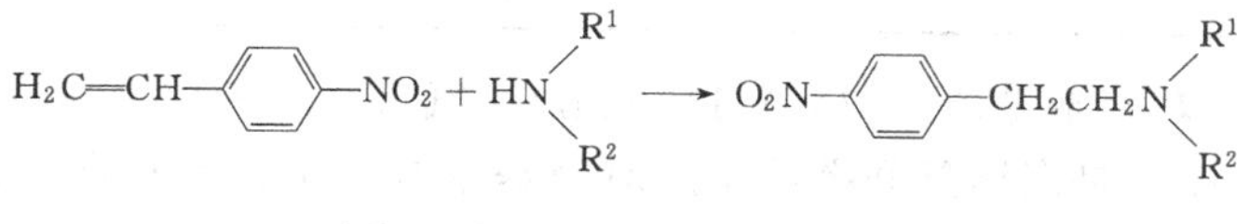

当至少有一个邻位未被取代的芳胺与 α-不饱和醛、β-不饱和醛反应时，将首先发生碳碳双键加成，而后与芳环亲电取代成环，最后氧化成环为喹啉及衍生物。这是一条较常用的合成喹啉衍生物的路线。

12.2.7　环氧化合物的胺化

环氧乙烷或亚乙基亚胺能够与胺或氨发生开环加成反应，得到氨基乙醇或二胺。

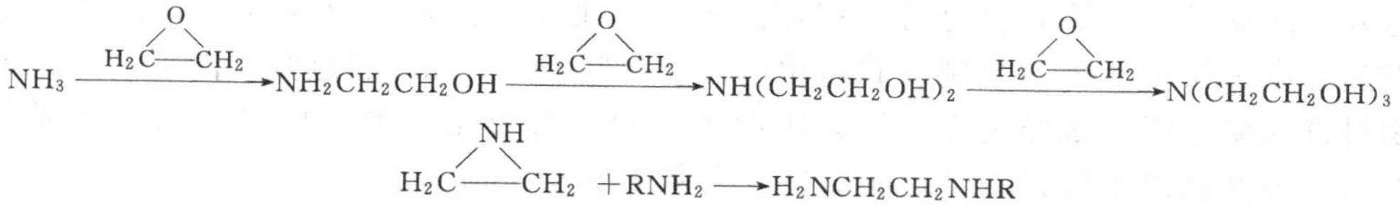

环氧乙烷与质量分数为 20%～30% 的氨水发生放热反应可生成 3 种乙醇胺的混合物，反应产物中各种乙醇胺的比例取决于氨与环氧乙烷的摩尔比。

与环氧乙烷相比，亚乙基亚胺与胺的反应较难进行，需要加入氯化铝作催化剂。当胺是仲胺时，采用苯作溶剂在约 90℃ 下反应；当胺是伯胺时，采用四氢萘或联苯作溶剂在约 180℃ 下反应，当反应剂是氨水时，则反应需在压力下进行。例如，将亚乙基亚胺慢慢加到二正丁胺和氯化铝的苯溶液中，在加热条件下进行反应，得到 N,N-二正丁基乙二胺。

12.3 应用实例——对硝基苯胺的合成

（1）概述，对硝基苯胺是一个重要的有机合成原料，主要用于制造偶氮染料，如直接墨绿 B，酸性媒介棕 G，酸性黑 10B，配性毛元 ATT，毛皮黑 D 和直接灰 D 等，还可以作兽药和农药的中间体，并可用于制造对苯二胺，此外，还可制取抗氧化剂和防腐剂，由于对硝基苯胺应用的广泛性和重要性，因此其合成工艺的研究日益受到人们的重视。

（2）合成方法，对硝基苯胺的合成方法一般有四种：对硝基氯化苯的氨解法，对硝基氯化苯的相转移催化胺化法，对硝基苯酚氨解法，硝化水解法，N-乙酰苯胺硝化得对硝基-N-乙酰苯胺，再水解得成品。国内的生产厂家普遍采用第一种方法。现对前三种方法进行介绍。

① 对硝基氯化苯的氨解法 对硝基氯化苯的氨解制备对硝基苯胺，合成工艺可采用高压釜间歇法生产，也可采用管道反应器连续化生产，反应式如下：

$$Cl\text{—}\boxed{}\text{—}NO_2 + 2NH_3 \cdot H_2O \longrightarrow H_2N\text{—}\boxed{}\text{—}NO_2 + NH_4Cl$$

表 12-1 列出两种合成方法的主要工艺参数。

表 12-1 对硝基氯化苯氨解法制对硝基苯胺工艺参数

反应条件	间歇	连续
氨水浓度/%	28	28
氨水：对硝基氯化苯（摩尔比）	8～15	7
反应温度/℃	180～190	225
压力/MPa	4.1～4.9	8～20
时间/h	9～10	0.25～0.3
收率/%	94	94

原料消耗定额：对硝基氯苯（97%）1170kg/t、氨水（28%）700kg/t。

a. 间歇法。图 12-1 是高压釜间歇法生产对硝基苯胺的工艺流程图。往高压釜中抽入定量熔化的对硝基氯化苯和相应量的过饱和浓氨水（对硝基氯苯：氨水为 1：8～15，摩尔比），升温至 180～190℃，控制釜内压力在 4.1～4.9MPa 下反应 9～10h。反应结束后，停止加热放氨，使其进入吸收氨器用泵喷淋循环吸收，得到的氨水可以循环再用。反应物降温至 130℃ 后，放入离析釜，并加热至 120℃ 赶出剩余的氨，再经冷却、过滤，即得成品，收率 95% 左右。

b. 连续法。用高压计量泵分别将已配好的浓氨水及熔融的对硝基氯苯按 7：1 的摩尔比连续送入反应管道中，反应管道可采用短路电流或道生油加热。反应物在管道中呈湍流状态，控制温度 205～240℃，物料在管道中的停留时间约 20min。通过减压阀后已降为常压的反应物料进入膨胀室，氨经过冷凝进入吸收器吸收回收过量的氨，再经冷却结晶和离心过滤，洗涤除去氯化铵而得成品对硝基苯胺，收率 95%～98%。

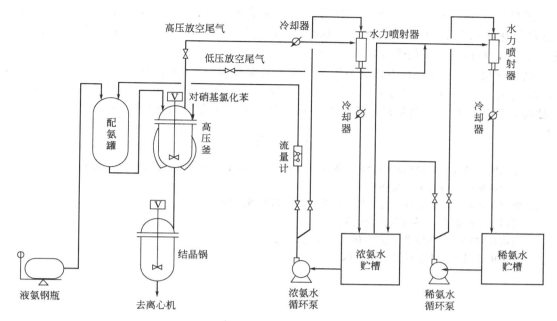

图 12-1　高压釜间歇法生产对硝基苯胺的工艺流程图

② 对硝基氯化苯的相转移催化氨化法(图 12-2)　向高压反应器中投入 0.1mol 对硝基氯化苯、0.025mol 相转移催化剂 TBAC（四丁基氯化铵）或 TBAB（四丁基溴化铵）、200mL 氨水（浓度 12%～28%），开动搅拌器，将反应混合物升温至 150℃，控制釜内压力在 3MPa 下反应 8～12h。放置、降温过滤，滤饼用 5%～8%的氢氧化钠溶液洗净 2～3 次，再用水洗涤后进行水蒸气蒸馏，以除去未反应的硝基氯苯，于 80℃下烘干得产品。收率可达 97%。

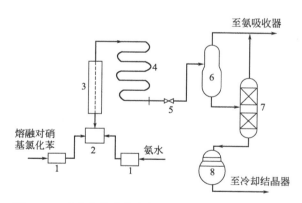

图 12-2　对硝基苯胺的相转移催化氨化法工艺流程图

1—高压计量泵；2—混合器；3—预热器；4—高压管式反应器；
5—减压阀；6—氨蒸发器；7—脱氨塔；8—脱氨塔釜

相转移催化剂有使反应在较低的温度下进行、反应时间短、收率高等显著优点，而受到普遍重视。

③ 对硝基苯酚氨解法

$$NO_2-\!\bigcirc\!\!\!\!\!\!\!\!-OH +NH_3 \longrightarrow NO_2-\!\!\!\!\!\!\!\!\!\!\!\bigcirc\!\!\!\!\!\!\!\!-NH_2 +H_2O$$

制备实例 1　向 50mL 不锈钢高压釜中加入对硝基苯酚 2.782g（0.02mol）、28％的氨水 20g 和氯化镁 4.761g（0.05mol），在 160℃下反应 7h。反应毕，冷却。对硝基苯酚转化率为 35.6％，对硝基苯胺的选择性为 100％。

制备实例 2　向 50mL 不锈钢高压釜中加入对硝基苯酚 2.782g（0.02mol）、28％的氨水 20g 和氯化铵 5.350g（0.10mol），在 170℃下反应 7h。反应毕，冷却，蒸出氨，然后用乙醚抽提对硝基苯胺。对硝基苯酚转化率为 66.4％，对硝基苯胺的选择性为 96.4％。

习　题

1. 什么叫氨解反应？氨解反应常用的氨解剂有哪些？氨解反应在有机合成中有什么意义？
2. 影响氨解反应的因素有哪些？
3. 常用的氨解方法有哪些？通过氨解反应可以制得哪些产物？
4. 写出由丙烯制备 2-烯丙胺的合成路线。
5. 写出由对硝基氯苯制备 2-氯-4-硝基苯胺的合成路线。
6. 写出由乙烯制备乙二胺的合成路线。

13 重氮化反应

13.1 概述

13.1.1 重氮化反应定义

含有伯氨基的化合物与亚硝酸作用生成重氮盐的反应称为重氮化反应。由于亚硝酸易分解，所以反应式中通常用亚硝酸钠与无机酸作用生成亚硝酸，立即与伯胺反应，一般按下式完成：

$$R—NH_2+NaNO_2+2HL \longrightarrow R—N_2^+L^-+NaL+H_2O$$

式中，HL 可以是 HCl、HBr、HNO_3、H_2SO_4 等。工业上常采用盐酸。

脂肪族伯胺类与亚硝酸作用生成的重氮盐极不稳定，易分解放出氮气，形成碳正离子，发生亲核取代反应，生成伯醇，还可发生重排和加成副反应生成仲醇、卤代烷和烯烃化合物。由于产品很复杂，在有机合成中脂肪族重氮化反应实际意义不大，没有实用价值。所以，通常重氮化反应是指芳伯胺发生上述的反应：

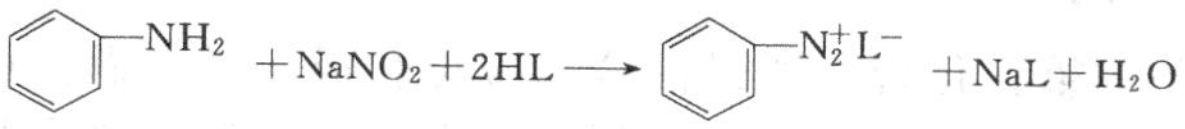

13.1.2 重氮化合物、偶氮化合物和重氮盐的结构与性质

重氮和偶氮化合物分子内都含有偶氮基官能团—N ═ N—，如果该官能团两端均与烃基相连，则称为偶氮化合物，只有一端与碳原子相连，而另一端则不与 C 原子相连则称为重氮化合物。例如：

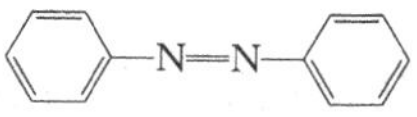

偶氮苯

$CH_3—N═N—CH_3$

偶氮甲烷

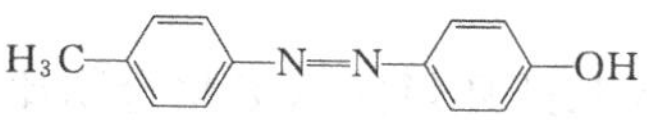

4-甲基-4′-羟基偶氮苯

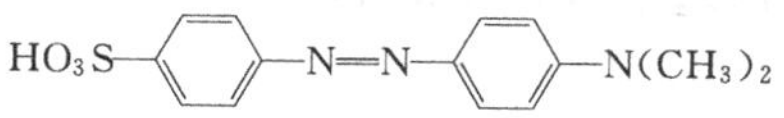

4-(*N*,*N*-二甲氨基)偶氮苯-4′-磺酸

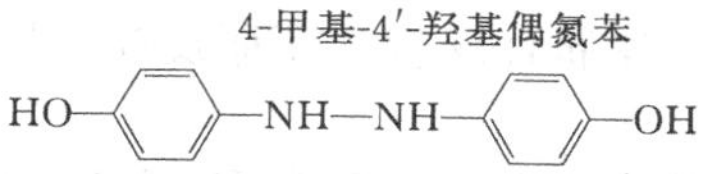

4,4′-二羟基氢化偶氮苯

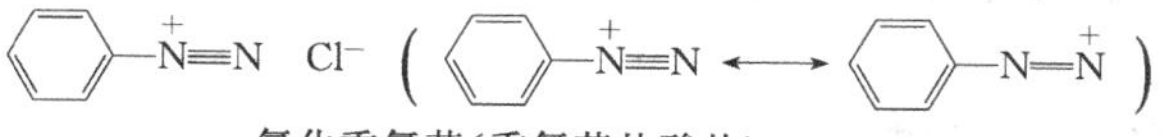

氯化重氮苯(重氮苯盐酸盐)

$$CH_2N_2\left(\overset{-}{C}H_2—\overset{+}{N}≡N \longleftrightarrow CH_2═\overset{+}{N}═\overset{-}{N}\right)$$

重氮甲烷

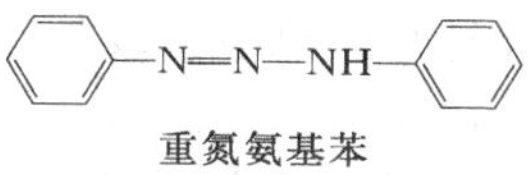

重氮氨基苯

重氮化合物兼有酸和碱的特性，它既可以与酸生成盐，又可以与碱生成盐。在水介质中，重氮盐的结构转变如图 13-1 所示。

其中亚硝酸和亚硝胺盐比较稳定，而重氮盐、重氮酸和重氮酸盐则比较活泼，所以重氮盐的反应一般是在强酸性到弱碱性介质中进行的。其 pH 值的高低与目的反应有关。

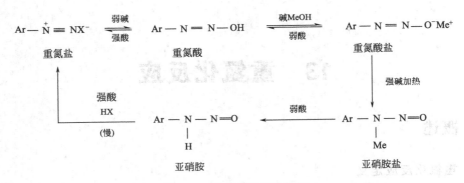

图 13-1　重氮盐的结构转变

大多数重氮盐能溶解于水，在水溶液中能电离，不溶于有机溶剂，重氮化后溶液是否澄清可作为反应正常与否的标志；重氮盐性质不稳定，受光与热的作用则分解，温度高分解速度快；干燥时重氮盐受热或振动会剧烈分解，受热爆炸，但重氮盐在低温水溶液中比较稳定且具有高反应活性。生产中常不必分离出重氮盐结晶，而用其水溶液进行下一步反应。

重氮盐可发生两类反应：一类是重氮基转化为偶氮基（偶合）或肼基（还原），非脱落氮原子的反应；另一类是重氮基被其他取代基所置换，同时脱落两个氮原子放出氮气的反应。通过上述两类重氮盐的反应，可制得一系列重要的有机中间体。

13.1.3　重氮化反应的用途

由重氮化反应制备的重氮化合物通过偶合反应可合成一系列偶氮染料，同时重氮化合物通过重氮基的转化反应可以制备许多重要中间体，在精细有机合成中被广泛应用，因此重氮化反应的应用十分广泛。

脂肪族伯胺类的重氮化主要用于氨基化合物的分析鉴定。

苄基伯胺的碳正离子不发生副反应，只进行亲核取代生成苄醇衍生物。

脂环族伯胺的重氮化合物，形成碳正离子进行分子重排反应，得到扩环、缩环或环合产品。

芳烃和杂环烃的重氮化合物比脂肪烃的重氮化合物性质稳定，其转化反应具有较大的实用价值，例如偶合反应、还原反应、置换反应和自由基的取代反应等。

13.2　重氮化反应的条件和方法

13.2.1　重氮化反应的一般条件

芳伯胺的重氮化是亲电反应，反应进行的难易与多种因素有关。

（1）芳胺的影响　反应历程表明，芳胺碱性越大越有利于氮亚硝化反应，并能加速重氮化反应速度。但是强碱性的芳胺很容易与无机酸生成盐，而且生成的盐不易水解，使得参加反应的游离胺浓度降低，抑制了重氮化反应速度。因此，当酸的浓度低时，芳胺碱性的强弱是主要影响因素，碱性越强的芳胺，重氮化反应速度越快；在酸的浓度较高时，铵盐水解的难易程度成为主要影响因素，碱性弱的芳胺重氮化速度快。

当芳伯胺的芳环上连有供电子基团时，芳伯胺碱性增强，反应速度加快；当芳伯胺的芳环上连有吸电子基团时，芳伯胺碱性减弱，反应速度变慢。

（2）无机酸性质和浓度的影响　无机酸可以是 HCl、HBr、HNO_3、H_2SO_4 等。使用不同性质的无机酸时，在重氮化反应中向芳胺进攻的亲电质点也不同。在稀硫酸中反应质点为亚硝酸酐，在浓硫酸中则为亚硝酰正离子：

$$O{=\!\!=}N{-}OH+2H_2SO_4 \Longleftrightarrow NO^+ +2HSO_4^- +H_3^+O$$

而在盐酸中，反应质点除亚硝酸酐外还有亚硝酰氯，在盐酸介质中重氮化时，如果添加少量溴化物，由于溴离子存在则有亚硝酰溴生成。

$$HO{-}NO+H_3^+O+Br^- \Longleftrightarrow ONBr+2H_2O$$

各种反应质点亲电性大小的顺序为：

$$NO^+ >ONBr>ONCl>ON{-}NO_2>ON{-}OH$$

对于碱性很弱的芳胺，不能用一般方法进行重氮化，必须采用浓硫酸作介质。浓硫酸不仅可以溶解芳胺，更主要的是它与亚硝酸钠可生成亲电性最强的亚硝酰正离子（$NO^+ HSO_4^-$）作为重氮化剂，NO^+可以在氨基上发生氮亚硝化反应，然后再转化为重氮盐。在盐酸介质中重氮化，加入适量的溴化钾，会生成高活性亚硝酰溴（ONBr），可提高重氮化反应速度。

工业上常采用盐酸，其理论用量为每 1mol 伯胺用 2mol 盐酸。反应后生成的重氮化合物，是以重氮盐的形式溶解在水中的。无机酸的作用是溶解芳胺和生成亚硝酸，生成的重氮盐一般在酸性溶液中比较稳定。实际上，无机酸与芳胺的摩尔比通常为 1∶2.25～1∶4。在重氮化的过程中至反应结束，要始终保持反应介质对刚果红试纸呈强酸性，如果酸量不足，可能导致生成的重氮盐与没有反应的芳胺生成重氮氨基化合物或氨基偶氮化合物等副产物：

$$Ar{-}N_2^+Cl^- +H_2N{-}Ar \longrightarrow Ar{-}N{=\!\!=}N{-}NH{-}Ar+HCl$$
$$Ar{-}N_2^+Cl^- +Ar{-}NH_2 \longrightarrow Ar{-}N{=\!\!=}N{-}Ar{-}NH_2+HCl$$

（3）亚硝酸钠用量的影响　亚硝酸钠的用量必须严格控制，只稍微超过理论量。当加完亚硝酸钠溶液并经过 5～30min 后，反应液仍可使碘化钾淀粉试纸变蓝，即可以认为亚硝酸钠已经微过量，芳伯胺已经完全重氮化，达到反应终点。

反应完毕后，过量的亚硝酸钠会促使重氮盐的缓慢分解，并且不利于重氮盐的进一步反应。因此，反应终点后，还要在低温搅拌一段时间，使过量的亚硝酸钠完全分解，或者重氮化反应结束时，过量的亚硝酸通常加入尿素或氨基磺酸分解掉，或加入少量的芳胺，使之与过量的亚硝酸作用。

但过多地加入尿素或氨基磺酸，有时会产生破坏重氮盐的副作用。

$$Ar{-}N_2^+Cl^- +H_2N{-}SO_3H+H_2O \longrightarrow Ar{-}NH_2+N_2\uparrow +H_2SO_4+HCl$$

在重氮化反应中，如果亚硝酸不能自始至终保持过量或是加入亚硝酸钠溶液的速度过慢，也能导致生成的重氮盐与没有反应的芳胺生成重氮氨基化合物或氨基偶氮化合物等副产物。

一般亚硝酸钠的加料速度取决于重氮化反应速度的快慢，主要目的是保证整个反应过程自始至终不缺少亚硝酸钠，以防止产生重氮氨基物的黄色沉淀，加料速度不能太快，防止产生"黄烟"，即 NO_2。

（4）温度的影响　重氮化反应是典型的放热反应，要及时移除反应热。重氮化反应一般在 0～10℃进行，如果温度太高，不仅亚硝酸容易分解，也会加速重氮化合物的分解。反应温度应根据重氮盐的稳定性决定。对氨基苯磺酸可在 10～15℃ 重氮化，4-氨基-1-萘磺酸的重氮盐很稳定，重氮化反应可在 35℃ 下进行。

（5）其他影响和重氮化试剂的配制　干燥的芳基重氮盐不稳定，受热或摩擦、撞击时易快速分解放氮而发生爆炸。因此，可能残留有芳基重氮盐的设备在停止使用时必须清洗干净，以免干燥后发生爆炸事故。

亚硝酸钠在水中的溶解度很大，在稀酸中重氮化时，一般可用质量分数为 30%～40% 的亚硝酸钠水溶液，以便控制滴加速度。

13.2.2　重氮化方法

（1）直接法　本法适用于碱性较强的芳胺，即为含有给电子基团的芳胺，例如苯胺、联苯胺以及带有—CH₃、—OCH₃ 等基团的芳胺衍生物，这些胺类可与无机酸生成易溶于水、但难以水解的稳定铵盐。

将计算量（或稍过量）的亚硝酸钠水溶液在冷却搅拌下，先快后慢地滴加到芳胺的稀酸水溶液中，进行重氮化，直到亚硝酸钠稍微过量为止。此法亦称正加法，应用最为普遍。

反应温度一般在 0～10℃。盐酸用量一般为（芳伯胺为 1mol）3～4mol 为宜。水的用量一般应控制在到反应结束时，反应液总体积为胺量的 10～12 倍。应控制亚硝酸钠的加料速度，以确保反应正常进行。

（2）连续操作法　本法适用于碱性较强芳伯胺的重氮化，此类芳胺包括邻位、间位和对位硝基苯胺，硝基甲苯胺，2,5-二氯苯胺等。由于反应过程的连续性，可较大地提高重氮化反应的温度以增加反应速率。

重氮化反应一般在低温下进行，目的是为避免生成的重氮盐发生分解和破坏。连续操作可以利用反应产生的热量提高温度，加快反应速度，缩短反应时间，适合于大规模生产。例如，由苯胺制备苯肼就是采用连续重氮化法，重氮化温度可提高到 50～60℃。

（3）倒加料法　本法适用于一些两性化合物，即含—SO₃H、—COOH 等吸电子基团的芳伯胺，如对氨基苯磺酸和对氨基苯甲酸等，还适用于一些易于偶合的芳伯胺重氮化。此类胺盐在酸液中生成两性离子的内盐沉淀，故不溶于酸中，因而很难重氮化。

将这类化合物先与碱作用制成钠盐以增加溶解度，并溶于水中，再加入需要量的 NaNO₂，然后将此混合液加入到预先经冷却的稀酸中进行重氮化。

（4）浓酸法　本法适用于碱性很弱的芳伯胺，如二硝基苯胺、2-氰基-4-硝基苯胺、1-氨基蒽醌及 1,5-二氨基蒽醌或某些杂环化合物（如苯并噻唑衍生物）等。因其碱性弱，在稀酸中几乎完全以游离胺存在，不溶于稀酸，反应难以进行。为此常在浓硫酸中进行重氮化。该重氮化方法是借助于最强的重氮化活泼质点（NO^+），才使电子云密度显著降低的芳伯胺氮原子能够进行反应。

将该类芳伯胺溶解在浓硫酸中，加入亚硝酸钠液或亚硝酸钠固体，在浓硫酸中的溶液中进行重氮化。由于亚硝酰硫酸放出亚硝酰正离子（NO^+）较慢，可加入冰醋酸或磷酸以加快亚硝酰正离子的释放而使反应加速。如，2,6-二硝基苯胺，其重氮化是先将其溶于苛性钠水溶液中，然后加盐酸经过颗粒形式析出，再加亚硝酸钠进行重氮化。

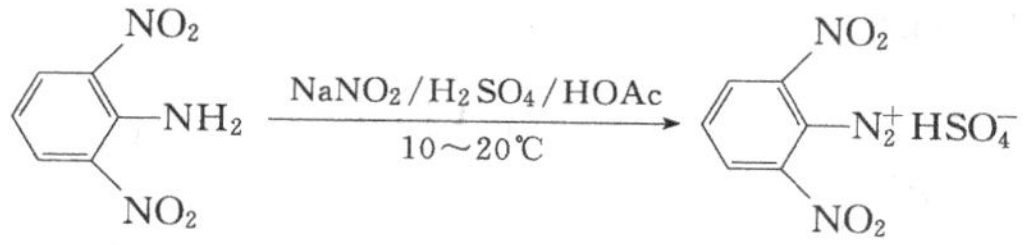

（5）亚硝酸酯法 此类芳胺有邻位、对位氨基苯酚及其硝基、氯基衍生物。它们都可以采用通常的重氮化方法，但该类中的某些芳胺在无机酸中易被亚硝酸氧化成酮亚胺型化合物。

本法是将芳伯胺盐溶于醇、冰醋酸或其他有机溶剂（如 DMF、丙酮等）中，用亚硝酸酯进行重氮化。常用的亚硝酸酯有亚硝酸戊酯、亚硝酸丁酯等。此法制成的重氮盐，可在反应结束后加入大量乙醚，使其从有机溶剂中析出，再用水溶解，可得到纯度很高的重氮盐。

重氮化一般采用间歇操作，选择釜式反应器。反应器不宜直接使用金属材料。大型重氮反应器通常为内衬耐酸砖的钢槽或直接选用塑料制反应器。小型重氮设备通常为钢制加内衬。用稀硫酸重氮化时，可用搪铅设备，其原因是铅与硫酸可形成硫酸铅保护膜；若用浓硫酸，可用钢制反应器；若用盐酸，因其对金属腐蚀性较强，一般用搪玻璃设备。间歇操作的优点是操作简单，可以直接加冰冷却，更换产品灵活。

连续重氮化反应器可以用串联反应器组或槽式-管式串联法。其优点是反应物停留时间短，可在 10～30℃进行重氮化，也适合悬浮液的重氮化。

13.3 重氮化合物的反应

重氮基的转化反应分为保留氮的转化反应（还原反应和偶合反应）和放出氮的转化反应，下面将分别讨论。

13.3.1 放氮反应

放氮反应就是重氮盐中的重氮基—N≡NX 被—OH、—H、—X、—CN 等原子或原子团取代，同时放出氮气的反应。因此，又叫取代反应。

（1）被羟基置换 将重氮盐在酸性水溶液加热，即会发生水解，放出氮气，同时生成酚。反应可按下式发生：

$$ArN_2X + H_2O \longrightarrow ArOH + HX + N_2 \uparrow$$

该反应历程是亲核反应，就是水对重氮盐的芳正离子的亲核进攻，所以，为了避免氯离子和芳正离子的反应生成氯化副产物，采用的重氮盐以硫酸盐为好。为了避免生成的酚类负离子与芳正离子反应生成二芳基醚等副产物，或者将生成的可挥发性酚立即用水蒸气蒸馏，或者向反应液中加入氯苯等惰性有机溶剂，使生成的酚立即转入到有机相中，避免接触。

为了避免生成的酚与重氮盐发生偶合反应生成羟基偶氮染料，转化反应最好在强酸性溶液（40%～50%）中进行，通常是将冷的重氮盐水溶液滴加到沸腾的稀硫酸中，使重氮盐迅速水解。

水解的难易程度与重氮盐的结构有关。水解温度一般在 102～145℃，可根据水解的难易程度确定水解的温度，并根据水解温度来确定硫酸的浓度，或加入硫酸钠来提高沸腾的温度。加入硫酸铜对于重氮盐的水解有良好的催化作用，可降低水解温度、提高收率。

当用其他方法不易在芳环的指定位置形成羟基时，可采用重氮盐的水解法。

用水解方法制得的重要苯酚类有：

萘系的酚类中，只有 1-萘酚-8-磺酸的制备采用重氮盐的水解法：

$$\xrightarrow{\text{NaNO}_2/稀\text{H}_2\text{SO}_4}\quad\xrightarrow{稀\text{H}_2\text{SO}_4}\quad\xrightarrow{\text{NaOH}}$$

　　　　　重氮化　　　　　　　　酸性水解　　　　　　碱性水解

　　（2）被氢原子取代　将重氮盐水溶液用适当的还原剂还原，可使其失去重氮基，被还原成氢原子，该反应可用于制备许多芳香族取代衍生物。当用一般取代反应不能将取代基引入目的位置时，可用此方法。这类反应所用的还原剂有乙醇、丙醇、次磷酸、甲醛、亚锡酸钠、葡萄糖等，最常用的是乙醇和次磷酸，而所用的酸最好是硫酸，而不宜使用盐酸。

$$\text{ArN}_2\text{HSO}_4 + \text{H}_3\text{PO}_2 + \text{H}_2\text{O} \longrightarrow \text{ArH} + \text{N}_2\uparrow + \text{H}_3\text{PO}_3 + \text{H}_2\text{SO}_4$$

$$\text{ArN}_2\text{Cl} + \text{HCHO} + 2\text{NaOH} \longrightarrow \text{ArH} + \text{N}_2\uparrow + \text{HCOONa} + \text{NaCl} + \text{H}_2\text{O}$$

　　用醇作还原剂时，重氮盐中重氮基被还原成氢原子并放出氮气，但常伴随有副产物醚的生成。

$$\text{ArN}_2\text{HSO}_4 + \text{C}_2\text{H}_5\text{OH} \begin{cases} \longrightarrow \text{ArH} + \text{N}_2\uparrow + \text{CH}_3\text{CHO} + \text{H}_2\text{SO}_4 \\ \longrightarrow \text{ArOC}_2\text{H}_5 + \text{N}_2\uparrow + \text{H}_2\text{SO}_4 \end{cases}$$

　　该反应历程是自由基型反应，反应的影响因素决定于芳环上的取代基和醇的种类，当芳环上有吸电子基时，反应收率良好。而未取代的重氮苯及其同系物，则主要生成芳醚。用甲醇代替乙醇有利于生成芳醚，而用丙醇则生成脱氨基产物。

　　用次磷酸还原时，不论芳环上是吸电子基或供电子基，反应都可以得到良好的收率，理论上 1mol 重氮盐只需 1mol 次磷酸，但实际上要用 5mol，甚至 10～15mol 次磷酸才能得到良好的收率。用次磷酸进行还原时在室温或较低温度下将反应液放置长时间而完成的，加入少量的 KMnO_4、CuSO_4、FeSO_4 或 Cu 可大大加速反应。

　　该反应如果在酸性介质中进行，也可以用氧化亚铜或甲酸作还原剂，如果在碱性介质中进行，可以用甲醛、亚锡酸钠作还原剂，但不宜于制备含硝基的化合物。在个别情况下也可以用氢氧化亚铁、亚硫酸钠、亚砷酸钠、甲酸钠或葡萄糖作还原剂。

　　重氮盐的卤代反应在有机合成中，也是常用来合成一些用一般方法不易制得的卤代芳烃。

　　（3）被烷氧基取代　将乙醇和重氮盐水溶液加热，重氮盐被还原成芳烃，但是如果用干燥的重氮盐和乙醇加热，则烷基取代了重氮基，成为酚醚：

$$\text{ArN}_2\text{X} + \text{C}_2\text{H}_5\text{OH} \longrightarrow \text{ArOC}_2\text{H}_5 + \text{HX} + \text{N}_2\uparrow$$

　　重氮盐仍以硫酸盐为好，可以避免卤化物产生。水要尽量少，甚至可以用干燥重氮盐和无水乙醇反应。所用的醇可以是乙醇，也可以是甲醇、异戊醇、苯酚等，它们与重氮盐反应分别得乙氧基、甲氧基、异戊氧基和苯氧基化合物。例如，邻氨基苯甲酸重氮盐与甲醇加热，制得邻甲氧基苯甲酸：

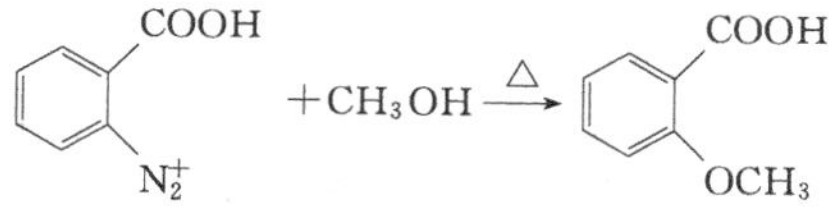

　　这类反应如果在加压下进行，有利于烷氧基的置换反应。

　　（4）被卤原子取代　由芳胺重氮化的重氮基置换成卤基，对于制备一些不能采用卤化法，或者卤化后所得异构体难以分离的卤化物很有价值。重氮基置换成不同的卤原子时，所采用的方法各不相同。

　　① 重氮基被氯或溴置换　芳胺重氮盐在亚铜盐催化下，重氮基置换成氯、溴和氰基的转化反应称为桑德迈耶尔（Sandmeyer）反应。将重氮盐溶液加入到卤化亚铜的相应卤化氢溶液中，经分解即释放出氮气而生成 ArX：

$$ArN_2^+ X^- \xrightarrow{CuX, HX} ArX + N_2\uparrow + CuX$$

　　这个反应要求芳伯胺重氮化时所用的氢卤酸和卤化亚铜分子中的卤原子都要与引到芳环上的卤原子相同。氯化亚铜的用量一般是重氮盐当量的 1/10～1/5。

　　芳环对位上已有取代基对反应速率的影响按以下顺序递减：

$$p\text{-}NO_2 > p\text{-}Cl > H > p\text{-}CH_3 > p\text{-}OCH_3$$

　　桑德迈耶尔反应一般有两种操作方法，一种是将冷的重氮盐水溶液慢慢滴入卤化亚铜-氢卤酸水溶液中，滴加速度以立即分解放出氮气为宜，这种方法适用于反应速率较快的重氮盐；另一种方法是将重氮盐水溶液一次加入到冷的卤化亚铜-氢卤酸水溶液中，低温反应一定时间后，再慢慢加热使反应完全，这种方法适用于反应速率较慢的重氮盐。

　　上述反应如果用铜粉代替 CuX，加热重氮盐也可生成卤代烃，该反应称为盖特曼（Gattermann）反应，但产率较低。

　　该方法可制备的中间体有很多，例如：

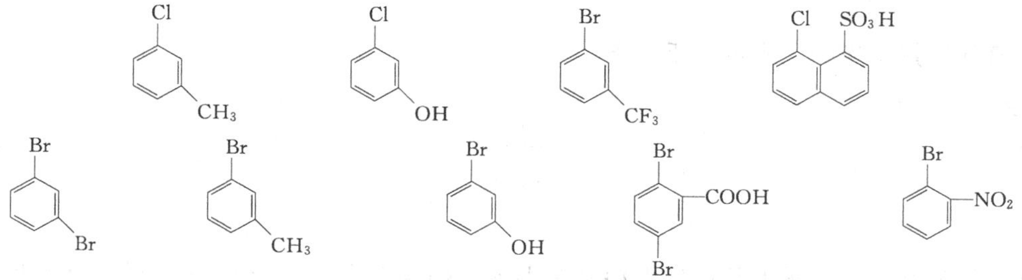

　　② 重氮基被碘原子取代　可以采用桑德迈耶尔反应，但氢碘酸容易被氧化成碘，所以重氮化时不能在氢碘酸中进行，而要在乙酸中进行，然后再加入碘化亚铜-碘氢酸水溶液，进行碘置换反应。

　　由于 I 原子的亲核活性较高，重氮基比较容易被碘原子取代，而无需催化剂。只要把重氮盐与 KI 水溶液一起加热，重氮基即可被碘原子取代，这是把碘原子引入芳环的好方法。例如，邻、间、对碘苯甲酸，都是由相应的氨基苯甲酸制得的：

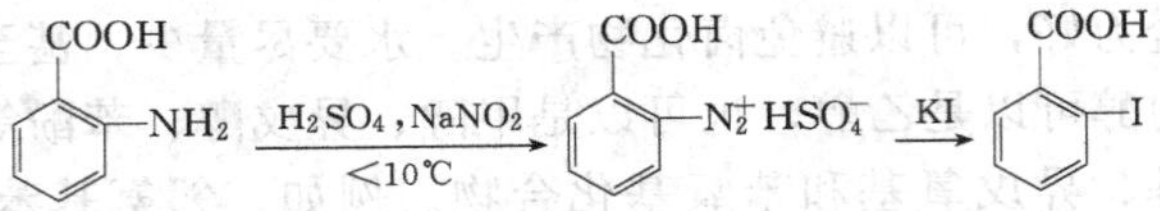

重氮基被碘置换的反应可用于制备：

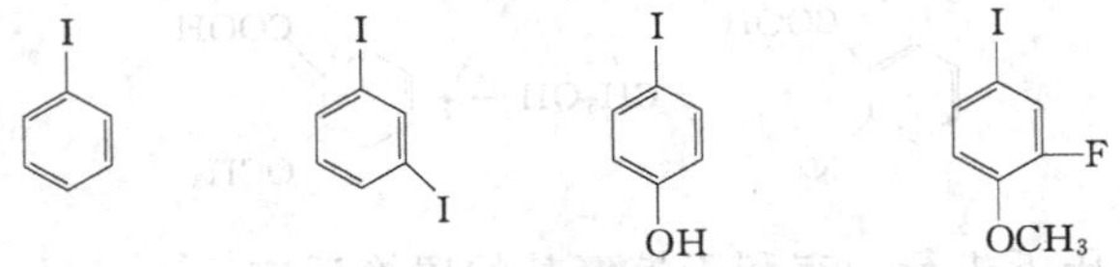

③ 重氮基被氟原子取代　重氮基被氟原子取代的反应主要有三种方法。

希曼反应：芳香氟化物也可由重氮盐法制得。但必须首先将一般的重氮盐转化为氟硼酸重氮盐，该重氮盐为一沉淀，分离干燥后，小心加热，即可分解为芳香氟化物。该反应称为希曼（Schiemann）反应。

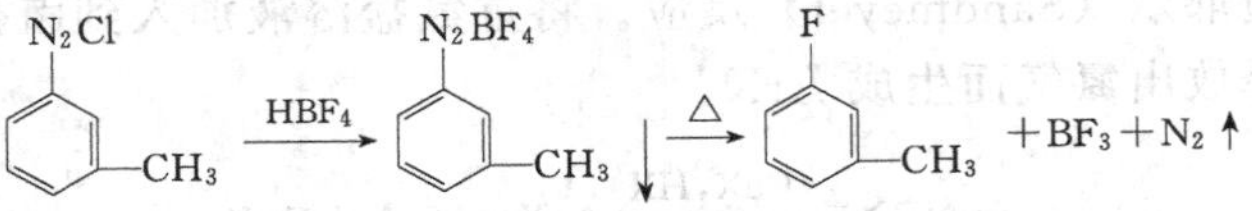

氟化芳烃也不能用亲电取代的方法制得，所以希曼反应也是在芳环引入氟原子的常用方法。

无水氟化氢法：将无水氟化氢用冷冻盐水冷却，在搅拌下，向其中加入干燥的苯胺盐酸盐，温度不超过 10℃，然后加入干燥的亚硝酸钠进行重氮化，再在 40℃ 以下进行分解氟化（因含水、氟化钠和重氮盐使氟化氢溶液沸点升高）。

$$Ar—NH_2 \cdot HCl + HF \longrightarrow Ar—NH_2 \cdot HF + HCl$$
$$Ar—NH_2 \cdot HF + HF + NaNO_2 \longrightarrow Ar—N_2^+ \cdot F^- + NaF + 2H_2O$$
$$Ar—N_2^+ \cdot F^- \xrightarrow{分解} Ar—F + N_2 \uparrow$$

水介质铜粉催化分解氟化法：将固体 2-羧基-5-氯苯重氮盐湿滤饼放于适量水中，加入少量氯化亚铜，在 85℃ 左右搅拌 2h，可制得 2-羧基-5-氯氟苯，收率可达 70%。

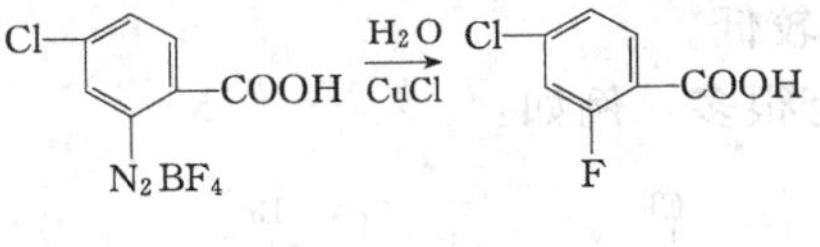

重氮基被氟置换的反应可用于制备：

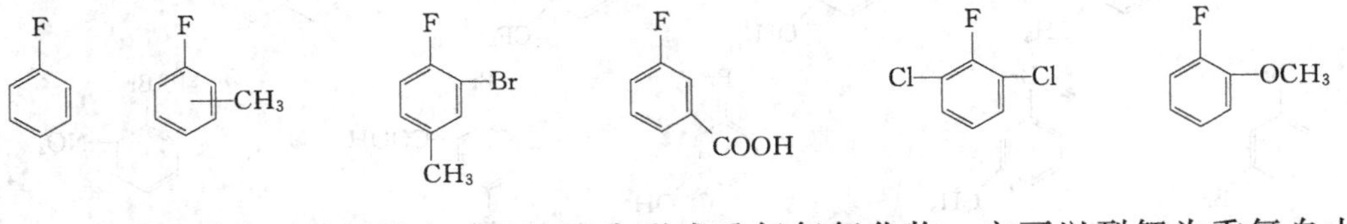

（5）被芳基取代　重氮盐在碱性溶液中形成重氮氢氧化物。它可以裂解为重氮自由基，再失去氮形成芳基自由基：

$$ArN^+ \!\!=\!\! NCl^- \xrightarrow{NaOH} ArN^+ \!\!=\!\! NOH^- \xrightarrow{NaOH} ArN \!\!=\!\! N—OH$$
$$ArN \!\!=\!\! N—OH \longrightarrow ArN \!\!=\!\! N \cdot + \cdot OH$$
$$\downarrow$$
$$Ar \cdot + N_2 \uparrow$$

生成的自由基可以与不饱和烃类或芳族化合物进行如下芳基化反应。

① 冈伯格（Gomberg）反应　这是由芳胺重氮化合物制备不对称联芳基衍生物的方法。

$$ArN=N-OH + Ar'H \longrightarrow Ar-Ar'$$

按常规方法进行芳胺重氮化，要求尽可能少的水和较浓的酸。用饱和的亚硝酸钠溶液重氮化，把重氮盐加入待芳基化的芳族化合物中，通过该转化方法可制备 4-甲基联苯、对溴联苯等化合物：

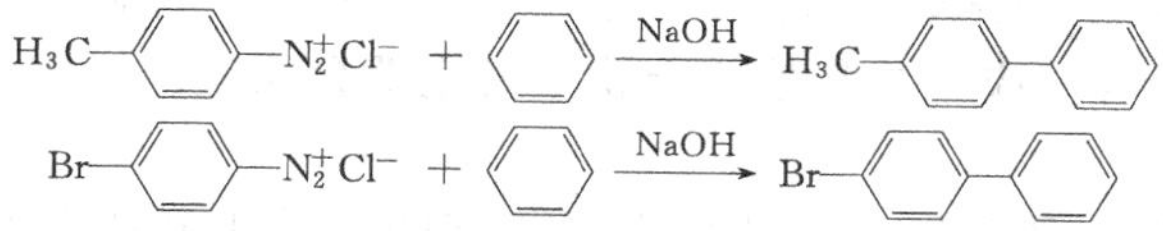

② 伽特曼（Gakemann）反应　重氮盐在弱碱性溶液中用铜粉还原，即发生氮偶合反应，形成对称的联芳基衍生物。

$$2ArN_2^+ Cl^- + Cu \longrightarrow Ar-Ar + 2N_2\uparrow + CuCl_2$$

反应用的铜是把锌粉加到搅拌下的硫酸铜溶液中得到的泥状铜沉淀。天然铜磨成细粉也可用，但效果不如沉淀铜。锌粉、铁粉也可还原重氮盐成联芳基化合物，但产率低，锌铜齐较好。重氮盐如果是盐酸盐，产物中将混有氯化物，所以最好用硫酸法。应用的具体反应如下：

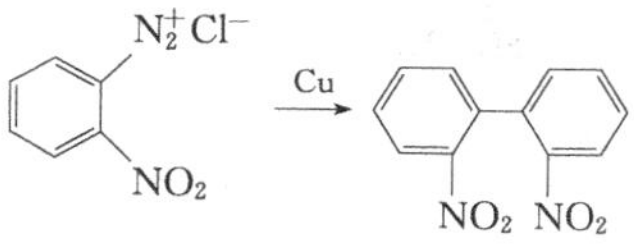

该反应也可用于制备某些蒽醌还原染料的母体。

（6）重氮盐的分解与重排　脂环族伯胺经重氮化形成的碳正离子可发生重排反应，得到某些扩环和缩环的反应产物。

若氨基连在环的侧链上，则生成的正碳离子发生扩环反应，生成比原来反应物多一个碳原子的脂环化合物。如医药工业上治疗高血压药物的中间体环庚酮的制备：

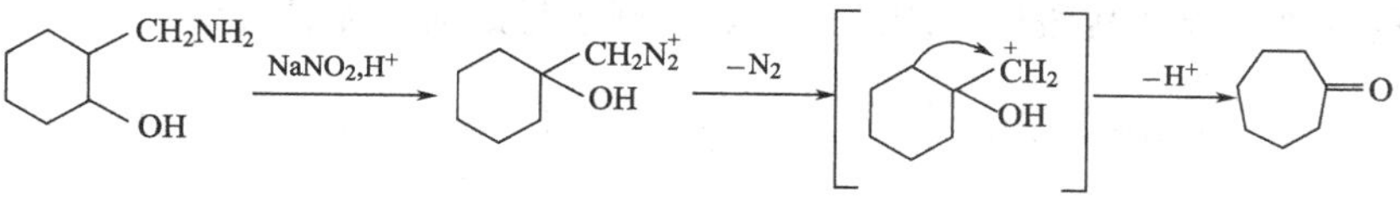

若伯氨基直接连在脂环上，经重氮化生成的正碳离子，发生烷基重排而引起缩环反应生成比原来反应物少一个碳原子的化合物。例如由环己胺制备环戊基甲醇：

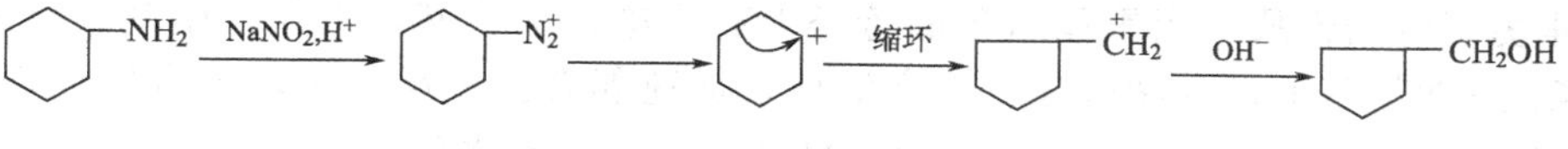

13.3.2　保留氮的转化反应

保留氮反应就是发生反应后，重氮基中的氮原子仍然保留在产物中。这里主要指的是偶合反应和还原反应。

（1）偶合反应　重氮盐与酚或芳胺在一定条件下作用，生成具有颜色的偶氮化合物。这个反应又称偶联反应。

$$ArN_2^+X^- + Ar'OH \longrightarrow ArN = NAr'OH$$
$$(Ar'NH_2)\quad (ArN = NAr'NH_2)$$

　　参与反应的重氮盐称为重氮组分，与重氮盐相作用的酚类和胺类称为偶合组分，常用的偶合组分有：酚类，例如苯酚、萘酚及其衍生物；芳胺类，例如苯胺、萘胺及其衍生物；氨基萘胺磺酸类，例如 H 酸、J 酸及 γ 酸等，含有活泼亚甲基的化合物，例如乙酰乙酰基芳胺、吡唑啉酮及吡啶酮衍生物等。偶合反应是制备偶氮染料最常用、最重要的方法。

　　偶合反应历程是将芳胺的重氮盐作为亲电试剂，对酚类或胺类的芳环进行亲电取代反应。但由于重氮盐正离子（ArN_2^+）是一个很弱的亲电试剂，只能与带有较强供电子基团的酚、胺类化合物发生偶合反应，与其他化合物不发生偶合反应。影响偶合反应的因素主要有以下几种。

　　① 偶合组分的性质　偶合组分中芳环上取代基的性质明显地影响偶合反应的难易，给电子取代基，例如—OH、—NH_2、—NHR 使偶合能力增强。尤其是羟基和氨基的定位作用一致时，反应活性非常高，可以进行多次偶合，例如间苯二胺、间苯二酚都有高度偶合活性。如果偶合组分中有吸电子取代基，例如硝基、氰基、磺酸基和氨基等，使反应活性明显下降，偶合反应较难进行。常见的偶合组分中取代基对偶合反应的活性的影响次序为

$$ArO^- > ArNR_2 > ArNHR > ArNH_2 > ArOR > ArNH_3$$

　　由于定位规律和空间效应，重氮组分一般进入—OH 或—NR_2 的对位，如果对位已被其他基团占据，则在邻位发生偶合。

　　但如果重氮盐与芳伯胺或芳仲胺反应时，由于 N 上有活泼的氢原子，所以反应首先发生在 N 上，生成重氮氨基苯（苯氨基重氮苯）。

　　如果将重氮氨基苯和盐酸或盐酸苯胺共热，则重排成对氨基偶氮苯。

　　但是重氮盐与间甲苯胺、间苯二胺、萘胺偶合时，由于甲基、氨基都是供电子基，使苯环电子云密度较高，故反应主要发生在芳环上；对于萘胺来说，由于 α 位活性本来较高，故主要发生在萘环的 α 位上，而不是氨基上。

　　② 重氮组分的性质　当重氮组分的芳环上有吸电性取代基，例如，硝基、磺酸基、卤基时，能使—N_2^+ 基上正电性增强，提高活性，加速偶合。相反，芳环上有给电性取代基，如甲基、甲氧基时，使—N_2^+ 基上的正电性减弱，偶合活性降低。

　　③ 介质的影响　根据偶合组分性质不同，偶合反应须在一定的 pH 值范围内进行。与胺类的偶合是在弱酸性介质、pH 值为 4～7 的醋酸钠溶液中进行；而与酚类的偶合是在碱性介质、pH 值为 7～10 的范围内进行。介质的 pH 值对偶合位置有决定性影响。如果偶合组分是氨基萘酚磺酸，在碱性介质中偶合主要发生在羟基的邻位，在酸性介质中偶合主要发

生在氨基的邻位，在羟基邻位的偶合反应速度比在氨基邻位的快得多。利用这一性质可将 H 酸先在酸性介质中偶合，然后在碱性介质中进行二次偶合。除 H 酸外，J 酸、K 酸（4-氨基-5-羟基-1,7-萘二磺酸）、S 酸（4-氨基-5-羟基-1-萘磺酸）也具有类似情况。

偶合介质不仅影响偶合位置，同时对偶合反应速率也有明显影响，这可以从参加偶合反应质点的浓度变化得到说明。如果偶合组分为酚类，当 pH 值增加时，由于参与反应的酚盐阴离子浓度增加，从而使偶合速度加快：

$$ArOH \rightleftharpoons ArO^- + H^+$$

pH 值增加到 9 左右时，偶合速度最大；当 pH 值再进一步增加时，即在 pH 值大于 9 的强碱性介质中，重氮盐阳离子将转变为重氮酸阴离子，偶合反应速度明显降低。

（2）重氮盐还原成芳肼　重氮盐在盐酸介质中用强还原剂（氯化亚锡或锌粉）进行还原时可以得到芳肼。

$$Ar-N^+\equiv NCl^- \xrightarrow{+2H_2} Ar-NH-NH_2 \cdot HCl$$

但是工业上最具实际意义的还原剂是亚硫酸盐和亚硫酸氢盐的 1:1 的混合物，其反应式为：

$$ArN_2^+ X^- + Na_2SO_3 + NaHSO_3 \longrightarrow ArNHNHSO_3Na \xrightarrow{HCl} ArNHNH_2 \cdot HCl$$

其具体过程为：

$$Ar-N^+\equiv NCl^- \xrightarrow{Na_2SO_3/NaCl} Ar-N=N-SO_3Na \xrightarrow{NaHSO_3} \underset{\underset{SO_3Na}{|}}{Ar-N-NHSO_3Na}$$

$$\underset{\text{I}}{} \qquad\qquad\qquad\qquad\qquad \underset{\text{II}}{}$$

$$\xrightarrow{H_2O} \underset{\text{III}}{Ar-NH-NHSO_3Na} \xrightarrow{H_2O,HCl} Ar-NHNH_2 \cdot HCl$$

在该反应中，首先是重氮盐与亚硫酸盐作用，生成重氮 N-磺酸的钠盐（Ⅰ），接着（Ⅰ）再与亚硫酸氢盐进行亲核加成，转变为芳肼-N,N'-二磺酸盐（Ⅱ），（Ⅱ）在较低的温度下可以脱去一个磺酸基变成芳肼磺酸钠（Ⅲ），（Ⅲ）再在热的酸性水溶液中脱去磺酸基生成芳肼的盐。

反应中亚硫酸盐的用量通常要稍超过理论量，有时在还原反应结束时加入少量锌粉，以保证还原完全。

重氮盐的芳环上具有卤基、羧基、磺酸基等时，其重氮基都可以被还原，制得相应的芳肼衍生物。

重氮基被还原的反应可用于制备的肼主要有：

13.4　应用实例——酸性橙Ⅱ的合成

酸性橙Ⅱ，又名 2-萘酚偶氮对苯磺酸钠，分子式为 $C_{16}H_{11}N_2NaO_4S$，结构式为：

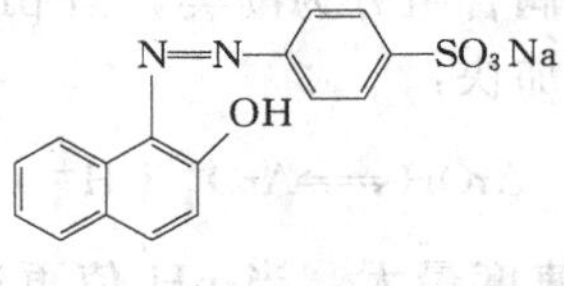

酸性橙Ⅱ为金黄色粉末，溶于水呈红光黄色，溶于乙醇呈橙色，于浓硫酸中为品红色，将其稀释后生成棕黄色沉淀。其水溶液加盐酸生成棕黄色沉淀，加氢氧化钠呈深棕色。主要用于蚕丝、羊毛织品的染色，也可用于皮革、纸张的染色。在甲酸浴中可染锦纶。该品可在毛、丝锦纶上直接印花，也可用作指示剂和生物着色。酸性橙Ⅱ可由对氨基苯磺酸钠重氮化，与 2-萘酚偶合、盐析而得：

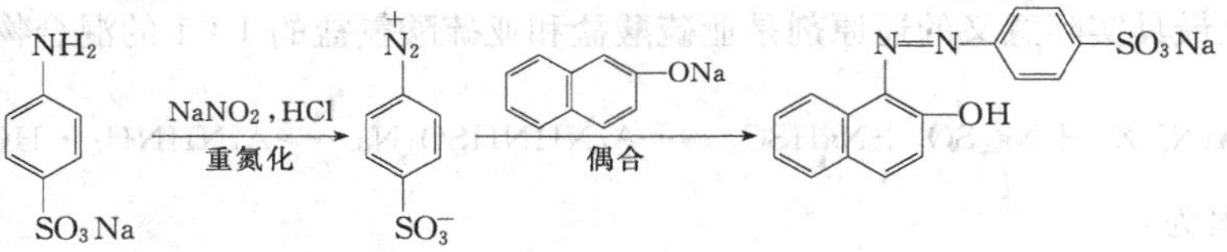

将 15％左右浓度的对氨基苯磺酸钠溶液（100％ 173kg）和 30％～35％浓度的亚硝酸钠溶液（100％ 69kg）加入混合桶内搅匀。在重氮桶内加水 600L。加入适量冰，搅拌下加入30％盐酸 264kg，控制温度 10～15℃，将混合桶的物料于 10min 左右均匀加入重氮桶，保持亚硝酸微过量的条件下搅拌 0.5h，得重氮盐为悬浮体。于偶合桶内加水 400L、2-萘酚141.8kg，搅拌下将液碱（30％）143kg 加入，升温到 45～50℃，使之溶解后加冰冷却到8℃，加盐（NaCl）19kg，快速加入重氮盐全量的一半。再加盐 37kg，然后将另一半重氮盐在 1h 内均匀加完，并调整 pH7.1 搅拌 1h，再加盐 75kg，继续搅拌至重氮盐消失为偶合终点（约 1h）。压滤，滤饼于 100～105℃烘干，得标准化染料 880kg。其生产过程如图 13-2 所示。

图 13-2　酸性橙Ⅱ生产过程示意图

习　题

1. 什么是重氮化反应？
2. 重氮化反应的影响因素有哪些？如何控制重氮化反应？
3. 重氮化反应的操作方法有哪些，其适用范围如何？
4. 重氮盐为何多在低温下制备？
5. 什么是偶合反应？影响偶合反应的因素有哪些？
6. 写出由间氨基苯酚制备间氯苯酚的重氮化方法。
7. 写出下列反应的合成路线。

(1)

(2)

(3)

(4)

14 羟基化反应

14.1 概述

向有机化合物分子中引入羟基的反应称为羟基化反应。应用羟基化反应可制得各种酚、醇及烯醇体三类，许多羟基化合物本身为溶剂及医药品，或用以合成其他有机化合物。高级脂肪醇（通常含碳原子在 6 个以上）可用做制备表面活性剂，化妆品、润滑剂、增塑剂的原料。酚类化合物则广泛用于合成树脂、农药、医药、染料、塑料等精细化学品。另外，通过酚类可以进一步合成烷基酚醚、二芳醚、芳伯胺和二芳基仲胺等中间体。

有机化合物中引入羟基的方法很多，主要有：

① 卤素化合物的水解；
② 芳磺酸盐的碱熔；
③ 烃类氧化法；
④ 芳环上直接引入羟基；
⑤ 硝基化合物的水解；
⑥ 烷基芳烃过氧化氢物的酸解；
⑦ 环烷的氧化——脱氢；
⑧ 芳羧酸的氧化——脱羧；
⑨ 重氮盐的水解；
⑩ 芳伯胺的水解；
⑪ 其他，不饱和化合物水合法。

本章将列举几种较为重要的方法加以说明，如卤代物水解法、芳磺酸盐的碱熔、芳环上直接引入羟基、氧化法等。

14.2 卤化物的水解羟基化

14.2.1 脂肪族卤化物的水解

卤代烷在 NaOH，$Ca(OH)_2$ 或 Na_2CO_3 的碱性水溶液中水解生成醇的反应是脂肪族化合物亲核取代反应的典型反应之一。在取代反应进行的同时，卤代烃也可与碱性试剂发生消除反应生成烯烃。取代反应与消除反应同时发生时，称为平行反应。

$$CH_3CH_2Br + NaOH \longrightarrow \begin{cases} CH_3CH_2OH + NaBr \\ CH_2 = CH_2 + NaBr + H_2O \end{cases}$$

$$(CH_3)_3CBr + NaOH \longrightarrow \begin{cases} (CH_3)_3COH + NaBr \\ (CH_3)_2C = CH_2 + NaBr + H_2O \end{cases}$$

碱性脱氯化氢反应的活泼性随 β-碳原子上氢原子的酸性增强而增加，当分子中存在吸电子取代基时，有利于消除反应的发生。

当氯原子和羟基处在相邻位置的氯代醇类化合物与碱作用时，存在取代和消除两种反应的可能性。不过，前者生成二元醇，后者生成 α-氧化物。

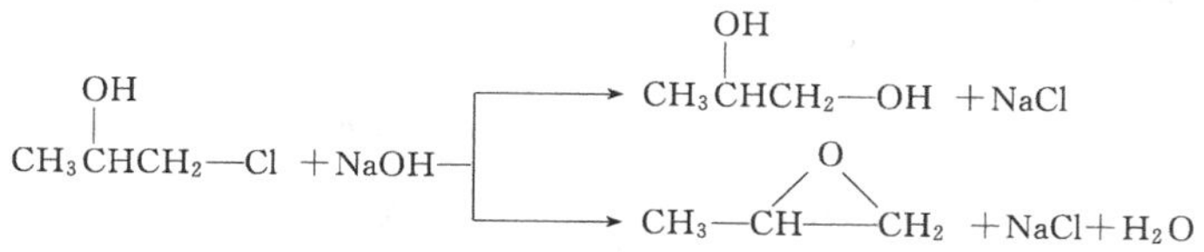

$$
CH_3CHCH_2{-}Cl + NaOH \begin{cases} CH_3CHCH_2{-}OH + NaCl \\ CH_3{-}CH{-}CH_2 + NaCl + H_2O \end{cases}
$$

由此可见，当氯衍生物与碱作用时，亲核取代与消除反应都有可能发生，何者为主与许多因素有关，如温度、介质、水解剂等，其中对反应选择性起决定作用的是水解剂的选择。进行取代反应要求采用亲核性较强的弱碱（如 Na_2CO_3）作水解剂，进行消除反应时要求采用亲核性较弱的强碱（如 NaOH）作水解剂。

14.2.2　芳香族卤化物的水解

（1）**常压气相接触催化水解**　氯苯在高温和催化剂存在下，用磷酸三钙或氯化亚铜、硅胶作催化剂，使氯苯和水蒸气在 420～520℃反应（常压、气相）可生成苯酚和氯化氢。

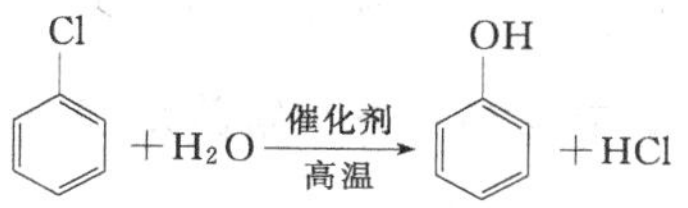

氯苯的单程转化率约为 10%～15%，反应产物中含有氯苯、水、苯酚和氯化氢。经过萃取、精馏可得到合格的苯酚。副产物盐酸可用于苯的氧化氯化法制氯苯的过程中：

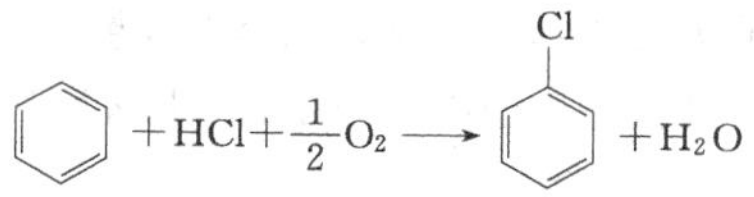

（2）**碱性高压水解**　直接与芳环相连的卤素极不活泼，需在高温、高压和催化剂作用下才能实现这一过程。

氯苯在苛性钠作用下水解生成苯酚，曾经是工业上的重要方法之一。其反应为：

$$C_6H_5Cl + 2NaOH \longrightarrow C_6H_5ONa + NaCl + H_2O$$

$$C_6H_5ONa + C_6H_5Cl \longrightarrow C_6H_5{-}O{-}C_6H_5 + NaCl$$

反应中除生成苯酚外，还有副产物二苯醚和 2-苯基苯酚或 4-苯基苯酚。二苯醚在碱的作用下可以生成苯酚。由于此反应需要高温（400℃）、高压（约 32.5MPa）进行，所以用此法生产苯酚受到限制。

卤素碱性水解是亲核取代反应，当苯环上氯原子的邻位或对位有硝基存在时，由于硝基吸电子作用的影响，苯环上与氯原子相连的碳原子上电子云密度显著降低，使氯原子的水解较易进行。因此硝基苯的水解只需要用稍过量的氢氧化钠溶液（10%～15%），在较温和的反应条件下进行水解。不同氯代化合物碱性水解的条件见表 14-1。

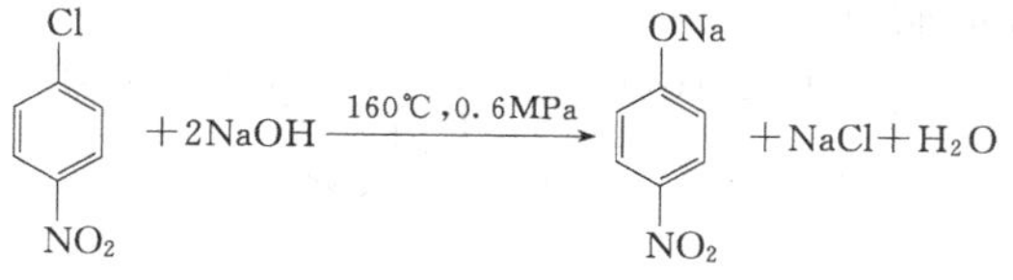

表 14-1　不同氯代化合物碱性水解的条件

氯代化合物	反应温度/℃	反应压力/MPa	碱试剂
氯苯	400	32.5	NaOH
对硝基氯苯	160	0.6	NaOH
2,4-二硝基氯苯	90～100	常压	NaOH,Na$_2$CO$_3$
2,4,6-三硝基氯苯	30～40	常压	H$_2$O 也可以

　　(3) 多氯苯的水解　二氯苯分子中的氯基虽然稍微活泼一些，分子中的氯原子比硝基氯苯中的氯原子水解较难进行，一般要求较高的温度，并需要用铜作催化剂：

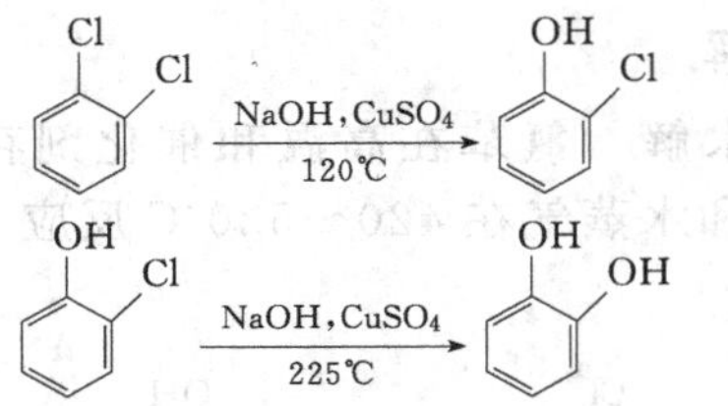

　　对二氯苯在氢氧化钠溶液中，在 225℃ 下水解为对氯苯酚：

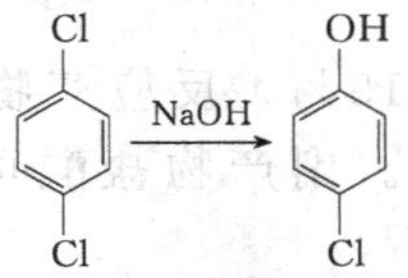

　　多氯苯分子中的氯基要活泼一些，氯基的水解需要比较强的反应条件。1,2,4,5-四氯苯与氢氧化钠的甲醇溶液在 130～150℃、0.1～1.4MPa 下反应可以得到 2,4,5-三氯苯酚。

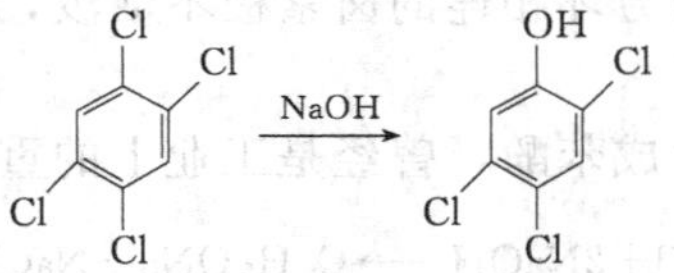

　　(4) 芳烃侧链氯原子的水解　侧链氯原子在弱碱性水溶液中也能水解为羟基，如氯化苄在弱碱性水溶液中加热水解，生成的苯甲醇（也称苄醇），可用来配制香水、香精和食用香精：

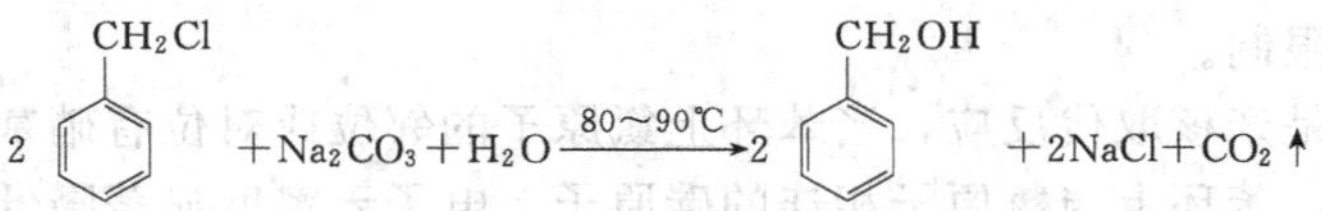

　　上述水解反应的完全程度对质量有极大的影响。如有痕迹量的氯化苄存在也会影响香气。

　　β-苯乙醇可由同样方法制备：

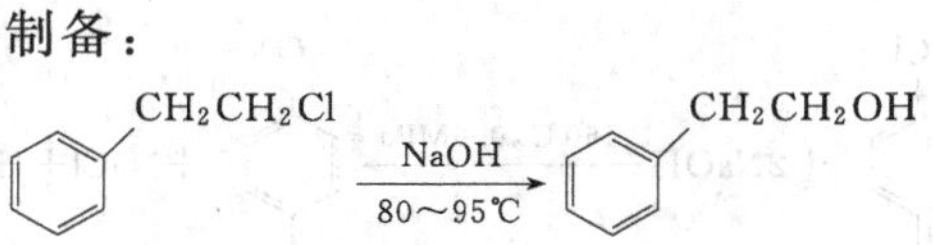

　　同样可制备下列醇：

$$\underset{\text{(苯环)}}{\text{CH}=\text{CH}-\text{CH}_2\text{Cl}} \xrightarrow{\text{NaOH}} \underset{\text{(苯环)}}{\text{CH}=\text{CH}-\text{CH}_2\text{OH}}$$

14.3 芳磺酸盐的碱熔

碱熔（Alkaline-fusion）为固体 NaOH 等在熔融状态所发生的化学反应。芳核上的 —X、—SO$_3$H、—NO$_2$、—OMe、—NH$_2$ 等均可在不同条件下经 NaOH 处理并进行水解生成羟基。本节主要讨论磺酸化合物的碱熔法。该法在有机工业中，尤其在染料制造中居重要地位，苯酚、萘酚、茜素等均可由其进行制备。

14.3.1 芳磺酸盐碱熔的定义

芳磺酸盐在高温下与熔融的氢氧化钠（或氢氧化钠溶液）作用，使磺酸基被羟基置换的反应称为芳磺酸盐的碱熔，用下列通式表示：

$$\text{ArSO}_3\text{Na}+2\text{NaOH} \longrightarrow \text{ArONa}+\text{Na}_2\text{SO}_3+\text{H}_2\text{O}$$

生成的酚钠用无机酸酸化，即变为游离酚。

$$2\text{ArONa}+\text{H}_2\text{SO}_4 \longrightarrow 2\text{ArOH}+\text{Na}_2\text{SO}_4$$

碱熔是工业上制备酚类化合物最早的方法，其优点是工艺过程简单、对设备要求不高，适用于各种酚类化合物的制备。缺点是使用大量的酸或碱，"三废"多，易造成严重的环境污染，工艺落后。所以现趋向于改用更为先进的生产方法以生产大量的酚类化合物，如苯酚、间甲酚、对甲酚等。

14.3.2 芳磺酸盐碱熔的影响因素

（1）磺酸的结构　碱熔反应是亲核取代反应，因此芳环其他碳原子上有了吸电子基（主要是磺基和羧基），对磺基的碱熔起活化作用。硝基虽是很强的吸电子基，但在碱熔条件下硝基会产生氧化作用而使反应复杂化，所以含有硝基的芳磺酸不适宜碱熔。氯代磺酸也不适于碱熔，因为氯原子比磺基更容易被羟基置换。

芳环上有了供电子基（主要是羟基和氨基），对磺基的碱熔起钝化作用。例如，间氨基苯磺酸的碱熔，需要用活性较强的苛性钾（或苛性钾和苛性钠）的混合物作碱熔剂。多磺酸在碱熔时，第一个磺基的碱熔比较容易，因为它受到其他磺基的活化作用，第二个磺基的碱熔比较困难，因为生成中间产物羟基磺酸分子中，羟基使第二个磺基钝化。例如对苯二磺酸的碱熔，即使用苛性钾作碱熔剂，也只能得到对羟基苯磺酸，而得不到对苯二酚，所以在多磺酸的碱熔时，选择适当的反应条件，可以使分子中的磺基部分或全部转变为羟基。

（2）碱熔剂及其用量　最常用的碱熔剂是苛性钠，当需要更活泼的碱熔剂时，则使用苛性钾，苛性钾的价格比苛性钠贵得多，为了降低成本可使用苛性钾和苛性钠的混合物。此混合碱的另一优点是它的熔点可低于 300℃，适用于要求较低温度的碱熔过程。若苛性碱中含有水分时，可使其熔点下降。

磺酸盐碱熔时，理论上需要苛性钠的摩尔比为 1∶2，但实际上必须过量。高温碱熔时，碱的过量较少，一般用 1∶2.5 左右。中温碱熔时，碱过量较多，有时甚至达 1∶（6～8）

（即理论量的 3～4 倍）或更多一些。

（3）碱熔的温度和时间　碱熔的温度主要决定于磺酸的结构，不活泼的磺酸用熔融碱在 300～340℃进行常压碱熔，碱熔速度快，所需要时间短；比较活泼的磺酸可以在70％～80％苛性钠溶液中在 180～230℃之间进行常压碱熔，保温几小时，甚至 10～20h；更活泼的萘系多磺酸可在 20％～30％的稀碱溶液中进行加压碱熔。

（4）无机盐的影响　磺酸盐中一般都含有无机盐（主要是硫酸钠和氯化钠）。这些无机盐在熔融的苛性碱中几乎是不溶解的，在用熔融碱进行高温（300～340℃）碱熔时，如果磺酸盐中无机盐含量太多，会使反应物变得黏稠甚至结块，降低了物料的流动性，造成局部过热甚至会导致反应物的焦化和燃烧。因此，在用熔融碱进行碱熔时，磺酸盐中无机盐的含量要求控制在 10％（质量分数）以下。使用碱溶液进行碱熔时，磺酸盐中无机盐的允许含量可以高一些。

14.3.3　芳磺酸盐碱熔的方法

芳磺酸盐碱熔的方法主要有三种，即用熔融碱的常压碱溶、用浓碱液的常压碱熔和用稀碱液的加压碱熔。

（1）熔融的碱常压碱熔　此法主要用于磺基不活泼的情况，也可以使用于单磺酸或多磺酸中的磺基完全被羟基置换。用这种碱熔法可以制得苯系和萘系的许多酚类，重要的有苯酚、间苯二酚、混合甲酚、间-N,N-二乙氨基苯酚、1-萘酚、2-萘酚等。

在常压碱熔时，由于生成的酚易被空气氧化，所以要用水蒸气加以保护，在碱熔初期由磺酸盐带入的水和反应生成的水起保护作用，但在碱熔后期，则需要在碱熔物的表面上通适量的蒸汽。

2-萘磺酸的碱熔和酸化的反应式如下：

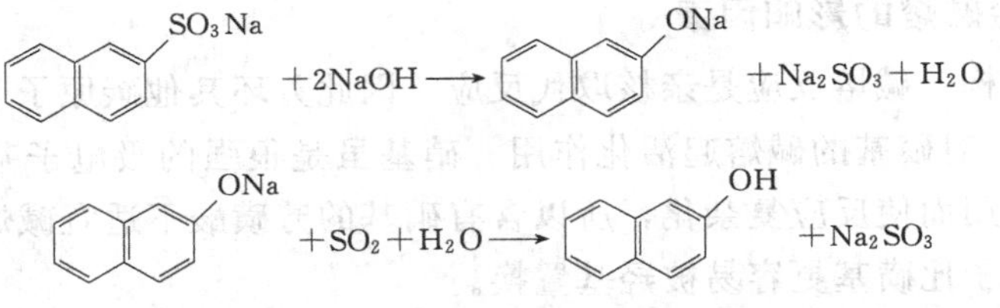

（2）用浓碱液的常压碱熔　萘系的某些多磺酸、氨基和羟基多磺酸可用 70％～80％苛性钠溶液进行常压碱熔。反应温度是常压下碱液的沸点（180～270℃）。此法可使萘系多磺酸中的一个磺基被羟基置换，而氨基和其他磺基则不受影响，例如：

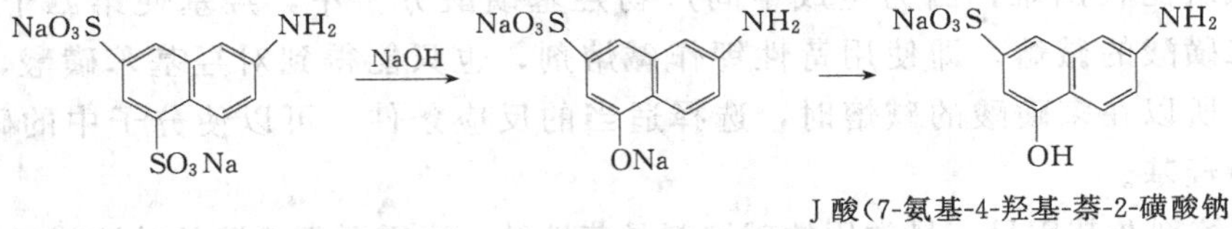

J 酸（7-氨基-4-羟基-萘-2-磺酸钠）

（3）用稀碱液的加压碱熔　萘系的多磺酸也可以用稀释碱液（10％～30％）在 180～230℃进行碱熔。因为这种反应温度已超过了稀碱液在常压时的沸点，所以碱熔过程需要在压热釜中进行。加压碱熔时，反应温度和碱浓度都可以在一定的范围内变化，以此来控制多磺酸中磺基被置换的数目或控制芳环上的氨基是否被水解，例如：

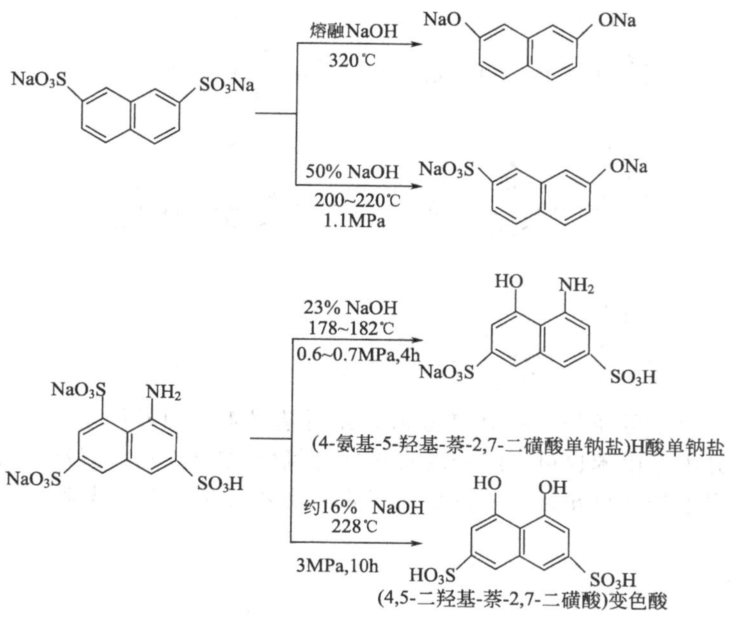

熔融NaOH 320℃

50% NaOH 200~220℃ 1.1MPa

23% NaOH 178~182℃ 0.6~0.7MPa,4h

(4-氨基-5-羟基-萘-2,7-二磺酸单钠盐)H酸单钠盐

约16% NaOH 228℃ 3MPa,10h

(4,5-二羟基-萘-2,7-二磺酸)变色酸

14.4 烃类氧化法制酚

（1）Raschig（拉西酚）法　这一方法包括卤代与水解两个连续的反应。

$$PhH \xrightarrow[CuCl_2,\triangle]{HCl\text{-}O_2} PhCl \xrightarrow[\triangle,Cu\text{-}Ca_3(PO_4)_2]{H_2O} PhOH$$

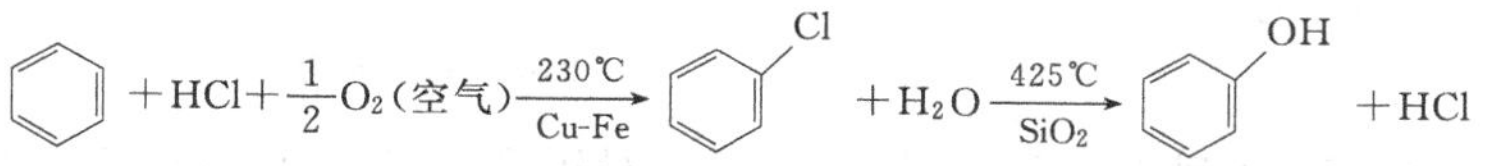

$$+ HCl + \tfrac{1}{2}O_2(空气) \xrightarrow[Cu\text{-}Fe]{230℃} \text{(Cl)} + H_2O \xrightarrow[SiO_2]{425℃} \text{(OH)} + HCl$$

（2）Elbs 过二硫酸盐氧化法　一元酚用 $K_2S_2O_8$ 在碱性溶液中氧化，羟基导入原有羟基的对位或邻位，生成二元酚：

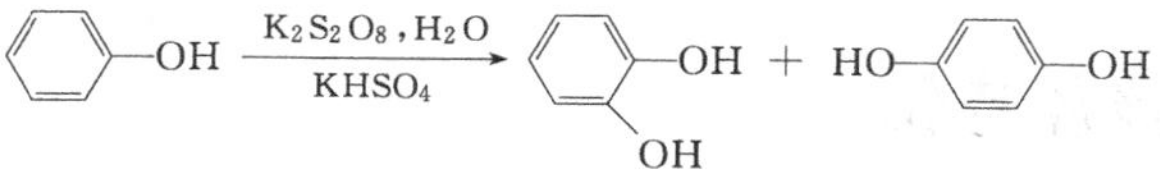

$$\text{(OH)} \xrightarrow[KHSO_4]{K_2S_2O_8,H_2O} \text{(OH,OH)} + \text{HO—OH}$$

（3）Dakin 反应　具体内容参见"8 氧化反应"。

（4）Bohn-Schmidt 氧化法　α-羟基蒽醌以发烟硫酸氧化生成多羟基蒽醌类化合物：

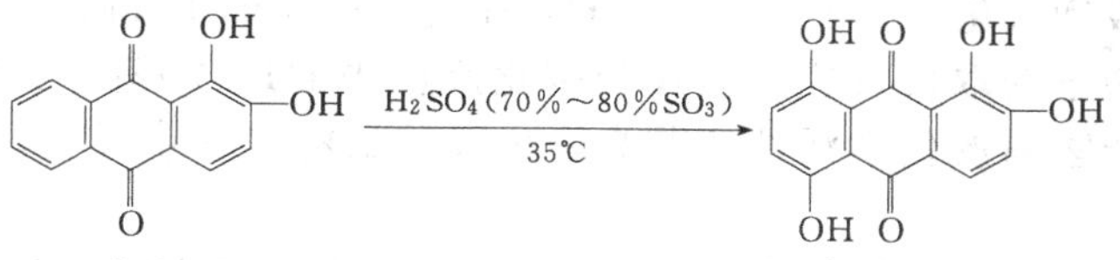

$$\text{茜素} \xrightarrow[35℃]{H_2SO_4(70\%\sim80\%SO_3)} \text{茜素桃红 BA}$$

（5）异丙基甲苯的氧化-酸解法制备甲酚　甲酚有三种异构体，其中的间甲酚是制备高效低毒农药杀螟松和速灭威的重要中间体；对甲酚是制备抗氧化剂 2,6-二叔丁基对甲酚的重要中间体。20 世纪 60 年代开辟了异丙基甲苯的氧化-酸解法，制备间甲酚和对甲酚。

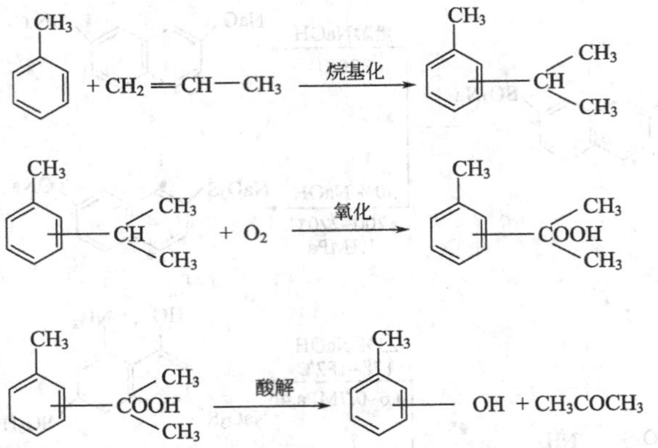

生成的异丙基甲苯可经分子筛分离得到对异丙基甲苯、间异丙基甲苯，再经氧化-酸解为相应的甲酚。异丙基甲苯也可不经分离直接进行氧化-酸解，这样就涉及混合甲酚的分离，由于间甲酚、对甲酚的沸点相近，所以目前工业上要采用异丁烯烷基化法才能完成分离，其反应式如下：

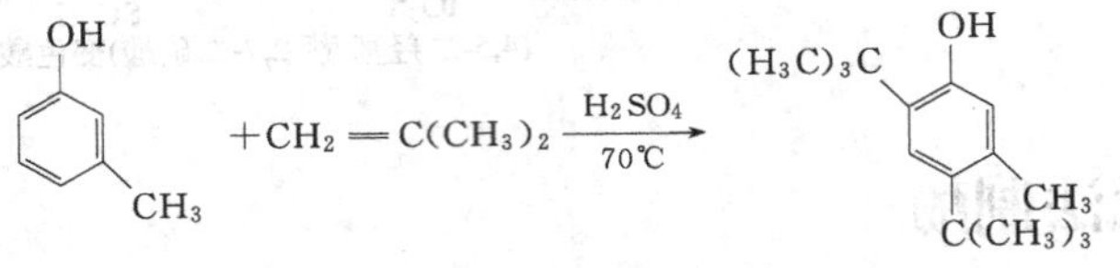

4,6-二叔丁基间甲酚

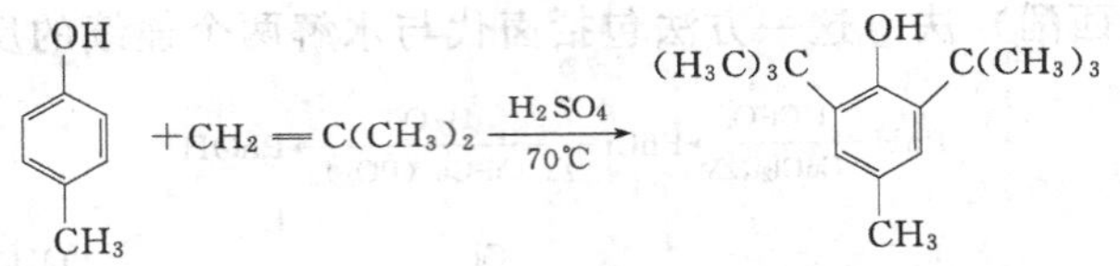

2,6-二叔丁基对甲酚

生成的 4,6-二叔丁基间甲酚和 2,6-二叔丁基对甲酚，两者的沸点相差达 20℃ 之多，可用一般精馏法分离。分出的 4,6-二叔丁基间甲酚在硫酸催化剂作用下，脱去叔丁基即得到间甲酚，而副产的 2,6-二叔丁基对甲酚经进一步精制即得抗氧化剂 BHT。

14.5　芳环上直接羟基化

苯的直接氧化制苯酚是引人注意的方法，但从理论上分析，实现这一目的并不容易，这是因为：苯分子中由六个 π 电子构成的共轭分子轨道使苯分子在热力学上具有相当特殊的稳定性，难以进行加成和氧化；由于苯环中的碳原子受共轭 π 电子屏蔽的作用，即使在取代反应中，也只有利于亲电的取代反应，而在羟基化反应中的进攻基团 OH⁻ 或 O_2 恰好相反，都是亲核的；反应产物酚的化学活性比苯高，生成的酚将进一步反应，生成多元酚或其他产物。

所以在温和条件下由苯直接羟基化合成酚既是一个令人感兴趣的问题，又是一个难题。苯的单程转化率不能太高，因此苯的损失大，回收费用也大。目前着重开发的新工艺是苯的液相直接羟基化，就其本质而言，不外乎是从苯的结构出发，建立起一个有利于亲电进攻的体系，把羟基引入苯核。反应机理可概括成三类：其一，亲电取代，即在强负电性离子的作用下，使亲核基团 OH⁻ 具有亲电子性；其二，自由基在催化剂作用下，产生亲电自由基·OH 或·OOH；其三，金属-氧络合物，即通过金属-氧络合物将氧原子插入 C—H 键。

在芳环上直接引入羟基的方法适用于从对苯二酚制备 2,4-二羟基苯酚。

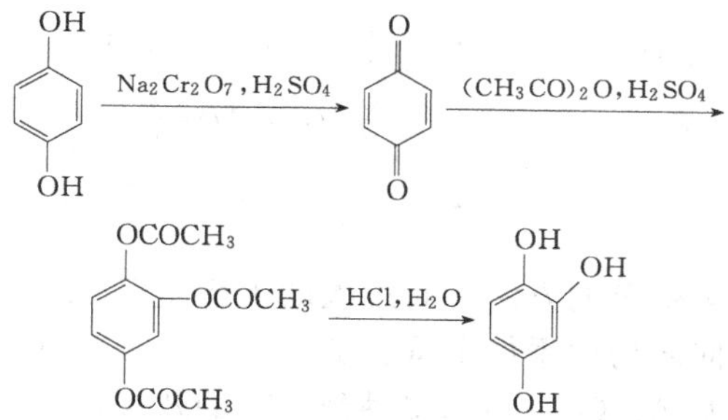

在稠环系化合物中引入羟基具有实际意义，例如 2-氯蒽醌或蒽醌-2-磺酸在氢氧化钠中生成 1,2-二羟基蒽醌：

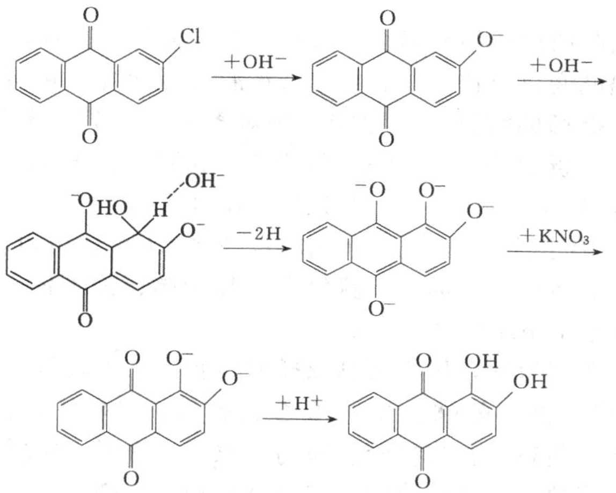

苯并蒽酮在苛性钾和氯酸钾作用下生成 4-羟基苯并蒽酮和 6-羟基苯并蒽酮的混合物。紫蒽酮在浓硫酸中用二氧化锰氧化可制得二羟基-紫蒽酮。

14.6　酚类的变色原因及其防止

　　酚类化合物在贮存过程中往往颜色变深，使产品质量下降，因此了解变色原因和寻找简易的防止方法，一直受到人们的重视。

　　以产量最大的苯酚为例，优质的苯酚其外观为无色或白色结晶，颜色变深后，应用于合成树脂、医药、高分子材料稳定剂以及表面活性剂等方面，将影响到产品质量。因此世界各国都对如何贮存苯酚或使已变色的苯酚颜色变浅的研究课题十分重视。苯酚变色的直接原因是氧化。其变色历程是，在空气中苯酚的羟基失去氢原子，游离出的苯氧自由基呈粉红色，甚至深褐色。

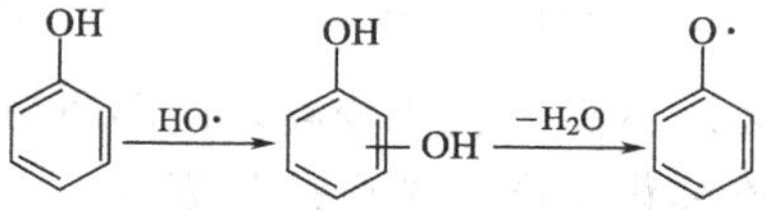

　　反应中的 HO· 来自大气或产品中的微量水，当受到光的辐射时产生解离，酸、碱和 Fe^{3+} 的存在起催化剂的作用，加速苯酚的氧化。由于苯氧基的活泼性，将导致产生一系列

杂质。

目前已提出的防止苯酚变色的方法有向贮罐的上部空间充氮，严禁成品与铁器接触等，而最广泛又有效的办法是向苯酚中添加微量稳定剂，加入量在 $0.01\%\sim0.1\%$。常见的稳定剂有磷酸、草酸、水杨酸及 As_2O_3，使用多种稳定剂的效果常常比使用单一品种要好。

14.7　应用实例——苯酚的合成

苯酚为无色针状结晶或白色结晶熔块，可燃，腐蚀力强，有毒。不纯品在光和空气作用下变为淡红或红色，遇碱变色更快。与大约 8％水混合可液化。可吸收空气中水分并液化。有特殊臭味和燃烧味，极稀的溶液具有甜味。相对密度 1.0576，凝固点 41℃，熔点 43℃，沸点 181.7℃（182℃），折射率 1.54178，闪点 79.44℃（闭杯）、85℃（开杯），自燃点 715℃，蒸气相对密度 3.24，蒸气压 0.13kPa（40.1℃），蒸气与空气混合物燃烧极限 $1.7\%\sim8.6\%$。1g 苯酚溶于约 15mL 水（0.67％，25℃加热后可以任何比例溶解）、12mL 苯。易溶于乙醇、乙醚、氯仿、甘油、二硫化碳、凡士林、挥发油、固定油、强碱水溶液，几乎不溶于石油醚。水溶液 pH 值约为 6.0。

苯酚是重要的有机化工原料，用它可制取酚醛树脂、己内酰胺、双酚 A、水杨酸、苦味酸、五氯酚、2,4-D、己二酸、酚酞、N-乙酰乙氧基苯胺等化工产品及中间体，在化工原料、烷基酚、合成纤维、塑料、合成橡胶、医药、农药、香料、染料、涂料和炼油等工业中有着重要用途。此外，苯酚还可用作溶剂、实验试剂和消毒剂。

苯酚最早是从煤焦油中回收，目前绝大部分是采用合成方法。到 20 世纪 60 年代中期，开始采用异丙苯法生产苯酚、丙酮的技术路线，已占世界苯酚产量的一半，目前采用该工艺生产的苯酚已占世界苯酚产量的 90％以上。其他生产工艺有苯磺化碱熔法、氯苯水解法、拉西酚法、甲苯氧化法、环己烷法和苯直接合成法。

我国的生产方法有异丙苯法和苯磺化碱熔法两种。由于苯磺化碱熔法消耗大量硫酸和烧碱，我国也只保留了少数磺化法装置，而逐步以异丙苯法生产为主。

(1) 苯磺化碱熔法　以苯为原料，用硫酸进行磺化生成苯磺酸，用亚硫酸钠中和，再用烧碱进行碱熔，经磺化和减压蒸馏等步骤而制得。原料消耗定额：纯苯 1004kg/t、硫酸（98％）1284kg/t、亚硫酸钠 1622kg/t、烧碱（折 100％）1200kg/t。

$$C_6H_6+H_2SO_4 \longrightarrow C_6H_5SO_3H+H_2O$$
$$C_6H_5SO_3H+Na_2SO_3 \longrightarrow C_6H_5SO_3Na+SO_2\uparrow+H_2O$$
$$C_6H_5SO_3Na+NaOH \longrightarrow C_6H_5ONa+H_2O$$
$$C_6H_5ONa+SO_2+H_2O \longrightarrow C_6H_5OH+Na_2SO_3$$

此法生产设备简单、材质要求不高，收率较高，产品质量好；但浓缩阶段能耗高，酸碱消耗大，设备适用期短，不能连续化生产，副产品为废料。在建设新装备时，国内外均已不再采用此法。

(2) 异丙苯法　丙烯与苯在氯化铝催化剂作用下生成异丙苯，异丙苯经氧化生成氢过氧化异丙苯，再用硫酸或树脂分解。同时得到苯酚和丙酮。每吨苯酚约联产丙酮 0.6t。原料消耗定额：苯 1150kg/t、丙烯 600kg/t。

异丙苯氧化法制备苯酚为目前工业上合成苯酚的主要方法，异丙苯法制苯酚包括以下三步反应：

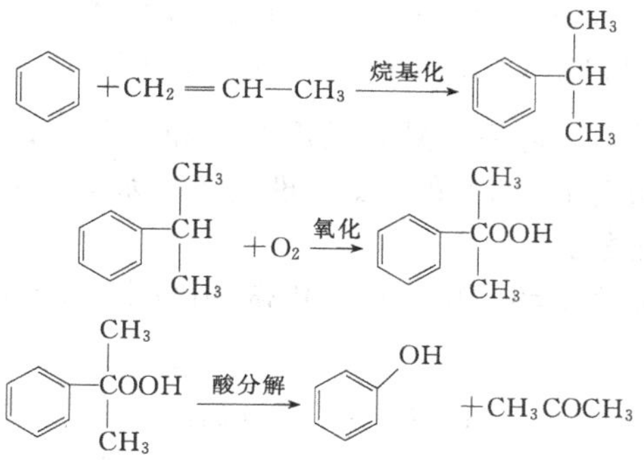

异丙苯过氧化氢在强酸性催化剂（例如硫酸、磷酸或强酸性离子交换树脂等）的存在下，可分解为苯酚和丙酮。

酸解是放热反应，如果温度过高，异丙苯过氧化氢会按其他方式分解为副产物，甚至会产生爆炸事故。若用硫酸作催化剂时，以 80%异丙苯过氧化氢氧化液在 86℃左右进行酸解为最好，可利用丙酮的沸腾回流来控制反应温度。

酸解液中约含有苯酚 30%～35%，丙酮 44%，异丙苯 8%～9%，α-甲基苯乙烯 3%～4%，二甲基苄醇 9%～10%，苯乙酮 2%，其他杂质 2%。经过中和、水洗和精馏，即可得到丙酮和苯酚，回收的异丙苯可循环利用。

从仲丁苯氧化得到的氢过氧化物经酸解可得到苯酚和甲乙酮。从间二异丙苯和对二异丙苯氧化生成的氢过氧化物，酸解后可分别得到间苯二酚和对苯二酚。

此法能同时生产苯酚和丙酮（比率为 1∶0.6），比其他生产方法成本大大降低。本法主要优点是：原料来自石油气中的丙烯和空气及苯，便于大型化连续生产。缺点是：经济性取决于丙酮售价，从氧化产物中回收苯酚的工艺比较复杂。

（3）氯苯水解法　利用电解食盐水得到的氯气和氢氧化钠为原料，由苯和氯气反应生成氯苯和盐酸，将氯苯与苛性钠水溶液（10%）按 1∶1.25（摩尔比）混合后，加入二苯醚，以氯化亚铜为催化剂，在 31.87MPa 压力和 400℃温度条件下，反应生成苯酚钠和水，再酸化而得。

$$C_6H_6 + Cl_2 \longrightarrow C_6H_5Cl + HCl$$
$$C_6H_5Cl + 2NaOH \longrightarrow C_6H_5ONa + NaCl + H_2O$$
$$C_6H_5ONa + HCl \longrightarrow C_6H_5OH + NaCl$$

过程中生成的氯化钠是游离态的，可送到电解厂生产氯气和氢氧化钠。此法氯化过程比磺化过程简便，副产物容易分离，生产规模大；缺点是采用高压操作，对设备要求高，并且设备腐蚀严重。

（4）拉西法　苯在固体钼催化剂存在的高温下进行氯氧化反应，生成氯苯和水，氯苯进行催化水解，得到苯酚和氯化氢，氯化氢循环使用。

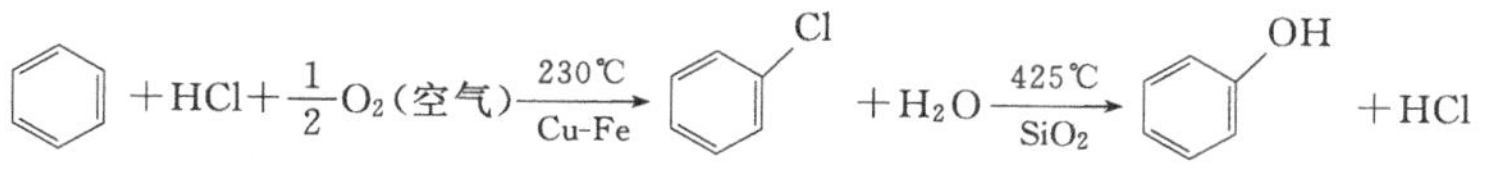

此法原料只需要苯，氯化氢可循环利用，只需补充少量。缺点是用以压缩空气的能量消耗大，由于高温和酸性大，因而腐蚀严重。

（5）甲苯氧化　此法系美国陶氏化学公司开发。它包括两步，先将甲苯氧化成苯甲酸，苯甲酸在铜催化剂存在下被氧化成酚。

$$C_6H_5CH_3 + O_2 \longrightarrow C_6H_5COOH + H_2O$$
$$C_6H_5COOH + O_2 \longrightarrow C_6H_5OH + CO_2$$

此法特点是原料比较单一，除甲苯外，只需空气和水蒸气；反应时除生成二氧化碳外，其他副产物生成少，工艺过程比较简单，设备投资少，水电消耗低，在甲苯价格适宜条件下，此法可与异丙苯法相竞争。

（6）环己烷法　由苯加氢得环己烷，再氧化得环己酮、环己醇和水，再进一步脱氢得苯酚和氢。

$$C_6H_6 + H_2 \longrightarrow C_6H_{12}$$
$$C_6H_{12} + O_2 \longrightarrow C_5H_{10}CHOH + C_5H_{10}CO + H_2O$$
$$C_5H_{10}CHOH + C_5H_{10}CO \longrightarrow C_6H_5OH + H_2 \uparrow$$

美国科学设计公司采用此法，其优点是投资低、产品质量好。但环己烷成本比苯高，副产物氢必须合理利用。由于环己酮是生产己内酰胺的中间体，在采用此法生产聚酰胺纤维时，此法的发展受到了限制。

（7）苯直接合成法　由 8mL 苯在催化剂作用下，一步氧化合成苯酚。合成反应在菲咯啉 2×10^{-4} mol、一氧化碳 15g（95%）、醋酸 12mL 及催化剂醋酸钯 2×10^{-4} mol 存在下，于 180℃反应 1h，得含量为 92%的苯酚，催化效率为 78%（相对于钯）。

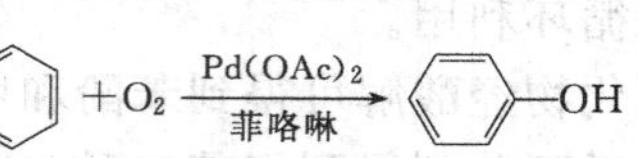

此法由日本九州大学工学部开发。

习　题

1. 什么是羟基化反应？羟基化反应有何意义？
2. 羟基化反应方法有哪些？
3. 苯酚的工业生产方法有哪些？各有何优缺点？
4. 碱熔的影响因素有哪些？
5. 分别写出由氯苯和苯磺酸制备间硝基苯酚的合成路线。
6. 什么是相转移催化剂？举例说明相转移催化剂的作用。

15　缩合反应

凡两个或两个以上的化合物通过反应，失去一个小分子化合物（如水、醇、盐等）而形成一个新的较大分子化合物的反应称为缩合反应。

涉及两分子间的成环缩合或分子内的闭环缩合的反应称为环构反应，是缩合反应的一种。缩合反应的成键形式分为两大类；一类是形成碳碳单键；另一类是形成碳碳双键。缩合反应主要有：酯-酯缩合、醛-醛缩合、醛（酮）-酐（酯）缩合和醛（酮）-醇（酚）缩合等。

15.1　缩合反应的类型

（1）含有 α-氢的醛或酮的缩合反应——羟醛（Aldol）缩合反应　在碱（稀氢氧化钠、碳酸钾）或无机酸（盐酸）的催化下，只有 α-氢的醛（酮）可以相互作用生成 β-羟基醛（酮）的反应叫羟醛缩合。如两分子的乙醛可缩合成为 3-羟基丁醛。

$$2CH_3-\overset{\overset{O}{\|}}{C}-H \xrightarrow[5\,℃]{10\%NaOH} CH_3-\overset{OH}{\underset{}{C}}H-CH_2-\overset{\overset{O}{\|}}{C}-H$$

在生成的醇醛中，由于醛基的影响使 α-氢变得很活泼。因此在加热时容易失去水变成不饱和醛。

$$CH_3-\overset{H}{\underset{OH}{C}}-\overset{H}{\underset{H}{C}}-CHO \longrightarrow CH_3-\overset{H}{C}=\overset{H}{C}-CHO+H_2O$$

（2）Claisen-Schmidt 缩合反应　由一个芳香醛与一个脂肪醛或酮在 NaOH 的水溶液或乙醇溶液中进行缩合反应得到 α,β-不饱和醛或酮。

$$C_6H_5CHO+CH_3CH_2CHO \longrightarrow C_6H_5CH=C(CH_3)CHO+H_2O$$
甲基肉桂醛

甲基肉桂醛是一种重要的合成香料原料。

甲醛由于不含 α-氢，所以它与其他含 α-氢的醛或酮缩合，可以得到收率较高的产物。工业上利用此特点生产丙烯醛。

$$HCHO+CH_3CHO \rightleftharpoons CH_2(OH)CH_2CHO \xrightarrow{-H_2O} CH_2=CHCHO$$

（3）Perkin 反应　酸酐在同一种酸的钠盐或钾盐存在下，与芳醛加热起羟醛缩合反应，再去水生成 β-芳丙烯酸，这个反应叫做 Perkin 反应。

$$Ar-\overset{H}{\underset{}{C}}=O+(RCH_2CO)_2O \xrightarrow{RCH_2COOK} Ar-\overset{H}{\underset{}{C}}=\overset{}{\underset{R}{C}}-COOH+RCH_2COOH$$

因为酸酐的羰基活化 α-氢原子的能力较醛（酮）的羰基弱，所以须在较高温度和较长时间反应才能进行。例如，从苯甲醛、乙酐及乙酸钾在 175～180℃回流 5h，肉桂酸的产量达 55%～60%。

苯环上含有硝基、卤素等吸电子基团时，则反应易于进行，收率较高。若含有甲基等斥电子基团时，则反应难以进行，收率较低。

（4）Knoevengel 反应　含活泼亚甲基的化合物在氨或胺（实际是铵盐）的催化下，与脂肪醛及芳香醛起羟醛型缩合反应，叫做 Knoevengel 反应。常用的催化剂为六氢吡啶、二乙胺等有机碱。例如芳醛与丙二酸二乙酯生成不饱和化合物：

$$C_6H_5C{=}O + H_2C\begin{array}{c}COOC_2H_5\\COOC_2H_5\end{array} \xrightarrow{\text{六氢吡啶}} \begin{array}{c} C_6H_5CH{=}C\begin{array}{c}COOC_2H_5\\COOC_2H_5\end{array}\\ C_6H_5CH{=}CHCOOH \end{array}$$

肉桂酸

但脂肪醛与丙二酸二乙酯生成饱和的烷基衍生物。

$$R{-}C{=}O + 2H_2C(COOC_2H_5)_2 \longrightarrow R{-}C\begin{array}{c}CH(COOC_2H_5)_2\\ \\ CH(COOC_2H_5)_2\end{array}$$

酮一般不与丙二酸及其酯作用，若含活泼亚甲基的化合物如氰乙酸酯，在乙酰胺存在下于乙酸溶液中可与酮缩合，但生成的水必须继续不断地通过蒸馏被除去。

$$\begin{array}{c}H_3C\\H_3C\end{array}C{=}O + \begin{array}{c}CN\\CH_2\\C_2H_5COO\end{array} \longrightarrow \begin{array}{c}H_3C\\H_3C\end{array}C{=}C\begin{array}{c}CN\\COOC_2H_5\end{array}$$

丁二酸酯在碱性催化剂存在下与醛（酮）起羟醛型缩合，生成不饱和二酸，这个反应类似 Knoevengel 反应，叫做斯陶柏（Stobbe）反应。

$$\begin{array}{c}H_3C\\H_3C\end{array}C{=}O + \begin{array}{c}CH_2COOC_2H_5\\CH_2COOC_2H_5\end{array} \xrightarrow{C_2H_5ONa} \begin{array}{c}H_3C\\H_3C\end{array}C{=}C\begin{array}{c}CH_2COOC_2H_5\\COOC_2H_5\end{array}$$
$$\downarrow$$
$$\begin{array}{c}H_3C\\H_3C\end{array}C{=}C\begin{array}{c}CH_2COOC_2H_5\\COOH\end{array}$$

（5）Mannich 反应　具有 α 活泼氢的酮和甲醛及第一或第二胺的盐酸盐，在乙醇溶液中回流，得到一种缩合产物，叫曼尼希碱，这个反应就叫曼尼希反应，又可称为 α-氨甲基化反应。这是制备 β-氨基酮的一个方法。如苯乙酮与甲醛及二甲胺盐酸盐反应就得 β-二甲氨基苯丙酮的盐酸盐。甲醛可由多聚甲醛在酸性催化下解聚提供。

$$\text{（苯环）}COCH_3 + (CH_2O)_n + (CH_3)_2NH\cdot HCl \xrightarrow[\text{回流}]{C_2H_5OH} \text{（苯环）}COCH_2CH_2{-}N\begin{array}{c}CH_3\\ \\ CH_3\end{array}\cdot HCl$$

β-二甲氨基-苯丙酮盐酸盐

在酮胺（β-氨基酮）化合物中，有些经还原，即生成有生理活性的氨基醇。用苯乙酮、多聚甲醛及六氢吡啶盐酸盐，经过曼尼希反应，可以制得药物安坦的中间体 N-苯丙酮哌啶盐酸盐，收率很好。

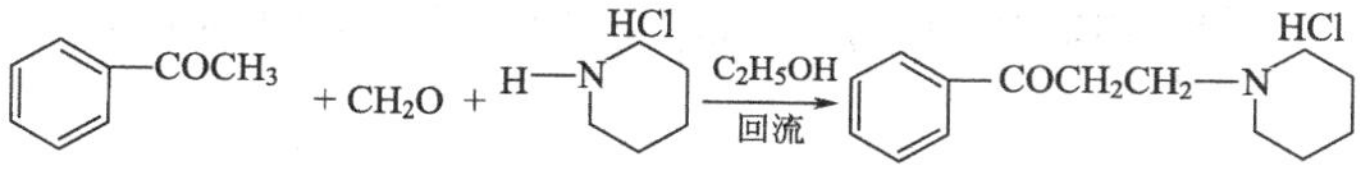

$$N\text{-苯丙酮哌啶盐酸盐}$$

（6）Benzoin（安息香）缩合反应　芳香醛在催化剂氰化钾的存在下加热，发生双分子的缩合反应，生成 α-羟酮，因为最简单的芳香族羟基酮叫做安息香，所以这类反应称为安息香缩合反应。

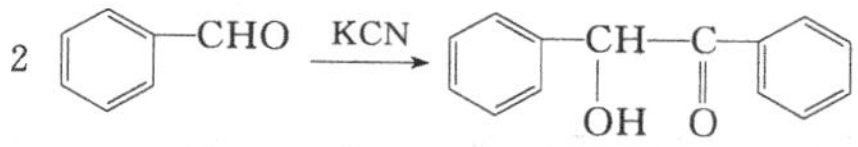

安息香（32%）

这个反应适用于苯甲醛及其同系物以及卤代和烷氧苯甲醛，环上有强烈的吸电子基团如硝基及强斥电子基团如氨基及羟基在邻、对位则不起反应。氰离子似乎是本反应的特殊催化剂，其他碱如氢氧离子、烷氧离子等都不作用。脂肪醛很少发生这类缩合反应，因为在碱性条件下，发生醇醛缩合反应。

（7）Wittig 反应　醛或酮与维蒂希试剂——烃代亚甲基三苯基膦（Alkylidene triphenyl phosphines）反应直接合成烯类化合物，此反应是近年来在有机合成上最引人注目的反应之一。

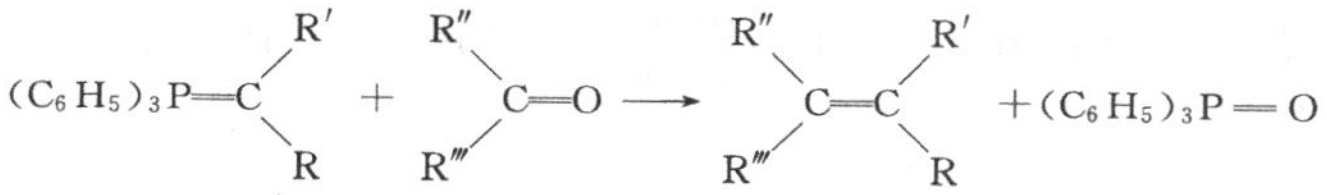

本反应的主要优点是：条件温和，收率高。控制反应条件并能获得立体选择性的产物（如顺式或反式），因此应用广泛，尤其在合成某些天然有机化合物（如萜类、甾体、维生素 A、维生素 D 以及前列腺素等）方面具有独特的作用。

维蒂希试剂是一种黄-红色的化合物，它是由三苯基膦和卤代烷反应而得。

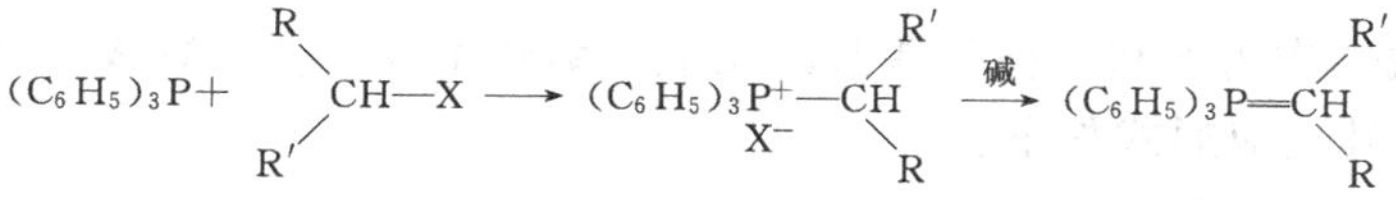

（8）Claisen 缩合反应　在碱性催化剂存在下，具有 α-氢的酯和另一分子相同或不相同的酯反应，脱去一分子醇，生成 β-酮酸酯的反应称为 Claisen 缩合反应。若相同的酯进行缩合反应，可得单一产物。

$$2CH_3COOEt \xrightarrow{NaOEt} CH_3COCH_2COOEt$$

当两分子酯不相同且两种酯都含有 α-氢时，则有可能生成四种不同的缩合产物（自身缩合及相互间交叉缩合物），难以分离，因而无使用价值。若其中一个酯不含 α-氢，则不能进行自身缩合，它与含 α-氢的酯反应后，可得较单一的产物。常用的不含 α-氢的酯有甲酸酯（HCOOR）、苯甲酸酯（PhCOOR）、碳酸二乙酯（EtOCOOEt）及草酸二酯（ROCOCOOR）等。碳酸二乙酯和含 α-氢的酯缩合生成丙二酸酯衍生物。草酸酯与具 α-氢的酯缩合生成 α-烷氧草酰基羧酸酯，后者经热分解脱去一氧化碳，生成丙二酸二乙酯衍生物。

$$\text{C}_6\text{H}_5\text{CH}_2\text{COOEt} + \text{CO(OEt)}_2 \xrightarrow{\text{NaOEt}} \text{C}_6\text{H}_5\text{CH(COOEt)}_2$$
$$(86\%)$$

$$\text{C}_6\text{H}_5\text{CH}_2\text{COOEt} + \begin{matrix}\text{COOEt}\\|\\\text{COOEt}\end{matrix} \xrightarrow{\text{NaOEt}} \text{C}_6\text{H}_5\text{CH} \begin{matrix}\text{COOEt}\\|\\\text{COCOOEt}\end{matrix}$$

$$\downarrow \triangle \ -\text{CO}$$

$$\text{C}_6\text{H}_5\text{CH(COOEt)}_2$$
$$(85\%)$$

（9）Cannizzaro 反应　不含 α-氢原子的脂肪醛、芳醛或杂环醛类在浓碱作用下醛分子自身同时发生氧化与还原反应，生成相应的羧酸（在碱溶液中生成羧酸盐）和醇的有机歧化反应。利用此性质，可使用醛与含 α-氢的醛在发生羟甲基化的同时，进行 Cannizzaro 反应，制备多元醇化合物。例如：

$$\text{CH}_3\text{CHO} + 3\text{HCHO} \xrightarrow{\text{M(OH)}_n} \text{HOCH}_2-\underset{\underset{\text{CH}_2\text{OH}}{|}}{\overset{\overset{\text{CH}_2\text{OH}}{|}}{\text{C}}}-\text{CHO} \xrightarrow{\text{HCHO,M(OH)}_n} \text{HOCH}_2-\underset{\underset{\text{CH}_2\text{OH}}{|}}{\overset{\overset{\text{CH}_2\text{OH}}{|}}{\text{C}}}-\text{CH}_2\text{OH}$$

季戊四醇　$M = Na^+ 、Ca^{2+}$

$$\text{CH}_3\text{CH}_2\underset{\underset{\text{CH}_3}{|}}{\text{CH}}\text{CHO} + \text{HCHO} \xrightarrow[90℃,1h]{\text{NaOH}} \text{CH}_3\text{CH}_2-\underset{\underset{\text{CH}_2\text{OH}}{|}}{\overset{\overset{\text{CH}_2\text{OH}}{|}}{\text{C}}}-\text{CH}_3 \quad (93.7\%)$$

（10）Reformatsky 反应　在锌存在下，醛或酮与 α-卤代酸酯缩合得 β-羟基酸酯，或脱水得 α,β-不饱和酸酯的反应，被称为 Reformatsky 反应。

$$\text{BrCH}_2\text{COOEt} \xrightarrow[\text{回流}]{\text{Zn,C}_6\text{H}_6,\text{C}_2\text{H}_5\text{OH}} \text{BrZnCH}_2\text{COOEt}$$

$$\text{C}_6\text{H}_5\text{CHO} + \text{BrZnCH}_2\text{COOEt} \longrightarrow \text{C}_6\text{H}_5\underset{\underset{\text{OH}}{|}}{\text{CH}}\text{CH}_2\text{COOEt}$$

醛或酮在强碱性作用下和 α-卤代羧酸酯反应，缩合生成 α,β-环氧羧酸酯的反应称为达参（Darzens）反应，其反应通式如下：

$$\underset{R'}{\overset{R}{>}}\text{CO} + \text{R}''\text{CHXCOOEt} \longrightarrow \underset{R'}{\overset{R}{\diagdown}}\text{C}\underset{O}{\overset{}{\diagup}}\text{C}\underset{\text{COOEt}}{\overset{R''}{\diagup}} + \text{HX}$$

反应通常用氯代酸酯，有时亦可用 α-卤代酮为原料，本缩合反应对于大多数脂肪族和芳香族的醛或酮均可获得较好的收率。

15.2　成环缩合反应

成环缩合反应又称闭环反应或环合反应。绝大多数环合反应都是先由两个反应物分子在适当的位置发生反应，连接成一个分子，但尚未形成新环；然后在这个分子内部适当位置上的反应性基团间发生缩合反应而同时形成新环。环合反应是通过生成新的碳-碳、碳-杂原子或杂原子-杂原子键完成的。由于这类反应的种类很多，所用的反应物也是多种多样的，因此不像其他单元反应能写出反应的通式和通用的反应历程。但环合反应还是可以归纳出如下一些共同的反应特点。

① 环合形成的新环大多是具有芳香性的六元碳环以及五元和六元的杂环。主要因为这些环比较稳定，所以容易形成。

② 反应物分子中适当位置上必须有活性反应基团，便于发生成环缩合反应，因此反应物之一常常是羧酸、酸酐、酰氯、羧酸盐或羧酰胺；β-酮酸、β-酮酸酯、β-酮酰胺；醛、酮、醌；氨、胺类、肼类（用于形成含氮杂环）；硫酚、硫脲、二硫化碳、硫氰酸盐（用于形成含硫杂环）；含有双键或叁键的化合物等。

③ 大多数环合反应都要脱去一个小分子。如 H_2O、NH_3、C_2H_5OH、HCl、HBr、H_2 等，反应时常要添加缩合剂或催化剂如酸、碱、盐、金属、醇钠等，促进环合进行。

主要的成环缩合反应类型如下。

（1）Diels-Alder 反应　$AlCl_3$、BF_3、$SnCl_4$ 等 Lewis 酸常用作 Diels-Alder 反应的催化剂。当双键化合物上连有吸电子基团—CHO，—COR，—COOH，—COCl，—CN，—NO$_2$，—SO$_2$Ar 等时，则反应容易进行。并且不饱和碳上吸电子基团愈多，反应速度愈快。

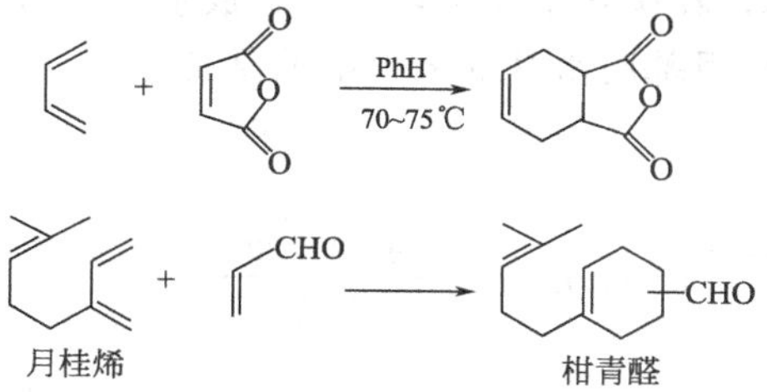

（2）六元碳环缩合

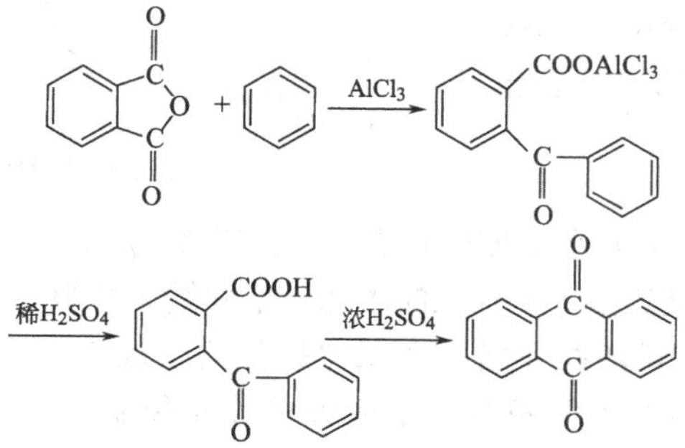

邻苯二甲酸酐与苯的付氏反应，首先生成邻苯甲酰苯甲酸，再在缩合剂浓 H_2SO_4 作用下发生脱水成环缩合得到蒽醌。

（3）分子内酯-酯缩合反应　二元酸酯可以发生分子内的和分子间的酯-酯缩合反应。如分子内的两个酯基被三个以上的碳原子隔开时，就会发生分子内的缩合反应，形成五元环的酯。这种环化酯缩合反应又称为迪克曼（Dieckmann）反应，实际上可视为分子内的克莱森缩合。此类反应常用来合成某些环脂酮以及某些天然产物和甾体激素的中间体。缩合反应常用 C_2H_5ONa、C_2H_5OK、NaH 及 t-C_4H_9OK 等强碱为催化剂。如使反应在高度稀释的溶液内进行，则可抑制二元酯分子间的缩合，从而增加分子内缩合的概率，甚至可以合成更大环的环脂酮类化合物。

己二酸二乙酯在金属钠和少量乙醇存在下缩合，再经酸化便得 α-环戊酮甲酸乙酯。

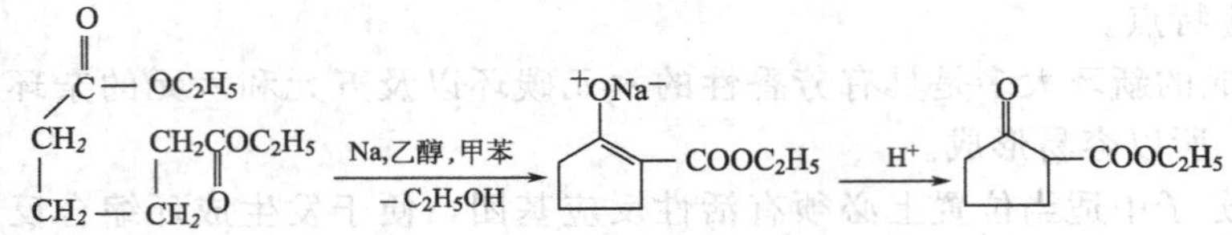

15.3 应用实例

（1）乙酰丙酮酸乙酯的制备

$$\begin{matrix}COOEt\\ |\\ COOEt\end{matrix} + CH_3COCH_3 \xrightarrow[40\sim45℃,1h]{NaOCH_3} \xrightarrow[pH3.5]{H_2SO_4} \underset{\text{乙酰丙酮酸乙酯}}{CH_3COCH_2COCOOEt}$$

配料比：草酸二乙酯∶丙酮∶甲醇钠∶硫酸为1.00∶0.46∶0.43∶0.57。

将甲醇钠加入草酸二乙酯及丙酮中，40～45℃反应1h，冷却后滴加浓硫酸到pH＝3.5，即得乙酰丙酮酸乙酯。

本品为有机合成中间体，在医药工业上可用于合成磺胺药SMZ。

（2）（6-甲氧基-2-萘基）甲基脱水甘油酸甲酯的制备

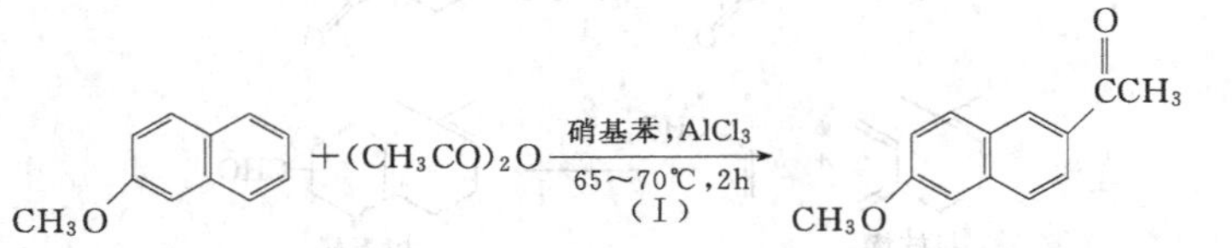

6-甲氧基-2-萘乙酮

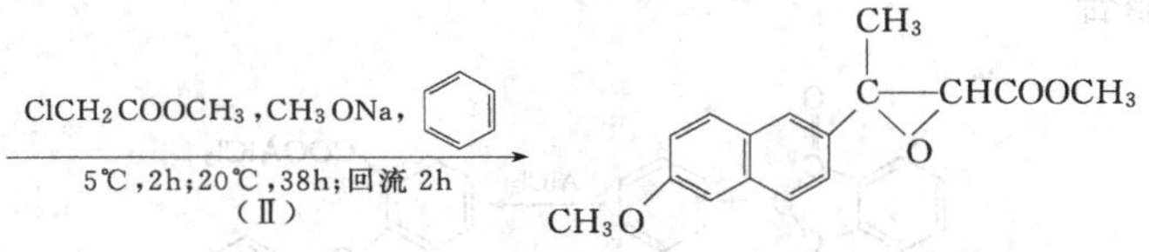

脱水甘油酸酯

配料比：Ⅰβ-甲氧基萘∶无水$AlCl_3$∶醋酐∶硝基苯为1.00∶1.42∶0.58∶6.00；

Ⅱ6-甲氧基-2-萘乙酮∶氯代乙酸甲酯∶甲醇钠∶苯为1.00∶0.74∶0.54∶7.35。

在硝基苯溶剂中，β-甲氧基萘和醋酐在氯化铝催化下反应，生成6-甲氧基-2-萘乙酮。后者在甲醇钠作用下与氯代乙酸甲酯缩合，生成脱水甘油酸酯。

本品为消炎镇痛药萘普生的中间体。

（3）四氢邻苯二甲酸酐的制备

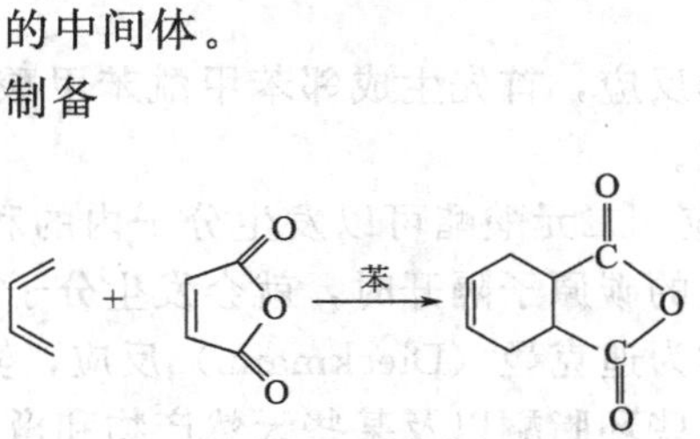

熔融的顺丁烯二酸酐与精制后的混合C_4馏分（参加反应的组分主要是丁二烯）在苯溶剂中进行双烯合成，得四氢邻苯二甲酸酐，然后反应液经抽滤、干燥得成品。

本品可用于合成农药敌菌丹、克菌丹等，也可用作合成增塑剂、环氧树脂固化剂和胶黏剂等的中间体。

习　题

1. 什么是缩合反应？什么是成环反应？

2. 以正丁醇为原料合成 2-甲基辛醇。

3. 写出下列合成中的中间产物、产物或试剂：

（1） $C_6H_5CHO + CH_3COC_6H_5 \longrightarrow$

（2） $C_6H_5CHO + (CH_3CO)_2O \xrightarrow[\text{或 } K_2CO_3]{CH_3CO_2K} \xrightarrow{H^+}$

（3） $2C_6H_5CHO + KOH \longrightarrow$

（4）

16　烯化反应

许多有机中间体、有机试剂、医药、农药、香料等精细化工产品都属于烯烃类化合物。因此，合成烯烃的反应在精细有机合成中占有十分重要的地位。

合成烯烃的反应很多，较常用的有消除反应、还原反应、缩合反应。本章主要讨论与长链烯烃合成有关的缩合反应，此类反应主要包括醇醛缩合反应、羰基 α-位的烯化反应，以及近年来广泛应用的羰基烯化反应。

16.1　Wittig 反应及相关反应

除了羰基等含杂原子的不饱和基团可有效稳定 α-碳负离子外，邻位正电荷也可稳定 α-碳负离子。叶立德（Ylide）指的是以带正电荷原子与碳负离子直接相连接，相连两原子都具有满电子隅的化合物，又称内鎓盐。许多原子包括磷、硫、砷、锑、铋和氮等，可以这种方式带正电荷，其中以磷叶立德和硫叶立德最为有用。

16.1.1　Wittig 反应

磷叶立德是由三价磷化合物与卤代烃发生 S_N2 反应形成盐，然后用强碱（n-BuLi，PhLi 或 NaH）夺取 α-氢（pK＝31）形成的。

叶立德有另一种共振极限式叫叶林（Ylene），这一结构对杂化的贡献虽然远小于叶立德，然而它表现了磷原子 3d 空轨道与碳原子 p 轨道形成 p-d-π 键的能力，也部分解释了磷比氮更易形成叶立德的原因。

$$Ph_3P: +RCH_2Br \longrightarrow Ph_3\overset{+}{P}-CH_2R \xrightarrow{B:^-} [Ph_3\overset{+}{P}-\overset{-}{C}HR \longleftrightarrow Ph_3P=CHR]$$

磷叶立德　　　　　　　叶林

同其他碳负离子一样，叶立德是优良的亲核试剂，可与卤代烃、环氧化合物等许多亲电试剂反应。

但是，磷叶立德的主要用途是与醛、酮反应，用于烯烃合成，即 Wittig 反应。Wittig 反应分两阶段进行，首先叶立德作为碳亲核试剂加成到羰碳上；然后，形成的两性中间体环化成四元环中间体，环碎裂后生成烯烃和三苯氧膦。四元环中间体的形成和最后一步破环反应的推动力来自两个方面，首先是＋3 价磷转变成＋5 价磷的倾向，其次是磷和氧形成高能的 P＝O 键的驱动力。P＝O 键对生命体系有重要意义，被用于能量的贮存。

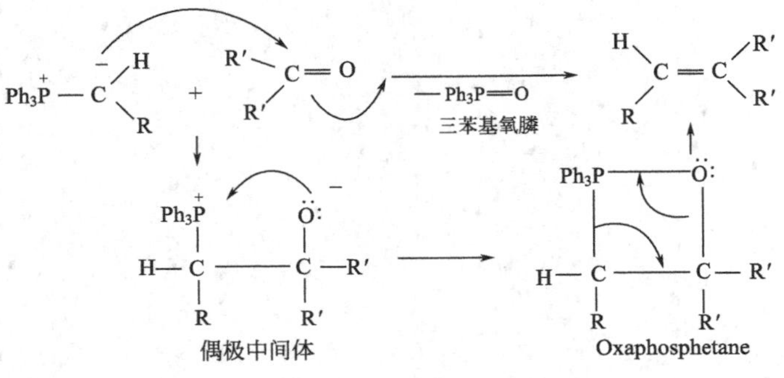

偶极中间体　　　　　　　　　　　　Oxaphosphetane

Wittig 反应自从发现以后一直是合成烯烃的最重要方法（ Wittig 因这一发现与 H. C. Brown 共享 1979 年诺贝尔化学奖）。Wittig 反应的特点是可用于合成双键位置确定的烯烃。Wittig 反应也可在叶立德与半缩醛之间进行，得到与同醛反应相同的产物。反应的进行是因为在反应体系中总是存在着半缩醛与醛的平衡，尽管醛式所占比例低，然而 Wittig 反应的消耗可促使平衡向右移动。

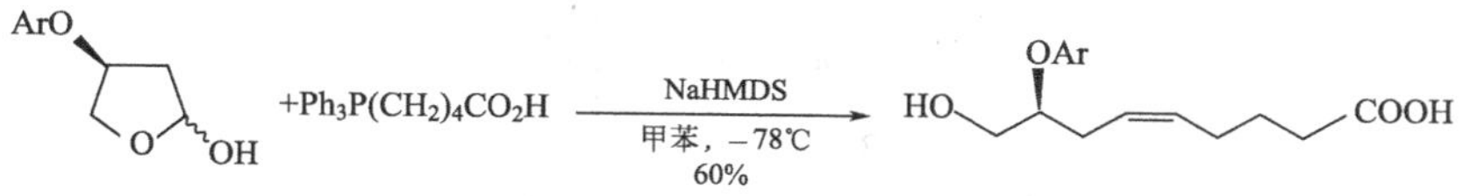

用于 Wittig 反应的磷叶立德在 α-碳上可带各种不同的取代基，如芳基、酯基、氰基、甲氧基、卤素等。α-甲氧基磷叶立德（$Ph_3P = CHOMe$）经 Wittig 反应生成烯基甲醚，水解后得醛。这是从醛、酮合成增加一个碳的醛的直观方法。酮也可用类似试剂合成。

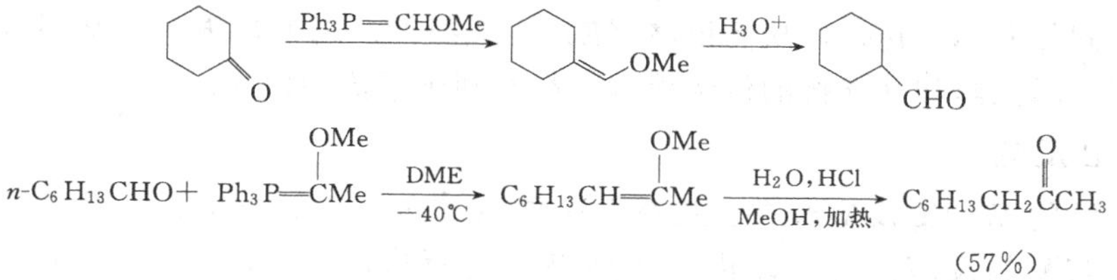

呋喃甲基叶立德被用于天然产物 Pallescensin A 的合成。

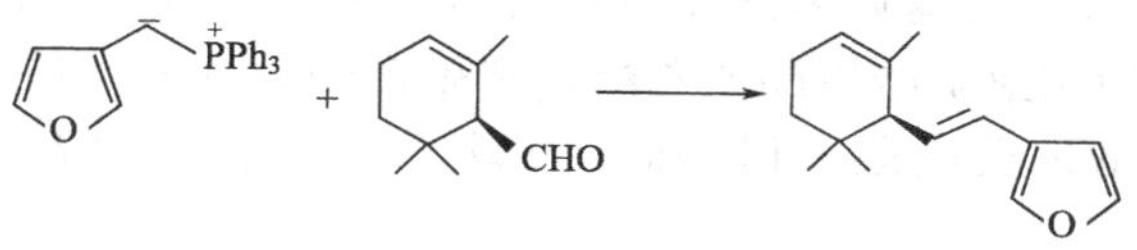

烯烃可依以下两种方式切断：

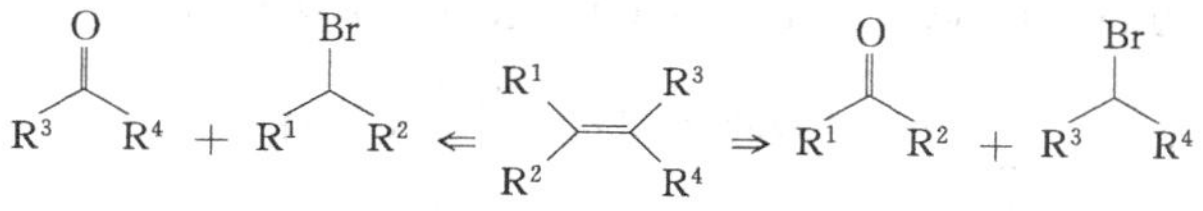

Wittig 反应的立体化学取决于叶立德和醛、酮的结构与反应条件。一般而言，非稳定化的叶立德主要产生 (Z)-烯烃，稳定化的叶立德主要产生 (E)-烯烃。当 R^1 是负离子稳定基团（COOMe，COMe SO_2Ph，CN 等）时，(E)-烯烃为主产物；当 R^1 是推电子基（烷基）时，(Z)-烯烃为主要产物；当 R^1 为弱的负离子稳定基（C_6H_5，$CH_2CH=CH_2$）时，无选择性。

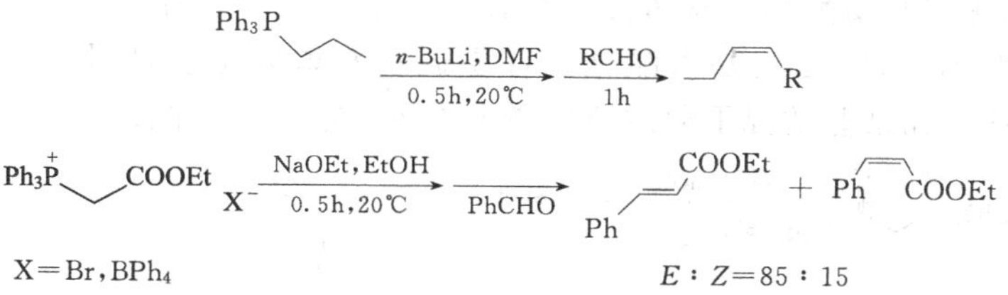

Wittig 反应的立体选择性特点可从其机理理解（图 16-1）。

由于 Wittig 反应经历氧杂磷杂环丁烷中间体，稳定化的叶立德有利于苏式中间体的形成，非稳定化的叶立德有利于赤式中间体的形成。后两者经顺式开环/消除后分别产生 (E) 和 (Z)-烯烃。

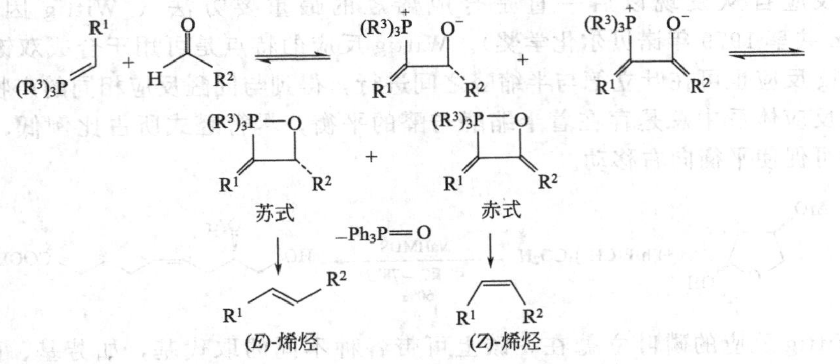

图 16-1 Wittig 反应的机理

反应条件对 Wittig 反应立体化学也有重要影响。有利于建立热力学平衡的条件将促使赤式四元环中间体向苏式转化，从而提高（E）式选择性。磷上带推电子基团（包括烷基）、在锂盐存在下、增大醛和叶立德的位阻等因素都有利于平衡的建立。

16.1.2 HWE 反应

应用最广泛的 Wittig 反应改进、互补方法是 Wadsworth-Emmons 方法。该法涉及膦酸酯 α-碳负离子与醛的反应。这一改进方法称 Wittig 反应的 Horner-Wadsworth-Emmons 改良法，简称 HWE 反应。

膦酸酯可方便地通过三烷基亚磷酸酯与有机卤代物（一般是溴代烃）反应（Michaelis-Arbuzov）制备。如果使用亚磷酸甲酯或乙酯，则副产物为挥发性的溴甲烷或溴乙烷，产物可经直接蒸馏得到。HWE 反应通常以 NaH 为碱，乙二醇二甲醚（DME）或四氢呋喃为溶剂。

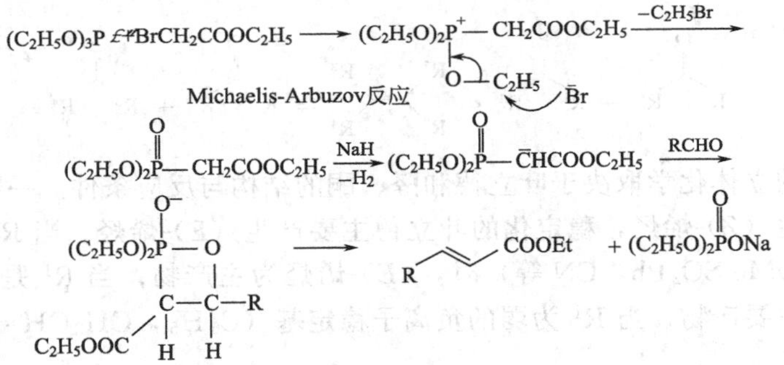

HWE 反应的优点是膦酸酯 α-碳负离子具有较高反应性，可与酮反应。该法的另一优点是副产物为水溶性的 O,O-二乙基磷酸钠，容易通过萃取除去。此外，HWE 反应表现出（E）式立体选择性，在某些情况下通过改变磷上的 R^1 基团可调节反应的立体选择性。

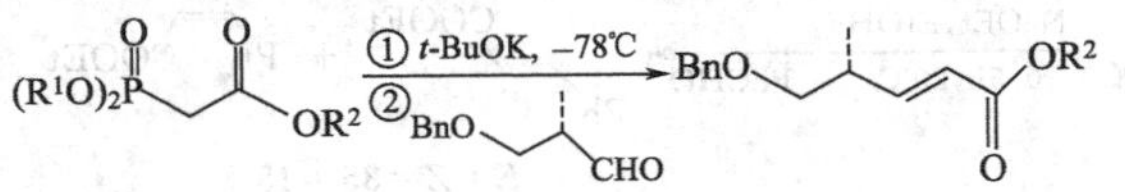

R^1=Me,R^2=Me,(Z):(E)=3 : 1

R^1=Pr-i,R^2=Et,(Z):(E)=5 : 95

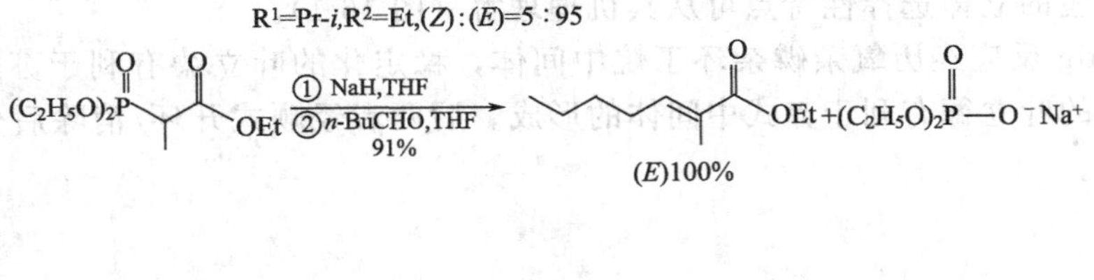

在 Corey 报道的天然产物前列腺素的合成中曾分别用 HWE 反应引入 β-侧链，用 Wittig 引进 α-侧链，两种方法分别建立了天然产物所需的 C_{13}-C_{14} 反式双键和 C_5-C_6 顺式双键。

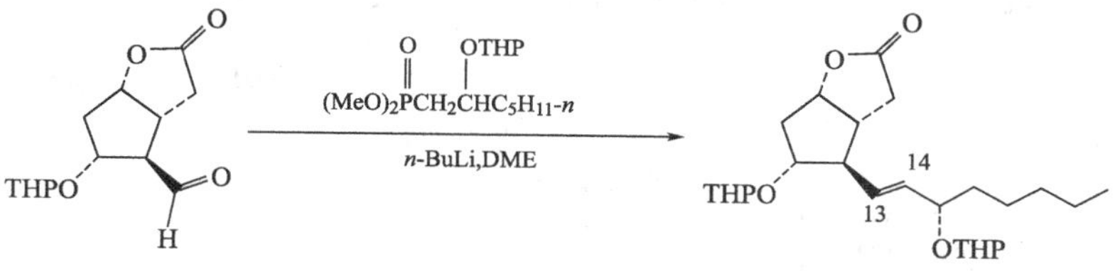

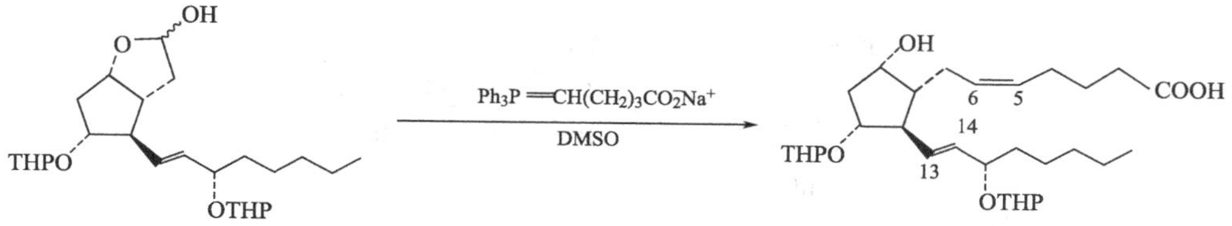

β-羰基膦酸酯的反应可以用碱体系 DBU-LiCl，这是合成（E）式异构体的方便方法。

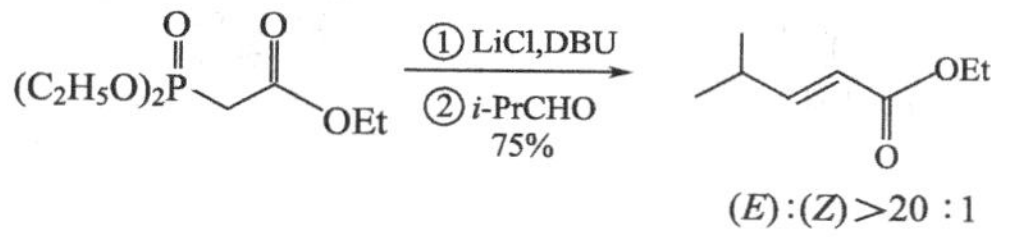

如果使用三氟乙基膦酸酯，则可高选择性地得到（Z）-α，β-不饱和酯。这一方法称为 Still-Horner 烯化条件。

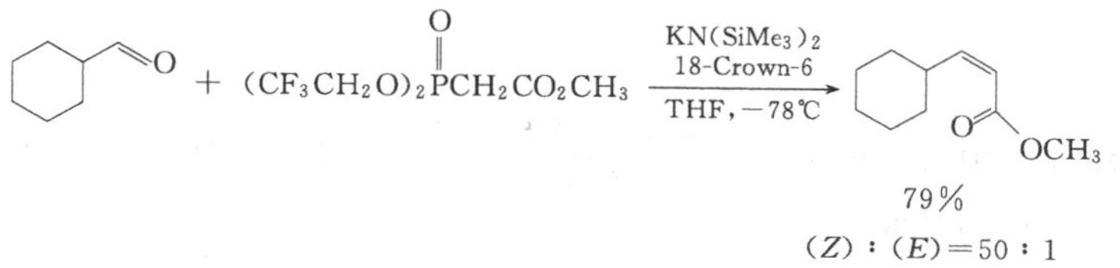

16.1.3 Horner-Wittig 反应

Horner 用膦氧化合物代替磷内鎓盐，用叔丁醇钾进行 α-去质子化后与醛、酮反应可得中等到高的选择性（Horner-Wittig 反应，图 16-2）。该法的重要性在于，如果反应用锂碱，则中间体 1,2-亚膦酰醇（Ⅰ和Ⅱ）可被分离纯化，得到纯的非对映异构体，后者经立体选择性消除得纯的（E）或（Z）-烯烃。膦氧化合物可通过烷基三苯基膦与氢氧化钾加热反应制得。该法可用于（Z）-烯烃的制备，而（E）-烯烃则可通过对 β-酮膦氧化合物Ⅲ立体选择性还原-消除得到。

Horner-Wittig 反应是维生素 D_3 的 A 环和 C、D 环对接的主要方法之一。

16.1.4 砷叶立德

黄耀曾发展了砷叶立德化学，建立了立体选择性合成（E）α,β-不饱和醛、酮和酯的方法。该法是以三苯基砷叶立德代替磷叶立德与醛反应合成烯烃。该法被用于天然产物 Trichonibe 的合成。1989 年，又报道了三苯基砷催化的类 Wittig 反应，这是首例催化类 Wittig 反应，反应的（E）式选择性高。在催化循环中，砷叶立德是关键

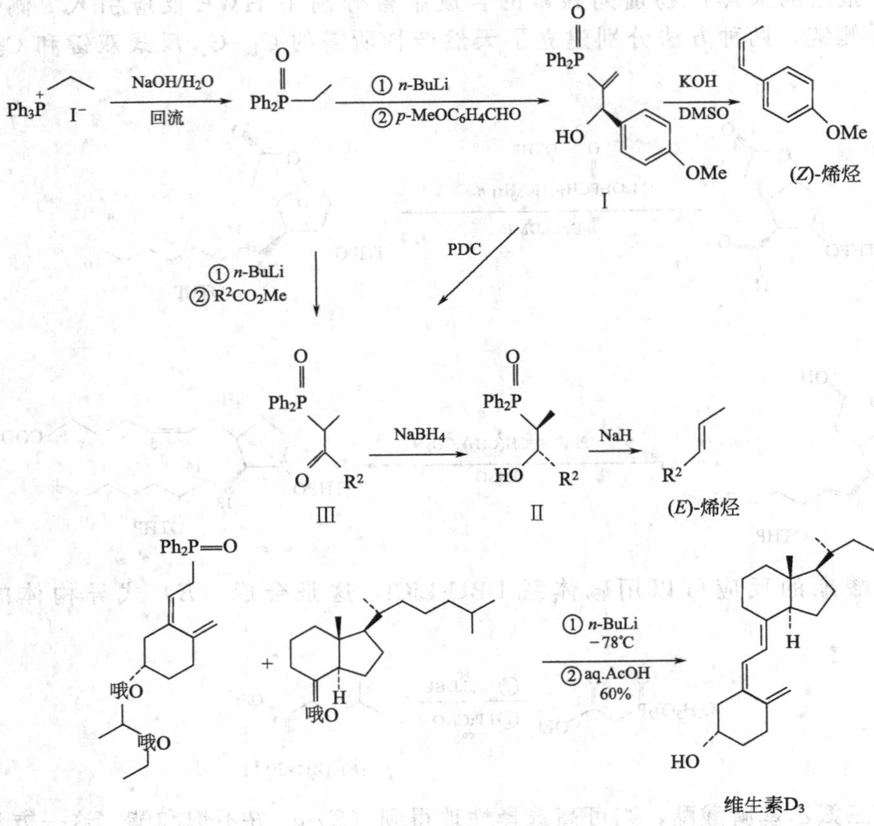

图 16-2 Horner-Wittig 反应

中间体。

$$RCHO + BrCH_2X + (PhO)_3P \xrightarrow[\text{THF-MeCN,室温}]{n\text{-Bu}_3As(Cat.),K_2CO_3(固)} RCH = CHX + (PhO)_3P = O$$

(X=COOMe,COPh)

$[n\text{-Bu}_3\overset{+}{A}s\overset{-}{C}HX]$

砷叶立德

R=Ph,30h,86%,E:Z=99:1
R=n-Bu,12h,80%,E:Z>98:2

$n\text{-C}_5H_{11}$ $C_4H_9\text{-}n$

$E:Z=94:6$

$E:Z=96:4$

$E:Z>99:1$

$n\text{-C}_7H_{15}$ $C_6H_{13}\text{-}n$

$n\text{-C}_6H_{13}$

$E:Z=80:20$

$E:Z=90:10$

$E:Z>99:1$

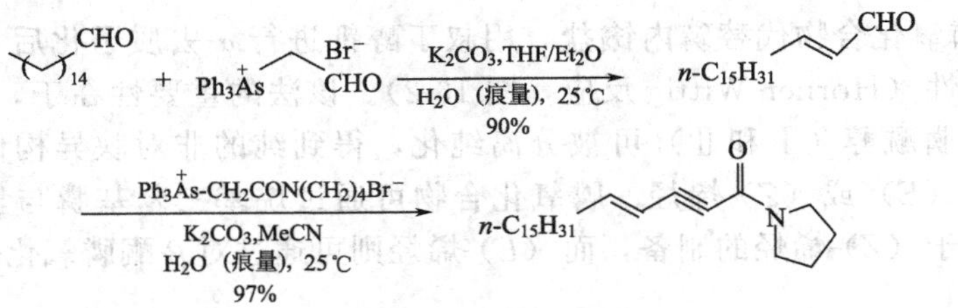

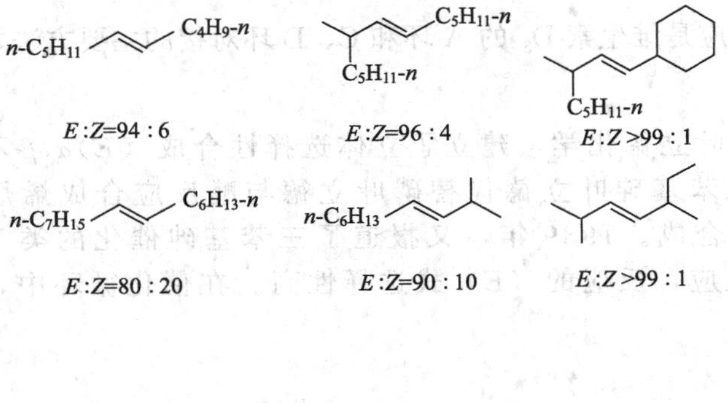

16.1.5 Peterson 反应

Peterson 反应烯烃合成法是通过硅基稳定的 α-碳负离子(Ⅳ)对醛、酮加成-消除合成烯烃的方法。该法在形式上与 Wittig 反应相似,收率较好。α-硅基格氏试剂是较有用的试剂,它对环酮的烯化比相应的 Wittig 试剂好。因为 Wittig 试剂 $Ph_3 = CH_2$ 对环酮(Ⅴ)不活泼。

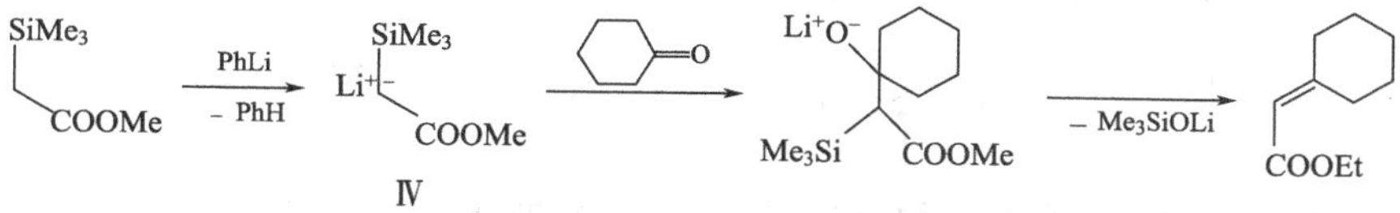

16.1.6 Tebbe 试剂

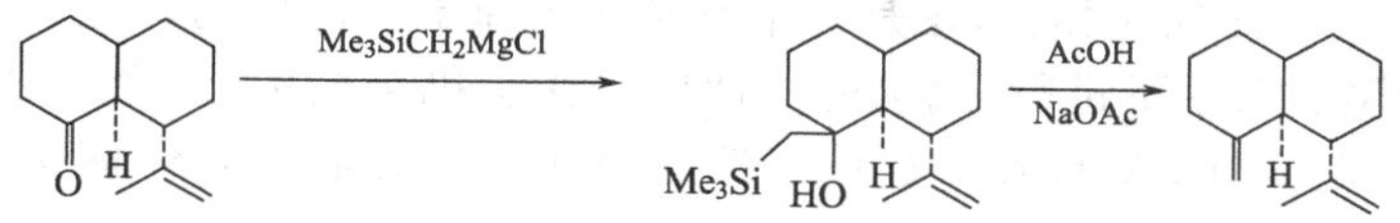

许多过渡金属试剂特别是钛试剂可用于烯烃合成,最有用的是 Tebbe 试剂(Ⅵ),Tebbe 试剂系从 $Cp_2 TiCl_2$ 制备(Cp 为环戊二烯)。它是一种桥亚甲基配合物,$Cp_2 TiCl_2 \cdot AlCl(Me)_2$。Tebbe 试剂的主要用途是与羰基反应,也可与烯烃进行环加成,还可以催化烯烃复分解反应。Tebbe 试剂与羰基化合物反应的产物形式上是以亚甲基取代醛、酮、酯、内酯和酰胺中羰基的氧,例如与酮反应得到末端烯烃,与酯的羰基反应生成烯醇醚。$Cp_2 TiCl_2$ 可能是活性中间体,它可以类似于 Wittig 反应的方式进行。

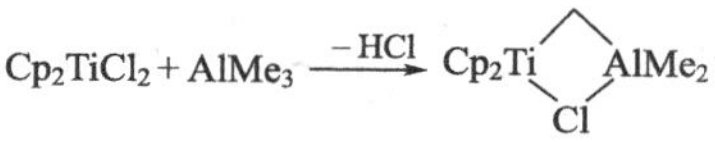

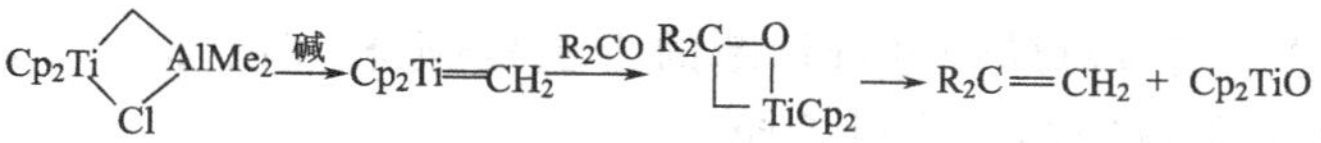

在两种情况下 Tebbe 试剂表现出优于 Wittig 反应的特点,一是当与可烯醇化的酮羰基化合物反应时其立体化学不受影响;二是 Tebbe 试剂比磷叶立德活泼,与位阻大的羰基化合物和酯、酰胺这些不活泼的碳基化合物也可顺利反应,此外,类似的试剂 $Cp_2 TiCH_2$,在酮、酯同时存在时,可选择性地与酮反应。

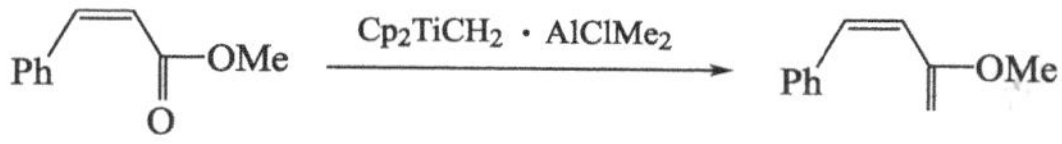

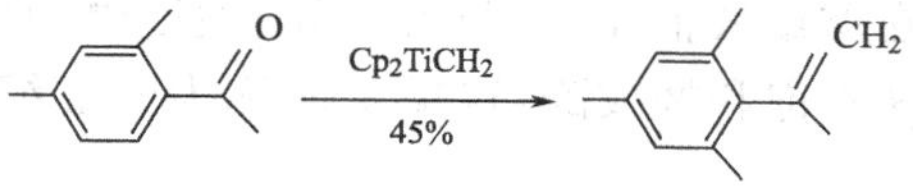

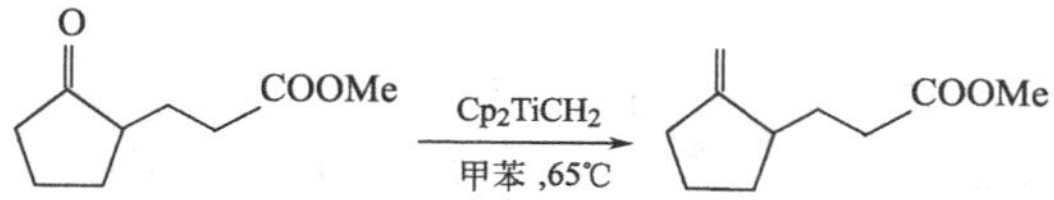

16.2 烯烃复分解反应

烯烃复分解反应是近年发展的最有用的一个新反应,是继 Wittig 反应之后烯烃合成方法的重大突破。该反应是两种烯烃在钼、钨、钌等卡宾型催化剂催化下，C＝C 双键重新组合形成两个新的 C＝C 双键的方法。烯烃复分解反应最先用于环状烯烃的开环复分解聚合反应，用于制取航天航空材料。其在有机合成中的应用是近年的事。

$$R^1HC{=}CHR^1 + R^2HC{=}CHR^2 \; \rightleftharpoons \; R^1CH{=}CHR^2 + R^2CH{=}CHR^1$$

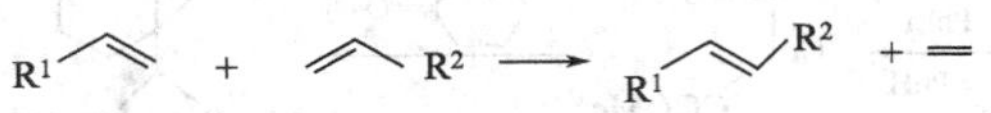

与 Wittig 反应比较，该法具有如下优点：①反应的副产物为烯烃，选择合适的底物则反应副产物为乙烯，与 Wittig 反应相比，这是一个具备显著原子经济性的反应；②反应在钌催化剂催化下，在中性的温和条件下进行，底物适应性广。在有机合成中，烯烃复分解反应最成功的应用是闭环复分解反应（RCM），被广泛用于环的合成。交叉烯烃复分解反应也已取得突破，以下举两例说明这一方法。

用于链状烯烃合成的复分解反应包括烯烃开环复分解反应（ROM）和交叉复分解反应。通过此法合成烯烃的条件非常温和，对酸、碱和亲核试剂敏感的底物或官能团不受影响。例如，丙烯腈和丙烯醛的烯烃复分解反应均可得到良好收率，酸酐、酯等官能团均不受影响。

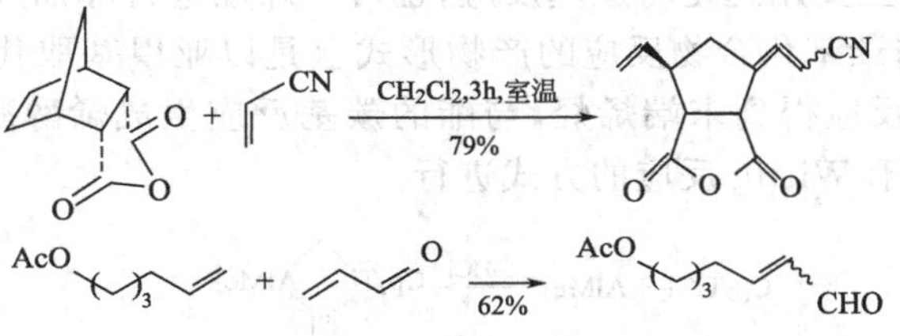

$E:Z=1.1:1$

根据逆烯烃复分解反应对烯烃进行切断的方法是：把相连的 C＝C 键切断，并在两端碳上分别代之以＝CH₂，便制得两个原料烯烃：

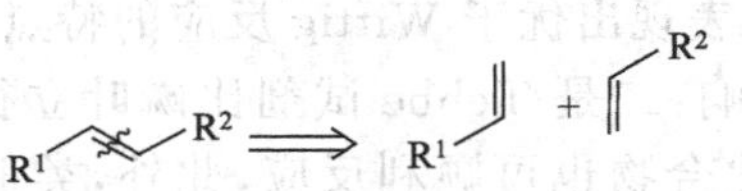

16.3　醇醛缩合反应

含 α-活泼氢的醛或酮，在碱或酸催化下，与另一分子醛或酮进行缩合，形成 β-羟基醛或酮，然后再失去一分子水，得 α,β-不饱和醛或酮，这类反应称为醇醛缩合反应，是合成含羰基的长链烯烃的方法之一。

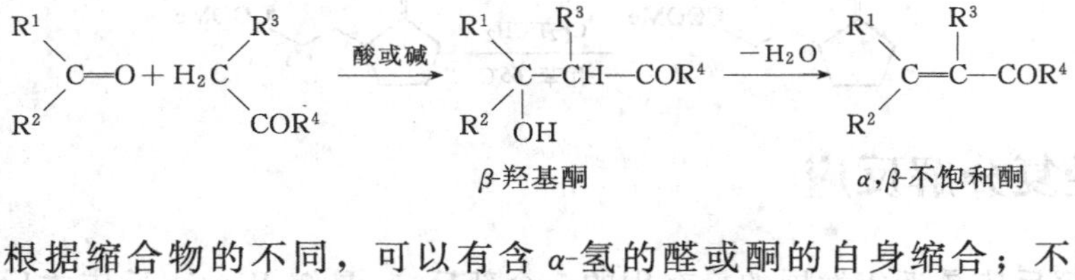

醇醛缩合根据缩合物的不同，可以有含 α-氢的醛或酮的自身缩合；不同的醛、酮分

子间的缩合；甲醛和含 α-氢的醛或酮的缩合及芳醛与含 α-氢的醛或酮之间的缩合四种主要类型。它们的反应历程是一致的，随所用催化剂的不同而不同，通常有酸催化和碱催化两种形式。

16.3.1 含 α-氢的醛或酮的自身缩合

$$2RCH_2\overset{O}{\underset{}{C}}R' \xrightarrow{\text{碱或酸}} RCH_2\overset{OH}{\underset{R'}{\underset{|}{C}}}\overset{H}{\underset{R}{\underset{|}{C}}}\overset{O}{\underset{}{C}}R' \xrightarrow[\triangle]{-H_2O} RCH_2\overset{}{\underset{R'}{C}}=\overset{O}{\underset{R}{C}}CR'$$

R＝H、脂烃基、芳烃基；R′＝H、甲基、脂烃基

醛类化合物具有较高的反应活性。因醛羰基的空间位阻小，容易受亲核试剂（碳负离子或烯醇负离子）的进攻，从而有利于缩合反应的进行。醛类化合物在进行自身缩合反应时，若选择适当的碱或反应温度，则可以很容易地得到缩合产物 α,β-不饱和醛。

$$2CH_3(CH_2)_2CHO \xrightarrow[25℃]{NaOH} CH_3(CH_2)_2\overset{}{\underset{HO}{\underset{}{C}}}H\overset{}{\underset{C_2H_5}{\underset{}{C}}}HCHO \xrightarrow{80℃} CH_3(CH_2)_2CH=\overset{}{\underset{C_2H_5}{C}}CHO$$

若用弱碱型离子交换树脂作催化剂，则可以在反应后滤去树脂，经蒸馏可得 α,β-不饱和醛纯品。

含 α-氢的酮类化合物，只有甲基酮和脂环酮具有较高的反应活性。要使酮类化合物的自身缩合向生成物的方向进行，并得到较好产率的 α,β-不饱和酮，必须强化反应条件。例如，在丙酮的缩合中，将固体催化剂氢氧化钡加入 Soxhlet 抽提器内，反应器中的丙酮不断回流，在提取器内与催化剂接触发生缩合反应，然后溢流到反应器内，产物二丙酮醇脱离催化剂，从而避免了可逆反应的发生。二丙酮醇经碘或磷酸催化脱水，可得 71% 产率的亚异丙基丙酮。

$$2CH_3\overset{O}{\underset{}{C}}CH_3 \rightleftharpoons CH_3\overset{CH_3}{\underset{OH}{\underset{}{C}}}\overset{O}{\underset{H}{\underset{}{C}}}HCCH_3 \xrightarrow[\triangle]{I_2 \text{ 或 } H_3PO_4} CH_3\overset{CH_3}{\underset{}{C}}=\overset{O}{\underset{}{C}}HCCH_3$$

亚异丙基丙酮

在自身缩合中，若酮是对称酮或只含一种 α-氢的不对称酮，则生成的产物较单一；若酮是不对称酮，则不论酸或碱催化，反应总是发生在取代基较少的 α-碳上，得到 β-羟基酮，或其脱水产物 α,β-不饱和酮。

$$2\text{Ph}\overset{O}{\underset{}{C}}CH_3 \xrightarrow{Al(OCMe_3)_3} \text{Ph}\overset{CH_3}{\underset{}{C}}=CH\overset{O}{\underset{}{C}}\text{Ph}$$

（82%）

$$2CH_3(CH_2)_nCOCH_3 \xrightarrow[\triangle]{OH^- \text{ 或 } H^+} CH_3(CH_2)_n\overset{O}{\underset{}{C}}CH=\overset{}{\underset{\underset{CH_3}{|}}{C}}(CH_2)_nCH_3$$

醛或酮的自身缩合也可以在分子内进行，生成环状化合物。如 1,6-或 1,7-二醛，1,4-、1,5-或 1,6-二酮，都能进行分子内缩合，生成烷酰基脂环烃或酮。

16.3.2 不同醛、酮分子间的缩合

含 α-氢的不同醛、酮分子间的缩合反应情况比较复杂，它可能产生四种或四种以上的反应产物。但根据反应物的性质，通过对反应条件的控制可使某一产物占优势。

在碱催化下，两种不同的醛缩合时，一般由 α-碳上含有较多取代基的醛形成碳负离子，向 α-碳上取代基较少的醛进行亲核加成，形成 α-取代的 α,β-不饱和醛。若醛的 α-碳上只有一个氢，一般在室温下，它与 α-碳上取代基较少的醛羰基进行亲核加成，得 β-羟基-α-二取代的醛；若升高反应温度，则 β-羟基-α-二取代的醛经可逆反应复得原来的醛，再以新的方式缩合得 α,β-不饱和醛。

$$CH_3CH_2CHO + CH_3CHO \xrightarrow[20℃]{KOH} CH_3\text{-}\overset{\underset{\displaystyle HO}{|}}{C}H\overset{\underset{\displaystyle H}{|}}{C}HCHO \xrightarrow[\triangle]{-H_2O} CH_3\text{-}\overset{\underset{\displaystyle |}{CH_3}}{C}=CCHO$$

$$CH_3CH_2CHO + (CH_3)_2CHCHO \xrightarrow{\begin{array}{c} NaOH \\ \hline 20℃ \end{array}} CH_3CH_2\overset{\underset{\displaystyle OH}{|}}{C}H\overset{\underset{\displaystyle CH_3}{|}}{C}HCHO$$

$$\xrightarrow{\begin{array}{c} NaOH \\ \hline 80℃ \end{array}} (CH_3)_2CHCH=\overset{\underset{\displaystyle CH_3}{|}}{C}CHO$$

在含 α-氢的醛和酮的缩合中，一般地说，醛容易进行自身缩合反应。当醛与甲基酮反应时，常常是在碱催化下由甲基酮的甲基形成碳负离子，该碳负离子与醛羰基进行亲核加成，最终得 α,β-不饱和酮。

$$\overset{\underset{\displaystyle CH_3}{|}}{C}H_3CHCHO + CH_3\overset{\underset{\displaystyle O}{||}}{C}C_2H_5 \xrightarrow{NaOEt} \overset{\underset{\displaystyle CH_3}{|}}{C}H_3CHCH=CHC\overset{\underset{\displaystyle O}{||}}{C}C_2H_5$$

不论是酸或碱催化，都不能使酮羰基和醛的 α-位缩合成 α,β-不饱和醛。要实现这种缩合，应先将醛羰基进行保护，然后再与酮进行反应，最后，去保护基得 α,β-不饱和醛。这种方法对两种醛或两种酮的反应同样适用。例如，可先将醛（或酮）与伯胺形成亚胺，亚胺和二异丙氢基锂（LDA）作用，转变成亚胺锂盐，亚胺锂盐与另一分子醛或酮反应后，很容易进行酸性水解去氢基，得 α,β-不饱和醛或酮；或者将醛（或）酮先与仲胺反应生成烯胺，然后再与醛酮反应，最后水解去氨基得相应的 α,β-不饱和醛或酮。

$$CH_3CHO + \bigcirc\text{-}NH_2 \longrightarrow \bigcirc\text{-}N=CHCH_3 \xrightarrow{LDA/Et_2O}$$

$$\bigcirc\text{-}N=CHCH_2Li \xrightarrow[-70℃]{CH_3(CH_2)_2CHO, Et_2O} CH_3(CH_2)_2\overset{\underset{\displaystyle OH}{|}}{C}HCH_2CH=N\text{-}\bigcirc$$

亚胺锂盐

$$\xrightarrow{H_3^+O} CH_3(CH_2)_2CH=CHCHO$$
$$\text{（总收率：65\%）}$$

若将醛或酮转变成烯醇硅醚，然后再在四氯化钛催化下，与另一分子醛或酮发生缩合反

应，则同样可得指定产物。

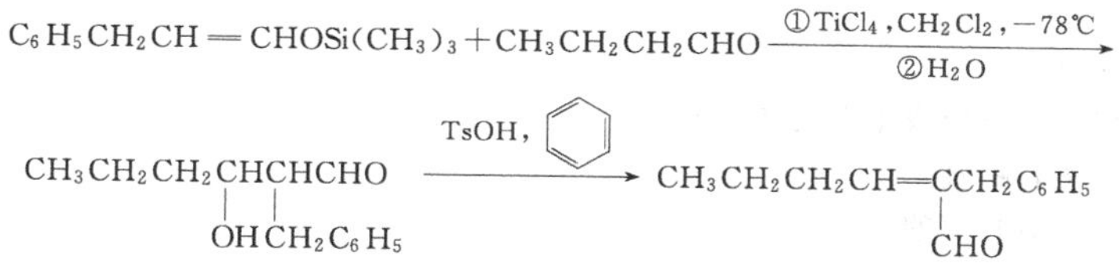

$$C_6H_5CH_2CH = CHOSi(CH_3)_3 + CH_3CH_2CH_2CHO \xrightarrow[\text{②}H_2O]{\text{①}TiCl_4,CH_2Cl_2,-78℃}$$

$$\underset{\overset{|}{OHCH_2C_6H_5}}{CH_3CH_2CH_2CHCHCHO} \xrightarrow{TsOH,\bigcirc} CH_3CH_2CH_2CH = \underset{\overset{|}{CHO}}{CHCH_2C_6H_5}$$

两种不同酮之间的缩合，一般至少其中有一种是甲基酮或脂环酮，反应才能进行。

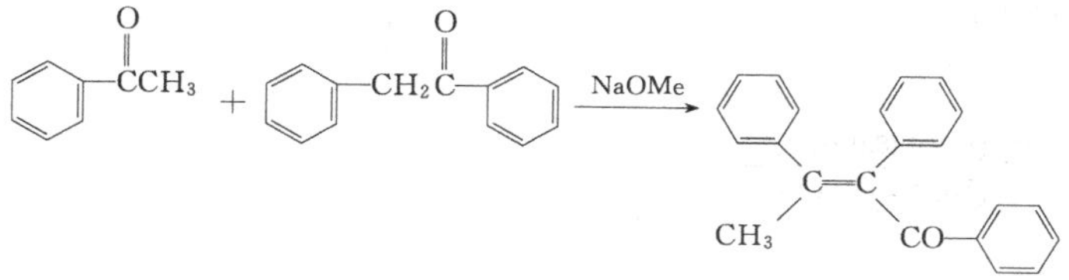

16.3.3 芳醛与含有 α-氢的醛、酮之间的缩合

在碱催化下，芳醛与 α-氢的醛或酮缩合，可得产率很高的 α,β-不饱和醛、酮类化合物，该反应被称为 Claisen-Schmidt 反应。例如肉桂醛的合成：

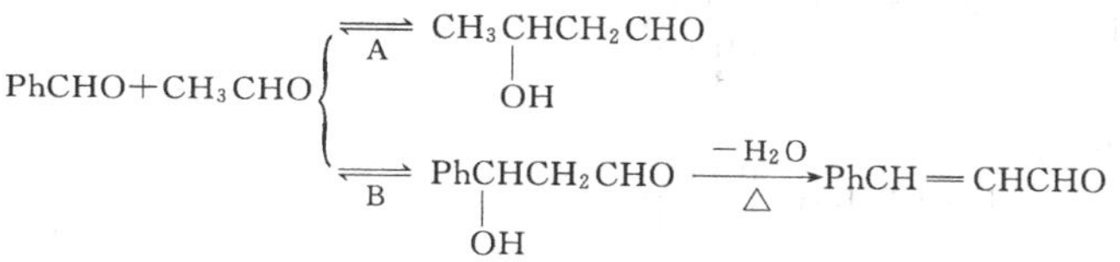

苯甲醛与乙醛在碱的作用下，有 A 和 B 两种反应途径。但是由于 3-苯基-3-羟基丙醛更容易脱水成肉桂醛。因此，反应主要按途径 B 进行。生成肉桂醛，并且收率很高。

该反应一般在氢氧化钠水溶液或醇溶液中进行，其反应产物具有很高的立体选择性，一般情况下，与羰基相连的大基团总是和羰基的 β-碳上的大基团成反式构型。

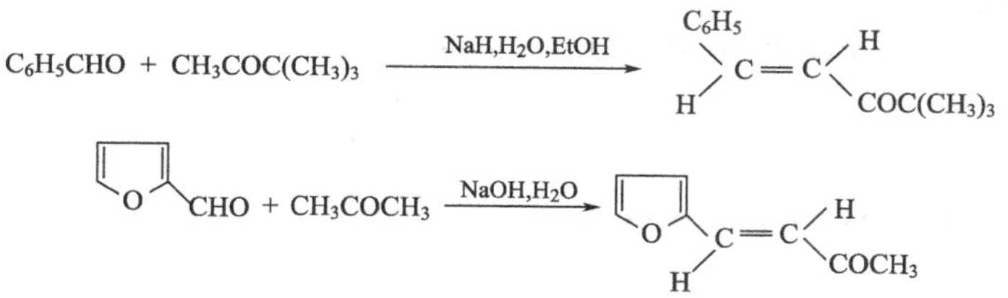

因所用催化剂的不同，芳醛与不对称酮（CH_3COCH_2R）的缩合反应产物也不同。一般碱催化，以甲基缩合产物为主；酸催化，则得亚甲基位上的缩合产物。例如：

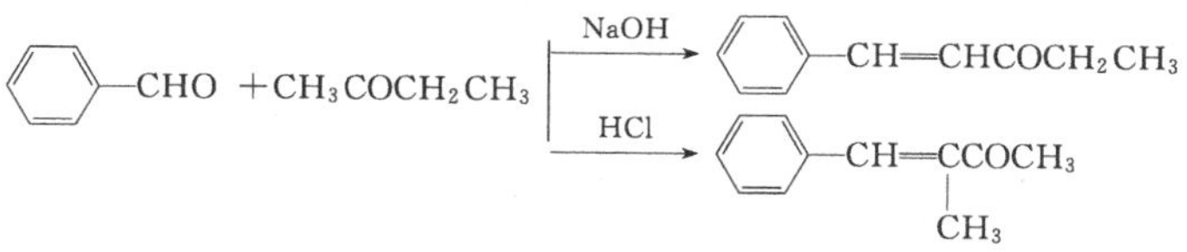

不含 α-氢的芳酮可以发生类似的醇醛缩合反应。反应也可以在分子内，形成环状的 α,β-不饱和酮。

习 题

1. 什么是烯化反应？
2. 烯化反应在精细有机合成中有何作用？
3. 烯化反应的方法有哪些？
4. 什么是叶立德、磷叶立德？
5. Wittig 反应有何特点？
6. 什么是烯烃复分解反应？
7. 写出以下反应的产物。

(1)

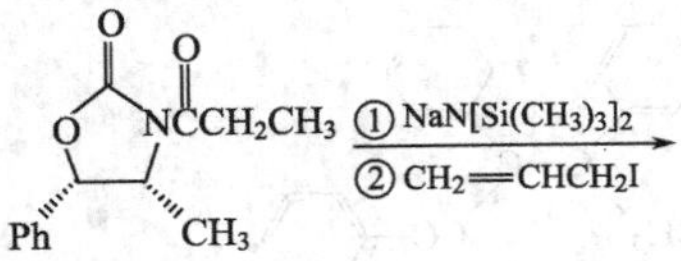

(2)

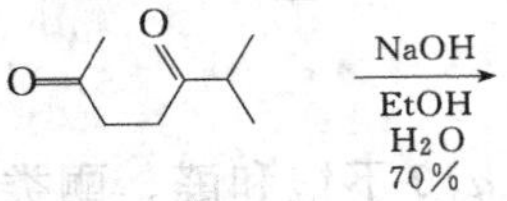

(3)

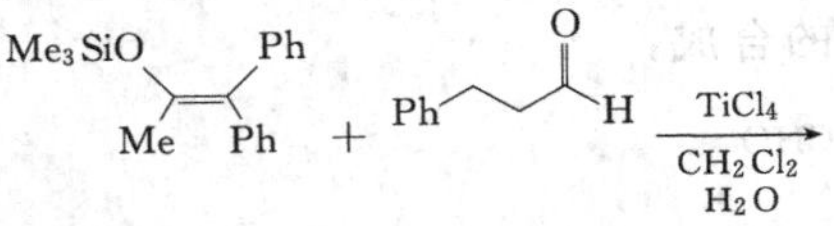

(4)

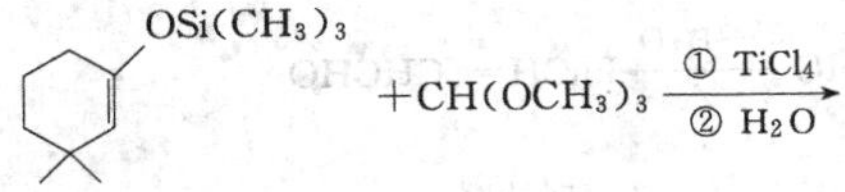

(5)

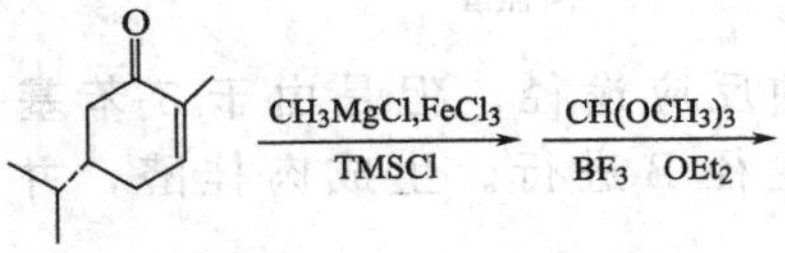

(6) $CH_3CH_2CH_2CH_2CH_2CO_2CH_2CH_3$ \quad $\xrightarrow[\text{二甲苯}]{NaOCH_3}$

(7)

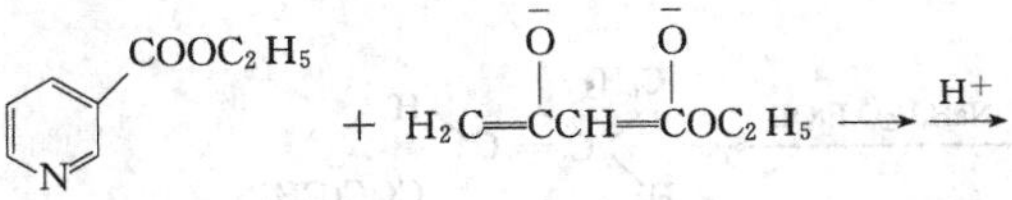

(8)

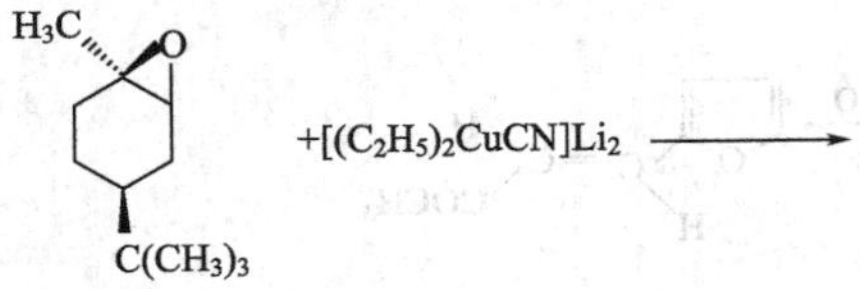

17 重排反应

17.1 重排反应的概念和分类

17.1.1 重排反应的概念

在同一个有机分子中，由于试剂或介质的影响，一个基团或原子，从分子内的一个原子迁移到另一个原子上，从而形成新分子的反应，称为重排反应。在重排反应形成的新分子中，一般碳骨架发生了变化。可用下式表示：

$$\overset{\displaystyle W}{\underset{}{A-B}} \longrightarrow \overset{\displaystyle W}{\underset{}{A-B}}$$

式中，W 表示迁移基团或原子；A 和 B 分别表示迁移的起点原子和终点原子。

有机分子发生重排的结果是，或发生重键位置的移动，或发生官能团的转移，或发生扩环、缩环作用，或发生基本碳骨架的改变等。

17.1.2 重排反应的分类

在适当的条件下能发生分子重排的有机化合物为数甚多，重排反应以人名命名的，已不下 70 种，由于其反应机理、涉及的元素、反应物及产物类型是多种多样的，对重排反应进行很科学、很完善的分类至今仍存在一些困难。

目前，有机化学工作者们只能根据反应在某些方面的特征，对重排反应进行粗略的划分，以方便研究、交流和学习。已经提出的分类法主要有下面几种。

(1) 根据迁移起点原子和终点原子的距离不同分类　重排反应可以分为 1,2 重排、1,3 重排、1,4 重排等。若 A、B 两原子相邻称为 1,2 重排，相隔一个原子称为 1,3 重排，以此类推。但大多数重排反应属于 1,2 重排。

(2) 按反应机理不同分类　将分子重排分为亲核重排、亲电重排、自由基重排和 σ-键迁移重排。迁移基团 W 带电子对迁移至正离子的重排为亲核重排；迁移基团 W 不带电子迁移至负离子的重排为亲电重排；迁移基团 W 仅带电子迁移至自由基上的重排为自由基重排；σ-键迁移重排系指分子内单键和双键在一定碳骨架上发生位置的对换，有时碳骨架保持原状，有时碳骨架也发生变化的一类重排（例如 Claisen 重排）。其中自由基重排的普遍性与实用性均不及其他三类重排。

(3) 按反应分子的类型不同分类　将重排反应分为脂肪族化合物重排、芳香族化合物重排、杂环化合物重排等。

(4) 根据重排反应迁移起点原子 A 和终点原子 B 的种类不同分类　可以分为以 "A→B" 表示各类重排反应。如：碳原子-碳原子重排（碳→碳重排或 C→C 重排），碳原子-氧原子重排（碳→氧重排或 C→O 重排），氮原子-碳原子重排（氮→碳重排或 N→C 重排）等。

(5) 其他分类　另外，还有按光学活性有无变化分类，按发生变化的官能团等分类方法。

这些分类法均分别从不同的角度将为数繁多的分子重排反应归入一定的范畴，而为人们提供学习与研究之便。但欠妥善处，各种分类方法均各有之。为了表现出重排的反应物和产物之间的联系，本章以"A→B"表示分类方法，就重排反应及其应用进行介绍，包括碳原子-碳原子的重排、碳原子-其他原子的重排和其他原子-碳原子的重排。

17.2　碳原子-碳原子的重排

　　从碳原子到碳原子的重排主要为亲核 1,2 重排，包括 Pinacol（取代的连乙二醇或频哪醇）重排、Wagner-Meerwoin 重排及 Benzil（苯偶酰）重排等。对于 Benzil 重排，较为经典的有二苯基乙二酮-二苯基乙醇酸重排，其虽属于亲核 1,2 重排的范畴，但因羰基只有部分正电荷，基团向羰基迁移的情况与向正碳离子迁移有所不同。

17.2.1　频哪醇重排

　　取代乙二醇在无机酸作用下重排，连有羟基的碳原子上的烃基带着一对电子转移到失去羟基的正碳离子上生成醛或不对称酮的反应称为频哪醇重排。这个名称来源于典型的化合物——频哪醇（Pinacol）重排成频哪酮（Pinacolone）的反应，即：

$$\underset{\substack{CH_3\\OH}}{\overset{CH_3}{\underset{|}{\overset{|}{C}}}}\!-\!\underset{\substack{OH\\CH_3}}{\overset{CH_3}{\underset{|}{\overset{|}{C}}}} \xrightarrow{H^+} (CH_3)_3C\!-\!\overset{O}{\overset{\|}{C}}\!-\!CH_3$$

　　频哪醇重排可以作为合成醛或酮的一种方法。其通式可以表示如下：

$$\underset{\substack{R^2\ OH}}{\overset{R^1}{\underset{|}{\overset{|}{C}}}}\!-\!\underset{\substack{OH\ R^4}}{\overset{R^3}{\underset{|}{\overset{|}{C}}}} \xrightarrow{[酸]} \underset{R^3}{\overset{R^1}{\underset{|}{\overset{|}{R^2-C}}}}\!-\!\overset{O}{\overset{\|}{C}}\!-\!R^4$$

　　频哪醇重排属于分子内进行的亲核重排，在 H^+ 作用下失去一分子水，生成碳正离子，R 作 1,2 迁移，最后失去质子得到醛或酮。

　　在频哪醇重排中，迁移基团可以是甲基或其他烷基，也可以是苯基或其他芳基。重排反应物可以是 α-双叔醇、叔仲醇、双仲醇至叔伯醇等。例如：

$$(C_6H_5)_2C\!-\!C(CH_3)_2 \xrightarrow{无水\ ZnCl_2\text{-}乙酐} C_6H_5C\!-\!\underset{\substack{|\\CH_3}}{\overset{CH_3}{\underset{|}{C}}}\!-\!C_6H_5$$

$$(C_6H_5)_2C\!-\!CH\!-\!CH_3 \xrightarrow{H_2SO_4} (C_6H_5)_2C\!-\!C\!-\!CH_3$$

$$C_6H_5\!-\!\underset{OH}{\overset{|}{CH}}\!-\!\underset{OH}{\overset{|}{CH}}\!-\!C_6H_5 \xrightarrow{H_2SO_4} C_6H_5\!-\!CH\!-\!C\overset{O}{\overset{\|}{}}$$

$$(CH_3)_2C\!-\!\underset{\substack{OH\ OH}}{CH_2} \xrightarrow{H_3O^+} (CH_3)_2CHCHO$$

　　对于取代基不完全相同的邻二醇，存在着哪一个羟基更容易脱水，以及哪一个取代基迁移更优先的问题。对此，大致有如下规律：

　　① 若某一羟基脱水后可以得到较为稳定的碳正离子，则该羟基更容易脱去；

　　② 在空间因素不起主要作用时，亲核性较大的基团优先迁移，优先顺序是：

$$C_6H_5\!->\!(CH_3)_3C\!->\!(CH_3)_2CH\!->\!C_2H_5\!->\!CH_3-$$

　　频哪醇重排的特征在于生成羰基，对脂环族化合物则往往可以得到扩环和缩环的产物。这在合成上是很有意义的。例如：

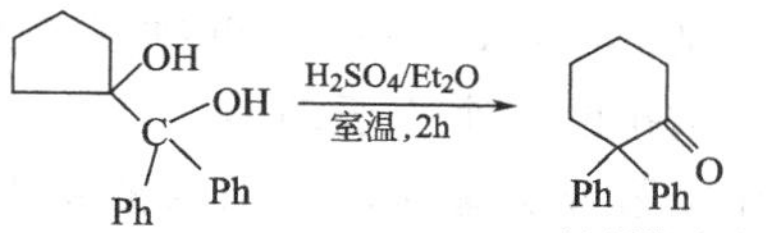

扩环脂肪酮

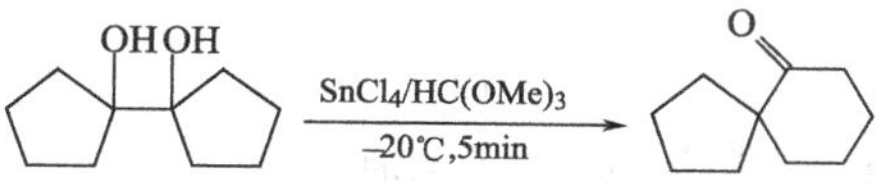

螺环酮

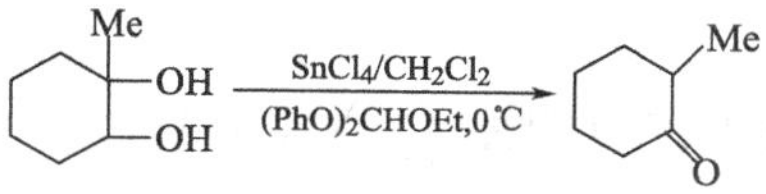

骨架结构相对应的酮

另外，凡能生成相同碳正离子的中间体的其他类型反应物，均可进行类似的频哪醇重排，得到酮类化合物，这类重排称为 Semipinacol 重排。

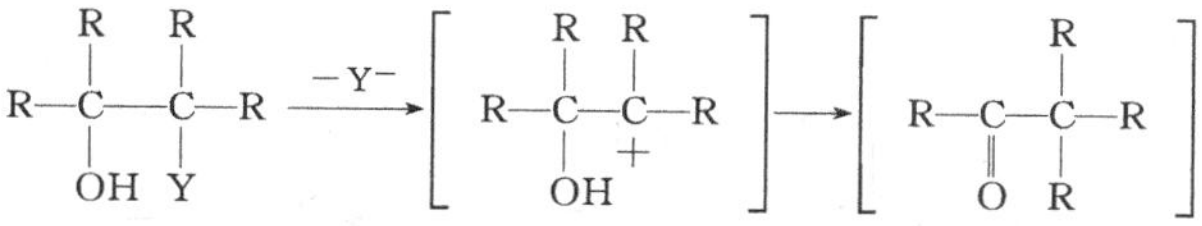

其中 Y 为 —X，—NH$_2$，—OSO$_2$R 等。例如：

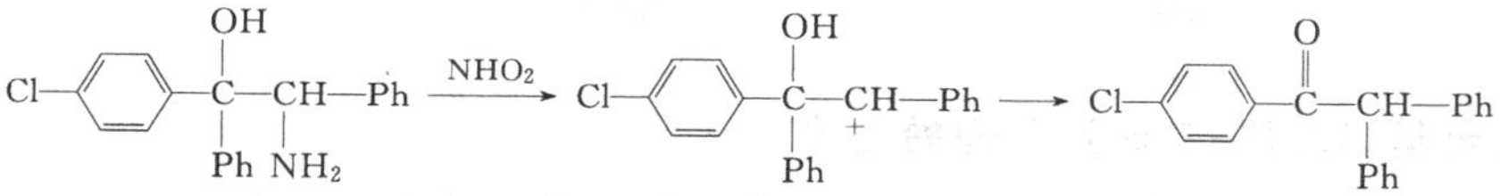

17.2.2 Wagner-Meerwoin 重排

当醇羟基的 β-碳原子是仲碳原子（二级碳原子）或叔碳原子（三级碳原子）时，在酸催化脱水反应中，常常发生重排反应，得到重排产物。

在质子酸或 Lewis 酸催化下，由于 Y$^-$ 的离去，于是生成了碳正离子，然后邻近的基团（氢）从一个碳原子通过过渡态，迁移至相邻的带正电荷碳原子上的反应称为 Wagner-Meerwein 重排。

例如，3,3-二甲基-2-丁醇在无水草酸存在下加热脱水，主要产物为 2,3-二甲基-2-丁烯：

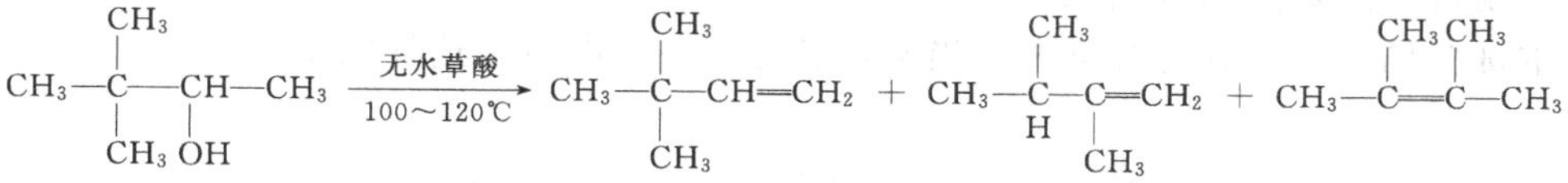

反应机理可以表示如下：

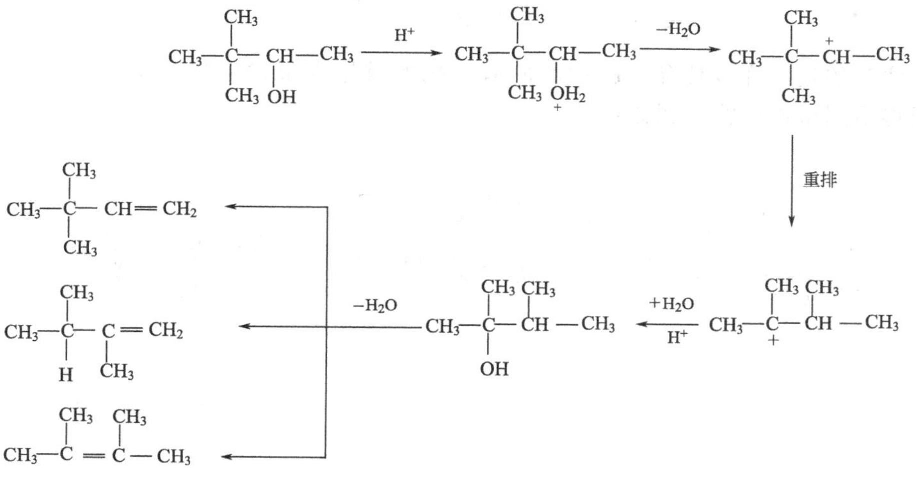

　　从上述反应机理可以看出，Wagner-Meerwein 重排属于亲核重排，第一步形成的碳正离子转变成更稳定的碳正离子是重排的一个主要动力。

　　当分子中没有羟基，但存在卤素或氨基时，分别以碱或亚硝酸处理，也可以发生类似频哪醇重排的反应。例如：

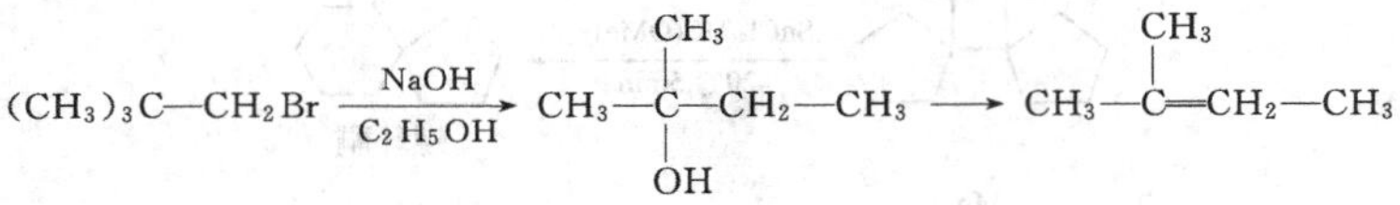

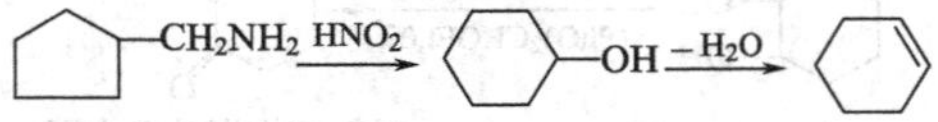

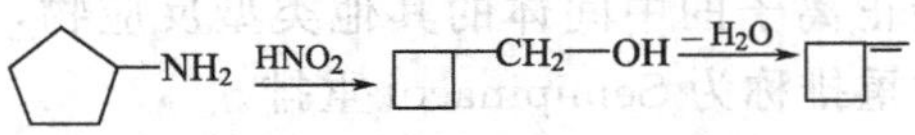

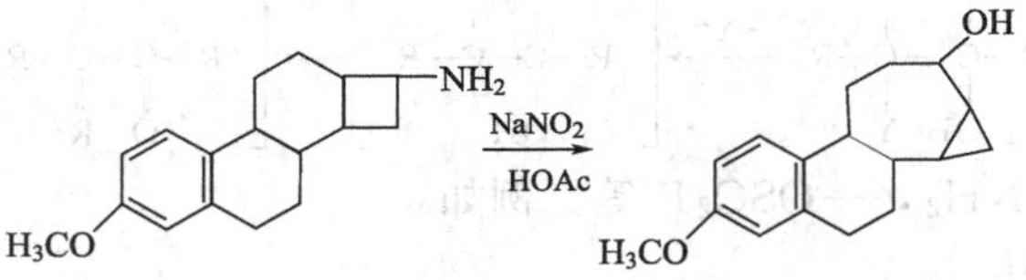

$$(CH_3)_3C\!-\!CH_2Br \xrightarrow[C_2H_5OH]{NaOH} CH_3\!-\!\underset{\underset{OH}{|}}{\overset{\overset{CH_3}{|}}{C}}\!-\!CH_2\!-\!CH_3 \longrightarrow CH_3\!-\!\overset{\overset{CH_3}{|}}{C}\!=\!CH_2\!-\!CH_3$$

17.2.3　二苯基乙二酮-二苯基乙醇酸重排

　　二苯基乙二酮-二苯基乙醇酸重排（也称苯偶酰重排，或 Benzil 重排），是指 α,β-二酮在强碱作用下，分子内重排，生成二苯基-α-羟基酸（二苯乙醇酸）型化合物的反应。

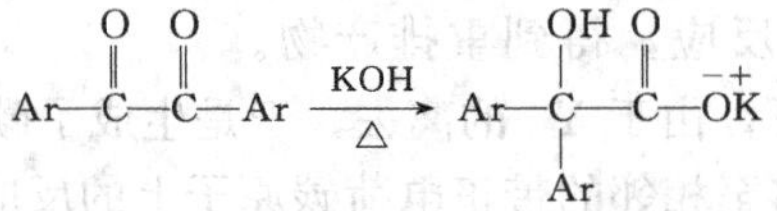

$$Ar\!-\!\overset{\overset{O}{\|}}{C}\!-\!\overset{\overset{O}{\|}}{C}\!-\!Ar \xrightarrow[\triangle]{KOH} Ar\!-\!\underset{\underset{Ar}{|}}{\overset{\overset{OH}{|}}{C}}\!-\!\overset{\overset{O}{\|}}{C}\!-\!O\overset{-+}{K}$$

　　这是制备 α-羟基酸的方法之一。

　　该重排多见于芳香族化合物中。当然，其他 α,β-二酮也有这样的重排。如：

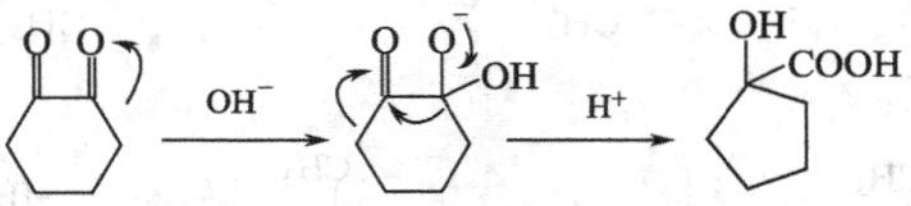

　　值得注意的是，许多具有 α-H 的脂肪族二酮的重排常常发生醇醛缩合，使重排产物减少，甚至得不到重排产物。例如：

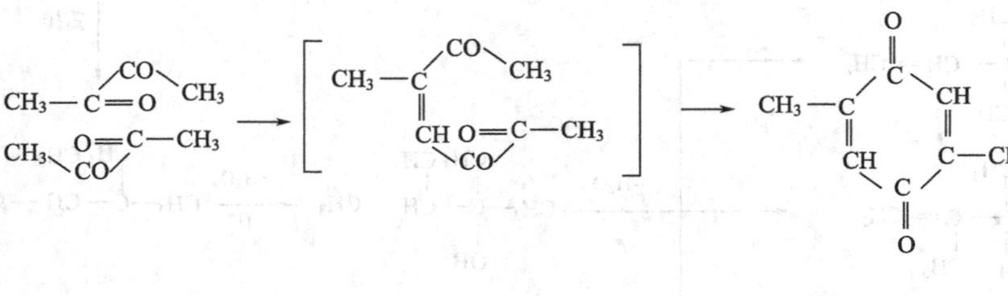

2.5-二甲基苯醌

17.3　碳原子-其他原子的重排

17.3.1　Hoffmann 重排 （C→N）

脂肪族、芳香族以及杂环类的酰胺，在碱性溶液中与氯或溴作用，生成减少一个碳原子的伯胺，这个反应称为 Hoffmann 重排或 Hoffmann 降级反应。

$$R-\underset{\underset{O}{\|}}{C}-NH_2 + Br_2 \xrightarrow{NaOH} R-NH_2$$

Hoffmann 重排是一个由羧酸或其衍生物制取少一个碳的伯胺的方法。Hoffmann 重排属于分子内的亲核重排。

Hoffmann 重排常被用于合成一些不能直接用亲核取代反应合成的伯胺。例如：

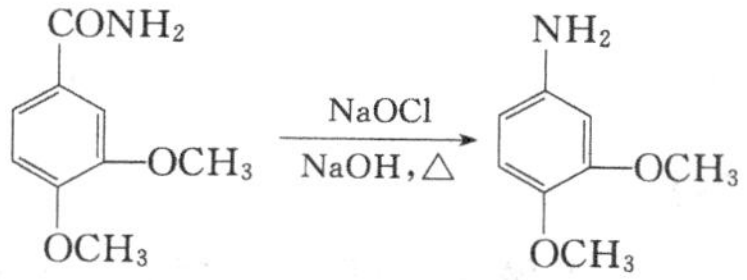

（80%～82%）

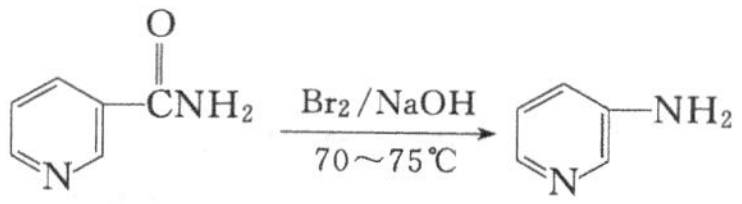

Hoffmann 重排的重要应用之一是合成邻氨基苯甲酸，该化合物是制靛蓝、糖精等的重要原料。

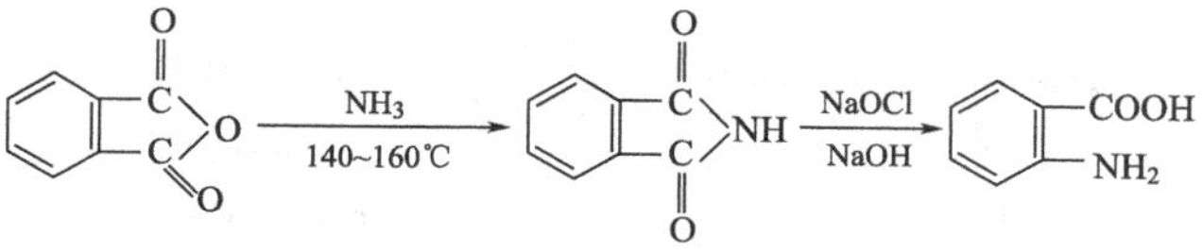

17.3.2　Curtius（库尔提斯）重排

酰基叠氮化合物加热分解放出氮气，得到异氰酸酯，再水解得到伯胺的反应称为 Curtius 重排。

$$R-\underset{\underset{O}{\|}}{C}-N_3 \xrightarrow[\triangle]{-N_2} R-N=C=O \xrightarrow{H_2O} R-NH_2 + CO_2$$

Curtius 重排也是分子内自由基重排。

Curtius 重排是有机酸降级制伯胺的方法之一。从有机酸得到酰基叠氮化合物的途径主要有三种：

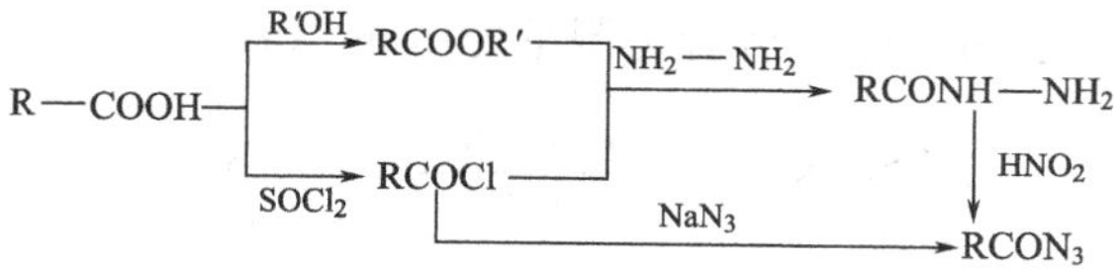

例如：

$$\underset{\substack{\\ (CH_2)_4}}{\overset{\substack{O \\ \parallel \\ C-NHNH_2}}{\underset{\substack{\parallel \\ O}}{C-NHNH_2}}} \xrightarrow[\text{HCl}]{\text{HNO}_2} \xrightarrow[\triangle]{\text{HCl}} (CH_2)_4\underset{NH_2\cdot HCl}{\overset{NH_2\cdot HCl}{\Big\langle}}$$

$$(73\%\sim77\%)$$

$$(CH_3)_2CHCH_2COCl \xrightarrow{NaN_3} (CH_3)_2CHCH_2CON_3$$

$$\xrightarrow[-H_2]{CHCl_3} (CH_3)_2CHCH_2N=C=O \xrightarrow{H_2O} (CH_3)_2CHCH_2NH_2$$

$$(70\%)$$

$$CH_3O-\!\!\!\!\bigcirc\!\!\!\!-COOC_2H_5 \xrightarrow{NH_2-NH_2} CH_3O-\!\!\!\!\bigcirc\!\!\!\!-CO-NHNH_2$$

$$(95\%)$$

$$\xrightarrow{HNO_2} CH_3O-\!\!\!\!\bigcirc\!\!\!\!-CON_3 \xrightarrow[-N_2]{C_6H_6,\triangle} CH_3O-\!\!\!\!\bigcirc\!\!\!\!-N=C=O$$

$$(95\%) \qquad\qquad\qquad\qquad (80\%)$$

17.3.3　Beckmann 重排（C→N）

在酸性催化剂作用下，酮肟转变为酰胺的反应称为 Beckmann 重排。常用的催化剂如：硫酸、五氯化磷、多聚磷酸以及三氟乙酐等。

$$\underset{R'}{\overset{R}{\Big\rangle}}C=N-OH \xrightarrow{H^+} R-\overset{O}{\overset{\parallel}{C}}-NHR'$$

Beckmann 重排是分子内的亲核重排。在 Beckmann 重排反应中转移基团和羟基相互处于反式位置，这已被许多实验事实所证明。例如：

$$\underset{\substack{\parallel \\ N-OH}}{C_6H_5-C-C_6H_4-OCH_3} \xrightarrow[\text{乙醚，}-10℃]{PCl_5} \underset{\substack{\parallel \\ NH-C_6H_5}}{O=C-C_6H_4OCH_3}$$

$$(mp\ 171℃)$$

$$\Big\Updownarrow 紫外光$$

$$\underset{\substack{\parallel \\ HO-N}}{C_6H_5-C-C_6H_4-OCH_3} \xrightarrow[\text{乙醚}]{PCl_5} \underset{\substack{\parallel \\ NH-C_6H_4OCH_3}}{C_6H_5-C=O}$$

$$(mp\ 156℃)$$

$$\underset{\substack{\parallel \\ N-OH}}{C_6H_5-C-CH_3} \xrightarrow[\text{乙醚}]{PCl_3} \underset{\substack{\parallel \\ NH-C_6H_5}}{O=C-CH_3}$$

根据上述这一特征，Beckmann 重排可以用来判定酮肟的结构。

Beckmann 重排反应是一级反应，强极性溶剂和强酸性催化剂可以明显加快反应。从反应物结构上讲，R 基团上推电子基的存在也将使重排速度加快。

Beckmann 重排在合成上是很有价值的，常用于合成取代酰胺、ω-氨基酸等。其中，最重要的是从环己酮合成 ε-己内酰胺，后者是制尼龙-6 的原料。

$$\bigcirc\!\!=N-OH \xrightarrow[60℃]{95\%H_2SO_4} \underset{NH}{\bigcirc\!\!=O}$$

$$(89\%)$$

17.3.4   Baeyer-Villiger 重排（C→O）

在过氧酸作用下，酮分子中插入氧原子生成酯的反应称为 Baeyer-Villiger 重排。

$$R^1-\overset{\displaystyle O}{\overset{\|}{C}}-R^2 \ + RCO_3H \longrightarrow R^1-\overset{\displaystyle O}{\overset{\|}{C}}-O-R^2$$

Baeyer-Villiger 重排为分子间的亲核重排，迁移基团从碳原子上重排到氧原子上。

在不对称酮重排中，基团的亲核性愈大，迁移的倾向性也愈大。重排基团的迁移顺序大致为：

叔烷基＞仲烷基≈苯基＞伯烷基＞甲基

苯基＞环己基

对甲氧基苯基＞苯基＞对硝基苯基

通常来说，许多简单的酮、环酮、芳基烷基酮可在很温和的条件（例如室温）下，被过氧酸氧化得到酯或内酯，并取得较高的收率。例如：

$$C_2H_5\overset{\displaystyle O}{\overset{\|}{C}}C_2H_5 \xrightarrow[\text{Na}_2\text{HPO}_4/\text{CH}_2\text{Cl}_2]{\text{H}_2\text{O}_2/(\text{CF}_3\text{CO})_2\text{O}} C_2H_5\overset{\displaystyle O}{\overset{\|}{C}}-OC_2H_5$$
（78%）

$$C_6H_5\overset{\displaystyle O}{\overset{\|}{C}}CH_3 + CF_3CO_3H \xrightarrow[\text{CF}_3\text{CO}_2\text{H}]{\text{CH}_2\text{Cl}_2} C_6H_5O-\overset{\displaystyle O}{\overset{\|}{C}}-CH_3$$

$$CH_3\overset{\displaystyle O}{\overset{\|}{C}}-C(CH_3)_3 + CF_3CO_3H \xrightarrow[\text{CF}_3\text{CO}_2\text{H}]{\text{CH}_2\text{Cl}_2} CH_3\overset{\displaystyle O}{\overset{\|}{C}}-OC(CH_3)_3$$

$$\text{环戊酮} + CF_3CO_3H \xrightarrow{\text{CF}_3\text{CO}_2\text{H}} \text{内酯}$$
（88%）

该反应作为合成内酯的一种方法，由于反应条件温和，适用于天然物的降解与合成，已被广泛用于甾族和萜系内酯的制备。

17.4   其他原子-碳原子的重排

17.4.1   Sommelet-Hauser 重排（N→C）

Sommelet-Hauser 重排指的是苯甲基三烷基季铵盐（或锍盐）在苯基锂、氨基锂或氨基钠等强碱作用下发生的如下重排反应。

$$\underset{\text{苯甲基-三甲基铵盐}}{C_6H_5CH_2-\overset{+}{N}(CH_3)_3} \xrightarrow[\text{或 }C_6H_5\text{Li}]{\text{NaNH}_2/\text{NH}_3} \underset{（90\%\sim97\%）}{\text{邻甲基苄基二甲胺}}$$

该重排属于分子内的亲电重排反应。

这种重排反应是苯环上引入邻甲基的方法之一。例如：

$$\underset{\text{CH}_2\text{C}_6\text{H}_5}{C_6H_5CH_2NCH_3} \xrightarrow{CH_3I} \underset{\overset{|}{\text{CH}_2\text{C}_6\text{H}_5}}{C_6H_5CH_2-\overset{+}{N}(CH_3)_2} \xrightarrow{\text{NaNH}_2} \text{产物}$$

17.4.2　Claisen 重排（O→C）

烯丙基醚在加热时，烯丙基从氧原子转移到碳原子上的反应称为 Claisen 重排。

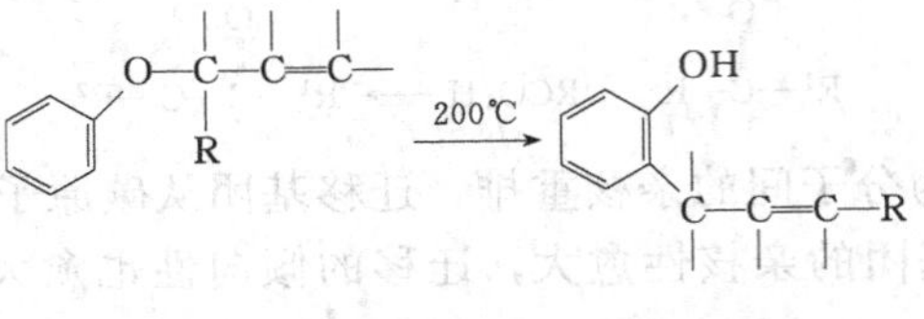

研究表明，Claisen 重排是分子内进行的 σ-键迁移重排，它和 Cope 重排有很大的相似之处：

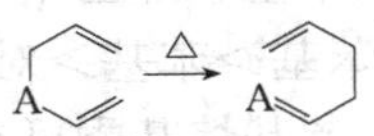

A＝碳原子，即 Cope 重排；A＝氧原子，即 Claisen 重排。

Claisen 重排过程中经历了一个六元环的过渡态。即：

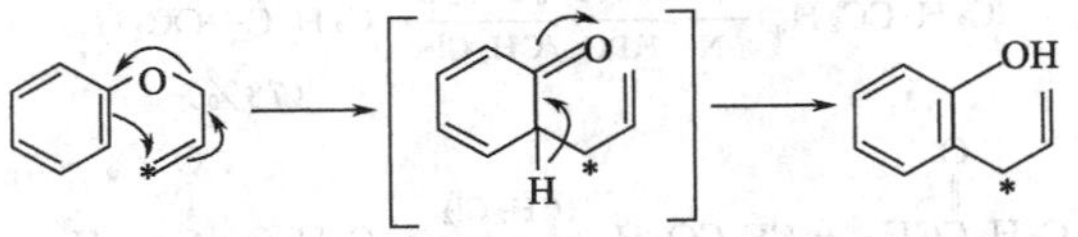

上面的反应中，烯丙氧基的邻位有一个或两个空位时，产物都是邻位异构体；烯丙基经两次迁移，得到重排在对位的产物；当两个邻位都被占据时，重排反应不能发生。例如：

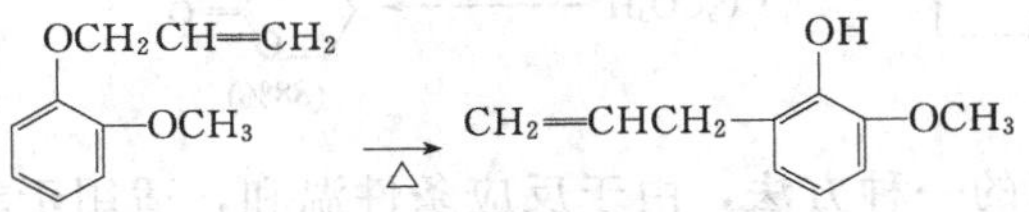

$(80\%\sim90\%)$

Claisen 重排通常在无溶剂和催化剂的条件下加热（$100\sim250℃$）进行，有时可在 N，N-二甲基苯胺或 N，N-二乙基苯胺中进行。NH_4Cl 的存在通常有利于反应的进行。

除了芳香族烯丙基（或取代烯丙基）醚外，其他一些化合物，如烯醇式烯丙基醚、烯丙基硫醚。炔丙基醚以及烯丙基季铵盐等，也可以顺利地进行 Claisen 重排。例如：

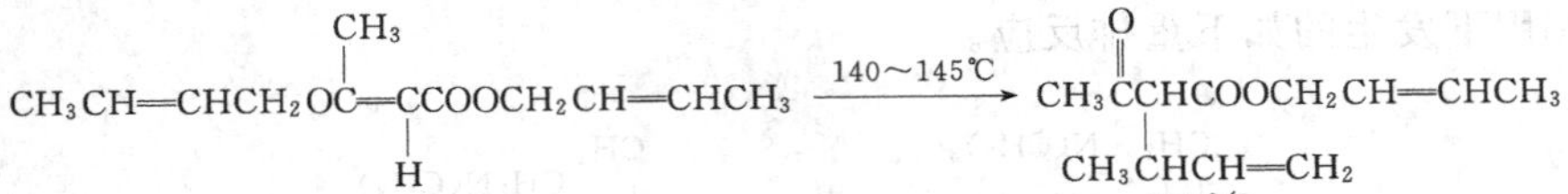

(61%)

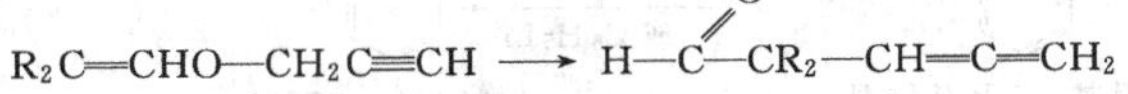

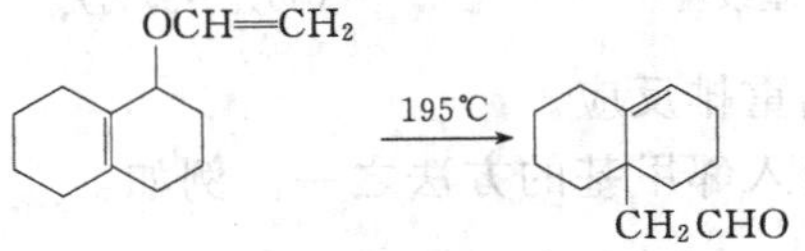

(87%)

Claisen 重排在合成上的应用是很广泛的，它经常作为在苯环上导入烯丙基或丙基等的简易方法。例如：

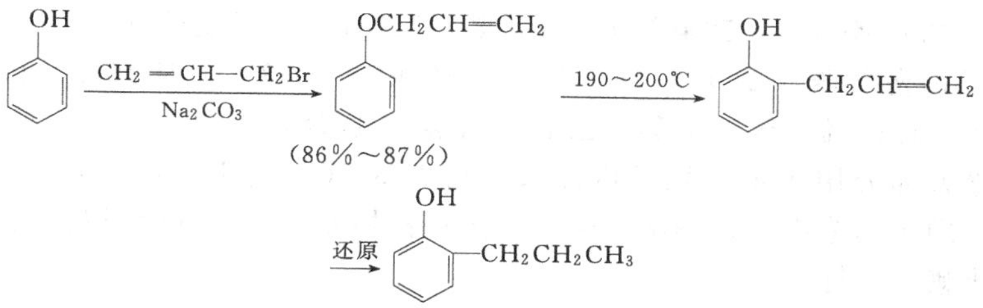

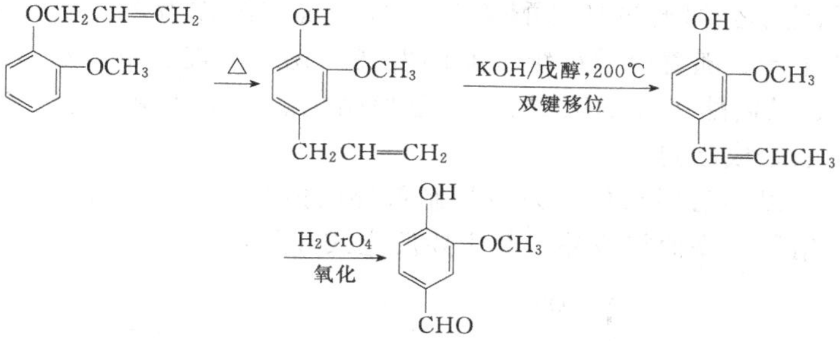

17.4.3　Witting 重排（O→C）

在醇溶液中，醚与强碱如烷基锂、苯基锂、氨基钠、氨基钾等作用，酚分子中的烃基发生移位得到醇的反应称为 Witting 重排。

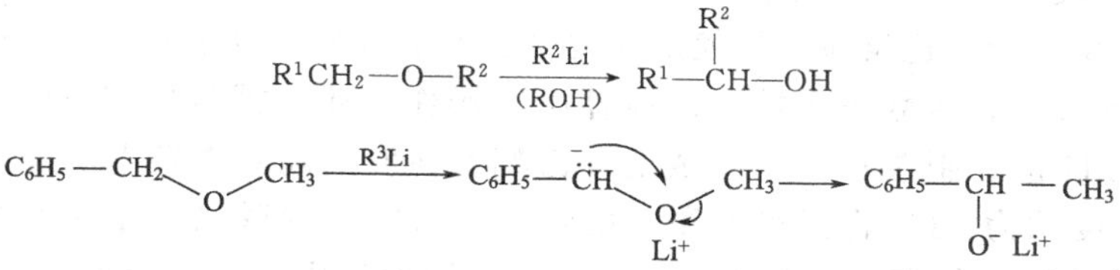

究竟哪个基团迁移，取决于该基团脱氢形成碳负离子的难易程度，即较难脱氢的基团优先发生迁移。迁移基团的大致顺序为：

$$C_6H_5 \longrightarrow C_2H_5 \longrightarrow CH_3 \longrightarrow CH_2=CHCH_2—,C_6H_5CH_2—$$

例如：

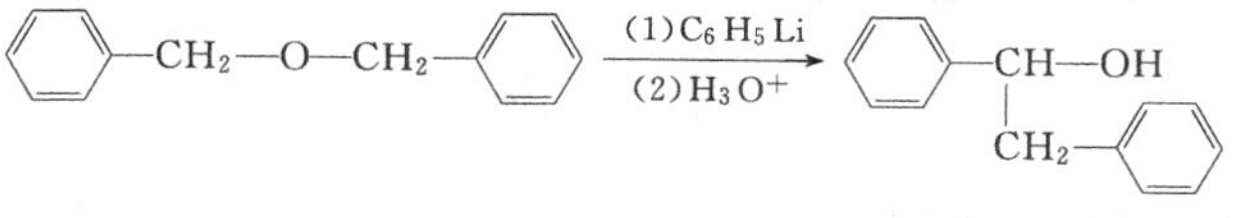

某些带有环氧基的化合物，在三氟化硼或二烷基胺锂的作用下，也发生重排生成醛或酮。

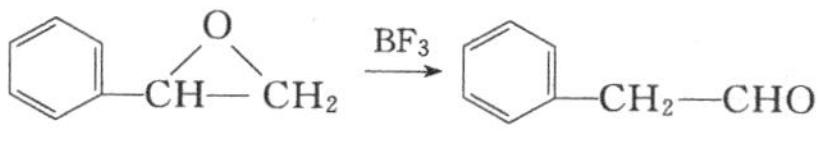

这是利用 Witting 重排，由环氧乙烷衍生物合成醛和酮的方法。

17.5　应用实例——己内酰胺的合成

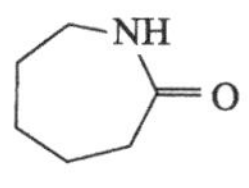

己内酰胺为白色鳞片或熔融体。熔点 69～71℃，沸点 268.5℃(101.3kPa)，70%水溶液

相对密度 1.05，折射率 1.4935（40℃），熔化热 121.8J/g，蒸发热 487.2J/g，78℃时黏度 9mPa·s。100℃时蒸气压 399.9Pa，180℃时 6.665kPa，268.5℃时 101.3kPa。溶于水、氯化溶剂、石油烃、环己烯、苯、甲醇、乙醇、乙醚。具吸湿性。

己内酰胺绝大部分用于生产聚己内酰胺，后者约 90％用于生产合成纤维，即卡普隆，10％用做塑料，用于制造齿轮、轴承、管材、医疗器械及电气、绝缘材料等，也用于涂料及少量地用于合成赖氨酸等。

1943 年，德国法本公司通过环己酮-羟胺合成（现在简称为环己酮肟化法），首先实现了己内酰胺的工业生产。随着合成纤维工业的发展，先后出现了甲苯法（ANIA 法）、光亚硝化法（PNC 法）、己内酯法（UCC 法）、环己烷硝化法、环己酮硝化法和苯酚法。本文重点介绍环己酮肟化法合成己内酰胺。

环己酮肟化法是以环己酮和羟胺为原料制备环己酮肟；然后经 Beckmann 重排，中和，再经萃取、蒸馏等精制工序而得成品。其主要反应式如下：

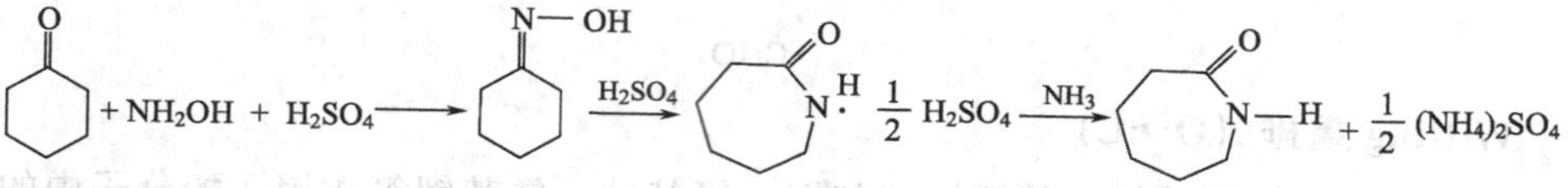

由于羟胺的制备方法不同，本法又可分为传统经典的拉西酚法、NO 还原法和 HPO（磷酸羟胺）法。其中，NO 还原法制备羟胺的工艺过程为：环己酮首先与硫酸羟胺反应生成环己酮肟；该反应为可逆反应，为使反应完全，要加入氨水以中和反应中产生的硫酸。反应在 55～80℃下进行，多数采用数个反应器串联操作。环己酮与羟胺总配比为 1:1（摩尔比）。肟化器内 pH 值控制在 6～7。生成的环己酮肟在发烟硫酸中发生重排，生成己内酰胺磺酸酯。再用浓度约为 13％的氨水中和，得到己内酰胺和硫酸铵。重排温度为 80～90℃，发烟硫酸与环己酮肟的体积流量比为 0.65:1，发烟硫酸中三氧化硫的含量控制在 18％～23％，反应时间约为 40min，粗己内酰胺中己内酰胺含量为 650～700g/L，其他成分为水、硫酸铵、氨基己酸等杂质。通过萃取、蒸馏、结晶、离心分离，得己内酰胺成品。

进入 20 世纪 80 年代以来，我国环己酮肟化法制备己内酰胺的技术，通过不断地改进，取得了新的进展。如进行 DCS 控制系统的技改，用亚铵代替亚钠、苯代替三氯乙烯作萃取剂等多项技术，使己内酰胺的生产，取得了缓解原料供应矛盾、降低产品成本、提高产品质量的成效。

习　题

1. 完成下列反应，写出主要产物即可

(1) 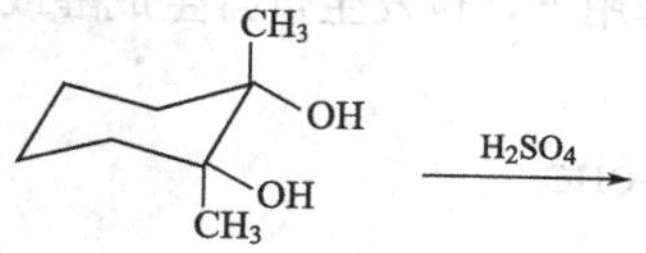
$\xrightarrow{H_2SO_4}$

(2) 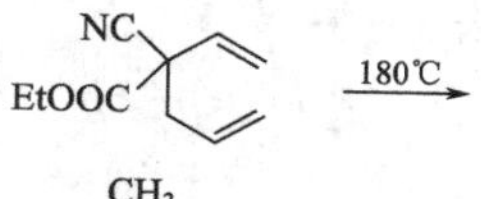
$\xrightarrow{180℃}$

(3) 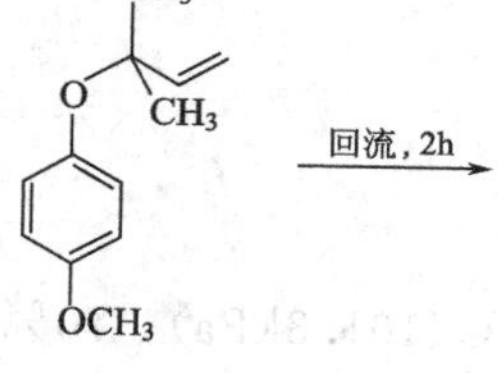
$\xrightarrow{回流,2h}$

(4)

$$\overset{\text{HO}\quad \text{CH}_2\text{NH}_2}{\underset{\text{CH}_3}{\bigcirc}} \quad \xrightarrow{\text{NaNO}_2/\text{H}^+}$$

(5)

$$\underset{\text{COOCH}_3}{\overset{\text{C}_2\text{H}_5 \qquad \text{CH}_3}{\text{C}=\text{CH}_2 \quad \text{O} \quad \text{CH}}} \quad \xrightarrow{\text{Claisen重排}}$$

(6)

$$\xrightarrow{\text{Br}_2/\text{NaOH}}$$

(7)

$$\xrightarrow{\text{CH}_3-\!\!\!\!\!\!\!\bigcirc\!\!\!-\text{SO}_2\text{Cl}}$$

(8)

$$\underset{\text{O} \quad \text{O}}{\text{C}_6\text{H}_5-\text{C}-\text{C}-\text{C}_6\text{H}_5} \quad \xrightarrow[\text{② HCl}/\triangle]{\text{① KOH}/\text{H}_2\text{O}}$$

(9)

$$\xrightarrow{\text{NaNH}_2/\text{C}_6\text{H}_6}$$

(10)

$$\xrightarrow[\text{② H}_2\text{O}]{\text{① }h\nu}$$

(11)

$$\underset{\text{CH}_3}{\overset{\text{Br} \quad \text{O}}{\text{H}_3\text{C}-\text{C}-\text{C}-\text{CH}_3}} \quad \xrightarrow[\triangle]{\text{C}_2\text{H}_5\text{ONa}/\text{Et}_2\text{O}}$$

2. 写出下列各反应的主要产物，并指出人名反应的类型

(1)

$$\underset{\text{CH}_3}{\overset{\text{CH}_3}{\text{H}_3\text{C}-\text{N}-\text{CH}_2\text{COCH}_3}} \quad \xrightarrow{\text{NaNH}_2}$$

(2)

$$\underset{\text{CH}_3}{\overset{\text{CH}_3}{\bigcirc\!\!-\text{CH}_2-\text{N}^+-\text{CH}_3}} \ \text{I}^- \quad \xrightarrow[-30\text{℃}]{\text{NaNH}_2\text{NH}_3 \ (1)}$$

(3)

$$\underset{\text{Ph}}{\overset{\text{C}_2\text{H}_5}{\text{H}_3\text{C}-\text{C}-\text{CON}_3}} \quad \xrightarrow[\text{H}_2\text{O}]{\triangle}$$

(4)

$$\underset{\text{O}}{\text{Br}(\text{CH}_2)_9\text{CCHN}_2} \quad \xrightarrow{\text{NH}_3 \cdot \text{H}_2\text{O}/\text{AgNO}_3}$$

3. 写出下列反应的产物并推测反应的机理

(1)

$$\xrightarrow[\text{② H}_2\text{SO}_4,110\sim140\text{℃}]{\text{① NH}_2\text{OH}\cdot\frac{1}{2}\text{H}_2\text{SO}_4,75\sim80\text{℃}}$$

(2)

$$\overset{\text{Cl}}{\underset{\text{O}}{\bigcirc}} \quad \xrightarrow{\overset{\text{C}_2\text{H}_5\text{ONa}}{\text{C}_2\text{H}_5\text{OH}}}$$

18 有机合成路线设计方法与技巧

有机合成就是利用易得的价廉原料，通过化学方法来合成有用的新产品或具有特殊结构的新化合物。过去，人们主要是依靠经验，采用简单类比的方法来进行合成的，这对于简单有机物的合成来说，是行之有效的。但是随着有机合成化学的发展，有机物的数目在不断以惊人的数目增加着，合成的对象也越来越复杂。复杂有机物的合成已成为我们经常遇到的课题。要有效地合成复杂有机物，是一件量大而又困难的工作，用简单类比的方法是难以达到目的的。这就要求在实验之前制订一个合理的规划。

1967年Corey首先提出了合成设计的概念和原则。合成设计又可称为有机合成的方法论，即在有机合成的具体工作中，对拟采用的种种方法进行评价和比较，从而确定一条最经济、最有效的合成路线。它既包括了对已知合成方法进行归纳、演绎、分析和综合等逻辑思维形式，又包括在学术研究中的创造性思维形式。

近年来，合成设计已日益成为有机合成中十分活跃的领域。Corey在提出了合成设计的概念和原则后，又发展了计算机辅助合成分析，并已取得了一定的成绩，但距实际应用还有一段距离。另外，Turner、Warren等亦相继从不同角度对合成设计的方法作了进一步阐述，他们的努力都为合成设计的发展奠定了重要基础。

合成设计涉及的学科众多，内容丰富。限于篇幅，本章主要介绍逆向合成分析、导向基和保护基的应用、合成路线的评价等内容，并通过对某些精细化学品的合成分析，引导大家学会灵活应用自己所学过的化学反应和实验技术，经过逻辑推理、分析比较，选择最适宜的合成路线进行有效的合成。

18.1 常用术语

所谓逆向合成法指的是在设计合成路线时，由准备合成的化合物（常称为目标分子）开始，向前一步一步地推导到需要使用的起始原料。这是一个与合成过程相反的途径，因而称为逆向合成法。

在逆推过程中，通过对结构进行分析，能够将复杂的分子结构逐渐简化，只要每步推得合理，当然就可以得出合理的合成路线。

从目标分子出发，运用逆向合成法往往可以得出几条合理的合成路线。但是，合理的合成路线并不一定就是生产上适用的路线，还需对它们进行综合评价，并经生产实践的检验，才能确定它在生产上的使用价值。

18.1.1 合成子与合成等效剂

合成子是合成法中拆开目标分子所得的各个组成结构单元。

例如：

$$\underset{C_6H_5}{\overset{C_2H_5}{>}}C\underset{CH_3}{\overset{OH}{<}} \Longrightarrow C_2H_5^- \text{ 和 } C_6H_5-\overset{+}{\underset{CH_3}{C}}-OH$$

拆开的 $C_2H_5^-$ 和 $C_6H_5-\overset{+}{\underset{CH_3}{C}}-OH$ 称为合成子。在合成中形式上作为碳负离子使用的结构单

元称为电子供给体合成子，简称 d-合成子，如 $C_2H_5^-$；形式上作为碳正离子使用的结构单元称为电子接受体合成子，简称 a-合成子，如 $C_6H_5-\overset{+}{\underset{CH_3}{C}}-OH$ 。

合成等效剂是指能够起合成子作用的试剂，例如，合成子 $C_2H_5^-$ 合成等效剂是 C_2H_5MgX、C_2H_5Li 等一类试剂；R-OTs 则是 R^+ 合成等效剂。

合成中间体是合成中的一个实际分子，它含有完成合成反应所需的官能团以及控制因素，在某些场合中，合成中间体与合成等效剂是同一化合物。

18.1.2 逆向切断、逆向连接及逆向重排

（1）逆向切断 用切断化学键的方法把目标分子骨架剖析成不同性质的分子，称为逆向切断。在被切断的位置上划一条曲线来表示。

例如：

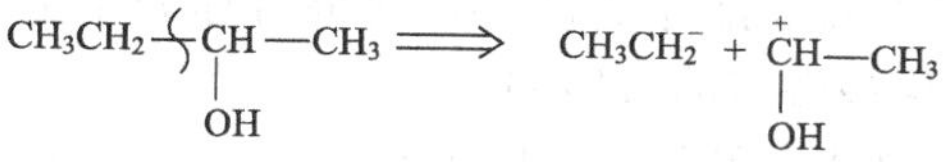

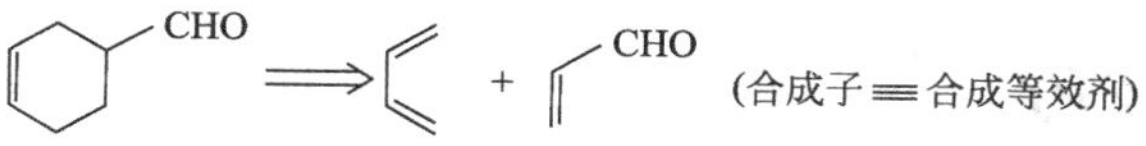

$$CH_3CH_2 \overset{\curvearrowright}{\underset{OH}{|}} CH-CH_3 \Longrightarrow CH_3CH_2^- + \overset{+}{\underset{OH}{C}}H-CH_3$$

（合成子 ≡ 合成等效剂）

（2）逆向连接 将目标分子中两个适当的碳原子用新的化学键连接起来，称为逆向连接。它是实际合成中氧化断裂反应的逆向过程。

例如：

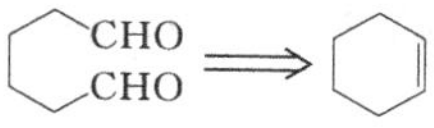

（3）逆向重排 把目标分子骨架拆开和重新组装，则称为逆向重排。它是实际合成中重排反应的逆向过程。

例如：

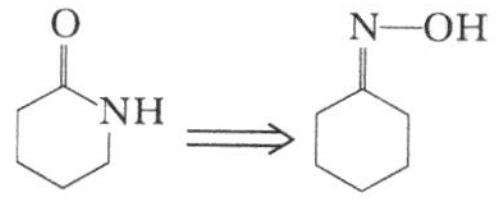

18.1.3 逆向官能团变换

所谓逆向官能团变换就是在不改变目标分子基本骨架的前提下变换官能团的性质或位置的方法。一般包括下面三种变换。

（1）逆向官能团互换（简称 FGI） 例如：

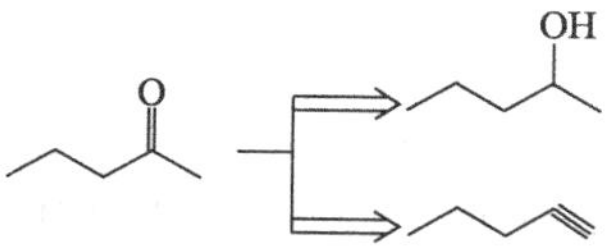

它仅是官能团种类的变换，而位置没有变化。

（2）逆向官能团添加（简称 FGA） 例如：

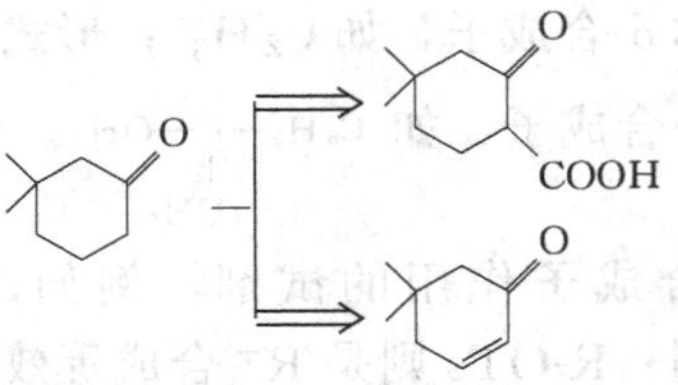

(3) 逆向官能团除去（简称 FGR）　例如：

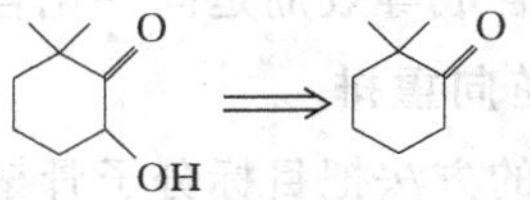

在合成设计中应用这些变换的主要目的是：

① 将目标分子变换成在合成上更容易制备的替代的目标分子（Alternative target molecule）；

② 为了作逆向切断、连接或重排等变换，必须将目标分子上原来不适用的官能团变换成所需的形式，或暂时添加某些必需的官能团；

③ 添加某些活化基、保护基或阻断基等以提高化学、区域或立体选择性。

18.2　逆向切断技巧

在逆向合成法中，逆向切断是简化目标分子必不可少的手段。不同的断键次序将会导致许多不同的合成路线。若能掌握一些切断技巧，将有利于快速找到一条更合理的合成路线。

18.2.1　优先考虑骨架的形成

有机化合物是由骨架和官能团两部分组成的，在合成过程中，总存在着骨架和官能团的变化，一般有四种可能。

(1) 骨架和官能团都无变化，仅变化官能团的位置　例如：

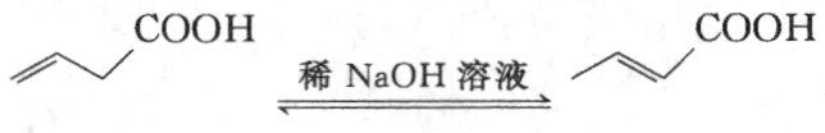

(2) 骨架不变而官能团变化　例如：

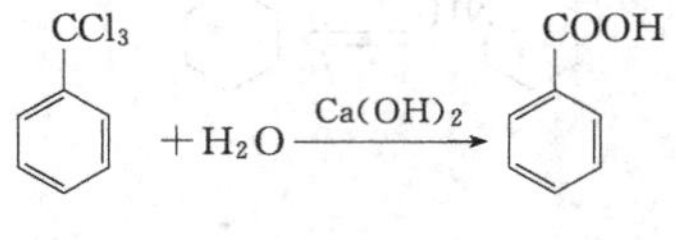

(3) 骨架变而官能团不变　例如：

$$CH_3(CH_2)_5CH_3 \xrightarrow[\text{紫外光}]{CH_2N_2} CH_3(CH_2)_6CH_3 + CH_3\underset{\displaystyle CH_3}{\underset{|}{C}}H(CH_2)_4CH_3 + CH_3CH_2\underset{\displaystyle CH_3}{\underset{|}{C}}H(CH_2)_3CH_3 + (CH_3CH_2CH_2)_2CHCH_3$$

(4) 骨架、官能团都变　例如：

$$CH_3-\underset{\displaystyle OH}{\underset{|}{C}}H-CH_2-\overset{\displaystyle O}{\overset{\|}{C}}-OC_2H_5 \xrightarrow[\triangle]{H^+} CH_3CH{=}CH-\overset{\displaystyle O}{\overset{\|}{C}}-OH$$

这四种变化对于复杂有机化合物的合成来讲最重要的是骨架由小到大的变化。解决这类问题首先要正确地分析、思考目标分子的骨架是由哪些碎片（即合成子）通过碳-碳成键或碳-杂原子成键而一步一步地连接起来的。如果不优先考虑骨架的形成，那么连接在它上面的官能团也就没有归宿。

但是，考虑骨架的形成却又不能脱离官能团。因为反应是发生在官能团上，或由于官能团的影响所产生的活性部位（例如在羰基或双键的 α 位）。因此，要发生碳-碳成键反应，碎片中必须要有成键反应所要求的官能团。

18.2.2　碳-杂键先切断

和杂原子连在一起的键，往往不如碳和碳之间的键稳定，并且，在合成时此键也容易生成。因此，在合成一个复杂分子的时候，将碳-杂原子键的形成放在最后几步完成是比较有利的。一方面避免这个键受到早期一些反应的侵袭；另一方面又可以选择在温和的反应条件来连接，避免在后续反应中伤害已引进的官能团。合成方向后期形成的键，在分析时就该先行切断。

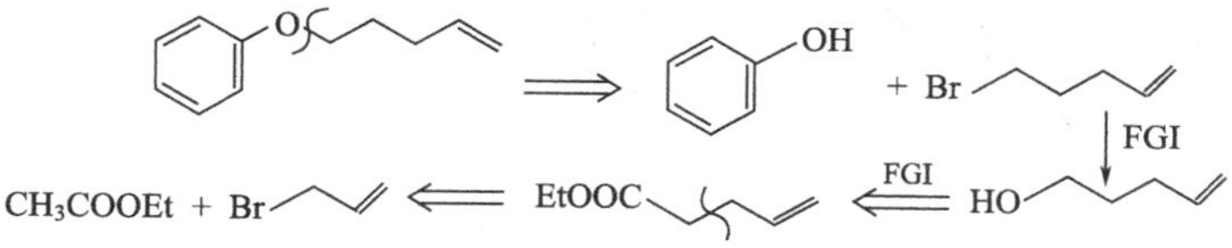

例如：

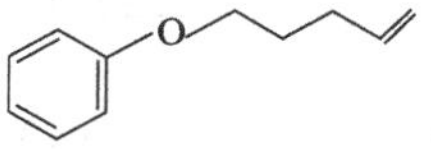

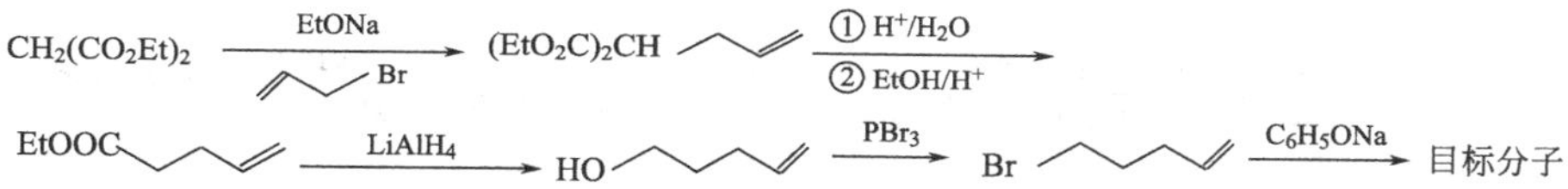

18.2.3　目标分子活性为先行切断

目标分子中有官能团部位和某些支链部位可先行切断，因为这些部位是最活泼、最易结合的地方。例如：

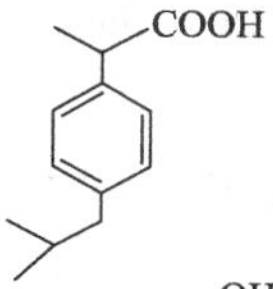

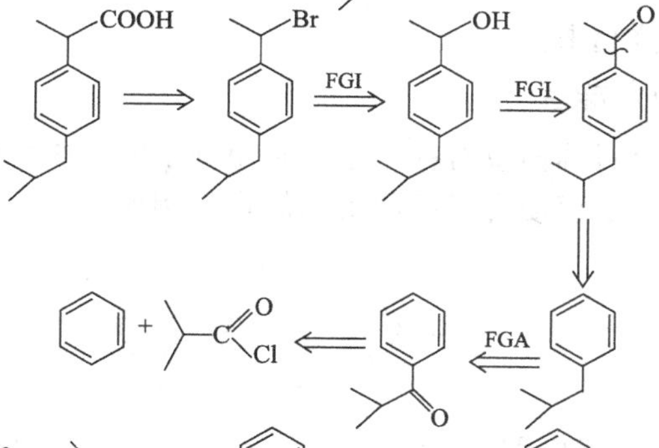

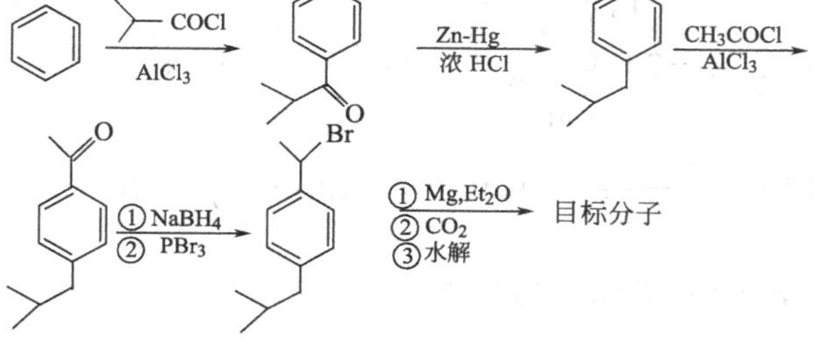

18.2.4 添加辅助基团后切断

有些化合物结构上没有明显的官能团支路，或没有明显可切断的键。这种情况下，可以在分子的合适位置添加某个官能团，以便于找到逆向变换的位置及相应的合成子。但同时应考虑到这个添加的官能团在正向合成时易被除去。例如，设计下列化合物的合成路线。

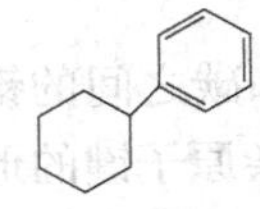

分析：分子中无明显的官能团利用，在环己基上添加一个双键可帮助切断。

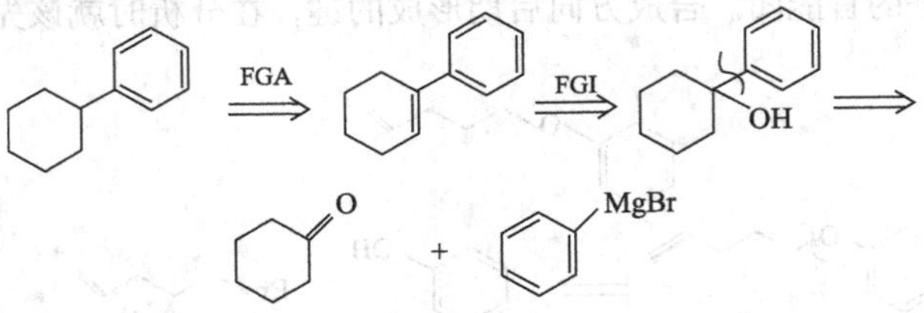

合成：

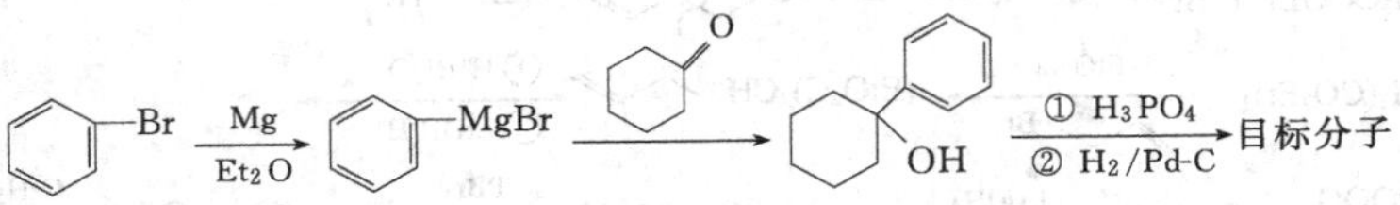

18.2.5 回推到适当阶段再切断

有些分子可以直接切断，但有些却不可直接切断，或经切断后得到的合成子在正向合成时没有合适的方法连接起来。此时，应将目标分子回推到某一代替的目标分子是常用的方法。

例如：合成$CH_3-CH\overset{a}{\overset{|}{-}}CH_2-CH_2OH$时，若从 a 处切断，得到的两个合成分子中找不到合成等效剂。如果将目标分子变换为$CH_3-CH\overset{a}{\overset{|}{-}}CH_2-CHO$后再在 a 处切断，就可以由两分子乙醛经醇醛缩合方便地连接起来。

18.2.6 利用分子的对称性

有些目标分子具有对称面或对称中心，利用分子的对称性可以使分子结构中的相同部分同时接到分子骨架上，从而使合成问题得到简化。例如：

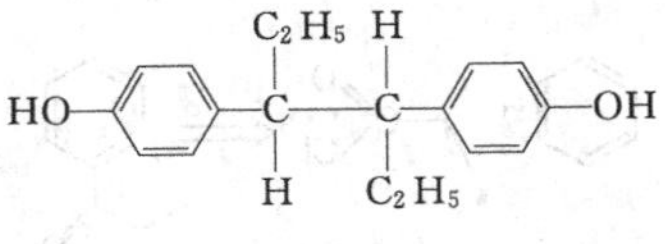

分析

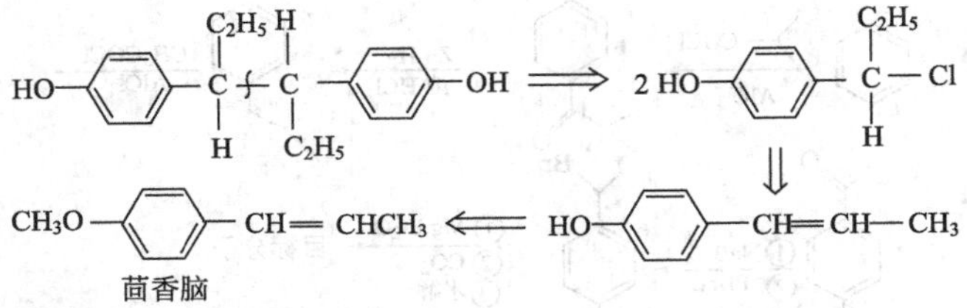

苘香脑

[以大茴香油(含茴香脑约80%)为原料]

合成：

$$2CH_3O-\!\!\!\diagup\!\!\!\!\diagdown\!\!\!-CH=CHCH_3 \xrightarrow[5\sim10℃]{苯,干燥氯化氢}$$

$$2CH_3O-\!\!\!\diagup\!\!\!\!\diagdown\!\!\!-\underset{\underset{Cl}{|}}{CH}CH_2CH_3 \xrightarrow[85\sim90℃]{Fe} CH_3O-\!\!\!\diagup\!\!\!\!\diagdown\!\!\!-\underset{\underset{C_2H_5}{|}}{\overset{\overset{C_2H_5}{|}}{C}}-\underset{\underset{C_2H_5}{|}}{\overset{\overset{C_2H_5}{|}}{C}}-\!\!\!\diagup\!\!\!\!\diagdown\!\!\!-OCH_3 \xrightarrow{HI} 目标分子$$

有些目标分子本身并不具有对称性，但是经过适当的变换或切断，即可以得到对称性的中间物，这些目标分子被认为是存在潜在的分子对称性。例如设计下列化合物的合成路线：

$$(CH_3)_2CHCH_2\overset{\overset{O}{||}}{C}CH_2CH_2CH(CH_3)_2$$

分析　分子中羰基有炔烃与水加成而得，则可以推得一对称分子。

$$(CH_3)_2CHCH_2\overset{\overset{O}{||}}{C}CH_2CH_2CH(CH_3)_2 \overset{FGI}{\Longrightarrow} (CH_3)_2CHCH_2\!\!-\!\!\!\not{}\,C\equiv C\,\not{}\!\!-\!\!CH_2CH(CH_3)_2$$

$$\Longrightarrow 2(CH_3)_2CHCH_2Br + HC\equiv CH$$

18.2.7　常见几种类型化合物的逆向切断技巧

（1）α-氰醇或 α-羟基酸　α-羟基酸可以由 α-氰醇水解得到，α-氰醇可以由醛、酮与氰化氢加成得到。

$$\underset{R}{\overset{R}{>}}C\!\!\diagup^{OH}_{COOH} \Longrightarrow \underset{R}{\overset{R}{>}}C\!\!\diagup^{OH}_{CN} \Longrightarrow \underset{R}{\overset{R}{>}}C=O + HCN$$

（2）α-二醇

① 对称的 α-二醇　对称的 α-二醇可利用酮的双分子还原得到。

$$\overset{|}{\underset{HO}{}}\!\!-\!\!\overset{|}{\underset{HO}{}}\!\! \Longrightarrow 2 \overset{}{>}\!\!=\!\!O$$

② 不对称的 α-二醇　不对称的 α-二醇可回推到烯烃后再切断。

$$\overset{OH\quad OH}{\underset{}{\diagup\!\!\!\diagdown}} \overset{FGI}{\Longrightarrow} \overset{}{\diagup\!\!\!=\!\!\!\diagdown} \Longrightarrow \overset{}{>}\!\!=\!\!O + Ph_3\overset{+}{P}\!\!-\!\!\bar{C}\!\!<$$

（3）α,β-不饱和羰基化合物或 β-羟基羰基化合物　α,β-不饱和羰基化合物可由 β-羟基羰基化合物脱水得到，β-羟基羰基化合物可用醇醛缩合反应来制备。

$$\diagup\!\!\!\!\diagdown\!\!\!\overset{\overset{O}{||}}{}\!\!\diagup \Longrightarrow \overset{OH}{\diagup}\!\!\overset{}{\diagdown}\!\!\overset{\overset{O}{||}}{}\!\!\diagup \Longrightarrow \overset{\overset{O}{||}}{}\!\!\diagdown_{H} + \overset{\overset{O}{||}}{}\!\!\diagup$$

（4）1,3-二羰基化合物　Claisen 缩合是制备 1,3-二羰基化合物的重要反应，故常进行下述切断。

$$\overset{\overset{O}{||}}{\diagup}\!\!\overset{\overset{O}{||}}{\diagdown}\!\!\overset{}{\diagup} \Longrightarrow \begin{cases} \overset{\overset{O}{||}}{\diagup}\!\!+ \Longrightarrow \overset{\overset{O}{||}}{}\!\!\diagdown_{OEt} \\ \overset{\overset{O^-}{|}}{\diagup}\!\!= \Longrightarrow \overset{\overset{O}{||}}{}\!\!\diagdown_{OEt}, \overset{\overset{O}{||}}{}\!\!\diagup, \diagup\!\!-CN \end{cases}$$

（5）1,4-二羰基化合物　1,4-二羰基化合物可由 α-卤代酮或 α-卤代酸酯与含 α-活泼氢的羰基化合物作用而得：

$$R-\underset{\substack{\|\\O}}{C}-CH_2 \dashv CH_2-\underset{\substack{\|\\O}}{C}-R \Longrightarrow R-\underset{\substack{\|\\O}}{C}-\underset{\substack{|\\COOEt}}{CH_2} + R-\underset{\substack{\|\\O}}{C}-CH_2-X$$

如果含 α-活泼氢的羰基化合物是普通的醛、酮，在醇钠的作用下与 α-卤代酸酯反应时得到的是 α,β-环氧酸酯，即发生 Darzens 反应。

$$\text{（环己酮）} + Br-CH_2-COOEt \xrightarrow{CH_3ONa} \text{（螺环氧化物-COOEt）}$$

（6）1,5-二羰基化合物　含有活泼氢的化合物与 α,β-不饱和化合物发生 Michael 加成反应是合成 1,5-二羰基化合物的重要反应，故 1,5-二羰基化合物常用下述切断法：

$$\underset{R}{\overset{a,b}{}}\Longrightarrow \begin{cases} a: & R-\overset{O}{C}- \;+\; \overset{O}{}R' \\ b: & R- \;+\; \overset{O}{}R' \end{cases}$$

（7）1,6-二羰基化合物　1,6-二羰基化合物可由环己烯或其衍生物氧化而得，故常做下述逆推：

$$\underset{R}{\overset{R}{}}\Longrightarrow \underset{R}{\overset{R}{}}$$

某些环己烯衍生物可用 Diels-Alder 反应制得，环己二烯衍生物可用 Birch 还原法将苯部分还原。

18.3　导向基的应用

对于一个有机分子，在进行化学反应时，反应发生的难易及位置一般是由它本身所连有的官能团决定。在有机合成中，为了使其按人为设计的路线来完成，常在该反应发生之前，在反应物分子上引入一个控制单元，通俗地讲就是引入一个被称为导向基的基团，用此基团来引导该反应按需要进行。一个好的导向基还应具有"招之即来，挥之即去"功能。就是说，需要时很容易地将它引入，任务完成后又可方便地将其去掉。例如，合成 1,3,5-三溴苯。

$$\text{（1,3,5-三溴苯结构式）}$$

在苯环上的亲电取代反应中，溴是邻、对位定位基，现互居间位，显然不可由本身的定位效应而引入。它的合成就是引进一个强的邻、对位定位基——氨基，使溴进入了氨基的邻、对位，并互为间位，而后再将氨基去掉。

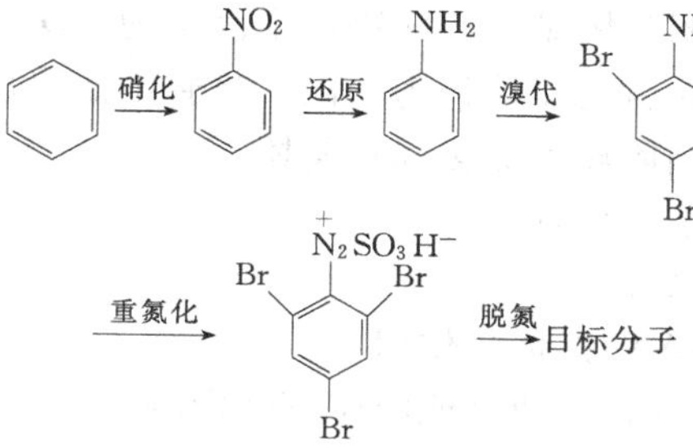

根据引入的导向基所起的作用不同，可分为下述三种导向形式。

（1）活化导向　在分子中引入一个活化基作为控制单元，把反应导向指定的位置称为活化导向。利用活化作用来导向，是导向手段中使用最多的。上例中就是利用氨基对邻、对位有较强的活化作用而将溴引入指定的位置。在延长碳链的反应中，还常用甲酰基、乙氧羰基、硝基等吸电子基作为活化基来控制反应。

（2）钝化导向　活化可以导向，钝化一样可以导向。例如，合成对溴苯胺。

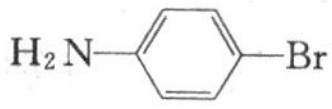

氨基是一个很强的邻、对位定位基，溴代时易生成多溴取代产物。为了避免多溴代物的产生，必须将氨基的活化效应降低，这可以通过在氨基上引入乙酰基而达到此目的。乙酰胺基是比胺基活性低的邻、对位基，溴化使主要产物是对溴乙酰苯胺，溴化后，水解可将乙酰基除去。

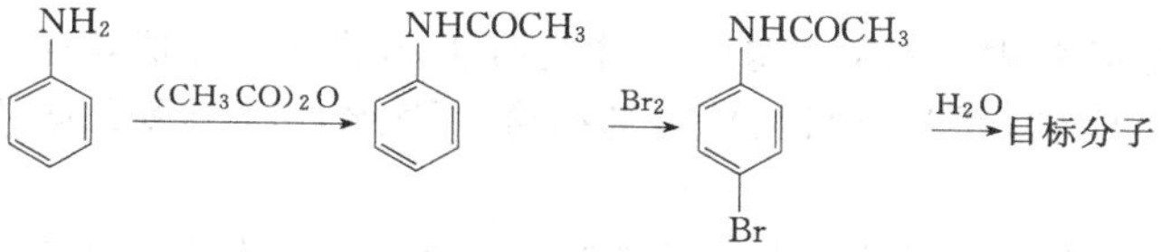

（3）封闭特定位置进行导向　有些有机分子对于同一反应，可以存在多个活性部位。在合成中，除了可以利用上述的活化导向、钝化导向以外，还可以引入一些基团，将其中的部分活性部位封闭起来，阻止不需要的反应发生。这些基团被称为阻断基，反应结束后再将其除去。在苯环上的亲电取代反应中常引入磺酸基、羧基、叔丁基等作为阻断基。例如，合成邻氯甲苯。

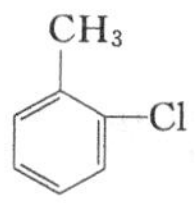

甲苯氯化时，生成邻氯甲苯和对氯甲苯的混合物，它们沸点相近（分别为 159℃ 和 162℃）分离困难。合成时，可先将甲苯磺化，将对位封闭起来，然后氯化，氯原子只能进入邻位，最后水解，脱去磺酸基，就可得纯净的邻氯甲苯。

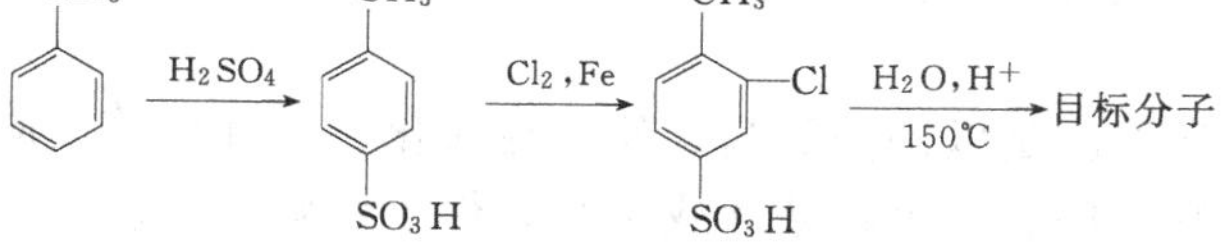

18.4　保护基的应用

在合成一个多官能团化合物的过程中，如果反应物中有几个官能团的活性类似，要使一个给定的试剂只进攻某一官能团是困难的。解决这个困难的办法，除可选用高选择性的反应试剂外，还可应用可逆性去活化就是以保护为手段，将暂不需要反应的官能团用保护基团保护起来，暂时钝化，然后到适当阶段再除去保护基团。

一个合适的保护基应具备下列条件：

① 引入时反应简单、产率高；

② 能经受必要的和尽可能多的试剂的作用；

③ 除去时反应简单、产率好，其他官能团应不受影响；

④ 对不同的官能团选择性保护。

能否找到必要的、合适的保护基，对合成的成败起着决定性的作用。由于不同的化合物需要加以保护的理由不同，因而所用的保护方法也自然不同。目前已创造了许多保护基，但仍在继续寻找新的、更好的保护基，以满足不同的需要。

以下分别介绍几种官能团的常用保护方法。

18.4.1　羟基的保护

醇易被氧化、酰化和卤化，仲、叔醇常易脱水。所以在进行某些反应时，如欲保留羟基就必须将其保护起来。醇羟基的保护应用甚广，特别是在甾体、糖类（包括核苷和核苷酸衍生物）和甘油酯化学中。在众多的保护方法中，最常用的可归纳为三类：醚类、缩醛类或缩酮类和酯类保护。

（1）转变成醚　将醇羟基用成醚的形式来保护，主要是形成叔丁基醚、苄醚或三芳甲基醚、三甲基硅醚。

（2）转变成缩醛或缩酮　2,3-二氢吡喃能与醇类起酸催化加成，生成四氢吡喃醚（一个缩醛系统）。伯醇和叔醇都可以与四氢吡喃基结合，因此，对于多元醇不太可能进行选择性保护。

四氢吡喃醚的缩醛系统对强碱、格氏试剂和烷基锂、氢化铝锂、烷基化和酰基化试剂都稳定，然而，它在温和条件下即可进行酸催化水解。因此不能用于在酸性介质中进行的反应。

（3）转变成酯类　醇与酰卤、酸酐作用形成羧酸酯或甲酸酯，这是最常用来保护羟基的方法。此法可使醇在酸性或中性的反应中不受影响。该保护基团可以用碱水解的方法除去。

酚羟基与醇羟基在许多反应中性质类似，所以其保护方法很相似。

18.4.2　氨基的保护

胺类化合物具有易氧化、烷基化及酰基化的特性，多种保护基都是为阻止这些反应而设计的。下面仅简述氨基的几种重要保护方法。

（1）质子化　从理论上讲，对氨基最简单的保护法是使氨基完全质子化，即占据氮原子上的未共用电子对以阻止取代反应的发生。但是实际上能在使氨基完全质子化所需的酸性条件下可以进行的合成反应是很少的。因此，这种方法仅用于防止氨基的氧化。

（2）转变成酰基衍生物　将胺转变成取代的酰胺是一个简便而应用很广的氨基保护法。

伯胺的单酰基化往往已足以保护氨基，使其在氧化、烷基化等反应中保持不变。常用的酰基化剂是酰卤、酸酐。保护基可在酸性或碱性条件下水解除去。

二元羧酸与胺形成的环状双酰胺衍生物（酰亚胺）是非常稳定的，因此，也适用于保护伯胺。丁二酸酐、邻苯二甲酸酐都是常用的酰化剂。

酸性或碱性条件下水解同样可脱保护基，其中邻苯二甲酰亚胺除了可在酸性或碱性条件下水解外，还可用肼解法，反应所需的条件更加温和。

磺酰氯与胺作用可以形成磺酰胺，当由伯胺制仲胺时，磺酰基可以阻止叔胺的形成。

（3）转变成烷基衍生物　用烷基保护氨基中重要的是用苄基或三苯甲基。由于这些基团特别是三苯甲基的空间位阻效应对氨基可以起到很好的保护作用，而且还能很容易地除去。

苄基衍生物通常用胺和氯化苄在碱存在下进行制备。脱苄基可用催化加氢的方法，有时也可用金属钠及液氨。

三苯甲基衍生物也可用三苯甲基溴化物或氯化物在碱存在下与胺进行反应来制备。三苯甲基除了可用催化加氢的方法除去外，还可在温和的酸性条件下除去。例如，乙酸水溶液，反应温度为 30℃；或三氟乙酸，$-5℃$。

（4）转变成氨基甲酸酯　胺和氯代甲酸酯或重氮甲酸酯进行反应可以制备氨基甲酸酯。不同的氨基甲酸酯稳定性有很大的差异，因此当需要选择性地脱去保护基时，可以用此类基团对氨基进行保护。除芳氧羰基外，所有衍生物均易于被酸性试剂裂解。

18.4.3　羰基的保护

醛、酮的羰基可以认为是有机化学中功能最多的基团。因此，对醛、酮羰基的保护方法进行过大量的研究工作。在众多的保护方法中，最重要的还是形成缩醛和缩酮。

（1）二烷基缩醛和缩酮　二烷基缩醛及缩酮一般只有醛和活泼的酮（无位阻的酮）才能形成。在酸催化下，醛、酮与醇或原甲酸酯或与低沸点酮的缩酮反应即得。形成缩醛、缩酮的难易次序大致是：脂肪醛＞芳香醛＞烷基酮及环己酮＞环戊酮＞α,β-不饱和酮＞α,α-二取代酮≫芳香酮。缩醛或缩酮可在酸性条件下水解。

$$\ce{>C=O} \xrightarrow[\text{酸性离子交换树脂}]{CH_3OH(\text{或 }C_2H_5OH)} \ce{C} \genfrac{}{}{0pt}{}{OCH_3(C_2H_5)}{OCH_3(C_2H_5)} \xrightarrow[\triangle]{H^+,H_2O} \ce{>C=O}$$

二甲基及二乙基缩醛和缩酮对钠/液氨、钠/醇，催化氢化，硼氢化钠、氢化铝锂，在中性和碱性条件下几乎所有的氧化剂（除臭氧外）、格氏试剂、氢化钠/碘甲烷、乙醇钾、氨、肼、氯化亚砜/吡啶等都稳定；但对酸不稳定。

（2）环状缩醛和缩酮　最常见的是形成 1,3-二氧戊环化合物，该化合物比烷基缩醛、缩酮更为稳定，可耐大多数碱性及中性的反应条件。

1,3-二氧戊环化合物可在酸存在下用羰基化合物与乙二醇反应，用带水剂共沸去水而得。除干燥氯化氢外，芳香磺酸、Lewis 酸（如三氟化硼）也是常用的催化剂；吡啶盐酸盐、二氧化硒或丙二酸、己二酸是更温和的催化剂。可用于某些敏感的羰基化合物。

18.4.4　羧基的保护

羧基一般用转变成酯的方法加以保护。转变成甲酯、乙酯、叔丁酯、苄酯或取代苄基酯等较为常见。如芳香酸加热容易脱羧，可转变为甲酯、乙酯加以防止。

甲酯、乙酯可以用羧酸直接与甲醇或乙醇酯化制备，又可简单地被碱水解。

$$\ce{-COOH} \xrightarrow[R=Me,Et]{ROH,H^+} \begin{cases} \ce{-COOMe} \\ \ce{-COOEt} \end{cases} \xrightarrow{NaOH,H_2O} \ce{-COOH}$$

叔丁酯可以由羧酸先转变为酰氯，然后再与叔丁醇作用，或羧酸与异丁烯直接作用而得。它不能氢解，并且在常规条件下也不被氨解及碱催化水解。

$$\ce{-COOH} \begin{array}{c} \xrightarrow{COCl} \\ \\ \xrightarrow{(CH_3)_2C=CH_2,H_2SO_4} \end{array} \xrightarrow[\text{碱}]{(CH_3)_3COH} \ce{-COOC(CH_3)_3} \xrightarrow[\text{苯},\triangle]{p\text{-}CH_3C_6H_4SO_3H} \ce{-COOH}$$

苄基类酯可以由羧酸与苄卤先在碱性条件下作用而得。它除了可以在碱性或强酸性条件下水解外，还能很快地被氢解，这是它的显著特点。

$$—COOH \longrightarrow —COOK \xrightarrow{PhCH_2Cl} —COOCH_2Ph \xrightarrow{H_2,Pd} —COOH$$

18.5 合成路线的综合评价

如前所述，一种有机化合物的合成，往往有由相同或不同的原料经由多种合成路线得到。要想从这些合成路线中确定最理想的一条路线，并成为工业生产上可用的工艺路线，则需要综合地、科学地考察设计出的每一条路线的利弊，择优选用。

一般来说，在选择理想的合成路线时应考虑以下几方面的问题。

18.5.1 原料和试剂

原料和试剂是组织正常工作的基础。因此，在选择工艺路线时，首先应考虑每一条合成路线所用的各种原料和试剂，包括原料和试剂的利用率、价格和来源。

所谓原料的利用率包括骨架和官能团的利用程度，这主要由原料的结构、性质和所进行的反应来决定。就是说使用的原料种类应尽可能少一些，结构的利用率尽可能高一些。

原料和试剂的价格直接影响到成本。对于准备选用的那些合成路线，应分别考虑各自的原料消耗及价格以资比较。

除了考虑原料和试剂的利用率及价格以外，它们的来源和供应情况也是不可忽视的问题。首先，原料、试剂应立足于国内，且来源丰富。有些原料一时得不到供应则还要考虑可否自行生产的问题。对于某些产量较大的产品，选用工艺路线时还要考虑到原料的运输问题。例如，生产抗结核病药异烟肼需要的 4-甲基吡啶，它既可用乙炔与氨合成制得，又可用乙醛和氨合成而得。某制药厂因位于生产电石的化工厂附近，乙炔可以从化工厂直接用管道输送过来，则可用乙炔作为起始原料。而另一附近没有乙炔供应的制药厂则选用乙醛为起始原料的路线。

国内外各种化工原料和试剂目录及手册可为挑选合适的原料和试剂提供重要线索。另外，了解工厂生产信息，特别是许多重要的化工中间体方面的情况，亦对原料的选用有很大的帮助。

18.5.2 反应步数和总收率

合成路线的长短直接关系到合成路线的价值，所以对合成路线中反应步数和反应总收率的计算是衡量合成路线的最直接方法。这里，反应的总步数指从所有原料或试剂到达所需合成化合物（目标分子）所需反应步数之和；总收率是各步收率的连乘积。假如一合成路线是各步反应收率为 90％的十步合成，总收率仅为 35％；若另一路线仅需七步完成，各步收率仍为 90％，则总收率为 48％；如果合成路线仅三步就能完成，各步收率仍为 90％，则总收率急剧升高为 73％。由此可见，合成反应步骤越多，总收率也就越低，原料单耗就越大，成本也就越高。加之反应步骤的增加，必然带来反应周期的延长和操作步骤的繁杂。因此，应尽可能采用步骤少、收率高的合成路线。

此外，应用收敛型的合成路线也可提高合成路线的效率。

18.5.3 中间体的分离与稳定性

选择中间体常常是合成计划成败的关键。一个理想的中间体应稳定且易纯化。这个问题对于处理时间长、操作条件控制困难的工业化生产更加重要。一般而言，一条合成路线中有一个或两个不太稳定的中间体，通过细致的工作尚可解决，如存在两个或两个以上相继的不稳定中间体就很难成功。所以在选择合成路线时，应尽量少用或不用存在对空气、水汽敏感或纯化过程繁杂、纯化损失大的中间体的合成路线。大家都知道有机金属化合物是一类非常有用的合成试剂，它们能发生许多选择性很高的反应，使一些常规方法难以进行的反应变为容易。但是有机金属化合物在工业生产中的应用却并不广泛，这主要是因为它们在通常的条件下是很活泼的。

18.5.4　设备要求

许多精细化学品的合成反应需在高温、高压、低温、高真空或严重腐蚀的条件下进行，这就需要用特殊材质、特殊设备，在考虑合成路线时应该考虑到这些设备和材料的来源、加工以及投资问题。这对于一些中小型的精细化工企业更为重要。应该尽量选不需要特殊材质、特殊设备；不需高压、高温、高真空或复杂的安全防护设备的合成路线。当然对于那些能显著提高收率，或能实现机械化、自动化、连续化，显著提高劳动生产力，有利于劳动防护及环境保护的反应，即使设备要求高些、技术复杂些，也应根据可能条件予以考虑。

18.5.5　安全性

在许多精细化学品的合成中，经常遇到易燃、易爆和有毒的溶剂、原料和中间体。为了确保安全生产和操作人员的人身安全和健康，为了避免国家财产受到不必要的损失，在选择合成路线时，应优先着眼于不使用或尽量少用易燃、易爆和有毒性的原料，同时还要考虑中间体的毒性问题。若必须采用有毒物质时，则需考虑相应安全技术措施，防止事故的发生。

18.5.6　"三废"问题

人们赖以生存的地球正受到日益加重的污染，这些污染严重地破坏着生态平衡、威胁着人们的身体健康。环境保护、环境治理已成为刻不容缓的工作。对化工生产中产生的污染环境、危害生物的废气、废液和废渣（即"三废"）的多少以及处理方法，是在考虑合成路线继而实施工业生产时必须同时考虑的一个重要方面。优先考虑"三废"排放量少、处理容易的工艺路线，并对"三废"的综合利用和处理方法提出初步的方案。而对一些"三废"排放量大、危害严重、处理困难的工艺路线应坚决屏弃。

此外，能源消耗、操作工序的简繁都是应该考虑的问题，综合上述诸因素，才可确定一条较为适宜的合成工艺路线，并经过实验室研究加以改进才可逐步放大到工业化生产。

习　题

1. 布洛芬（TM1'）是常用的抗炎药物，其工业化合成路线中利用了 Darzen 反应，试对其作切断分析。

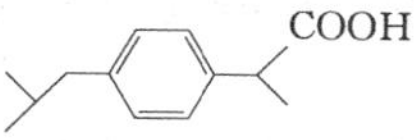

TM1'

2. 盐酸达罗克宁（TM2'）为一局部麻醉药，它含有曼尼奇碱结构，试为其设计一条合成路线。

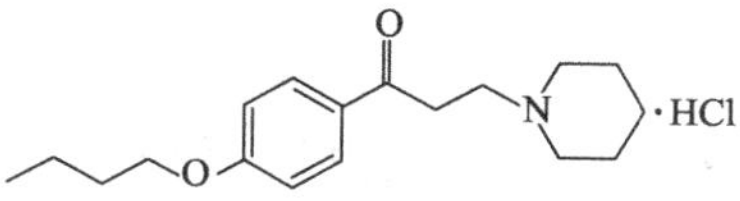

TM2'

3. 试对催眠药异戊巴比妥（TM3'）作切断分析。

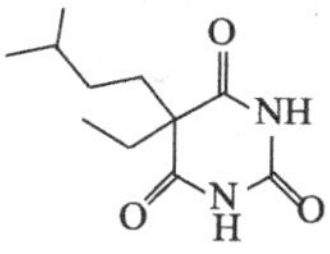

TM3'

19 实 验

19.1 十二烷基苯磺酸钠的合成（磺化反应）

【实验目的】

(1) 掌握芳香化合物磺化原理和反应条件的确定；

(2) 掌握磺化产物的分离、中和方法；

(3) 了解十二烷基苯磺酸钠的性质和用途。

【产品的性质和用途】

十二烷基苯磺酸钠是黄色油状体，经纯化可以形成六角形或斜方形强片状结晶，具有微毒性，已被国际安全组织认定为安全化工原料，可在水果和餐具清洗中应用。烷基苯磺酸钠在洗涤剂中使用的量最大，由于采用了大规模自动化生产，价格低廉。在洗涤剂中使用的烷基苯磺酸钠有支链结构（ABS）和直链结构（LAS）两种，支链结构生物降解性小，会对环境造成污染，而直链结构易生物降解，生物降解性可大于 90%，对环境污染程度小。

烷基苯磺酸钠是中性的，对水硬度较敏感，不易氧化，起泡力强，去污力高，易与各种助剂复配，成本较低，合成工艺成熟，应用领域广泛，是非常出色的表面活性剂。烷基苯磺酸钠对颗粒污垢、蛋白污垢和油性污垢有显著的去污效果，对天然纤维上颗粒污垢的洗涤作用尤佳，去污力随洗涤温度的升高而增强，对蛋白污垢的作用高于非离子表面活性剂，且泡沫丰富。但烷基苯磺酸钠存在两个缺点，一是耐硬水较差，去污性能可随水的硬度而降低，因此以其为主活性剂的洗涤剂必须与适量螯合剂配用；二是脱脂力较强，手洗时对皮肤有一定的刺激性，洗后衣服手感较差，宜用阳离子表面活性剂作柔软剂漂洗。近年来为了获得更好的综合洗涤效果，LAS 常与 AEO 等非离子表面活性剂复配使用。LAS 最主要用途是配制各种类型的液体、粉状、粒状洗涤剂、擦净剂和清洁剂等。

【实验原理】

主要采用浓硫酸、发烟硫酸和三氧化硫等磺化剂对十二烷基苯进行磺化生成 LAS，再中和制成。本实验以发烟硫酸为磺化剂，磺化产物磺酸用氢氧化钠中和，反应方程式为：

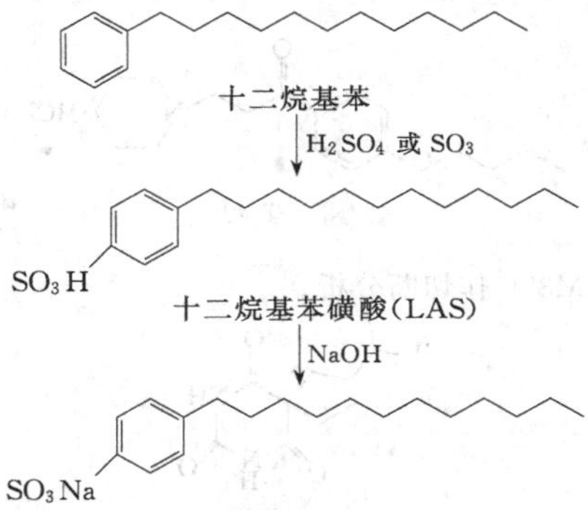

十二烷基苯

H_2SO_4 或 SO_3

SO_3H —— 十二烷基苯磺酸(LAS)

NaOH

SO_3Na —— 十二烷基苯磺酸钠

【主要仪器和试剂】

（1）器材　托盘天平、碱式滴定管、密度计、二孔水浴锅、电动搅拌器、酚酞指示剂、锥形瓶（150mL）、烧杯（100、500mL）、三口瓶（250mL）、滴液漏斗（60mL）、分液漏斗（250mL）、量筒（100mL）、温度计（0～50℃、0～100℃）、pH试纸。

（2）药品　固体NaOH、NaOH溶液（15%、0.1mol/L）、十二烷基苯、发烟硫酸。

【实验内容和步骤】

（1）加料　用密度计分别测定十二烷基苯和发烟硫酸的相对密度，用量筒量取50g（换算为体积）十二烷基苯转移到干燥的、预先称重的三口烧瓶中，用量筒量取58g发烟硫酸装入滴液漏斗中。

（2）磺化　安装实验装置，在搅拌下将发烟硫酸逐滴加入十二烷基苯中，加料时间为1h。控制反应温度在25～30℃，加料结束后停止搅拌，静置30min，反应结束后记下混酸的质量。

（3）分酸　在原实验装置中，按混酸∶水为85∶15（质量比）计算所需加水量，并通过滴液漏斗在搅拌下将水逐滴加到混酸中。温度控制在45～50℃，加料时间为0.5～1h。反应结束后将混酸转移到预先称重的分液漏斗中，静置30min，分去废酸（待用）。称重，记录。

（4）中和值测定　用量筒取10mL水加入150mL锥形瓶中，并称取0.5g磺酸于锥形瓶中，摇匀，使磺酸分散，加40mL水于锥形瓶，轻轻摇动，使磺酸溶解，滴加2滴酚酞指示剂，用0.1mol/L NaOH溶液滴定至出现粉红色，按下式计算出中和值H。

$$H=\frac{cV}{m}\times\frac{40}{100}$$

式中，c为NaOH溶液浓度，mol/L；V为消耗NaOH溶液的体积，mL；m为磺酸质量，g。

（5）中和　按中和值计算出中和磺酸所需NaOH质量，称取NaOH，并用500mL烧杯配成15%（质量分数）NaOH溶液，置于水浴中在搅拌下，控制温度35～40℃，用滴液漏斗将磺酸缓慢加入，时间为0.5～1h。当酸快加完时测定体系的pH，控制反应终点的pH为7～8（可用废酸和15%NaOH溶液调节pH）。反应结束后称量所得十二烷基苯磺酸钠的质量。

【注意事项】

（1）注意发烟硫酸、磺酸、氢氧化钠、废酸的腐蚀性，切勿溅到皮肤和衣物上。

（2）磺化反应为剧烈放热反应，需严格加料速度与反应温度。

（3）分酸时应控制加料速度和温度，搅拌要充分，防止结块。

【思考题】

（1）采用支链烷基苯或直链烷基苯为原料，对反应结果是否有影响？

（2）分酸时如何确定混酸与水的比例？

（3）中和时温度为什么要控制在35～40℃？

（4）市场上销售的十二烷基苯磺酸钠有不同的型号，不同型号代表什么意思？

19.2　硝基苯的合成（硝化反应）

【实验目的】

（1）了解从苯制备硝基苯的方法；

（2）掌握萃取、空气冷凝等基本操作；

（3）了解硝基苯的性质和用途。

【产品的性质和用途】

硝基苯（俗称人造苦杏仁油）是一种剧毒有机物，有像杏仁油的特殊气味。化学式为 $C_6H_5NO_2$。纯品是几乎无色至淡黄色的晶体或油状液体，不溶于水。

硝基苯较易通过催化氢化等方法还原，还原的最终产物是苯胺。硝基苯作为温和的氧化剂，在合成喹啉的斯克劳普合成法中得到了良好的应用，它负责将中间产物 1,2-二氢喹啉氧化为喹啉。硝基是一个吸电子基团，这使得苯环上的 π 电子密度大大降低，从而使硝基苯参与亲电取代反应的能力有所减弱，同时使硝基成为了间位定位基。硝基苯仍可进行硝化反应和卤代反应，得到相应的间位衍生物，但不参与傅-克反应。

硝基苯是工业上制备苯胺和苯胺衍生物（如扑热息痛）的重要原料，同时也被广泛用于橡胶、杀虫剂、染料以及药物的生产。硝基苯也被用于涂料溶剂、皮革上光剂、地板抛光剂等，在这里硝基苯主要用于掩蔽这些材料本身的异味。值得一提的是，硝基苯甚至还曾被用于肥皂的廉价香料。

【实验原理】

硝基苯是通过使用浓硝酸和浓硫酸的混合酸对苯进行硝化反应而制备的。这个反应是一个典型的芳香族亲电取代反应。反应方程式为：

$$\text{（苯）} + HNO_3 \xrightarrow{H_2SO_4} \text{（硝基苯 NO}_2\text{）} + H_2O$$

主要副反应为：

$$\text{（硝基苯 NO}_2\text{）} + HNO_3 \xrightarrow{H_2SO_4} \text{（二硝基苯 NO}_2,NO_2\text{）} + H_2O$$

【主要仪器和试剂】

（1）器材 锥形瓶（100mL，干燥）、圆底三口烧瓶（250mL）、玻璃管、橡皮管、100℃温度计、磁力搅拌器、磁力搅拌子、量筒（20mL，干燥）、滴液漏斗（50mL，干燥）、圆底烧瓶（50mL，干燥）、300℃温度计、分液漏斗（100mL）、空气冷凝蒸馏装置、石棉、大烧杯、铁架台、铁圈、加热装置、石棉网。

（2）药品 苯、浓硝酸、浓硫酸、5％氢氧化钠溶液、无水氯化钙。

【实验内容和步骤】

（1）硝基苯制备 在 100mL 锥形瓶中，加入 18mL 浓硝酸，在冷却和摇荡下慢慢加入 20mL 浓硫酸制成混合酸备用。在 250mL 圆底三口烧瓶内放置 18mL 苯及一磁力搅拌子，三口烧瓶分别装置温度计（水银球伸入液面下）、滴液漏斗及冷凝管，冷凝管上端连一橡皮管并通入水槽。开动磁力搅拌器搅拌，自滴液漏斗滴入上述制好的、冷的混合酸。控制滴加速度使反应温度维持在 50～55℃之间，勿超过 60℃，必要时可用冷水冷却。此滴加过程约需 1h。滴加完毕后，继续搅拌 15min。

（2）硝基苯的分离与提纯 在冷水浴中冷却反应混合物，然后将其移入 100mL 分液漏斗。放出下层（混合酸），并在通风橱中小心地将它倒入排水管并立即用大量水冲。有机层依次用等体积（约 20mL）的水、5％氢氧化钠溶液、水洗涤后，将硝基苯移入内含 2g 无水氯化钙的 50mL 锥形瓶中，旋摇至混浊消失。

将干燥好的硝基苯滤入 50mL 干燥圆底烧瓶中，接空气冷凝管，在石棉网上加热蒸馏，收集 205～210℃馏分，产量约 18g。

纯的硝基苯为淡黄色的透明液体，沸点 210.8℃，$d_{20}^{20}=1.5562$。

【注意事项】

（1）硝基化合物对人体有较大的毒性，吸入多量蒸气或被皮肤接触吸收，均会引起中毒！所以处理硝基苯或其他硝基化合物时，必须谨慎小心，如不慎触及皮肤，应立即用少量乙醇擦洗，再用肥皂及温水洗涤。

（2）一般工业浓硝酸的相对密度为 1.52，用此酸反应时，极易得到较多的二硝基苯。为此可用 3.3mL 水、20mL 浓硫酸和 18mL 工业浓硝酸组成的混合酸进行硝化。

（3）硝化反应系一放热反应，温度若超过 60℃时，有较多的二硝基苯生成，且也有部分硝酸和苯挥发逸去。

（4）洗涤硝基苯时，特别是用氢氧化钠溶液洗涤时，不可过分用力摇荡，否则使产品乳化而难以分层。若遇此情况，可加入固体氯化钙或氯化钠饱和，或加数滴酒精，静置片刻，即可分层。

（5）高沸点的蒸气易在蒸馏头部位冷凝而无法蒸馏出来，因此应在蒸馏头周围加石棉保温，以使蒸馏顺利进行。另外，因残留在烧瓶中的二硝基苯在高温时易发生剧烈分解，故蒸馏时不可蒸干或使蒸馏温度超过 214℃。

【思考题】

（1）本实验为什么要控制反应温度在 50～55℃之间？温度过高有什么不好？

（2）粗产物硝基苯依次用水、5%氢氧化钠溶液、水洗涤的目的何在？

（3）甲苯和苯甲酸硝化的产物是什么？你认为反应条件有何差异，为什么？

（4）除 2,4-二硝基苯外，还会有什么副产物生成？

19.3　邻二氟苯的合成（卤化反应）

【实验目的】

（1）了解从邻氟苯胺制备邻二氟苯的方法；

（2）了解低温反应控制的要点；

（3）了解邻二氟苯的性质和用途。

【产品的性质和用途】

邻二氟苯，中文别名 1,2-二氟苯，英文名称 *o*-Difluoro benzene，CAS 号 367-11-3，分子式 $C_6H_4F_2$，相对分子质量 114.1。为无色有刺激性气味的液体，闪点 2℃，熔点 -34℃，沸点 92℃，不溶于水。

产品用途：用作医药中间体、有机合成中间体。

【实验原理】

邻二氟苯制备，是以邻氟苯胺为原料进行重氮化反应，再与氟硼酸反应，得到邻氟苯氟硼酸重氮盐，再在氯代芳烃溶剂中进行热分解反应制得的。反应方程式为：

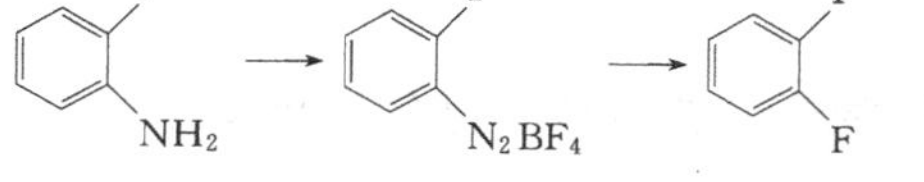

【主要仪器和试剂】

（1）器材：三口烧瓶（5L）、磁力搅拌器、磁力搅拌子、低温反应槽、布氏漏斗、离心机、蒸馏装置、玻璃管、橡皮管、温度计（-50～50℃、0～300℃），磁力搅拌器、量筒（20、50、100、1000mL）、滴液漏斗（50、100、500mL）、分液漏斗（100、1000mL）、石棉、大烧杯、铁架台、铁圈、加热装置、石棉网。

（2）药品　浓盐酸、邻氟苯胺、40%的亚硝酸钠水溶液、50%的氟硼酸、邻二氯苯、2%NaOH溶液。

【实验内容和步骤】

（1）重氮化　在5L的三口烧瓶中，加入1.5kg（30mol）的浓盐酸，边搅拌边缓慢加入邻氟苯胺555g（5mol），并将温度下降到-5℃。然后，在2h内，滴入40%的亚硝酸钠水溶液900g，并控制反应温度在5℃以下。

（2）成盐　滴加结束后，过滤，再在滤液中边搅拌边缓慢加入50%的氟硼酸1140g，然后，降温到-10℃左右，则析出邻氟苯氟硼酸重氮盐。离心分离，水洗，则得到含水5%的邻氟苯氟硼酸重氮盐。

（3）减压蒸馏　将得到的邻氟苯氟硼酸重氮盐放入5L三口烧瓶中，再加入邻二氯苯2kg，然后减压蒸馏分离出水分，进行脱水操作。

（4）热解　在常压下，缓慢加热至155℃左右进行蒸馏，当无气体产生时停止加热。然后将馏出液用2%的氢氧化钠水溶液洗涤，则得到所需的邻二氟苯（纯度大于98%），收率78.2%。

【注意事项】

（1）氟硼酸的物性如下：无色透明液体，沸点130℃。相对密度（水=1）1.84（48%）；相对密度（空气=1）3.0。与水混溶，可混溶于醇。吸入、摄入或经皮肤吸收，对身体有害。对眼睛、皮肤、黏膜和呼吸道有强烈的刺激作用。吸入可因咽喉、支气管的痉挛、水肿、炎症，化学性肺炎、肺水肿而致死。中毒表现有烧灼感、咳嗽、喘息、喉炎、气短、头痛、恶心和呕吐。强酸，强腐蚀性，不能久藏于玻璃容器。必须注意防护。

（2）滴加入40%的亚硝酸钠水溶液时，必须控制滴加速度，控制反应温度在5℃以下。

（3）热解过程须缓慢加热，控制馏出液出料速度，防止冲料。

【思考题】

（1）邻氟苯胺是用什么方法合成的？

（2）重氮化反应及成盐反应，为何都需要控制低温？

（3）分解反应是否还有别的方法？

（4）以邻二氟苯加工的衍生产品有哪些？

19.4　对羟基苯甲醛的合成（氧化反应）

【实验目的】

（1）掌握氧化反应原理和反应条件的确定；

（2）掌握氧化产物的分离、提纯方法；

（3）了解对羟基苯甲醛的性质和用途。

【产品的性质和用途】

对羟基苯甲醛是一种浅黄色或类白色结晶体，熔点113～118℃，相对密度1.129（30/4℃）。易溶于乙醇、乙醚、丙酮、乙酸乙酯，稍溶于水（在30.5℃水中溶解度为1.388g/

100mL），溶于苯（在65℃苯中溶解度为3.68g/mL）。

本品广泛用于医药、香料、农药、石油化工、电镀等领域。在医药工业中，主要用于合成羟氨苄青霉素（阿莫西林）、抗菌增效剂甲氧苄啶（TMP）、3,4,5-三甲氧基甲醛、对羟基苯酐氨酸、羟氨苄头孢霉素、人造天麻、杜鹃素、艾司洛尔等。在香料工业中用于合成香兰素、乙基香兰素、洋茉莉醛等产品。

【实验原理】

反应方程式如下：

【主要仪器和试剂】

（1）器材　1L不锈钢反应釜、烧杯（500mL）、抽滤瓶、布氏漏斗、循环水真空泵。

（2）药品　甲醇、对甲酚、复合催化剂、氢氧化钠、30%盐酸等。

【实验内容和步骤】

在装有搅拌器、压力表、温度计和氧气导管的1L不锈钢反应釜中，依次加入400mL甲醇、54g对甲酚、0.14g催化剂、60g氢氧化钠，密闭反应系统，搅拌下加热使固体氢氧化钠完全溶解。在反应温度达到70℃时，通入氧气置换釜内空气，通气10min后，密闭反应系统，通入氧气进行反应，并控制釜内压力0.2MPa、温度70℃状态下反应6h。反应结束后，用水降至常温，并打开排空阀门排去釜内余氧。料液内加入100g水，搅拌均匀后将反应液减压抽滤，滤液蒸除甲醇，加入5.4g亚硫酸氢钠的饱和水溶液，通冷盐水冷却到10℃左右，过滤沉淀，用30%盐酸酸化沉淀至pH值≤5.0，静置，过滤、重结晶、干燥后得对羟基苯甲醛，称重计算产率。

注：主催化剂为$Co(OAc)_2 \cdot 4H_2O$，$Cu(OAc)_2 \cdot H_2O$为助催化剂。主催化剂和助催化剂配比为5:1。

【注意事项】

（1）甲醇是一种无色、透明、易燃、易挥发的有毒液体，常温下对金属无腐蚀性（铅、铝除外），略有酒精气味。使用时需注意。

（2）该反应对温度的精度要求很高，应选用精密温度控制仪控制温度。

（3）实验前反应釜应注意检漏。

【思考题】

（1）亚硫酸氢钠的饱和水溶液在本实验中有什么作用？

（2）请列举出另外一种氧化反应催化剂。

（3）复合催化剂有什么优点？

（4）本次实验中，一共排放了多少废水与废渣，你有什么治理方案？

19.5　吐纳麝香的合成（烷基化反应）

【实验目的】

（1）掌握烷基化反应原理和反应条件的确定；

（2）掌握烷基化产物的分离、提纯方法；

（3）了解吐纳麝香的性质和用途。

【产品的性质和用途】

吐纳麝香（Tonalide）是荷兰 PFW 公司的商品名称，化学名为 7-乙酰基-1,1,3,4,4,6-六甲基四氢化萘。为白色结晶，熔点 55～56℃，是优于佳乐麝香的更高品级的人造麝香。

吐纳麝香主要用于调和香料，广泛用于肥皂、化妆品、香水和浴油等。作为天然麝香的代用品，吐纳麝香合成方便、价格便宜，该产品沸点较高，具有留香持久的特点，同时吐纳麝香遇光不生色也不变色，因此它比大环麝香和硝基麝香具有更优越的生产条件和较高的经济价值。

【实验原理】

吐纳麝香的合成主要分两步，第一步是由甲苯或对位取代的衍生物与烯、醇发生环化，生成中间体 1,1,3,4,4,6-六甲基四氢化萘（HMT）；第二步是 HMT 乙酰化，利用傅氏酰基化反应，制备 7-乙酰基-1,1,3,4,4,6-六甲基四氢化萘（吐纳麝香，AHMT）。

反应方程式为：

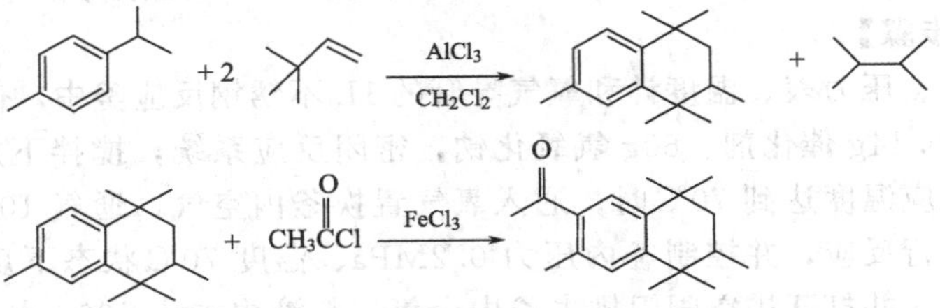

【主要仪器和试剂】

（1）器材　电子天平、烧杯（100、250mL）、250mL 三口瓶、恒压滴液漏斗、分液漏斗、真空泵、直形冷凝管。

（2）药品　氯化铝、二氯甲烷、对伞花烃、3,3-二甲基-1-丁烯（新己烯）、5％NaOH 溶液、无水碳酸钠、异丙醇、氯化铁、1,2-二氯乙烷、乙酰氯。

【实验内容和步骤】

在装有电动搅拌、恒压滴液漏斗和温度计的 250mL 三口瓶中，加入 40g 无水 AlCl₃ 和 45g 二氯甲烷剧烈搅拌混合。将 90g 对伞花烃与 50g3,3-二甲基-1-丁烯的混合液置于滴液漏斗，冷水浴保持反应瓶内的温度为 15～25℃，1.5h 滴加完反应物，继续反应 0.5h。反应后将混合物倒入冰水，用分液漏斗分离油层，分别用 5％NaOH 溶液、H₂O 洗至中性，用无水 Na₂CO₃ 干燥。将有机层在常压下蒸出溶剂及副产物，减压蒸馏，收集 100～120℃/399.9Pa 馏分，粗产品在异丙醇中重结晶，得无色晶体（HMT）52.9g，产率 82.3％。

在装有电动搅拌、恒压滴液漏斗和温度计的 250mL 三口瓶中加入 16g 无水 FeCl₃ 和 43g1,2-二氯乙烷，搅拌使其充分混合。将 20g HMT、9g 乙酰氯和 22g 1,2-二氯乙烷混合搅拌至完全溶解后，置于恒压滴液漏斗中。温度控制在 20～25℃，将反应混合液滴加于三口瓶中。约 45min 滴加完毕，升温至 40℃继续反应 30min 后将其立即倒入冰水中，分离油层，用 5％NaOH 溶液、水洗至中性，用无水 Na₂CO₃ 干燥，得 79g 红褐色液体。将其在常压下蒸出溶剂，减压蒸馏，收集 130～150℃/26.66Pa 馏分，冷却得白色晶体 19.5g，产率 81.4％。

【注意事项】

（1）烷基化反应容易生成多种副产物，反应宜在较低温度下（15～25℃）进行。

（2）合成 HMT 投料前注意氮气置换除去反应瓶中水汽，防止氯化铝潮解。

（3）在催化剂的选择上，酰基化反应采用了活性较小的无水 $FeCl_3$，这与使用无水 $AlCl_3$ 为催化剂比较，异构化反应减少，具有较高的产率。

【思考题】

（1）烷基化反应为什么要在低温下进行？

（2）请写出酰基化反应机理。

（3）酰基化反应为什么不采用氯化铝作为催化剂？

（4）本次实验中，一共排放了多少废水与废渣，你有何治理方案？

19.6　乙酰苯胺的合成（酰基化反应）

【实验目的】

（1）了解从苯胺制备乙酰苯胺的方法；

（2）学习重结晶基本操作，巩固分馏操作技术；

（3）了解乙酰苯胺的性质和用途。

【产品的性质和用途】

乙酰苯胺是白色、有光泽片状结晶或白色结晶粉末，在水中再结晶析出呈正交晶片状。无臭或略有苯胺及乙酸气味。熔点 114.3℃，沸点 304℃，闪点 173.9℃，自燃点 546℃，相对密度 1.219（15/4℃），在空气中稳定。溶解情况：溶解度（g/100g），水 0.56（25℃）、3.5（80℃）、18（100℃），乙醇 36.9（20℃），甲醇 69.5（20℃），氯仿 3.6（20℃）；微溶于乙醚、丙酮、甘油和苯；不溶于石油醚。可燃，呈中性或极弱碱性。遇酸或碱性水溶液易分解成苯胺及乙酸。

乙酰苯胺是合成磺胺类药物的原料，可用作止痛剂、退热剂、防腐剂和染料中间体。

【实验原理】

苯胺（$C_6H_5NH_2$）与乙酰基化试剂如冰醋酸、$(CH_3CO)_2O$、CH_3COCl 等反应可制得乙酰苯胺。本实验采用过量冰醋酸，并及时将生成的水蒸出，以使苯胺完全反应，提高反应产率。反应方程式为：

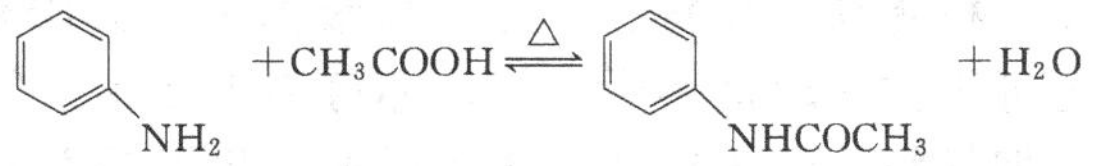

【主要仪器和试剂】

（1）器材　锥形瓶（25mL）、韦式分馏柱、温度计（150℃）、抽滤瓶、布氏漏斗、量筒、热水漏斗、接液管、烧杯、表面皿。

（2）药品　$C_6H_5NH_2$、冰醋酸、Zn 粉、活性炭。

【实验内容和步骤】

（1）制备　在 25mL 锥形瓶中，加入 5mL 新蒸馏的苯胺、7.5mL 冰醋酸及少许 Zn 粉（约 0.1g）。装上一支韦式分馏柱，柱顶接分馏头，分馏头上端放一支温度计（150℃），支管接尾接管，用一量筒接收蒸馏出的水。加热锥形瓶，维持柱顶温度在 105℃ 左右约 50min，当温度下降或瓶内出现白雾时反应基本完成，停止加热。

在不断搅拌下，将反应物趁热以细流慢慢倒入盛有 100mL 冷水的烧杯中，剧烈搅拌，冷却，待乙酰苯胺完全析出时，减压抽滤，用 5～10mL 冷水洗涤，以除去酸液，抽干，得粗品乙酰苯胺。

（2）提纯　将粗品乙酰苯胺转入盛有 100mL 热水的烧杯中，加热至沸，使之溶解，如仍有未溶解的油珠，可补加热水，至油珠全溶。稍冷后，加入约 1g 活性炭，在加热下搅拌几分钟，趁热用热水漏斗过滤，将滤液自然冷却至室温，析出乙酰苯胺的白色结晶。抽滤，将产品放入干净的表面皿里，在 100℃ 以下的烘箱中烘干，得干燥的精品乙酰苯胺，称量。

【注意事项】

（1）装置中温度计位置准确放置。

（2）小火加热，控制柱顶温度在 105℃ 左右。

（3）搅拌下趁热倒出反应混合物于盛有 100mL 冷水的烧杯中，另用 50mL 水洗涤反应瓶并入烧杯中，以避免产物损失。

【思考题】

（1）重结晶提纯的原理是什么？

（2）为什么在合成乙酰苯胺的步骤中，反应温度控制在 105℃？

（3）在合成乙酰苯胺的步骤中，为什么采用刺形分馏柱，而不采用普通的蒸馏柱？

（4）用苯胺作原料进行苯环上的一些取代时，为什么常常要先进行酰化呢？

19.7　乙酸乙酯的合成（酯化反应）

【实验目的】

（1）掌握酯化反应原理和反应条件的确定；

（2）掌握酯化产物的分离、提纯方法；

（3）了解乙酸乙酯的性质和用途。

【产品的性质和用途】

乙酸乙酯是无色、具有水果香味的易燃液体。相对密度（d_4^{20}）0.9003，熔点 −83.6℃，沸点 77.1℃，闪点（开杯）4℃，折射率（n_D^{20}）1.3723，蒸气压（20℃）9.7kPa，汽化热 366.5J/g，比热容 1.92J/(g·℃)，爆炸极限 2.13%～11.4%（体积分数），与醚、醇、卤代烃、芳烃等多种有机溶剂混溶，微溶于水。

乙酸乙酯产品是用途广泛的一种重要的有机化工原料，可用于制造乙酰胺、乙酰醋酸酯、甲基庚烯酮等，并在香精香料、涂料、医药、高级油墨、火胶棉、硝化纤维、人造革、染料等行业广泛应用，还可用作萃取剂和脱水剂，亦可用于食品、包装和彩印等。栲胶系列产品应用于脱硫制革、卷烟材料、油田钻井、金属浮选、除垢等方面。

【实验原理】

乙酸乙酯的合成方法很多，例如，可由乙酸或其衍生物与乙醇反应制取，也可由乙酸钠与卤乙烷反应来合成等。其中最常用的方法是在酸催化下由乙酸和乙醇直接酯化法。常用浓硫酸、氯化氢、对甲苯磺酸或强酸性阳离子交换树脂等作催化剂。若用浓硫酸作催化剂，其用量是醇的 0.3% 即可。反应方程式为：

$$CH_3COOH + C_2H_5OH \underset{}{\overset{H_2SO_4}{\rightleftharpoons}} CH_3COOCH_2CH_3 + H_2O$$

【主要仪器和试剂】

（1）器材　100mL 三口瓶、加热套、滴液漏斗、温度计、刺形分馏柱、直形冷凝器、接引管、锥形瓶、梨形蒸馏瓶、蒸馏头、接受瓶、水浴锅、分液漏斗、石棉网。

（2）药品　冰醋酸、95％乙醇、浓硫酸、饱和碳酸钠溶液、饱和氯化钠溶液、饱和氯化钙溶液、无水碳酸钾。

【实验内容和步骤】

在 100mL 三口瓶中，加入 4mL 乙醇，摇动下慢慢加入 5mL 浓硫酸，使其混合均匀，并加入几粒沸石。三口瓶一侧口插入温度计，另一侧口插入滴液漏斗，漏斗末端应浸入液面以下，中间口装一长的刺形分馏柱。

仪器装好后，在滴液漏斗内加入 10mL 乙醇和 8mL 冰醋酸，混合均匀，先向瓶内滴入约 2mL 的混合液，然后，将三口瓶在石棉网上小火加热到 110～120℃，这时蒸馏管口应有液体流出，再自滴液漏斗慢慢滴入其余的混合液，控制滴加速度和馏出速度大致相等，并维持反应温度在 110～125℃，滴加完毕后，继续加热 10min，直至温度升高到 130℃不再有馏出液为止。

馏出液中含有乙酸乙酯及少量乙醇、乙醚、水和醋酸等，在摇动下，慢慢向粗产品中加入饱和的碳酸钠溶液（约 6mL）至无二氧化碳气体放出，酯层用 pH 试纸检验呈中性。移入分液漏斗中，充分振摇（注意及时放气！）后静置，分去下层水相。酯层用 10mL 饱和食盐水洗涤后，再每次用 10mL 饱和氯化钙溶液洗涤两次，弃去下层水相，酯层自漏斗上口倒入干燥的锥形瓶中，用无水碳酸钾干燥。

将干燥好的粗乙酸乙酯小心倾入 60mL 的梨形蒸馏瓶中（不要让干燥剂进入瓶中），加入沸石后在水浴上进行蒸馏，收集 73～80℃的馏分。产品 5～8g。

【注意事项】

（1）加料滴管和温度计必须插入反应混合液中，加料滴管的下端离瓶底约 5mm 为宜。

（2）加浓硫酸时，必须慢慢加入并充分振荡烧瓶，使其与乙醇均匀混合，以免在加热时因局部酸过浓引起有机物碳化等副反应。

（3）反应瓶里的反应温度可用滴加速度来控制。温度接近 125℃，适当滴加快点；温度落到接近 110℃，可滴加慢点；落到 110℃停止滴加；待温度升到 110℃以上时，再滴加。

（4）本实验酯的干燥用无水碳酸钾，通常至少干燥 0.5h 以上，最好放置过夜。但在本实验中，为了节省时间，可放置 10min 左右。由于干燥不完全，可能前馏分多些。

【思考题】

（1）为什么使用过量的乙醇？

（2）蒸出的粗乙酸乙酯中主要含有哪些杂质？如何逐一除去？

（3）能否用浓的氢氧化钠溶液代替饱和碳酸钠溶液来洗涤蒸馏液？为什么？

（4）用饱和氯化钙溶液洗涤的目的是什么？为什么先用饱和氯化钠溶液洗涤？是否可用水代替？

（5）如果在洗涤过程中出现了碳酸钙沉淀，如何处理？

（6）合成乙酸乙酯还可以使用哪些催化剂，各有何优缺点？

19.8　对硝基苯胺的合成（氨解反应）

【实验目的】

（1）掌握氨化反应原理和反应条件的确定；

（2）掌握氨解产物的分离、提纯方法；

（3）了解对硝基苯胺的性质和用途。

【产品的性质和用途】

对硝基苯胺为淡黄色针状结晶，易于升华。熔点 148.5℃，沸点 331.7℃，相对密度 1.424（20/4℃）。闪点 199℃，水中溶解度为 0.0008g，微溶于冷水、溶于沸水、乙醇、乙醚、苯和酸溶液。该品有毒，空气中容许浓度为 5mg/m³。吸入、口服和皮肤接触有害。可引起比苯胺更强的血液中毒。如果同时存在有机溶剂或在饮酒后，这种作用更为强烈。急性中毒表现为开始头痛、颜面潮红、呼吸急促，有时伴有恶心、呕吐，之后肌肉无力、发绀、脉搏频弱及呼吸急促。皮肤接触后会引起湿疹及皮炎。

对硝基苯胺是染料工业极为重要的中间体，可直接用于合成品种有：直接耐晒黑 G，直接绿 B、BE、2B-2N，黑绿 NB，直接灰 D，酸性黑 10B、ATT，分散红 P-4G，阳离深黄 2RL，毛皮黑 D，对苯二胺，邻氯对硝基苯胺，2.6-二氯-4-硝基苯胺，5-硝基-2-氯苯酚等，也可合成农药氯硝胺；同时还是防老剂、光稳定剂、显影剂等的原料。

【实验原理】

反应方程式如下：

$$Cl-\!\!\left\langle\!\!\bigcirc\!\!\right\rangle\!\!-NO_2 + NH_3 \cdot H_2O \xrightarrow[4.5MPa]{190\sim196℃} H_2N-\!\!\left\langle\!\!\bigcirc\!\!\right\rangle\!\!-NO_2$$

【主要仪器和试剂】

(1) 器材 电子天平、烧杯（500mL）、1L 不锈钢反应釜、分液漏斗（1000mL）。

(2) 药品 对硝基氯苯、27％氨水。

【实验内容和步骤】

在装有搅拌器、压力表、温度计的 1L 不锈钢反应釜中，加入 85g 对硝基氯苯，然后加 60g 水，用于冷却对硝基氯苯的表面部分。再加入 460mL 浓度为 27％的氨水。缓慢加热，使釜内物料升温至 175℃。反应放热，约 1～1.5h 内，物料温度从 175℃升至 190℃，相应压力为 4.1～4.2MPa。物料在 190～196℃下维持 5h。温度不应超过 200℃，相应压力为 4.5MPa。反应结束，氨放入尾气吸收装置。降温至 25～30℃，用水洗三次，得到 72g 对硝基苯胺粗品，再进行重结晶，得到 70g 纯的对硝基苯胺。

【注意事项】

(1) 反应放热明显，应注意缓慢加热升温。

(2) 实验前高压反应釜注意查漏。

(3) 氨水为无色透明液体，有强烈的刺激性气味，使用时注意做好防护措施。

(4) 对硝基苯胺属于有机有毒品，不要触及皮肤或误入口中。

【思考题】

(1) 投料过程中加水有什么作用？

(2) 对硝基氯苯的氨解反应属亲核置换反应，请写出反应机理。

(3) 思考一下有没有其他制备对硝基苯胺的方法。

(4) 本次实验中，一共排放了多少废水与废渣，你有什么治理方案？

19.9　酸性橙的合成（重氮化反应）

【实验目的】

(1) 掌握重氮化反应原理和反应条件的确定。

参 考 文 献

[1] 唐培堃主编. 中间体化学及工艺学 [M]. 北京. 化学工业出版社. 1984.

[2] 张铸勇主编. 精细有机合成单元反应 [M]. 上海. 华东理工大学出版社. 2003.

[3] 唐培堃主编. 精细有机合成化学及工艺 [M]. 天津. 天津大学出版社. 2002.

[4] 将登高. 章亚东. 周彩荣编. 精细有机合成反应及工艺 [M]. 北京. 化学工业出版社. 2001.

[5] 顾可权. 林吉文编. 有机合成化学 [M]. 上海. 上海科学技术出版社. 1987.

[6] 张招贵编. 精细有机合成与设计 [M]. 北京. 化学工业出版社. 2003.

[7] 屈撑囤. 张耀君. 王新强编著. 精细有机合成反应与工艺 [M]. 西安. 西北大学出版社. 2000.

[8] 李克华. 李建波主编. 精细有机合成 [M]. 北京. 石油工业出版社. 2007.

[9] 黄培强. 靳立人. 陈安齐主编. 有机合成 [M]. 北京. 高等教育出版社. 2004.

[10] 程忠玲. 曲志涛编著. 精细有机单元反应 [M]. 北京. 高等教育出版社. 2007.

[11] 郝素娥主编. 精细有机合成单元反应与合成设计 [M]. 哈尔滨. 哈尔滨工业大学出版社. 2004.

[12] 钱旭红主编. 工业精细有机合成原理 [M]. 北京. 化学工业出版社. 2000.

[13] 王利民. 邹刚等编. 精细有机合成工艺 [M]. 北京. 化学工业出版社. 2008.

[14] 黄宪主编. 新编有机合成化学 [M]. 北京. 化学工业出版社. 2007.

[15] 谢如刚主编. 现代有机合成化学 [M]. 上海. 华东理工大学出版社. 2007.

[16] 薛永强. 张蓉编. 现代有机合成方法与技术 [M]. 北京. 化学工业出版社. 2007.

[17] 张军良. 郭燕文编. 有机合成设计原理与应用 [M]. 北京. 中国医药科技出版社. 2005.

[18] 巨勇. 赵国辉. 席婵娟编. 有机合成化学与路线设计 [M]. 北京；清华大学出版社. 2002.

[19] 陈金龙主编. 精细有机合成原理及工艺 [M]. 北京；化学工业出版社，2003.

（2）掌握重氮化产物的分离、提纯方法。

（3）了解酸性橙的性质和用途。

【产品的性质和用途】

酸性橙是染毛织物的染料，也用来染丝、木纤维、皮革及纸，色泽清晰且持久性好。

【实验原理】

以萘为原料，先合成 β-萘酚，再经磺化、重氮化、偶合反应，制得酸性橙。反应方程式为：

【主要仪器和试剂】

（1）器材　托盘天平、电动搅拌器、烧杯（100、500mL）、量筒（100mL）、三口烧瓶（500、1000mL）、温度计、铁盘、布氏漏斗、淀粉-碘化钾试纸、刚果红试纸。

（2）药品　萘、硫酸、氧化钙、碳酸钠、氢氧化钠、盐酸、苯胺、亚硝酸钠、氯化钠。

【实验内容和步骤】

（1）磺化、成盐

配料比　萘：硫酸：氧化钙：碳酸钠为 1.00：1.20：1.40：1.00。

将萘和硫酸的混合物在 170～180℃加热 4h。冷却，在搅拌下倒入冷水中，滤去未反应的萘。得到的 β-萘磺酸溶液加热煮沸，用氧化钙悬浮液中和，处理出 β-萘磺酸钙后，加碳酸钠溶液至石蕊呈碱性。弃去碳酸钙，将 β-萘磺酸钠溶液浓缩结晶得 β-萘磺酸钠晶体。

（2）碱熔

配料比　β-萘磺酸钠：氢氧化钠：盐酸为 1.00：3.04：适量。

将氢氧化钠加热熔融，待温度升到 28.0℃时，于激烈搅拌下尽可能快地加入 β-萘磺酸钠。升温至 310～320℃，将反应混合物倒入铁盘中。冷却凝固，粉碎凝固物，并溶于尽可能少的水中，用 1：1 盐酸酸化，冷后 β-萘酚析出。抽滤，用少量含盐酸的水重结晶。

（3）磺化

配料比　苯胺：硫酸：水为 1.00：3.23：6.45。

往硫酸中分批加入苯胺，180℃加热 5h，经检验无苯胺后，将反应混合物倒入水中，析出对氨基苯磺酸，过滤，用水重结晶。

（4）重氮化、缩合

配料比　对氨基苯磺酸钠：亚硝酸钠：硫酸（90%）：β-萘酚：氢氧化钠：碳酸钠：氯化钠为 1.00：0.30：0.52：0.63：0.24：0.10：5.2。

将对氨基苯磺酸钠溶于水中，冷却后加入硫酸，搅拌下滴加亚硝酸钠溶液，用淀粉-碘化钾试纸检验重氮化终点，用刚果红试纸检验反应液的酸度，维持反应液对刚果红试纸呈酸性。

将 β-萘酚溶于水中，加入 40%的氢氧化钠溶液，加热至 β-萘酚全溶，冷却至 10℃以下。

用碳酸钠调节重氮液到对石蕊显酸性、对刚果红呈中性后加到上述冷的 β-萘酚液中，控制温度低于 10℃，并保持碱性，反应结束后，加热，此时染料全溶，趁热过滤，向热溶液中加入氯化钠，将产品盐析出来，冷却、过滤得到产品。

【注意事项】

（1）注意硫酸、盐酸、氢氧化钠的腐蚀性，切勿溅到皮肤和衣物上。

（2）亚硝酸钠有较强毒性，使用过程中应注意。

（3）在重氮化的生产过程中，若反应温度过高、亚硝酸钠的投料过快或过量，均会增加亚硝酸的浓度，加速物料的分解，产生大量的氧化氮气体，有引起着火爆炸的危险。

【思考题】

（1）如何判断重氮化反应的终点？

（2）重氮化反应过程中，为什么亚硝酸钠不能投料过快？

（3）热溶液中加入氯化钠有什么作用？

19.10　檀香 194 的合成（缩合反应与还原反应）

【实验目的】

（1）掌握檀香 194 合成原理和反应条件的确定；

（2）掌握檀香 194 的分离、纯化方法；

（3）了解檀香 194 的性质和用途。

【产品的性质和用途】

檀香 194 外观为液体，具有檀香木香气，并带有麝香香调。沸点 110～133℃/270Pa。纯度≥90%（色谱法）时，$d_{20}^{20} 0.900～0.910$，$n_D^{20} 1.468～1.478$，闪点>110℃。纯度≥65%（色谱法）时，$d_{20}^{20} 0.916～0.926$，$n_D^{20} 1.473～1.483$，闪点>110℃。

檀香 194 具有高度的扩散力，提香和定香效果俱佳，可用于日化香精配方中，用量为 0.5%～10%。IFRA（国际香精协会）没有限制。

【实验原理】

以龙脑烯醛为主原料，与丙醛进行缩合得到中间体醛，中间体经还原得到檀香 194，反应方程式为：

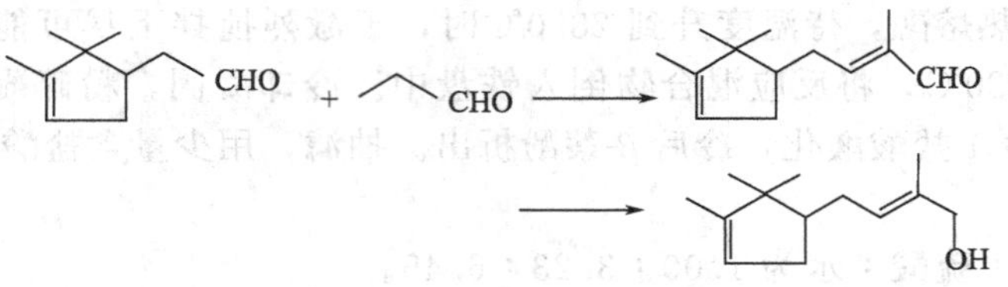

【主要仪器和试剂】

（1）器材　电子天平、恒温槽、电动搅拌器、烧杯、三口烧瓶、蒸馏头、冷凝管、单口瓶、滴液漏斗、分液漏斗、温度计（-50～50℃，0～100℃）、精馏装置。

（2）药品　龙脑烯醛、正丙醛、无水甲醇、冰醋酸、27%甲醇钠溶液、无水乙醇、硼氢化钠、饱和食盐水。

【实验内容和步骤】

（1）中间体醛制备

① 反应　在三口烧瓶中加入 100g 甲醇、50g 龙脑烯醛和 30g 27% 的甲醇钠溶液，安装实验

装置。称取 25g 正丙醛装入滴液漏斗中，在搅拌下逐滴加入三口瓶中，加料时间为 1.5h。控制反应温度在 15～25℃，加料结束继续搅拌 1.5h。加入冰醋酸 9g，继续搅拌 0.5h。

② 后处理 缓慢升温待顶温上升，全出料回收甲醇。待三口瓶内温度至 70℃，结束回收甲醇。三口瓶中加入 100g 水，搅拌 10min，倒入分液漏斗，静置 20min，分去水层，上层即为中间体醛粗品。

③ 中间体醛粗品精馏纯化 中间体醛粗品在高真空下精馏，含量大于 90% 为中间体成品。

（2）檀香 194 制备

① 反应 在三口烧瓶加入 100g 无水乙醇、6g 硼氢化钠，安装实验装置。称取 30g 中间体醛成品装入滴液漏斗中，逐滴加入三口瓶中，加料时间为 1h。控制反应温度在 0～10℃。加料结束继续搅拌 2h。

② 后处理 缓慢升温待顶温上升，全出料回收无水乙醇。待三口瓶内温度至 85℃，结束回收乙醇。三口瓶中加入 100g 水，搅拌 10min，倒入分液漏斗，静置 20min，分去水层，再用 100g 饱和食盐水洗涤 2 次。上层即为檀香 194 粗品。

③ 檀香 194 粗品精馏纯化 檀香 194 在高真空下精馏，含量大于 90% 为檀香 194 成品。

【注意事项】

（1）硼氢化钠、27% 甲醇钠溶液具有腐蚀性，切勿溅到皮肤和衣物上。

（2）无水甲醇、无水乙醇易燃，严禁烟火。

（3）滴加物料时要保持滴加速度均匀。

【思考题】

（1）缩合反应为什么要加入甲醇钠溶液，能不能用其他物料代替？

（2）还原反应的还原剂有哪些？

19.11 1,2-二苯乙烯的合成（烯化反应）

【实验目的】

（1）掌握烯化反应原理和反应条件的确定；

（2）掌握烯化产物的分离、提纯方法；

（3）了解 1,2-二苯乙烯的性质和用途。

【产品的性质和用途】

1,2-二苯乙烯有顺式和反式两种异构体。反式 1,2-二苯乙烯为无色针状结晶，熔点 124～125℃，沸点 305℃（9.5989kPa）、166～167℃（1.6kPa），相对密度 1.0281，折射率 1.6264（17℃）。不溶于水，微溶于乙醇，可溶于醚和苯。能随水蒸气挥发。用作有机合成原料，可制二苯乙炔，作闪烁试剂，也用于荧光增白剂及染料的合成。顺式 1,2-二苯乙烯是黄色油状液体，熔点 1℃，沸点 145℃（1.73kPa，13mmHg）。

本实验合成出的产品为反式 1,2-二苯乙烯。

【实验原理】

反应方程式为：

$$Ph_3P + Ph\diagup\diagdown Cl \xrightarrow{\triangle} [Ph_3\overset{+}{P}\diagup\diagdown Ph]Cl^- \xrightarrow{NaOH} Ph_3P\diagup\diagdown Ph$$

$$\xrightarrow{PhCHO} Ph\diagup\diagdown Ph + Ph_3PO$$

【主要仪器和试剂】

(1) 器材　50mL 圆底烧瓶、回流冷凝管、干燥管、水浴锅、分液漏斗、抽滤瓶、循环水真空泵。

(2) 药品　苄氯 3g（2.8mL，0.024mol）、三苯基膦 6.2g（0.024mol）、苯甲醛 1.6g（1.5mL，0.015mol）、氯仿、二甲苯、乙醚、二氯甲烷、50％氢氧化钠溶液、95％乙醇、饱和食盐水、无水硫酸镁。

【实验内容和步骤】

(1) 氯化苄基三苯基鏻（季鏻盐）　在 50mL 圆底烧瓶中，放置 3g 苄氯、6.2g 三苯基膦及 20mL 氯仿，装上回流冷凝管，在冷凝管上口装上氯化钙干燥管，在水浴上回流 2.5～3h。

把原装置改为蒸馏装置蒸出氯仿，加入 5mL 二甲苯，充分振摇，混合均匀。抽滤，并用少量二甲苯洗涤结晶，置于 110℃ 烘箱中干燥 1h，得季鏻盐的无色晶体 6.5～7g，熔点 310～312℃，贮于干燥器中备用。

(2) 1,2-二苯乙烯　在 50mL 圆底烧瓶中，加入 5.8g 自制的季鏻盐、1.6g 苯甲醛、10mL 二氯甲烷以及搅拌子，然后装上回流冷凝管。开动磁力搅拌器，在充分搅拌下从冷凝管上口滴入 7.5 mL50％氢氧化钠溶液，控制滴加速度，在 10～15min 滴完。加完后，继续搅拌 30min。

将反应混合物转入分液漏斗，加入 10mL 水和 10mL 乙醚，振摇后分出有机层，水层用 20mL 乙醚分两次萃取。合并有机层和萃取液，每次用 10mL 饱和食盐水洗涤 3 次，再用硫酸镁干燥。

滤去硫酸镁，在热水浴上蒸去乙醚。乙醚蒸完后，再提高水浴温度进一步蒸出氯仿，残余物加入 95％乙醇加热溶解（约需 10mL），然后静置，待有晶体析出时再置于冰浴中冷却，得反-1,2-二苯乙烯结晶。抽滤，干燥，产量约 1.0g，熔点 122～123℃。进一步纯化可用甲醇-水重结晶。纯反-1,2-二苯乙烯熔点为 124℃。本实验约需 8h。

【注意事项】

(1) 苄氯具有强刺激作用，操作时应小心，并戴好橡皮手套，也要注意其蒸气对眼睛的伤害。如不慎沾在手上或皮肤上，应用水冲洗后再用肥皂擦洗。

(2) 有机磷化合物通常是有毒的，操作时应注意。转移时切勿洒落在瓶外，如与皮肤接触后应立即用肥皂擦洗。

(3) 苯甲醛应新鲜蒸馏，否则将大大影响反应产率。

【思考题】

(1) 请写出本反应的机理，并分析本实验产物为何以反式 1,2-二苯乙烯为主？

(2) 三苯亚甲基膦能与水起反应，三苯亚苄基膦则在水存在下可与苯甲醛反应，并主要生成烯烃，试比较二者的亲核活性并从结构上加以说明。

(3) 写出反-1,2-二苯乙烯与 Br_2/CCl_4 发生加成反应的产物。

(4) 若用肉桂醛代替苯甲醛与三苯亚苄基膦进行 Wittig 反应，则得到什么产物？

(5) 本次实验中，一共排放了多少废水与废渣，你有什么治理方案？

19.12　己内酰胺的合成（重排反应）

【实验目的】

(1) 掌握由环己酮与羟胺反应合成环己酮肟；

（2）掌握环己酮肟在酸性条件下发生 Beckmann 重排，生成己内酰胺；

（3）掌握用减压蒸馏提纯己内酰胺粗产品。

【产品的性质和用途】

己内酰胺为白色晶体；蒸气压 0.67kPa/122℃；闪点 110℃；熔点 68～70℃；沸点 270℃；溶于水，溶于乙醇、乙醚、氯仿等多数有机溶剂；相对密度（水＝1）1.05（70％水溶液）。

己内酰胺是合成高分子材料聚己内酰胺（尼龙-6）的基本原料。用以制取己内酰胺树脂、己内酰胺纤维和人造革等，也用作医药原料。

【实验原理】

环己酮与羟胺反应生成环己酮肟，在浓硫酸作用下重排得到己内酰胺。反应方程式为：

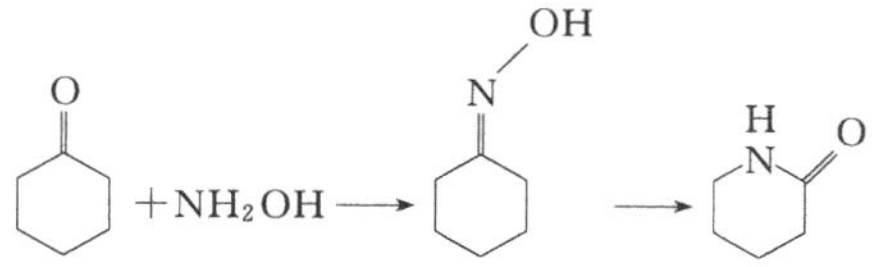

【主要仪器和试剂】

（1）器材　锥形瓶（250mL）、烧杯（100、250mL）、滴液漏斗（50mL）、温度计（-50～50℃，0～300℃）、分液漏斗（125mL）、圆底烧瓶（100mL）、克氏蒸馏头（19×4）、直形冷凝管（19×2）、真空接受管（19×2）、布氏漏斗（60mm）、吸滤瓶（250mL）、减压设备一套。

（2）药品　环己酮 7g（0.07mol）、羟胺盐酸盐 7g（0.1mol）、无水乙酸钠 10g、浓硫酸（大于 98％）8mL、浓氨水 25mL、氯仿 30mL、无水硫酸钠。

【实验内容和步骤】

（1）环己酮肟的制备　在 250mL 锥形瓶中，加入 7g 羟胺盐酸盐和 10g 无水乙酸钠，用 30mL 水将固体溶解，小火加热此溶液至 35～40℃。分批慢慢加入 7g 环己酮，边加边摇动反应瓶，很快有固体析出。加完后用橡皮塞塞住瓶口，并不断激烈振荡瓶子 5～10min。环己酮肟呈白色粉状固体析出。冷却，抽滤，粉状固体用少量水洗涤，抽干后置于培养皿中干燥，或在 50～60℃下烘干。

（2）环己酮肟重排制备己内酰胺　在小烧杯中加入 6mL 冷水，在冷水浴冷却下小心地慢慢加入 8mL 浓硫酸，配得 70％的硫酸溶液。在另一小烧杯中加入 7g 干燥的环己酮肟，用 7mL 70％的硫酸溶解后，转入滴液漏斗，烧杯用 1.5mL 70％硫酸洗涤后并入滴液漏斗。在一 250mL 烧杯中加入 4.5mL70％硫酸，用木夹夹住烧杯，用小火加热至 130～135℃，缓缓搅拌，保持 130～135℃，边搅拌边滴加环己酮肟溶液，滴完后继续搅拌 5～10min。反应液冷却至 80℃以下，再用冰盐浴冷却至 0～5℃。在冷却下，边搅拌边小心地通过滴液漏斗滴加浓氨水（约 25mL）至溶液 pH＝8。滴加过程中控制温度不超过 20℃。用少量水（不超过 10mL）溶解固体。反应液倒入分液漏斗，用氯仿萃取三次，每次 10mL。合并氯仿层用无水硫酸钠干燥后，常压蒸馏除去氯仿。残液进行减压蒸馏，收集 127～133℃/7mmHg 馏分。馏出物很快变成无色晶体。

【注意事项】

（1）与羟胺反应时温度不宜过高。加完环己酮以后，充分摇荡反应瓶使反应完全，若环己酮肟呈白色小球状，则表示反应未完全，需继续振摇。

（2）配制 70％硫酸溶液时是将酸倒入水中，绝不可颠倒顺序。因放热强烈，必须水浴冷却。

（3）重排反应很激烈，并要保持温度在 130～135℃，滴加过程中必须一直加热。温度均不可太高，以免副反应增加。

（4）用氨水中和时会大量放热，故开始滴加氨水时尤其要放慢滴加速度。否则温度太高，将导致酰胺水解。

（5）己内酰胺为低熔点固体，减压蒸馏过程中极易固化析出、堵塞管道，可采用空气冷凝管，并用电吹风在外壁加热等方法，防止固体析出。

【思考题】

（1）在制备环己酮肟时，为什么要加入乙酸钠？

（2）如果用氨水中和时，反应温度过高，将发生什么反应？